普通高等院校计算机基础教育“十三五”规划教材

办公软件高级应用

主　编　张丹珏
副主编　施　庆　张文晓
主　审　顾顺德

中国铁道出版社有限公司
CHINA RAILWAY PUBLISHING HOUSE CO., LTD.

内 容 简 介

本书以循序渐进的方式，由浅入深地综合讲述了Office办公软件的应用。全书共三章：文字处理软件 Word 2010、表格处理软件 Excel 2010 和演示文稿制作软件 PowerPoint 2010。为了拓宽读者的知识面和应考全国计算机等级考试，本书附录中安排了算法与数据结构习题解析、程序设计与软件工程习题解析和数据库设计习题解析。此外，每章内还附有实用性范例供读者练习，巩固所学知识。

本书适合普通高等院校计算机基础课程使用，也可作为全国计算机等级考试（二级 MS Office 高级应用）的辅导用书，对职场人士提高办公软件应用水平亦大有帮助。

图书在版编目（CIP）数据

办公软件高级应用/张丹珏主编．—北京：中国铁道出版社，2016.7（2020.1重印）

普通高等院校计算机基础教育“十三五”规划教材

ISBN 978-7-113-21808-9

Ⅰ．①办… Ⅱ．①张… Ⅲ．①办公自动化－应用软件－高等学校－教材 Ⅳ．①TP317.1

中国版本图书馆CIP数据核字（2016）第107105号

书　　名：办公软件高级应用
作　　者：张丹珏　主编

策　　划：曹莉群　　**读者热线：**（010）63550836
责任编辑：周海燕　冯彩茹
封面设计：刘　颖
封面制作：白　雪
责任校对：汤淑梅
责任印制：郭向伟

出版发行：中国铁道出版社有限公司（100054，北京市西城区右安门西街8号）
网　　址：http:// www.tdpress.com/51eds/
印　　刷：三河市航远印刷有限公司
版　　次：2016年7月第1版　　2020年1月第6次印刷
开　　本：787 mm×1 092 mm　1/16　**印张：**20　**字数：**439千
书　　号：ISBN 978-7-113-21808-9
定　　价：46.00元

前　　言

本书作为"普通高等院校计算机基础教育'十三五'规划教材"之一，系统地介绍了 Office 2010 中的 Word、Excel 和 PowerPoint 三大常用组件的使用，在内容编排上侧重于应用，用案例将知识点进行串联，以期达到提高学生的学习兴趣、增强实践动手能力的目的。

全书共有三章，分别为：文字处理软件 Word 2010、表格处理软件 Excel 2010 和演示文稿制作软件 PowerPoint 2010。

本书的特点如下：

- 参考全国计算机等级考试二级 MS Office 高级应用考试大纲（2013 年版），并结合 Office 2010 三大常用组件的特点编写而成。
- 注重理论和实践相结合，选取生活和工作中的常用案例进行实践，帮助读者更深地理解和掌握 Office 2010 办公软件的高级应用。
- 为了拓宽读者的知识面和应考全国计算机等级考试，在附录中安排了算法与数据结构习题解析、程序设计与软件工程习题解析和数据库设计习题解析。
- 凝聚多位一线教师多年的教学经验和心得。本书的编写人员是多年从事高校计算机基础教学和等级考试培训的优秀教师，具有扎实的理论知识和丰富的教学培训经验，善于总结，勤于实践。
- 本书适合作为普通高等院校各专业学习办公软件高级应用的教材，也可作为全国计算机等级考试（二级 MS Office 高级应用）的辅导用书和计算机爱好者的自学用书。

本书由张丹珏任主编，施庆、张文晓任副主编，顾顺德任主审，其中第 1 章和附录 A 由张丹珏编写，第 2 章和附录 C 由施庆编写，第 3 章和附录 B 由张文晓编写。本书中用到的素材可到中国铁道出版社教学资源网 http://www.51eds.com 中下载。

在本书的编写过程中，得到了许多老师的大力支持和热情帮助，中国铁道出版社对本书的出版给予了大力支持，在此一并表示衷心的感谢！

由于时间仓促，加之编者水平有限，书中难免存在疏漏或不足之处，恳请读者批评指正，以便我们及时修改和完善。

编　者

2016 年 3 月

目　录

第1章 文字处理软件 Word 2010

本章概要

Word 是 Microsoft 开发的 Office 办公软件中的文字处理软件。Word 通过将一组功能完备的撰写工具与易于使用的用户界面相结合，来帮助用户高效创建专业而优雅的文档。

本章介绍如何使用 Word 文字处理软件。

学习目标

（1）熟练掌握 Word 的文档编排和版面设计；

（2）熟练掌握 Word 的表格与图表；

（3）熟练掌握 Word 的邮件合并；

（4）熟练掌握 Word 的样式与引用；

（5）熟练掌握 Word 的长文档排版。

1.1 Word 2010 概述

Word 2010 是 Microsoft 开发的 Office 2010 办公软件中的文字处理软件。一直以来，Word 是最流行的文字处理软件之一，它的最初版本开发于 20 世纪 80 年代，发展至今，已经历了数十个版本，功能也越来越强大。

1.1.1 用户界面

Word 2010 的用户界面注重实效、条理分明、井然有序，如图 1-1 所示。

Word 2010 在功能区中存放了大量的常用的操作功能按钮，而针对某个特定类型对象的个性化操作功能按钮将在用户使用相应对象时自动出现，这使得操作界面更为简洁和智能。

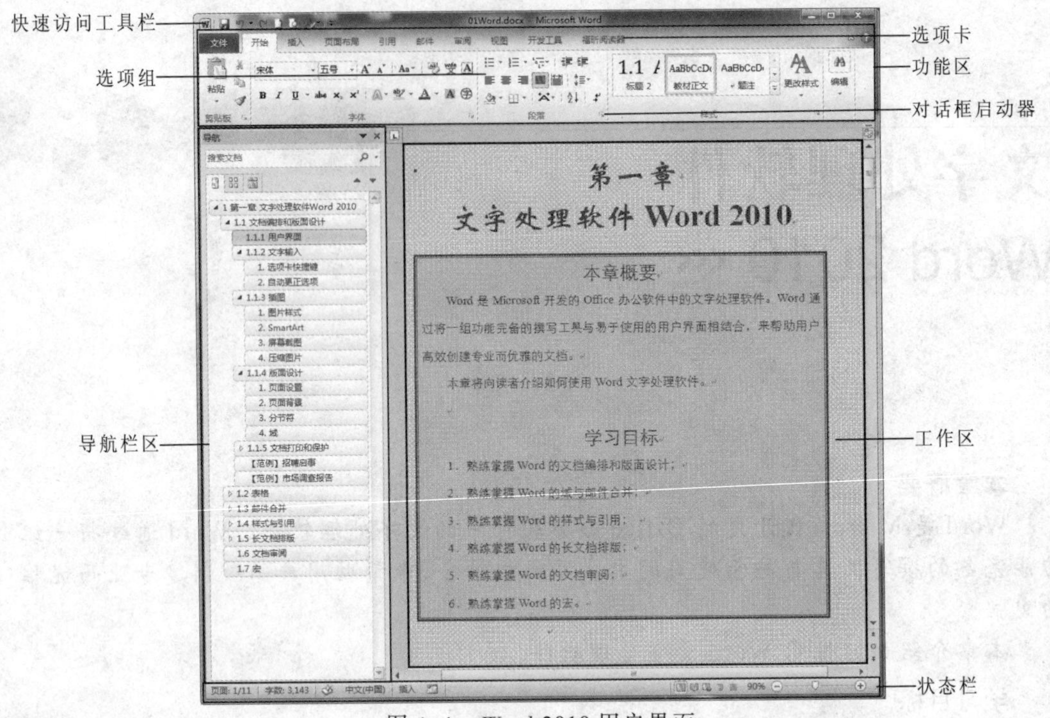

图 1-1　Word 2010 用户界面

1.1.2　选项卡

Word 2010 功能区中的操作功能被归纳为多个选项卡，每个选项卡里的操作功能进一步分成多个选项组，每个组的右下角设置有对话框启动器，单击后可显示包含更多功能的对话框或者任务窗格。

Word 2010 选项卡分为两种，标准选项卡和上下文选项卡。

标准选项卡是启动 Word 后会默认出现的选项卡，主要有以下 8 个："文件"选项卡、"开始"选项卡、"插入"选项卡、"页面布局"选项卡、"引用"选项卡、"邮件"选项卡、"审阅"选项卡和"视图"选项卡。用户也可以根据需要自定义选项卡。

自定义选项卡可以单击"文件"|"选项"按钮，弹出"Word 选项"对话框，在该对话框的左侧功能列表中选择"自定义功能区"，如图 1-2 所示，在右侧的"自定义功能区"中通过勾选相应的选项来选择所需要的选项卡。

上下文选项卡是指只有在选择相应操作对象时才会自动出现的选项卡。上下文选项卡提供用于当前所选对象的操作功能，根据所选对象的不同，出现的选项卡也会有所不同。例如，在工作区选中图片后，图片工具选项卡会以高亮形式出现在功能区。

Word 中的大部分功能都能在选项卡中找到，所以，熟练快速地使用选项卡是高效使用 Word 的必备途径。为了快速使用选项卡并定位相应的操作功能，建议使用快捷键方式，每个选项卡以及选项卡中的操作功能都有相应的快捷键。

按【Alt】键，选项卡中会出现快捷键提示，如图 1-3 所示，使用相应的快捷键组合可以快速定位到指定的选项卡，例如，按【Alt+H】组合键，可以切换到"开始"

选项卡；按【Alt+N】组合键，可以切换到“插入”选项卡。切换到相应选项卡后，选项卡内的操作功能也会出现快捷键提示，如图 1-4 所示，例如，按【Alt+H】组合键后，再按【Alt+1】组合键，可以将当前所选文字设置为加粗，再次按【Alt】键或者在工作区内任意位置单击，快捷键提示就会自动隐藏。

图 1-2　自定义选项卡

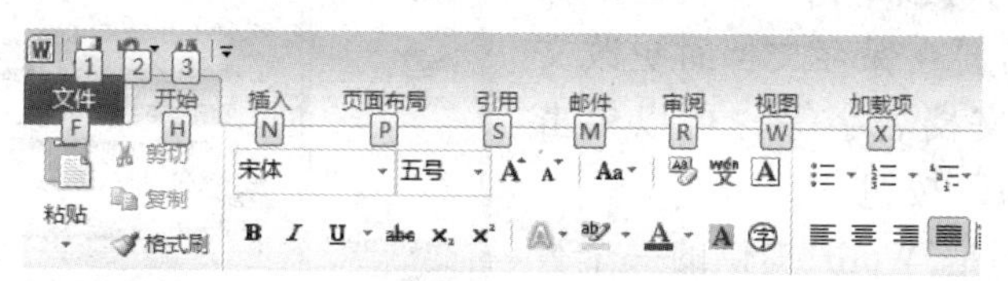

图 1-3　选项卡快捷键 1

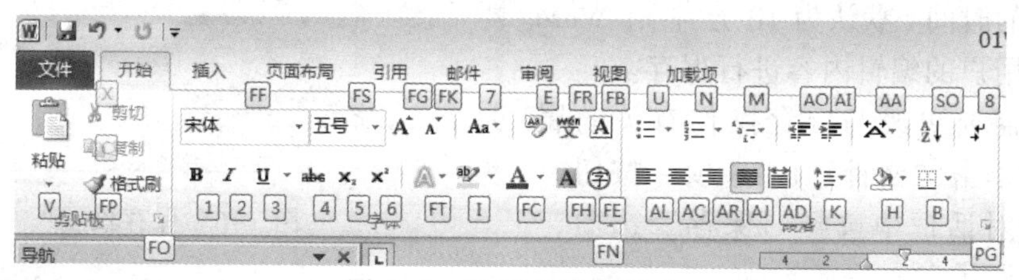

图 1-4　选项卡快捷键 2

1.1.3　文档的新建与保存

启动 Word 2010，系统会自动新建一个空白文档，默认文件名为“文档 1.docx”，用户也可以根据需要自定义新建 Word 文档。

自定义新建文档可以单击“文件”|“新建”按钮，如图 1-5 所示，在该界面中，用户可以新建空白文档，也可以利用模板创建报告、简历、信函等文档。Word 2010

提供了大量的模板，用户可以根据需求选择不同的模板进行创建，这样可以大大提高文档的处理效率。

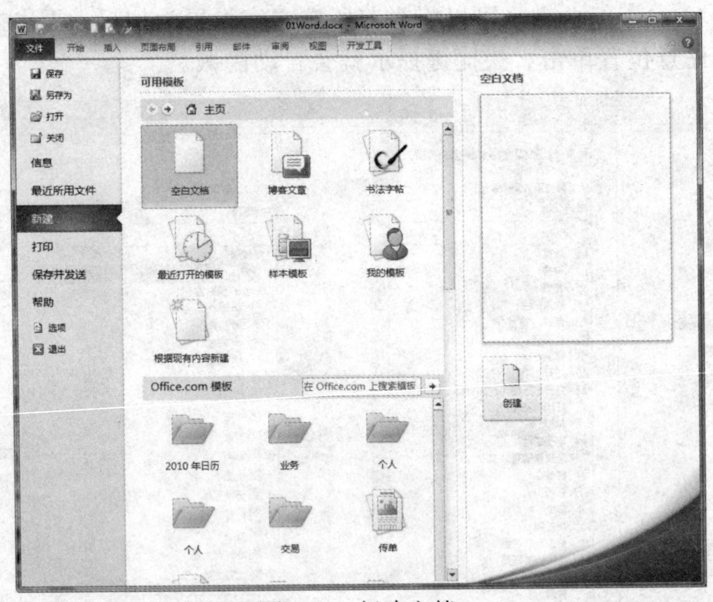

图 1-5　新建文档

在对 Word 文档进行新建和编辑后，要对该文档执行“保存”操作才能使用户编辑的内容保存到计算机硬盘中。Word 提供的保存操作可分为手动保存和自动保存两种。

手动保存文档可以单击“文件”|“保存”按钮，如果需要在保存文档时更改文档保存位置或者文档名字等，可以单击“文件”|“另存为”按钮。

自动保存文档是 Word 提供的一个智能功能，该功能可以在用户编辑文档时，每隔指定的时间（默认为 10 分钟），Word 会自动把用户的编辑内容进行保存。

如果需要更改与保存操作有关的属性，可以单击“文件”|“选项”按钮，在弹出的对话框中选择“保存”选项，如图 1-6 所示。

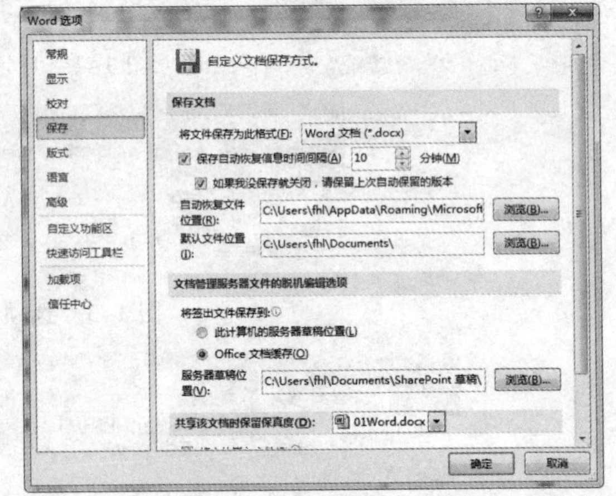

图 1-6　保存设置

注意： 如当前文档为只读文档，则用户不能以原文件名在原位置保存修改结果。可以将该文档另存为其他文件名，或者更改保存位置后再执行保存操作。

在编辑文档的过程中一定要养成经常保存文档的好习惯，这可以在发生意外情况时，避免丢失正在编辑的内容。意外情况有死机、断电、意外退出 Word 程序等。

1.1.4 文档打开与打印

文档编辑完成后，用户可以将文档再次打开编辑或阅读，也可以将文档打印输出到纸张上面，以方便文档的传阅与存档。

1. 文档打开

用户可以在文件夹中找到所需的文档，双击即可打开该文档。用户也可以在打开Word 应用程序的情况下，单击“文件”|“打开”按钮，弹出“打开”对话框，在对话框中指定所需文档的存储位置和文件名，然后，单击“打开”按钮即可。

一般情况下，Word 会自动将最近打开过的文档添加到“最近所用文件”列表中，单击“文件”|“最近所用文件”命令，在列出的文件列表中单击所需的文件即可打开该文档。

2. 文档打印

单击“文件”|“打印”按钮，如图 1-7 所示，面板最右侧部分为文档的预览区，在打印前可以先看一下文档编排是否满意，面板中间部分为文档的打印设置区，在打印设置区中可以设置打印的份数、打印范围、打印方式等。

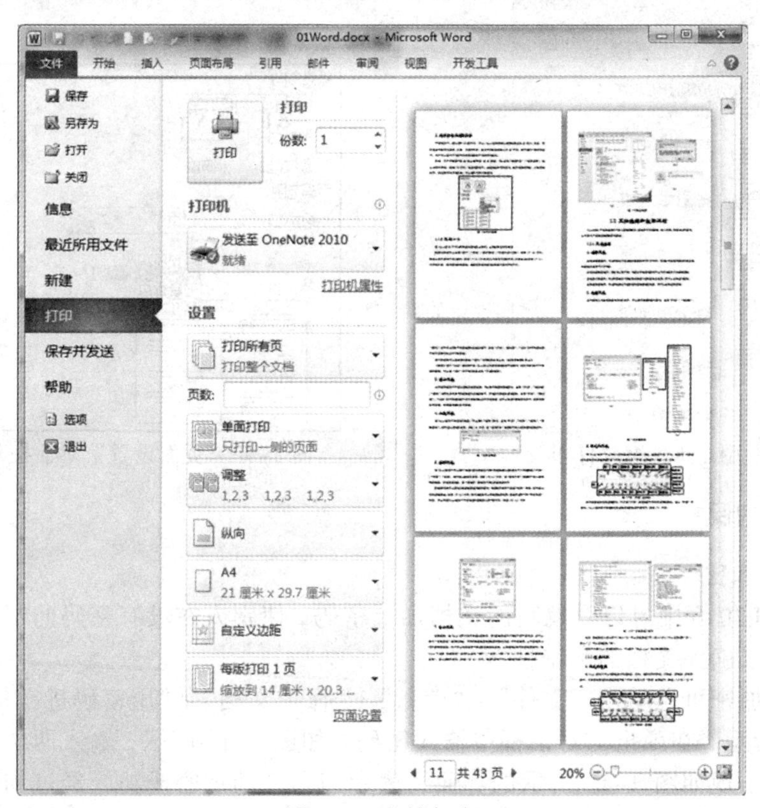

图 1-7 文档打印

注意：在输入打印页数时，如需打印不连续的页，可在各个页面序号之间用英文状态下的“,”隔开，例如，打印第一页和第三页，可以使用“1,3”。如需打印连续页可用“-”连接，例如，打印第一页、第二页和第三页，可以使用“1-3”。

3. 缩放打印

打印文档时，用户可以根据需要调整每张纸上打印的页数(默认一张纸打印一页)。

用户可以在打印选项面板中单击“每版打印 1 页”下拉按钮，如图 1-8 所示，在下拉列表中选择所需要的设置，例如“每版打印 2 页”等，通过缩放打印，可以将多页打印在一张纸上面，也可以选择“缩放至纸张大小”，打印机会根据纸张的实际大小自动匹配文档内容。

4. 拼页打印与折页打印

一般情况下，默认使用 A4 纸打印，所以，Word 提供的默认页面视图也是 A4 大小，但有时也需要打印试卷、杂志、书籍等内容，由于打印纸张的大小与 A4 不同，在不重新排版的前提下，用户可以使用不同的打印方式达到不同的打印效果。

例如，用户需要在一张 A3 纸上面打印 2 张 A4 页面，可以单击“页面布局”选项卡“页面设置”组右下角的对话框启动器按钮，弹出“页面”设置对话框，如图 1-9 所示，设置纸张方向为“横向”，页码范围为“拼页”，然后，单击“确定”按钮关闭该对话框。如果要打印书籍杂志，可以使用“书籍折页”功能。

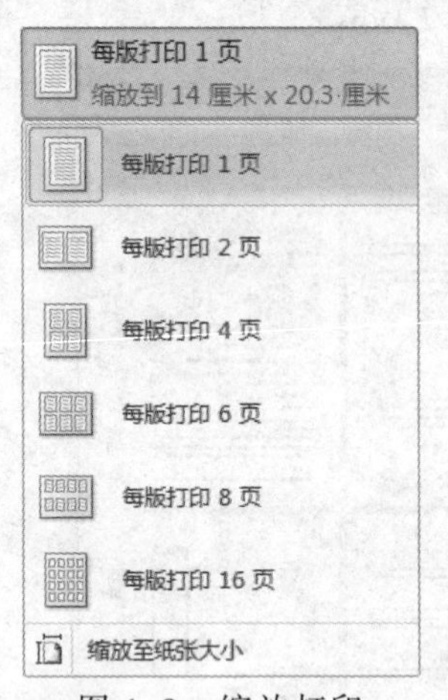

图 1-8　缩放打印

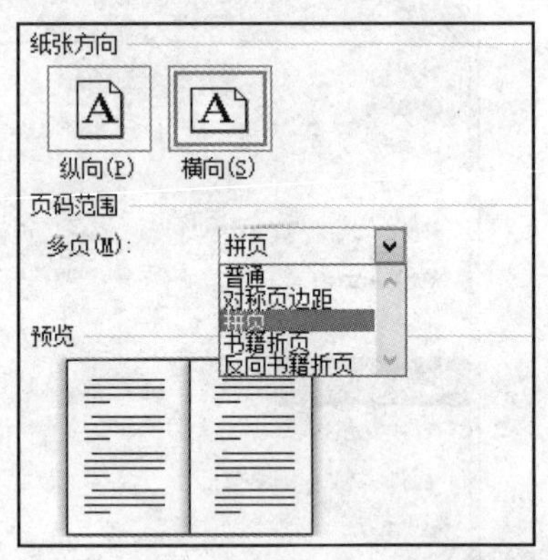

图 1-9　“页面设置”对话框

1.1.5　文档的保护

1. 文档加密

在 Word 2010 中可以对编写的文档加上密码，使别人在没有密码的情况下无法打开该文档，以确保文档的私密性。

给文档加密可以单击“文件”|“信息”|“保护文档”|“用密码进行加密”按钮，如图 1-10 所示，在弹出的对话框中输入密码，如图 1-11 所示，输入两次相同的密码后，系统会出现如图 1-12 所示的界面，表示当前文档加密成功，经过加密后的文档必须使用密码才能打开。

如希望可以允许其他用户查看，但禁止修改该文档，那么可以为文档加上修改权限密码，用户可以单击“文件”|“另存为”按钮，弹出“另存为”对话框，单击下方的“工具”按钮，在下拉列表中选择“常规选项”，弹出“常规选项”对话框，如图 1-13 所示，将所需设置的密码输入“修改文件时的密码”文本框，然后，勾选“建

议以只读方式打开文档”复选框即可。该密码设置后，其他用户只能以“只读”的方式查看该文档。

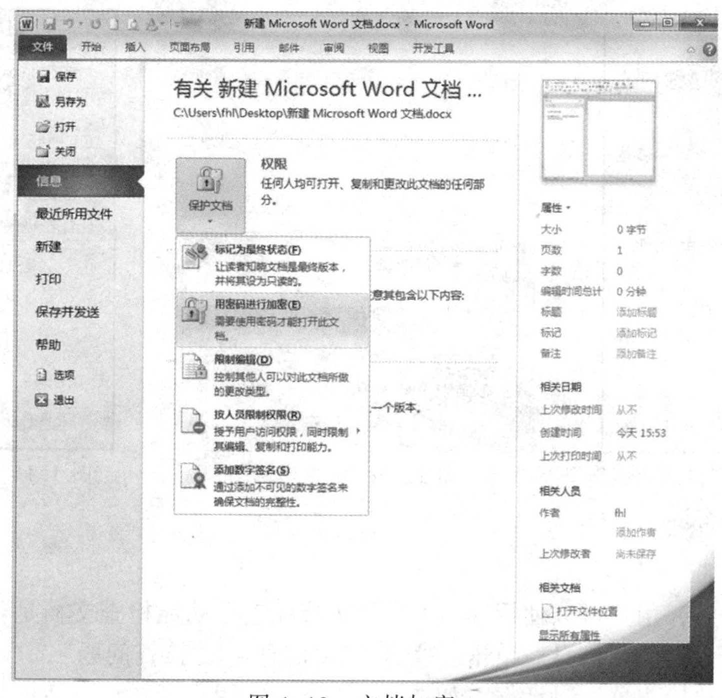

图 1-10　文档加密 1

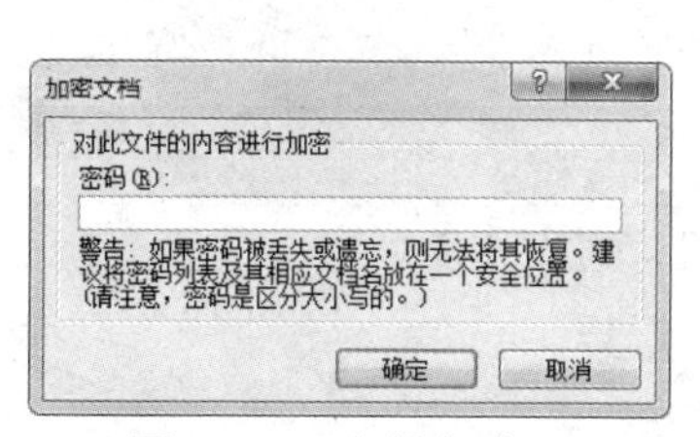

图 1-11　文档加密 2

图 1-12　文档加密 3

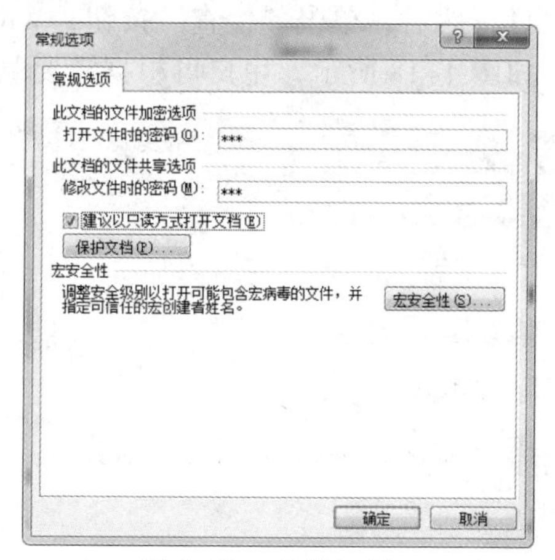

图 1-13　文档加密 4

2. 文档限制编辑

如果用户允许其他用户查看文档,但却要限制其对文档的编辑权限,可以使用 Word 的限制编辑功能。单击“文件”|“信息”|“保护文档”|“限制编辑”按钮，打开“限制格式和编辑”任务窗格，窗格中的属性设置参照图 1-14，然后点击“是，启动强制保护”按钮，弹出“启动强制保护”对话框，如图 1-15 所示，在该对话框中可以选择文档的保护方法，一般使用“密码”保护方式，在对话框中输入两次相同的密码，单击“确定”按钮即可完成文档的保护。

如需取消保护，可在“限制格式和编辑”任务窗格中单击“停止保护”按钮，如图 1-16 所示，然后输入正确的密码即可。

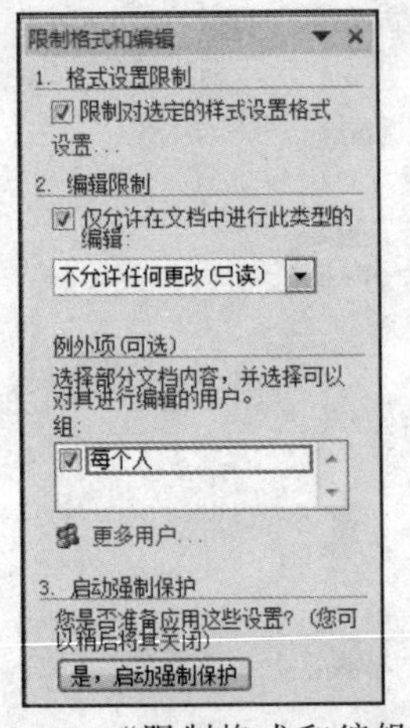

图 1-14 “限制格式和编辑”任务窗格

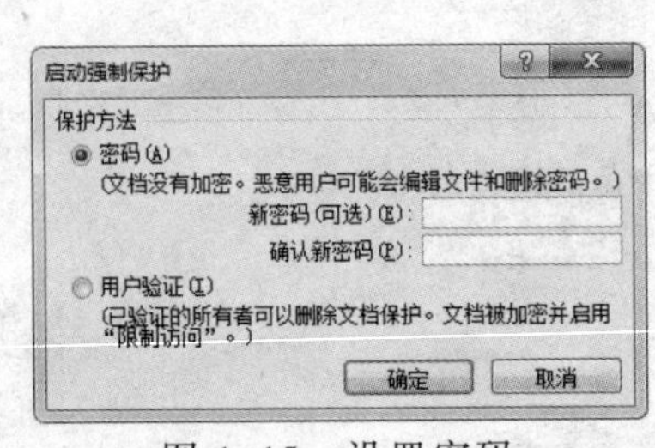

图 1-15 设置密码

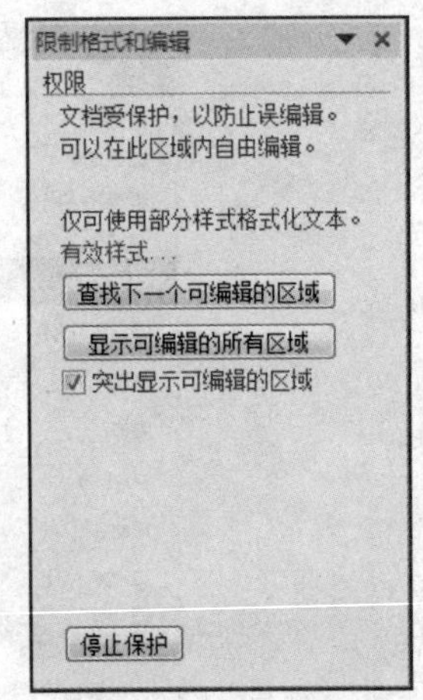

图 1-16 取消限制

3．文档检查

文档完成后，用户可以使用 Word 的“文档检查”功能检查文档是否包含个人信息，以保护个人的隐私信息。单击“文件”|“信息”|“检查问题”|“检查文档”按钮，弹出“文档检查器”对话框，如图 1-17 所示，用户可在该对话框中勾选要检查的项目，然后，单击“检查”按钮，Word 检查完毕后，会在该对话框中显示检查结果，如图 1-18 所示，用户可根据需要删除相应的信息。

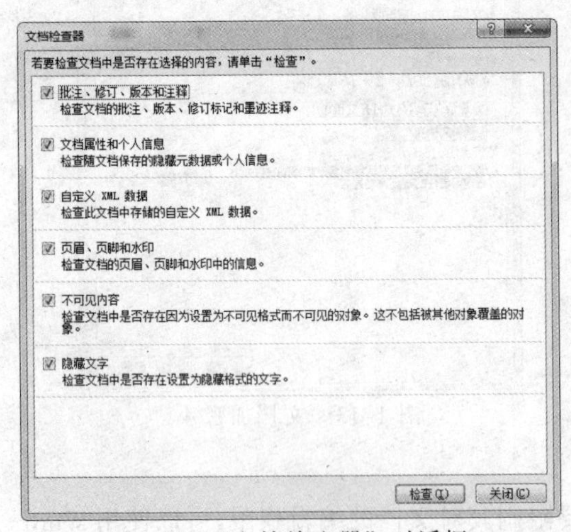

图 1-17 “文档检查器”对话框

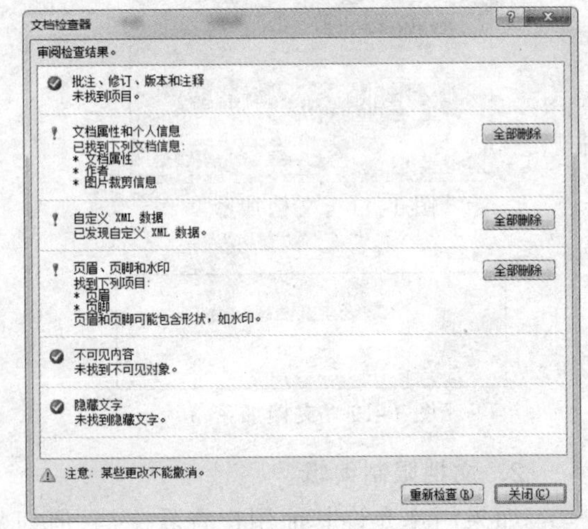

图 1-18 文档检查结果

4．标记文档的最终状态

文档完成后，用户可以将文档标记为最终状态，通过该操作可以将文档设置为只读状态。单击“文件”|“信息”|“保护文档”|“标记为最终状态”按钮，即可完成标记操作。

1.2 文档编排和版面设计

1.2.1 文本编辑

1. 输入文本

创建了新文档后，在文本编辑区中将出现一个闪烁的光标，它表明目前可编辑的位置。用户可使用系统中已经安装的输入法输入文本。

注意：安装 Office 后，“微软拼音”输入法会自动安装，在该输入法中可使用【Shift】键切换中英文输入法，也可以使用输入法自带的手写功能（即输入板）输入文本，输入板如图 1-19 所示。

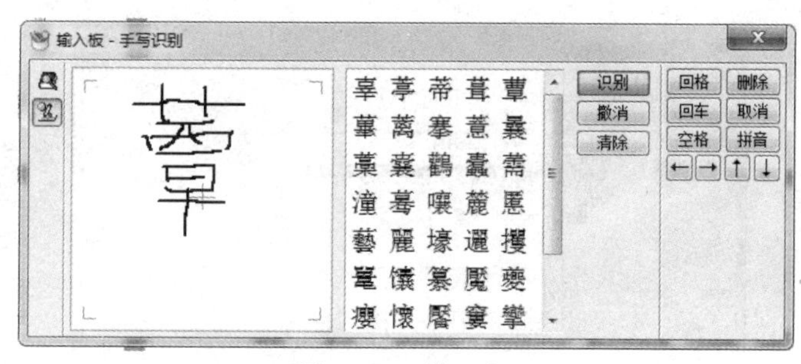

图 1-19 输入板

2. 选择文本

选择单行文本时，将鼠标指针移动到需要选择的文本行左侧空白处单击，即可选择该行文本。

选择整段文本时，将鼠标指针移动到需要选择的文本段左侧空白处双击，即可选择该段文本。

选择整篇文档时，将鼠标指针移动到文档左侧空白处连续快速单击三次，即可选择整篇文档，或者使用快捷键【Ctrl+A】选择整篇文档。

选择连续文本时，将鼠标指针移到需要选择的文本的第一个字符前，按住鼠标左键拖动到需要选择的文本的最后一个字符处释放鼠标左键即可。

选择非连续文本时，按住【Ctrl】键的情况下，再按住鼠标左键拖动选择各个文本即可。

选择矩形文本块，按住【Alt】键的情况下，再按住鼠标左键拖动即可选择一块矩形的文本。

3. 复制文本

在编写文档时，经常需要在不同的地方使用相同的文本，这时可以使用 Word 的复制功能，复制功能是通过“剪贴板”来完成的。

单击“开始”选项卡“剪贴板”组中的“复制”按钮，可将当前选中的文本复制到剪贴板中。

单击“开始”选项卡“剪贴板”组中的“粘贴”按钮，可将剪贴板中的内容复制到光标所在位置。

剪贴板是 Windows 系统中的信息共享区域，它不仅可以保存文本信息，还可以保存图形图像等多媒体信息，在 Word 2010 中，剪贴板中最多可以存放 24 个内容，查看剪贴板中的内容可以单击“开始”选项上“剪贴板”右下角的对话框启动器按钮，打开“剪贴板”任务窗格，在该窗格内可以看到剪贴板中保存的所有内容。

使用快捷键可以提高工作效率，“复制”的快捷键是【Ctrl+C】，粘贴的快捷键是【Ctrl+V】。

注意：使用“粘贴”功能时，Word 默认将原有文本格式一起复制，如果需要粘贴不带格式的文本，可以在“粘贴”下拉列表中选择“只保留文本”，或者，在“粘贴”下拉列表中选择“选择性粘贴”，弹出“选择性粘贴”对话框，如图 1-20 所示，在该对话框中，用户可以选择更多的粘贴形式。

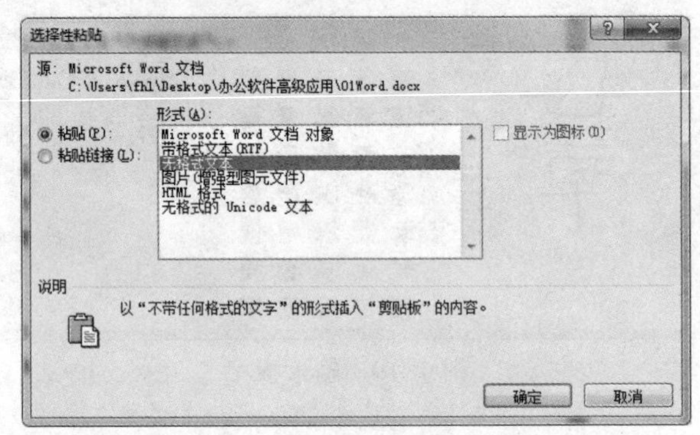

图 1-20 “选择性粘贴”对话框

4. 移动文本

当需要将文档中一部分文本从一个地方移动到另一个地方时，可以使用 Word 的移动功能。

单击“开始”选项卡“剪贴板”组中的“剪切”按钮，可将当前选中的文本复制到剪贴板中，并在当前位置删除该文本。单击“开始”选项卡“剪贴板”组中的“粘贴”按钮，可将剪贴板中的内容复制到光标所在位置。用户也可以在选中文本的情况下，直接按住鼠标左键，将文本拖动到目标位置。

5. 查找文本

使用 Word 提供的“查找”功能，可以方便快捷地找到用户所需的文档内容。单击“开始”选项卡“编辑”组中的“查找”|“高级查找”按钮，弹出“查找和替换”对话框，如图 1-21 所示。在“查找内容”文本框中输入要查找的文本，然后，单击“查找下一处”按钮即可。

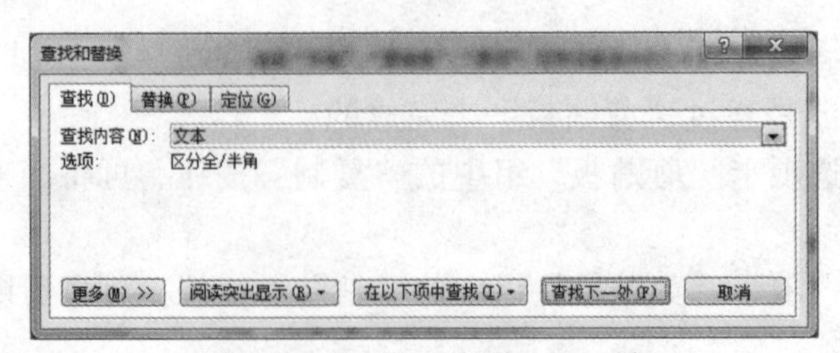

图 1-21 “查找和替换”对话框

Word 在查找时可以使用通配符功能，通配符是一种特殊符号，主要用来进行模糊查找，详细功能如表 1-1 所示。

表 1-1　通　配　符

通　配　符	作　　用	示　　例
?	代表任意单个字符	"?学院"代表"商学院""医学院"等 "??学院"代表"管理学院""外语学院"等
*	代表任意多个字符	"*学院"代表"学院""商学院""管理学院""计算机学院"等
[]	代表指定字符之一	"[商医]学院"代表"商学院"或者"医学院"

6. 替换文本

在 Word 文档中可以使用"替换"功能来实现用某个指定文本批量替换另一个指定文本。单击"开始"选项卡"编辑"组中的"替换"|"高级查找"按钮，弹出"查找和替换"对话框，如图 1-22 所示，在"查找内容"文本框中输入要查找的文本，即被替换文本；在"替换为"文本框中输入替换文本，单击"替换"按钮即可替换当前位置后的第一个满足条件的文本；单击"全部替换"按钮可以替换当前文档中所有满足条件的文本。

替换功能还可以实现批量设置文本格式的功能，在"替换"选项卡中单击"格式"按钮，弹出格式设置菜单，如图 1-23 所示，使用该菜单可以设置文本的格式。单击对话框中的"特殊格式"下拉按钮，可以指定 Word 文档中不方便使用键盘输入的一些特殊符号，如图 1-24 所示。

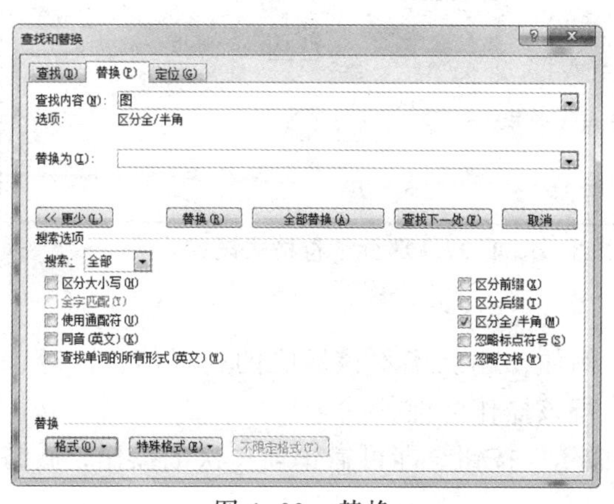

图 1-22　替换

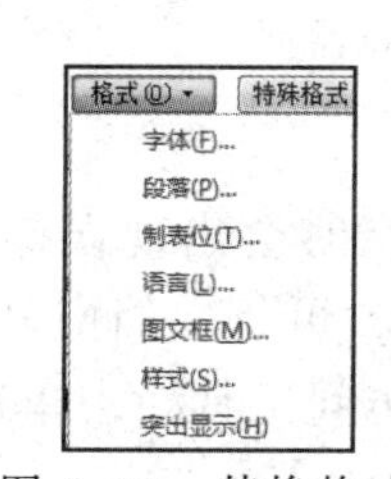

图 1-23　替换格式

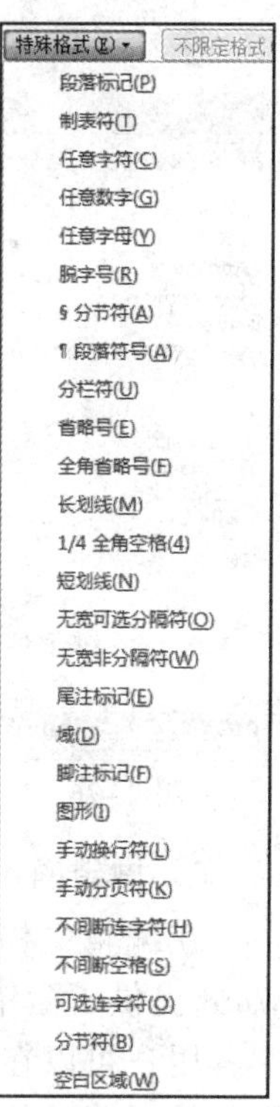

图 1-24　特殊格式

7. 格式化文本

在 Word 文档中可以对输入的文本进行格式设置，例如，文本的字体、字号、颜色等，与文本的格式有关的设置都集中在“开始”选项卡的“字体”组中，如图 1-25 所示。

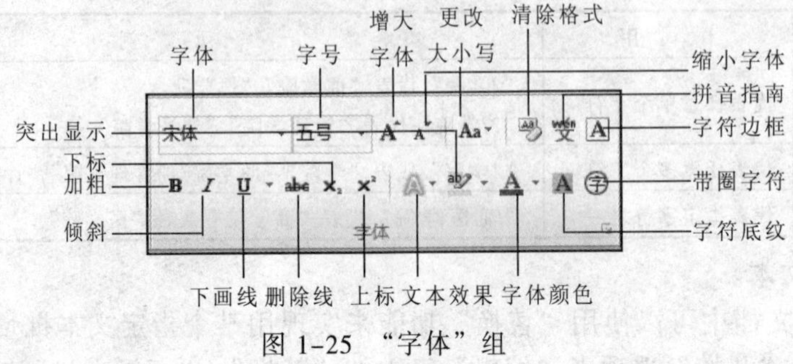

图 1-25 “字体”组

如需要更多的格式设置功能，可单击“字体”组右下角的对话框启动器按钮，弹出“字体”对话框，Word 提供的所有文本格式设置都包含在该对话框中，如图 1-26 所示。

当多处文本使用同一格式时，可以使用“格式刷”功能。用户可以先选择源文本，然后，单击“开始”选项卡“剪贴板”组中的“格式刷”按钮，这时鼠标指针会变为带有小刷子的形状，用该小刷子刷到目标文本上，即可把源文本的字体、字号等格式设置应用到目标文本上，鼠标指针会恢复原来状态。在“格式刷”上双击，可以刷多个目标文本，直到再次单击“格式刷”取消该功能为止。

部分字符格式设置效果如图 1-27 所示。

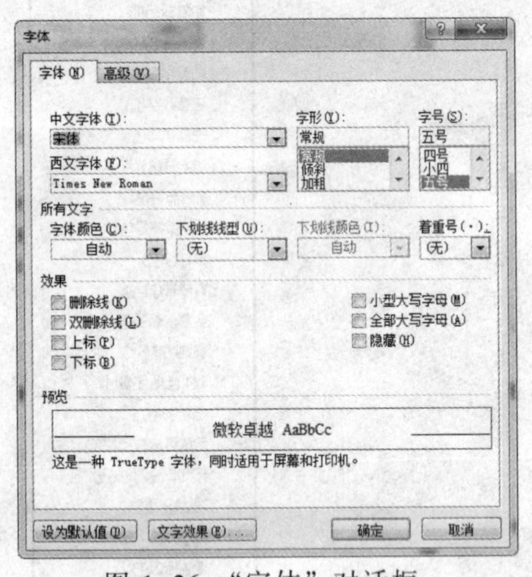

图 1-26 “字体”对话框

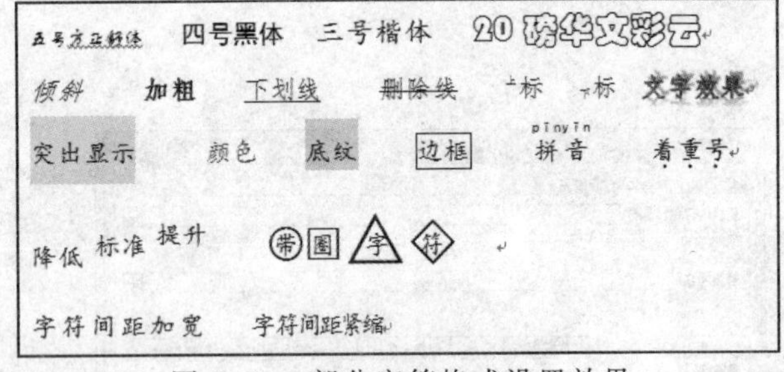

图 1-27 部分字符格式设置效果

8. 撤销操作

在编辑文档时，有时会出现误操作，例如，删除了不该删除的内容等，这时，Word 提供了撤销功能，可将文档恢复到执行该操作之前的状态。

用户可以在快速访问工具栏中单击“撤销”按钮，即可撤销前一次的操作，撤销操作的快捷键是【Ctrl+Z】。

如需撤销连续的多个操作，可以连续多次使用该功能，也可以单击快速访问工具栏中“撤销”下拉按钮，在弹出的下拉列表中列出了此前的一系列操作，最新的操作排列在最上方，单击需要撤销的多个连续操作中最下方的操作即可恢复。

9. 自动更正

自动更正是 Word 的一个非常自动化的功能。它能自动修正用户文档中的一些错误，也可以使用“自动更正”功能将词组、字符等文本替换成特定的词组、字符或图形，从而提高输入和拼写检查效率。除了默认的自动更正项目，用户也可以根据实际需要设置自定义的自动更正项目。

例如，在英文输入法状态下输入“-->”可以自动更正为“→”，输入“<=>”可以自动更正为“⇔”，输入“:)”可以自动更正为“☺”。

如果用户不希望保留 Word 自动更正的结果，可以使用【Backspace】键删除自动更正效果并还原初始的输入文本。

在 Word 中设置“自动更正”选项属性可以单击“文件”|“选项”按钮，在弹出的对话框中选择“校对”，如图 1-28 所示，单击“自动更正选项”按钮，弹出“自动更正”对话框，如图 1-29 所示，在该对话框内可以对该功能进行相应的设置。

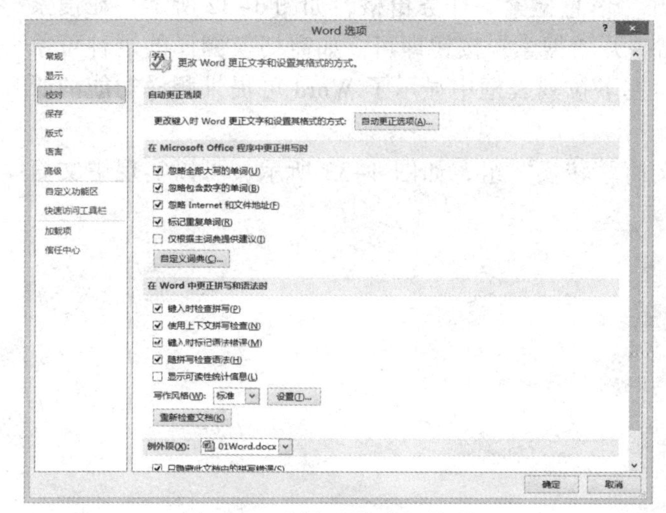

图 1-28 选择“校对”选项

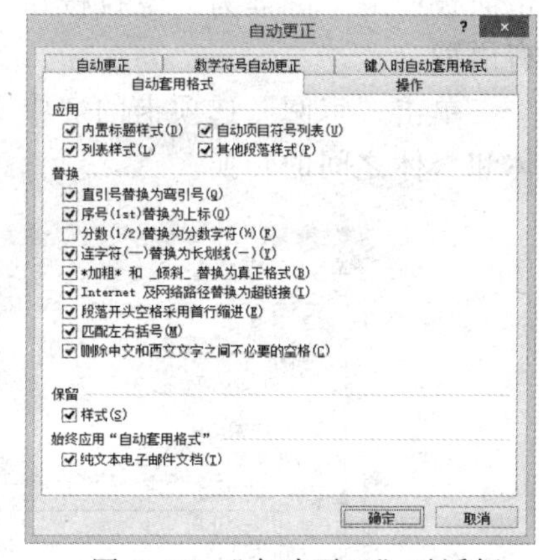

图 1-29 “自动更正”对话框

10. 拼写和语法检查

编辑文档时，Word 会自动检查用户输入的文本是否有拼写和语法错误，如发现错误，Word 会给予提醒。

当文本下方出现红色波形下画线时，Word 提示有拼写错误。

当文本下方出现绿色波形下画线时，Word 提示有语法错误。

如需取消自动检查功能，可单击“审阅”选项卡“语言”组中的“语言”|“设置校对语言”按钮，弹出“语言”对话框，如图 1-30 所示，勾选“不检查拼写或语法”复选框即可。

11. 字数统计

Word 提供了字数统计功能，该功能可以统计整个文档所包含的页数、字数、行数、段落数等。用户可以单击“审阅”选项卡“校对”组中的“字数统计”按钮，弹出“字数统计”对话框，如图 1-31 所示，在该对话框中可以看到 Word 统计的相应信息。

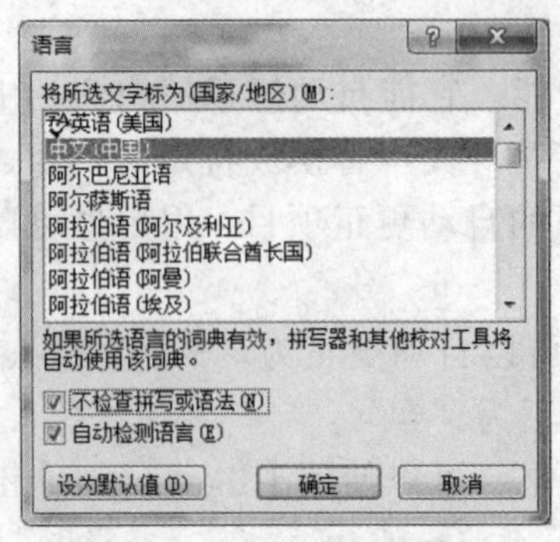

图 1-30 “语言”对话框

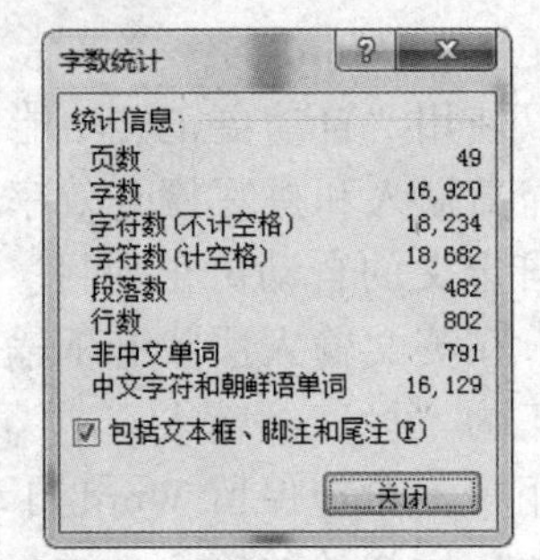

图 1-31 “字数统计”对话框

12. 翻译

Word 提供多个语种的翻译功能，用户可单击“审阅”选项卡“语言”组中的“翻译”|“翻译所选文字”命令，打开“信息检索”任务窗格，如图 1-32 所示，在搜索文本框内输入要翻译的文本，单击“开始搜索”按钮即可。如需切换翻译的语种可单击面板中的“翻译为”下拉按钮，在下拉列表框中显示了 Word 可提供翻译功能的所有语种。

单击“审阅”选项卡的“中文简繁转换”组，如图 1-33 所示，可以实现中文简体和繁体之间的转换。

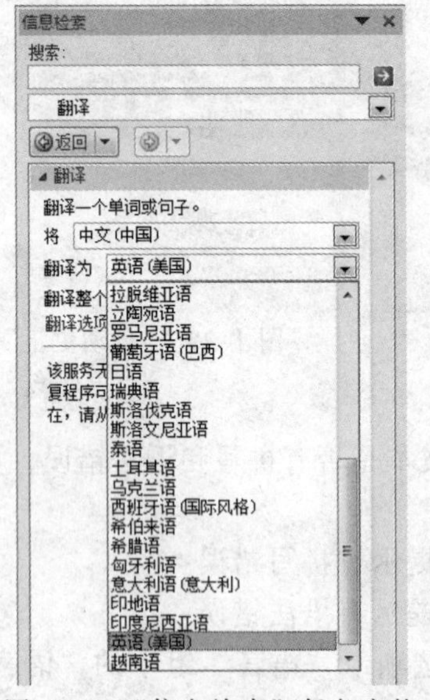

图 1-32 “信息检索”任务窗格

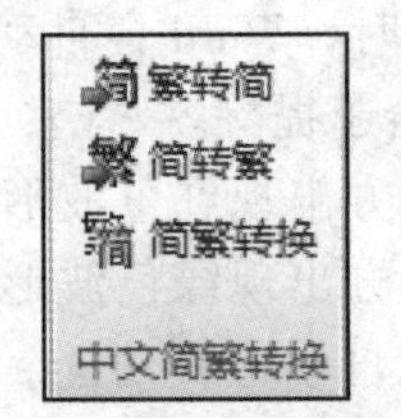

图 1-33 “中文简繁转换”组

注意：Word 提供的翻译功能较为简单，故译文可能会出现各类翻译错误，仅供参考。

1.2.2 段落设置

1. 格式化段落

在 Word 文档中可以对段落进行格式设置，例如，段落的对齐方式、行间距、段间距、边框底纹等，与段落格式有关的设置都集中在“开始”选项卡的“段落”组中，如图 1-34 所示。

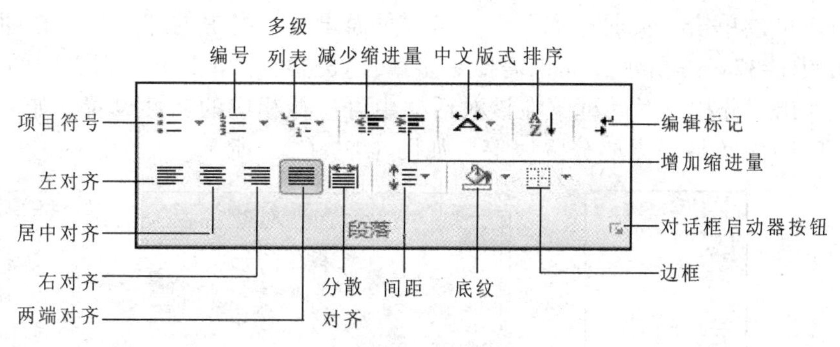

图 1-34 “段落”选项组

如需要更多的格式设置功能，可单击“段落”组右下角的对话框启动器按钮，弹出“段落”对话框，Word 提供的所有段落格式设置都包含在该对话框中，如图 1-35 所示。

2. 首字下沉和悬挂

在报纸和杂志中，经常可以看到首字下沉或悬挂的效果，该效果只能用于段落段首位置的字符。用户可以单击“插入”选项卡“文本”组中的“首字下沉”按钮，在下拉列表内选择相应的下沉或者悬挂功能，如图 1-36（a）所示。如果需要更多属性设置可以单击下拉列表中的“首字下沉选项”命令，弹出“首字下沉”对话框，在该对话框中可进行下沉或者悬挂的属性设置，如字体、下沉行数、距离正文的距离等，如图 1-36（b）所示。

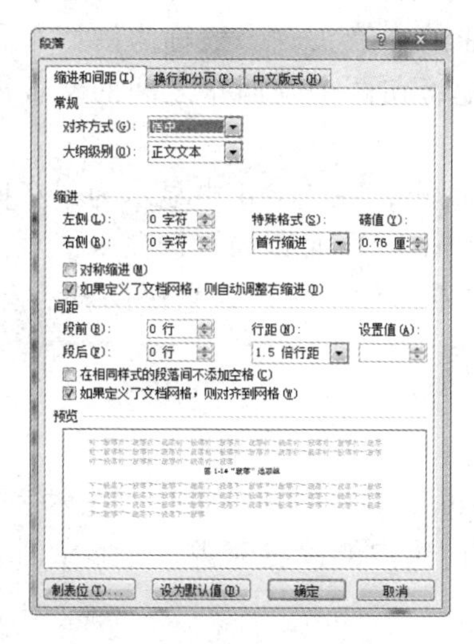

图 1-35 “段落”对话框

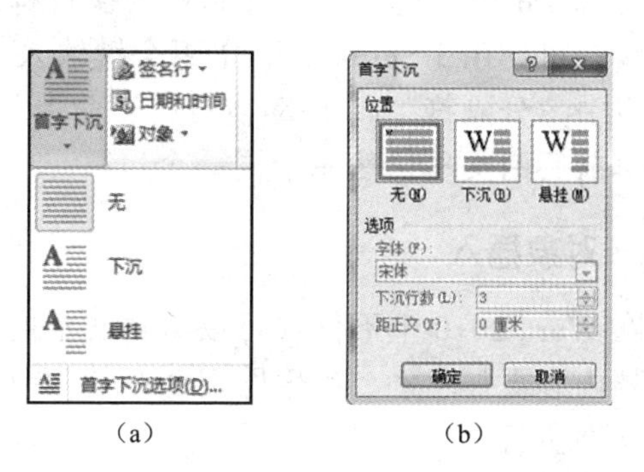

图 1-36 首字下沉和悬挂

注意：首字下沉与首字悬挂的区别在于：下沉是在边距内将第一个字符放大并向下延伸一定的距离；而悬挂是将第一个字符放大下沉后，置于文档的边距之外。

3. 分栏

分栏常用于报纸、杂志、论文的排版中，它可以将一篇文档或文档中的部分文本分成多个并排的栏目，文本根据分栏情况逐栏排列，即从第一栏的顶部排列到底部，然后再从下一栏的顶部开始排列，直到文本结束。

用户可以单击“页面布局”选项卡“页面设置”组中的“分栏”按钮进行分栏设置，如图 1-37（a）所示，如果需要更多属性设置可以单击下拉列表中的“更多分栏”按钮，弹出“分栏”对话框，在该对话框中可进行相应的属性设置，如分栏的数目、宽度、间距以及是否需要分隔线等，如图 1-37（b）所示。

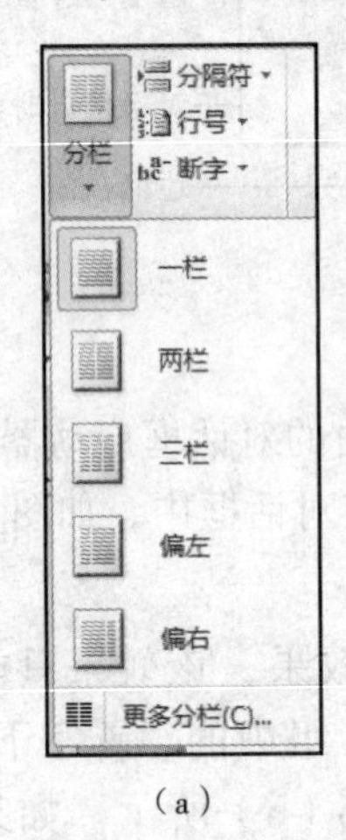

（a）

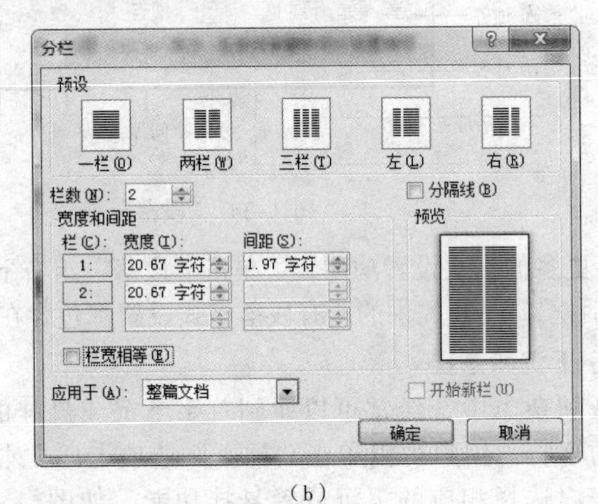

（b）

图 1-37　分栏设置

4. 回车符与换行符

在 Word 文档中，文本组成了段落，段落组成了页面。Word 为段落与段落之间的分隔提供了回车符，在 Word 中显示为一个弯曲的小箭头，一般称为硬回车，可用键盘上的【Enter】键输入。硬回车代表段落标记，在两个硬回车之间的文本即为一个段落。

在 Word 中，还有一种回车称为换行符，即软回车，在 Word 中显示为一个向下的箭头，可使用【Shift+Enter】组合键输入，或者单击“页面布局”选项卡“页面设置”组中“分隔符”|“自动换行符”命令。换行符不是段落标记，它仅仅表示换行，软回车前后的文本仍然属于同一个段落。

1.2.3　对象插入

在 Word 2010 中不仅仅可以编辑文本内容，还可以使用图片、图形、艺术字等，使文档内容更加生动，产生图文并茂的效果，从而使用户能以更直观、更形象的方式展现文档主旨。

1. 图片与剪贴画

图片作为信息的载体比文字更形象，更能引起读者的注意，图片的使用可以使文

档更加充实，更具说服力。插入图片，可以单击“插入”选项卡“插图”组中的“图片”按钮，弹出“插入图片”对话框，如图 1-38（a）所示，在该对话框中用户可以通过设置路径和文件名，将已经保存在计算机中的图片插入到文档中。

剪贴画是指 Word 自带的图片，包括插图、照片、视频、音频 4 种类型，用户可以单击“插入”选项卡“插图”组中的“剪贴画”按钮，弹出“剪贴画”任务窗格，如图 1-38（b）所示，单击需要插入的剪贴画即可完成插入操作。

注意：只有计算机连接到 Internet，勾选“包含 Office.com 内容”复选框，才能搜索到网上的剪贴画资源，否则只能搜索到本地预装的资源。

选择插入的图片或者剪贴画，系统会出现“图片工具”选项卡，如图 1-38（c）所示，该选项卡提供了与图片处理有关的功能选项，例如，设置图片样式、排列、大小等。

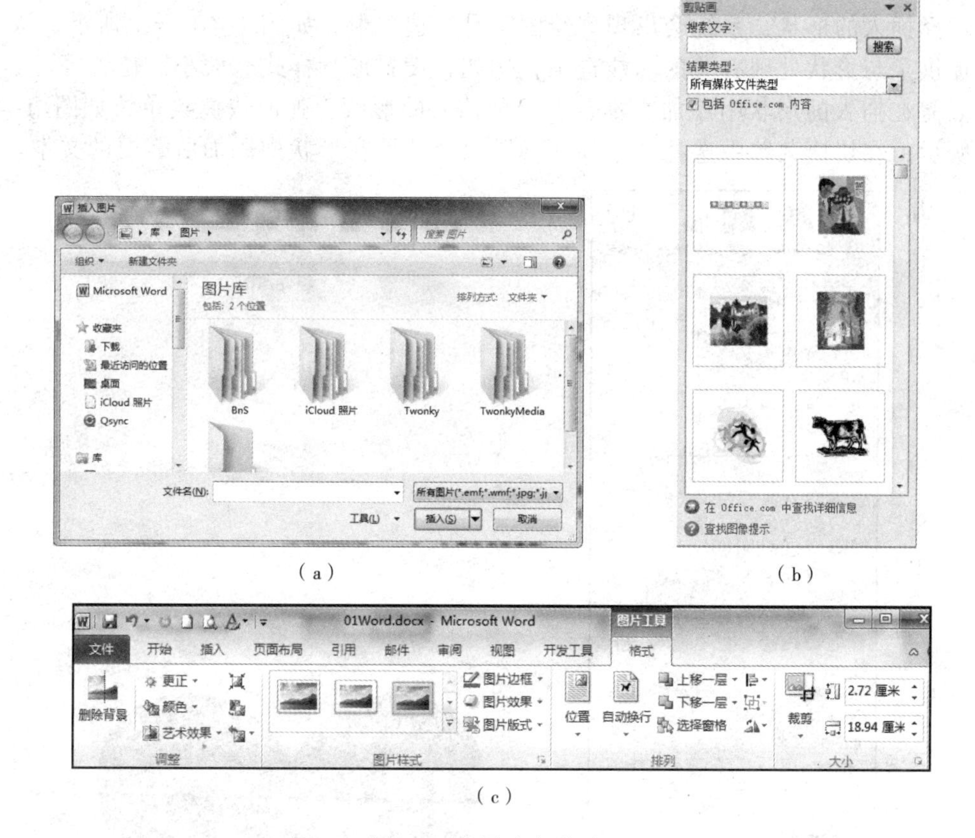

（a）（b）（c）

图 1-38 图片与剪贴画

注意：当用鼠标拖动调整图片或者剪贴画的大小时，可在拖动鼠标的同时按住【Shift】键，以保证调整时对象的长宽比例不变，即对象不变形。

当文档中插入较多图片后，文档会变得比较大，并且在 Word 中，图片经过裁剪后，被裁剪的部分仍然作为图片的组成部分保留在文档中，所以，用户可以通过压缩图片来有效减小文档的大小。用户可以在文档中任意选择一个图片或者剪贴画，Word

会出现“图片工具”选项卡，单击“调整”组中的“压缩图片”按钮，弹出“压缩图片”对话框，属性设置如图 1-39 所示，单击“确定”按钮即可压缩文档中的所有图片，并将图片中被裁剪的部分删除，从而达到为文档瘦身的效果。

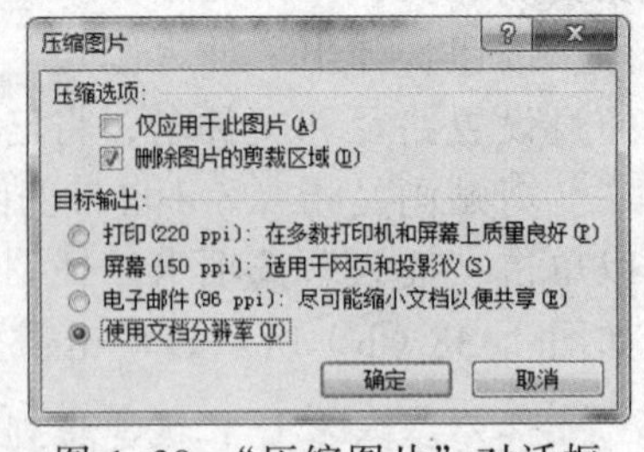

图 1-39 “压缩图片”对话框

2．形状

形状是 Word 提供的预设在系统内部的图形，包括线条、矩形、基本形状、箭头总汇、公式形状、流程图、星与旗帜、标注 8 种类别。插入“形状”时，可以单击“插入”选项卡“插图”组中的“形状”下拉按钮，在下拉列表中列出了所有可供插入的形状，如图 1-40（a）所示，可根据需要单击相应的形状，然后，在文档中通过鼠标拖动完成形状的插入操作，图 1-40（b）所示为插入的心形形状。

选择插入的形状，系统会出现“绘图工具”选项卡，如图 1-40（c）所示，该选项卡提供了与形状处理有关的功能选项，例如，设置形状样式、大小、位置等。

如需在插入的形状中添加文本，右击已插入的形状，弹出快捷菜单，如图 1-40（d）所示，在快捷菜单中选择“添加文字”命令即可在形状中添加所需要的文本。

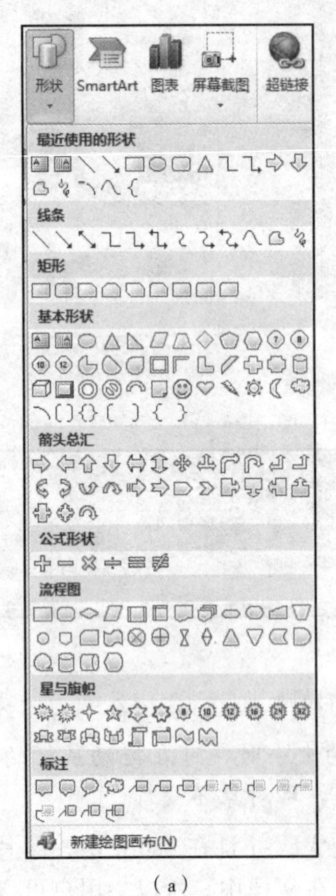

（a）

（b）

图 1-40 形状

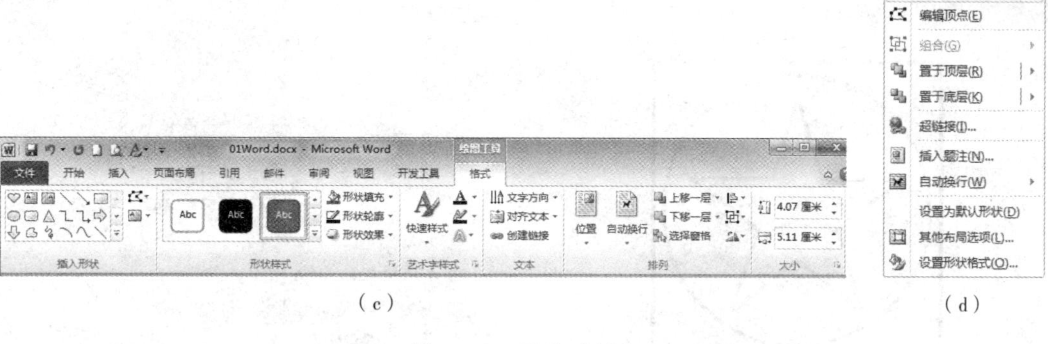

（c）　　　　　　　　（d）

图 1-40　形状（续）

一般来说，用户插入的图片或者剪贴画都是方形或者矩形的，如需要将插入的图片或者剪贴画设置为形状样式，可以使用 Word 提供的“裁剪为形状”功能。用户可以先在文档中选择已经插入并需要变形的图片或者剪贴画，然后，在“图片工具”选项卡中单击“大小”组中的“裁剪”|“裁剪为形状”命令，系统会弹出可供裁剪的所有形状，如图 1-41（a）所示，根据需要选择相应的形状即可，图 1-41（b）为裁剪为心形的图片。

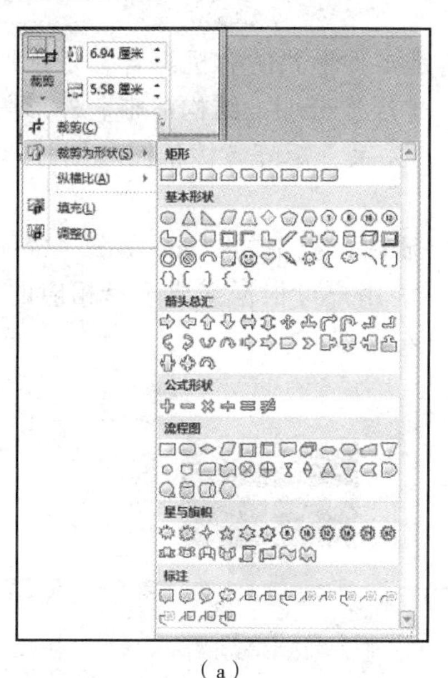

（a）　　　　　　　　（b）

图 1-41　形状裁剪

在 Word 中可用若干个简单形状组合成一个复杂图形，如图 1-42 所示，每个简单形状都是一个独立的对象，当多个对象叠加时，处于上层的对象会遮盖下层的对象，用户可以通过修改对象之间的层次来保证所需对象的展示。修改层次可以先选择对象为右击，弹出快捷菜单，如图 1-43 所示，可选择“置于顶层”“置于底层”“上移一层”“下移一层”等命令调整选定对象的层次。

图 1-42　组合图形

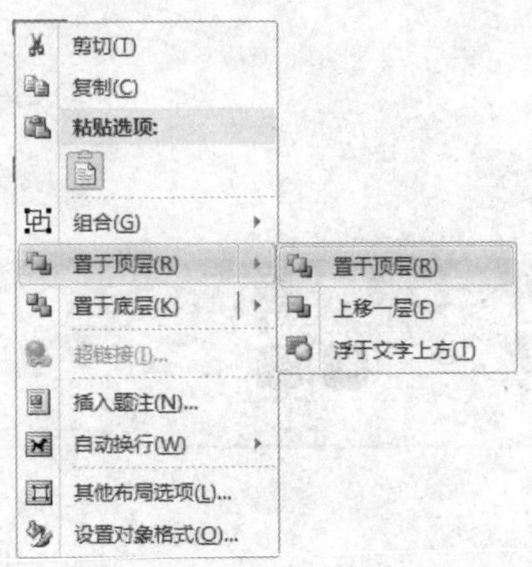

图 1-43　图形的叠放层次

如用户需要对多个对象一起进行设置，如移动位置、调整大小等，为了简化操作，避免由于操作不当造成对象排列混乱等，可将相关对象组合成一个对象。用户可以先选择有关的所有对象，右击，弹出快捷菜单，选择“组合”命令，即可把多个对象组合成一个整体，以方便编辑和排版。如不需要组合，可以在快捷菜单中选择“取消组合”命令。

3. 智能图形 SmartArt

SmartArt 是 Word 提供的内置图形系列，它是多种形状的有机组合，是图形化的文本，它可以应用各类图形样式，从而呈现出一个层次分明、结构清晰、外形美观的图形。Word 提供列表、流程、循环、层次结构、关系、矩阵、棱椎图和图片 8 种类型的智能图形。

插入智能图形，可以单击“插入”选项卡“插图”组中的“SmartArt”按钮，弹出“选择 SmartArt 图形”对话框，如图 1-44 所示，用户可根据需要选择相应的图形，然后，在文档中通过鼠标拖动完成智能图形的插入操作。

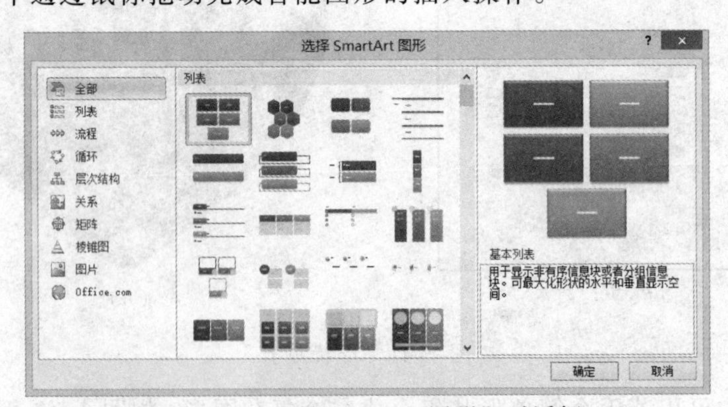

图 1-44　“选择 SmartArt 图形”对话框

选择插入后的智能图形，Word 会显示“SmartArt 工具”选项卡，如图 1-45 所示，用户可以通过该选项卡进行与智能图形有关的属性设置。

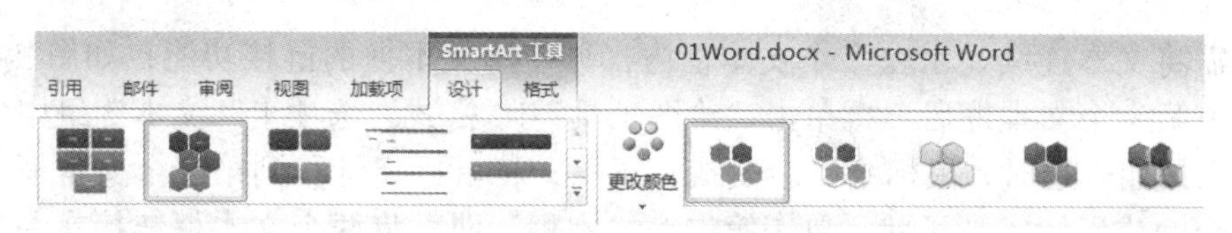

图 1-45 “SmartArt 工具”选项卡

4. 屏幕截图

用户在编辑文档时，经常需要截取计算机屏幕上的图像，以往可以通过【Print Screen】键或【PrtSc】键来截取屏幕上显示的全部内容，但是，用户往往需要的只是屏幕上显示的一部分内容，这时，就可以使用 Word 提供的“屏幕截图”功能，该功能可以将当前系统所打开的某个程序窗口截取到文档中。

用户可以单击“插入”选项卡“插图”组中的“屏幕截图”下拉按钮，在下拉列表的“可用视窗”中显示当前打开的所有应用程序的缩略图，单击相应的缩略图即可插入该应用程序的屏幕截图，该功能类似于使用【Alt+Print Screen】快捷键。

如果用户希望能够根据自己的需要截取屏幕中的一部分内容，可以单击下拉列表中的“屏幕剪辑”命令，该功能会自动最小化当前 Word 文档，并将屏幕内容设置为模糊，鼠标变为十字形，通过鼠标拖动来框取所需要的屏幕内容，被选取的屏幕内容会变清晰，选取完毕，释放鼠标左键，所选取的屏幕内容便可插入到文档中。

5. 文本框

文本框是文字、图形与边框的结合，与在文本和图形上加边框不同，它是一个可移动的文字或图形容器，可作为独立对象进行样式设置和排版，利用文本框可以把文档的排版做得更加美观。

用户可以单击“插入”选项卡“文本”组中的“文本框”下拉按钮，在下拉列表中选择 Word 内置的文本框模板，如图 1-46 所示，然后，在文档中通过鼠标拖动即可完成文本框的插入操作，也可以单击“绘制文本框”命令自行绘制所需的文本框。

文本框可分为横排文本框，和竖排文本框，如图 1-47 和图 1-48 所示。

图 1-46 “文本框”下拉列表

办公软件高级应用

图 1-47 横排文本框

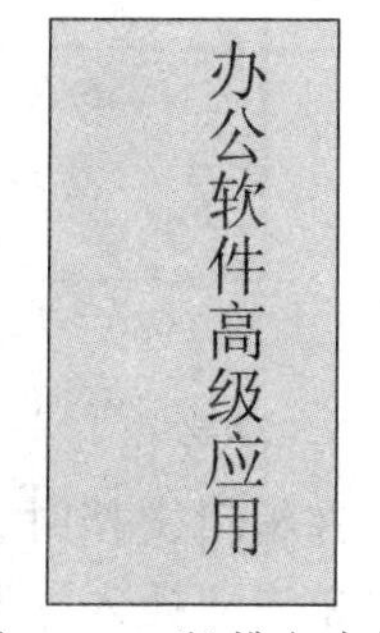

图 1-48 竖排文本框

如需将文本连续显示在多个文本框内，可使用文本框的链接功能，如图 1-49 所示。选中第一个文本框后，再单击“绘图工具”|“格式”选项卡“文本”组中的“创建链接”按钮，这时，鼠标指针会变成杯子状，将鼠标指针移到第二个文本框上，鼠标指针会变成下倾式杯子状，单击第二个文本框，即可将两个文本框链接在一起，如需链接第三个文本框，可先选中已被链接的第二个文本框后再链接第三个文本框，依此类推。如需取消链接，可以单击“绘图工具”|“格式”选项卡“文本”组中的“断开链接”按钮。

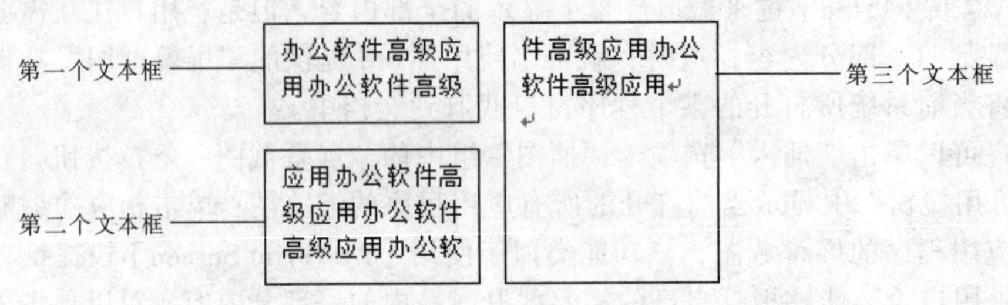

图 1-49　链接文本框

6. 艺术字

艺术字是由专业的字体设计师经过艺术加工而形成的汉字变形字体，字体具有美观、醒目等特点，具有很强的装饰效果。Word 为用户提供了阴影、弯曲、旋转、拉伸等艺术字样式，用户可以根据需要进行选择，也可对艺术字进行自定义设置。

插入艺术字，可以单击“插入”选项卡“文本”组中的“艺术字”按钮，在下拉列表中选择需要的艺术字样式，如图 1-50 所示。选择插入的艺术字后，Word 会出现“绘图工具”选项卡，在该选项卡中有“艺术字样式”组，如图 1-51 所示，该提供了与艺术字属性设置有关的功能选项，如艺术字的颜色、阴影、旋转、弯曲样式等。

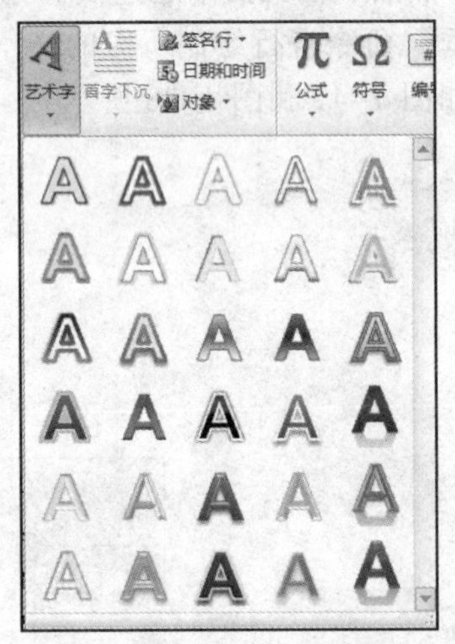

图 1-50　“艺术字”下拉列表

图 1-51　“艺术字样式”组

7. 符号

在编辑文档时，有时需要输入一些键盘上没有的符号，如“■”“√”等，用户可以单击“插入”选项卡“符号”组中的“符号”按钮，在下拉列表中选择相应的符号，如图 1-52 所示。如用户所需的符号没有在下拉列表中出现，可单击“其他符号”按钮，弹出“符号”对话框，如图 1-53 所示，列出了 Word 所支持的所有符号，选择需要插入的符号，然后单击“确定”按钮即可。

如果知道所需插入的符号的字符代码，也可在图 1-53 所示的对话框中直接输入字符代码插入符号，如需插入“√”，可在字符代码文本框中输入“221A”。

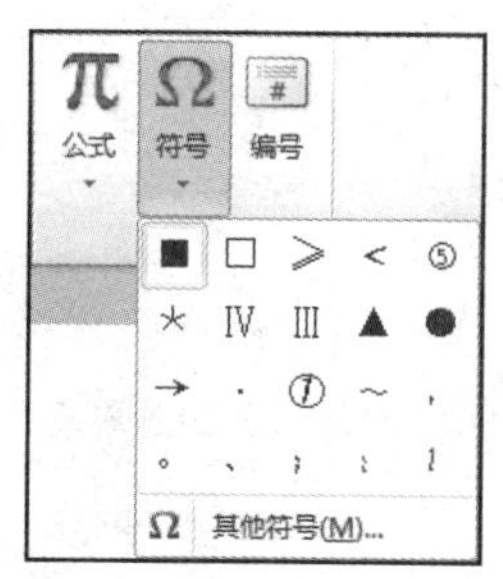

图 1-52 “符号”下拉列表

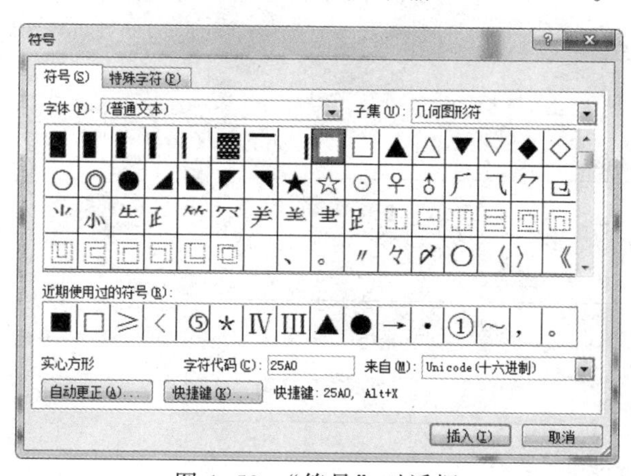

图 1-53 “符号”对话框

8. 日期和时间

在编辑文档时如需插入系统日期和时间，用户可以单击“插入”选项卡“文本”组中的“日期和时间”按钮，弹出“日期和时间”对话框，如图 1-54 所示，选择需要的格式模板即可。

如果在对话框中勾选“自动更新”复选框，则所插入的日期和时间会根据当前的系统时间自动更新，否则保持插入时的系统日期和时间。

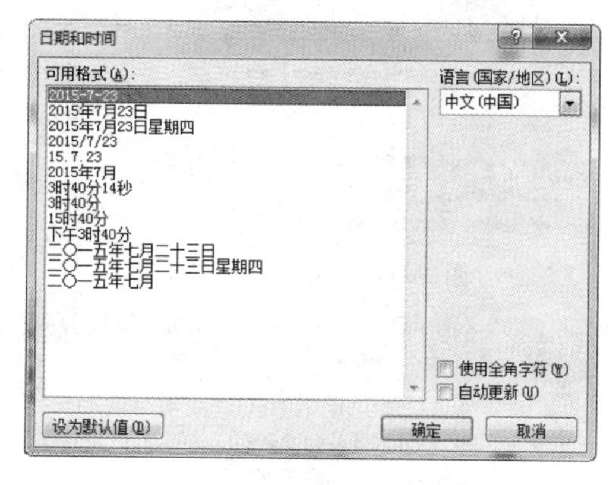

图 1-54 “日期和时间”对话框

注意：Word 插入的日期和时间，使用的是计算机的系统日期和时间，因此，为了保证准确性，请先确认计算机的系统日期和时间是否准确。

9. 公式

在 Word 文档中可以使用专用的公式工具输入各种公式，用户可单击“插入”选项卡“符号”组中的“公式”按钮，在下拉列表中，用户可以选择 Word 内置的公式进行插入，如图 1-55 所示，也可以单击“插入新公式”按钮自定义插入的公式。

用户单击“插入新公式”按钮后，文档中会出现一个公式编辑区域，如图 1-56 所示，单击该区域，系统会出现“公式工具”选项卡，如图 1-57 所示，可利用该选项卡中的工具自定义输入公式。

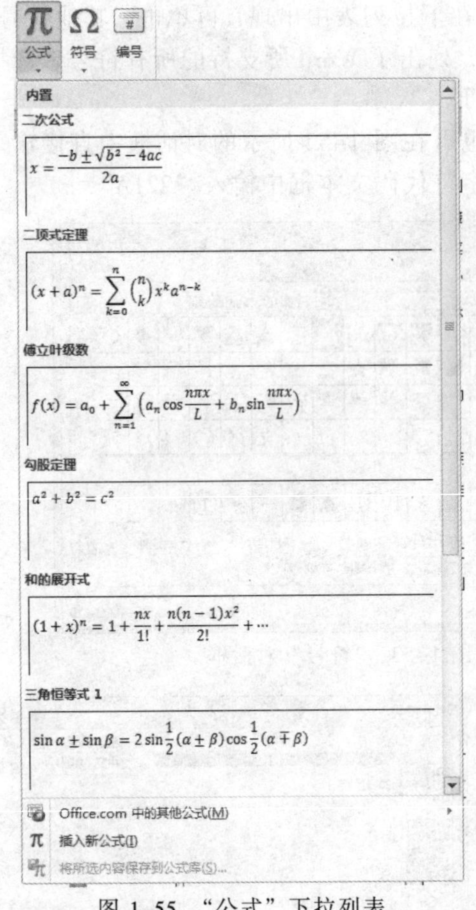

图 1-55 “公式”下拉列表

图 1-56 公式编辑区域

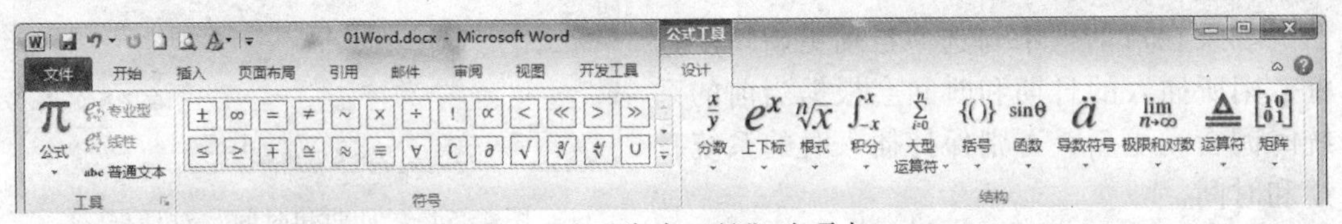

图 1-57 “公式工具”选项卡

10. 超链接

在 Word 文档中可以插入超链接，以方便读者跳转到相关位置，例如，网站、其他文档等。单击“插入”选项卡“链接”组中的“超链接”按钮，弹出“插入超链接”对话框，如图 1-58 所示，用户在“要显示的文字”文本框中输入显示在文档中内容，在“地址”文本框中输入要跳转的位置，单击“确定”按钮即可完成超链接的插入操作。

插入超链接后的文本下方会出现蓝色波形下画线，鼠标指针移到超链接上时会出现提示信息，如图 1-59 所示，提示按住【Ctrl】键并单击超链接即可跳转的目标位置。

如需删除超链接，可在包含超链接的文本上右击，弹出快捷菜单，选择“取消超链接”命令即可，或者，选中相应文本，然后使用快捷键【Ctrl+6】或【Ctrl+Shift+F9】也可以删除超链接。

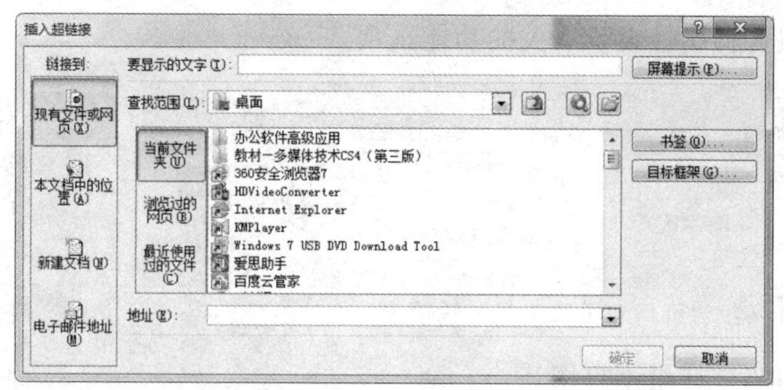

图 1-58 “插入超链接”对话框

图 1-59 超链接

注意：文本下方出现紫色波形下画线，表示该超链接已经使用过。

11. 页眉与页脚

页眉与页脚分别位于文档每一页的页首和页尾处，通常用来显示日期、时间、文档标题、页码等内容。

Word 2010 预设了一些页眉与页脚的格式模板，用户插入页眉可以单击“插入”选项卡“页眉和页脚”组中的“页眉”下拉按钮，在下拉列表中用户可以选择 Word 自带的页眉模板，如图 1-60 所示，也可以单击下拉列表中的“编辑页眉”进行自定义设置。插入页眉后，系统会自动在文档上方插入一条水平线，水平线上方为页眉内容，水平线下方为文档内容，如图 1-61 所示。

如需删除页眉，可以单击下拉列表中的“删除页眉”按钮。

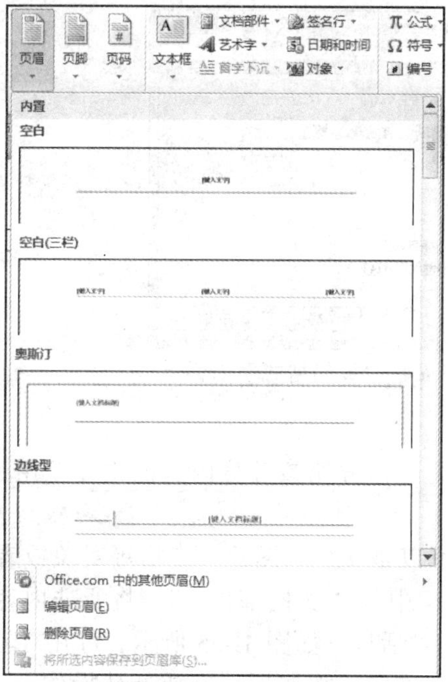

图 1-60 插入页眉

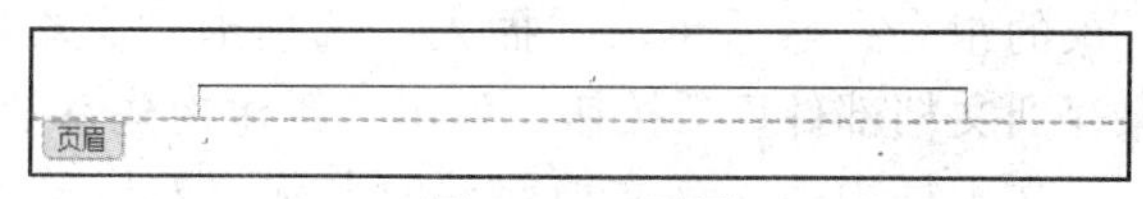

图 1-61 页眉

插入页眉后，文档中每一页的页眉都将显示相同的信息，双击页眉可以进入页眉的编辑模式，并且系统会显示“页眉和页脚工具”上下文选项卡，如图 1-62 所示，在该选项卡中提供了与页眉和页脚属性设置有关的功能选项。

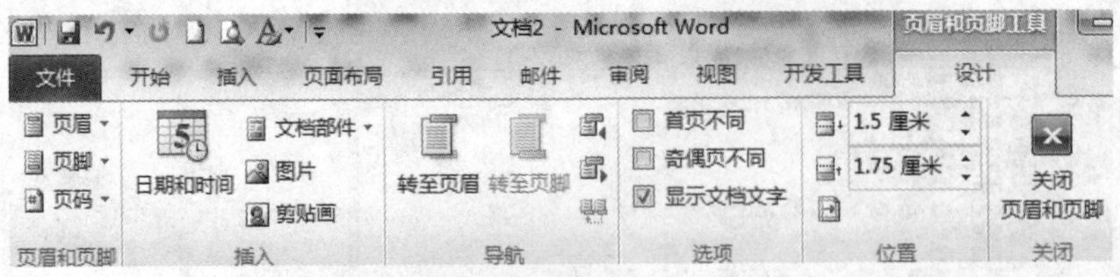

图 1-62 “页眉和页脚工具”选项卡

页脚的设置方式与页眉相似，这里不再阐述。

注意：如果文档的奇偶页的页眉页脚不一样，可以在“页眉和页脚工具”选项卡中勾选“奇偶页不同”复选框，然后分别设置奇数页与偶数页的页眉页脚，如需要文档的第一页与后续页面的页眉页脚不一样，可以在“页眉和页脚工具”选项卡中勾选“首页不同”复选框。

12．页码

页码用于显示文档的总页数及当前页数等信息，通常情况下，页码会被添加到页脚区域。

用户可以单击“插入”选项卡“页眉和页脚”组中的“页码”下拉按钮，在下拉列表中可以选择需要的模板，如图 1-63 所示，也可以单击“设置页码格式”按钮，弹出“页码格式”对话框，在该对话框中用户可以自定义与页码有关的属性设置，如图 1-64 所示。

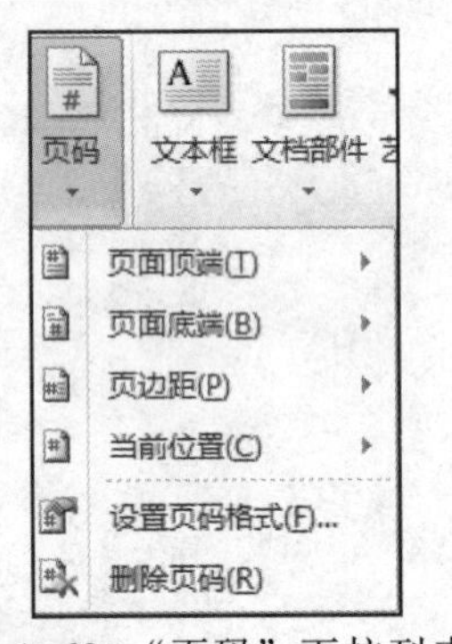

图 1-63 “页码”下拉列表

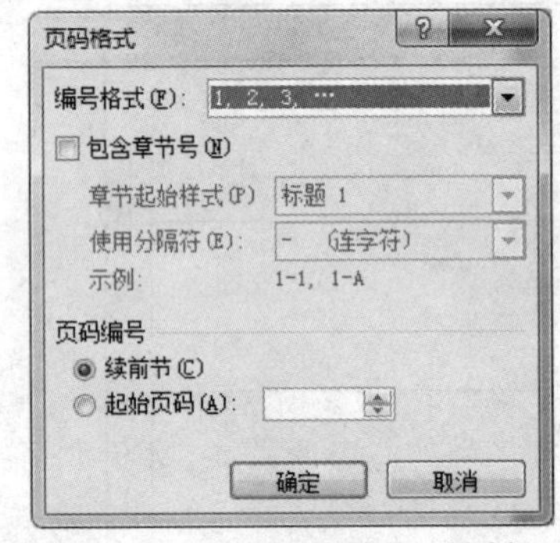

图 1-64 “页码格式”对话框

13．文档部件

文档部件就是对某一部分的文档内容进行封装，以方便该部分内容的重复使用，从而提高文档的编辑效率。

用户可以先选择要封装的文档内容，该内容可以是文本、图片、表格等对象或者对象的组合，然后单击“插入”选项卡“文本”组中的“文档部件”|“将所选内容保存到文档部件库”按钮，弹出“新建构建基块”对话框，如图 1-65 所示，可在“名称”文本框中输入该文档部件的名称，然后单击“确定”按钮即可完成新建操作。

如需将文档部件插入文档，可单击“插入”选项卡“文本”组中的“文档部件”下拉按钮，在下拉列表中选择所需要的部件即可完成插入操作。

14. 域

域的主要功能是在 Word 文档中自动更新文本，其本质是一组代码。在编辑 Word 文档时，有些内容是需要根据实际情况进行自动更新的，例如，页码、日期等，而域会根据这些情况运行相应的代码，然后显示最终运行结果。

用户进行特定操作时（如插入页码等），Word 会自动插入域，用户也可根据需要手动插入域。手动插入域可单击“插入”选项卡“文本”组中的“文档部件”|“域”按钮，如图 1-66 所示，弹出“域”对话框，在该对话框中选择所需要的域，并设置相应的属性选项即可，如图 1-67 所示。

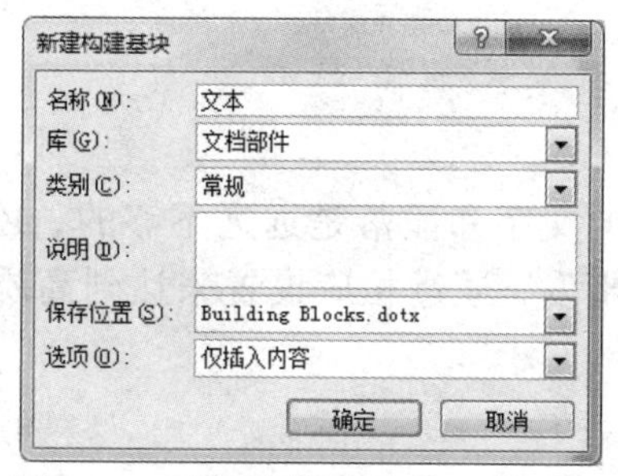

图 1-65 “新建构建基块”对话框

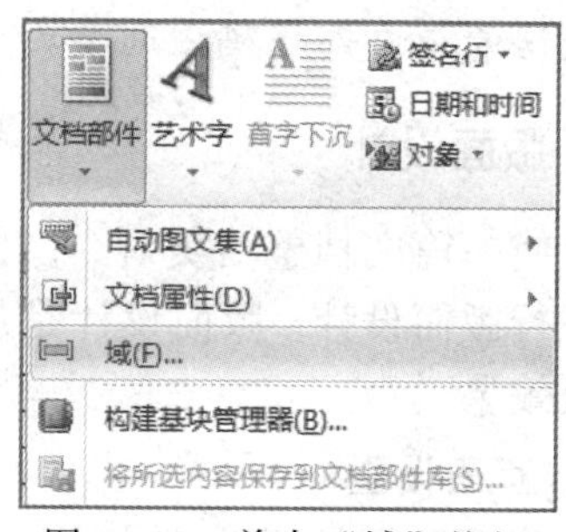

图 1-66 单击“域”按钮

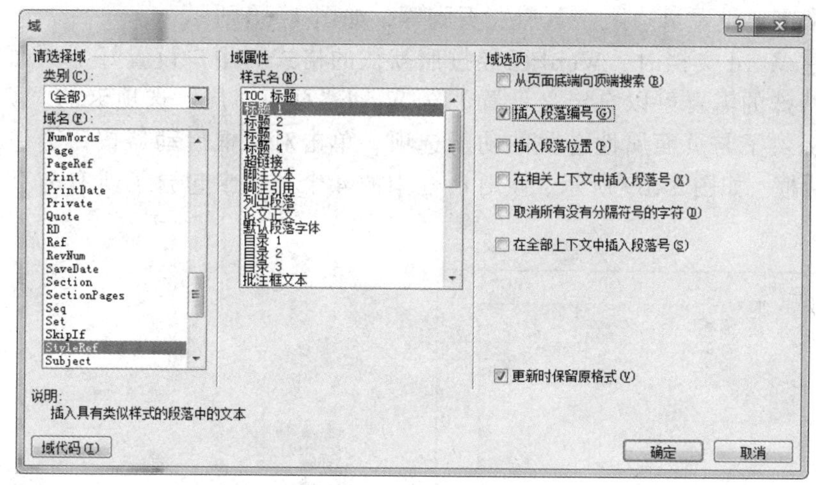

图 1-67 “域”对话框

单击域所在的位置，域会显示有灰色底纹，右击域会出现快捷菜单，选择“更新域”命令可以使域代码根据当时的实际情况再次运行并显示运行后的结果，或者，选择需要更新的域，按【F9】键也可达到更新效果。选择快捷菜单中的“编辑域”命令，可以修改域的相关属性。选择快捷菜单中的“切换域代码”命令可以显示该域所对应的代码，再次使用该功能，可以隐藏域代码，显示域的运行结果。

常用的域有页码域{PAGE}、页数域{NUMPAGES}、日期域{DATE}、时间域{TIME}等，用户可根据需要组合使用，如需要实现“第*页，共*页”的页脚文本，可以在*号位置分别插入页码域和页数域。例如，要实现“本文由*撰写，文件名为*，共计*字，*页”，可以写成“本文由{Author}撰写，文件名为{FileName}，共计{NumWords}

字，{NumPages}页”。

如果在一个域中再插入一个域，这就形成了域的嵌套，Word 允许域嵌套的层数是 20 层，例如，奇数页为{=2*{PAGE}-1}，偶数页为{=2*{PAGE}}。

在不需要更新域时，可以将域暂时锁定，也可以将域的结果永久性地转换为普通的文本。锁定域可以使用快捷键【Ctrl+F11】组合键，解除锁定域可以使用快捷键【Ctrl+Shift+F11】，转换文本可以使用快捷键【Ctrl+Shift+F9】。

注意：为了避免出错，Word 中的域请使用插入方式，尽量避免手工输入。如需手工输入，每对大括号不能直接用键盘输入，必须用【Ctrl+F9】组合键生成，并且每对大括号与内部代码之间要由空格隔开。

1.2.4 版面设计

要使一篇文档整洁美观，仅仅使用格式化的文字和段落是远远不够的，必须要对文档进行版面设计。版面设计是从文档的整体出发，通过相应设置来达到高质量的文档排版效果。

1. 页面设置

页面设置是版面设计的重要组成部分，一般来说，一个页面就是 Word 文档中的一页，通常需要设置页边距、页眉、页脚等，如图 1-68 所示。

在新建 Word 文档时，Word 已经按照默认的格式帮用户设置好了页面属性，如果用户有特殊的需要可以自定义设置。在 Word“页面布局”选项卡的“页面设置”选项组中提供了与页面属性有关的功能选项，单击对话框启动器按钮会弹出“页面设置”对话框，如图 1-69 所示，该对话框中的 4 个选项卡包含了所有与页面属性有关的设置。

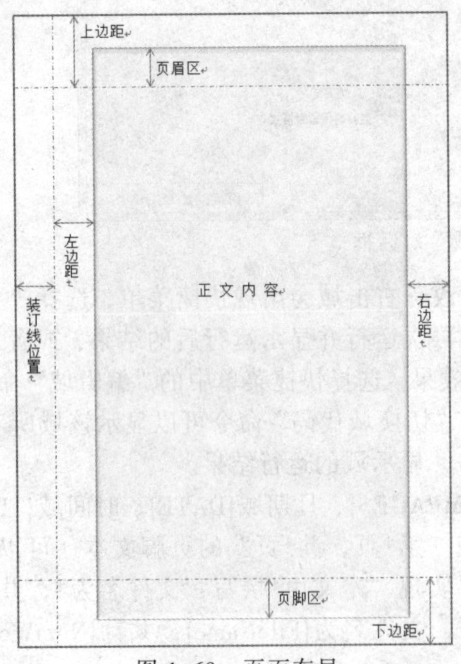

图 1-68　页面布局

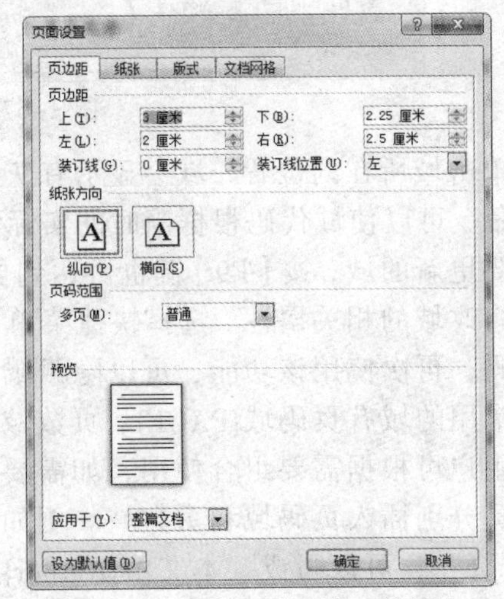

图 1-69 “页面设置”对话框

注意：“页面设置”设置的范围并不是一个页面，默认情况下是整篇文档使用同一个页面设置属性。

2. 页面背景

使用“页面布局”选项卡中的“页面背景”组，可以对文档背景进行设置。单击该组内的“页面颜色”按钮可以设置文档的背景颜色，如果需要自定义背景效果，可以单击下拉列表中的“填充效果”按钮，弹出“填充效果”对话框，如图 1-70 所示，在该对话框中可以设置渐变、纹理、图案以及图片背景效果。

单击该组内的“水印”按钮可以设置文档的水印效果，即在文档内容后插入虚影文字或图片，一般用于一些特殊的文档，如保密文档、版权文档等。除了 Word 提供的自带水印模板之外，用户也可以单击下拉列表中的“自定义水印”按钮，弹出“水印”对话框，如图 1-71 所示，在该对话框中用户可以自定义所需的水印模板。

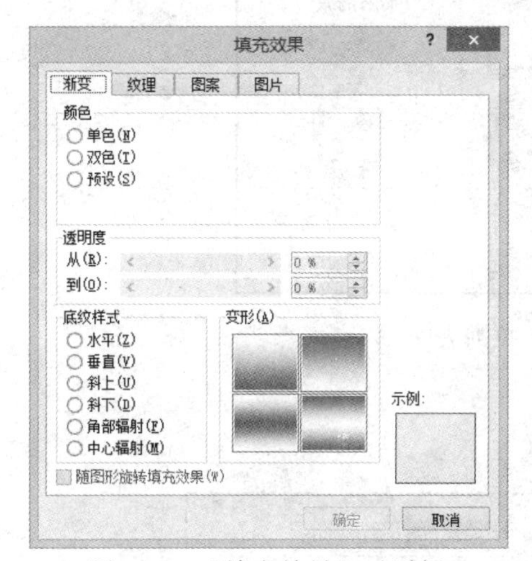

图 1-70 “填充效果”对话框

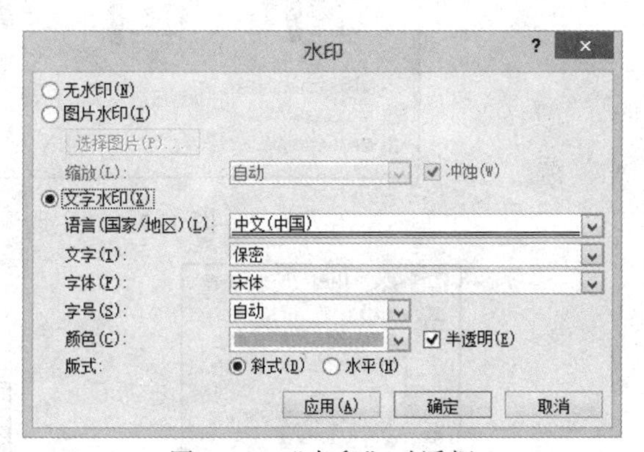

图 1-71 “水印”对话框

3. 页面边框

页面边框可以理解为页面四周的边框，设置页面边框可以美化文档。

单击“页面布局”选项卡“页面背景”组中的“页面边框”按钮，弹出“边框和底纹”对话框，如图 1-72 所示，在该对话框的“页面边框”选项卡中可以自定义边框的样式、颜色等。

4. 主题

Word 提供了主题功能，主题是一套具有统一设计元素的格式选项，包括主题颜色（配色方案的集合）、主题字体和主题效果等，利用主题功能可以为文档快速设置具有统一风格的美化效果。

单击“页面布局”选项卡“主题”组中的“主题”下拉按钮，在下拉列表中列出了 Word 内置的主题模板，如图 1-73

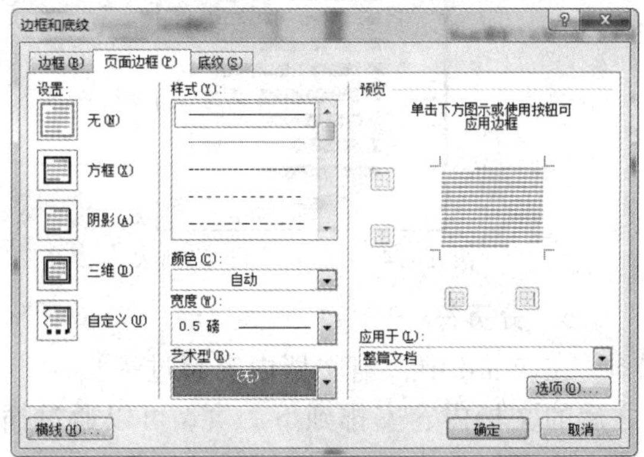

图 1-72 “边框和底纹”对话框

所示，用户可以根据需要进行相应的模板选择。如需要自定义主题的颜色、字体、效果等设置，可以在同一组中单击“颜色”下拉按钮（见图 1–74）、“字体”或者“效果”（见图 1–75）等进行设置。

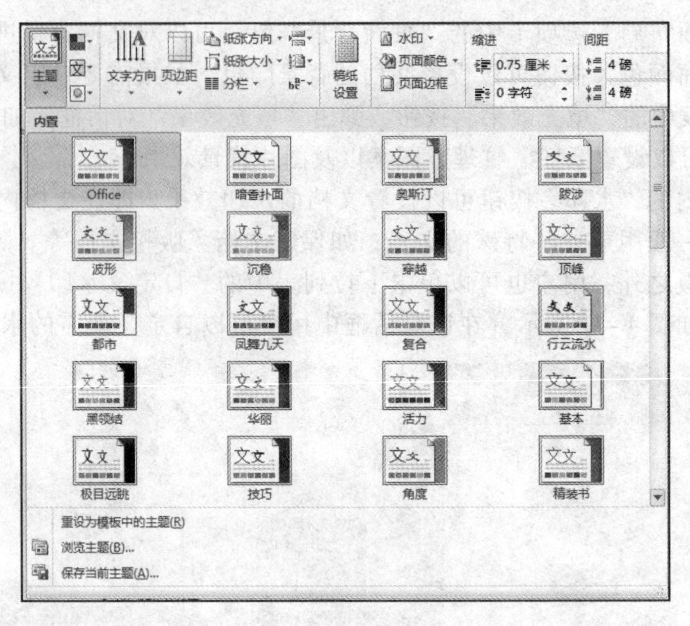

图 1–73 “主题”下拉列表

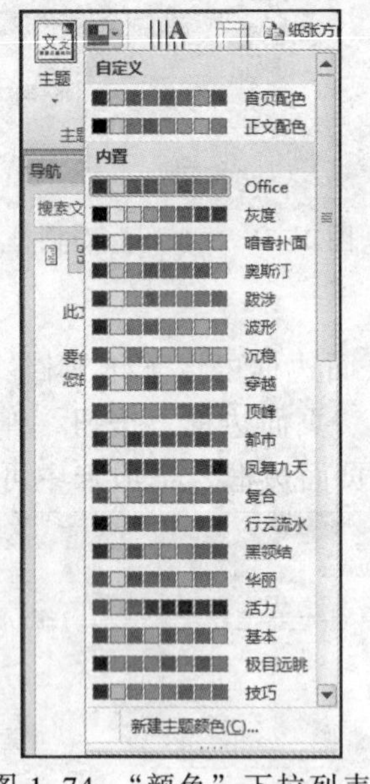

图 1–74 “颜色”下拉列表

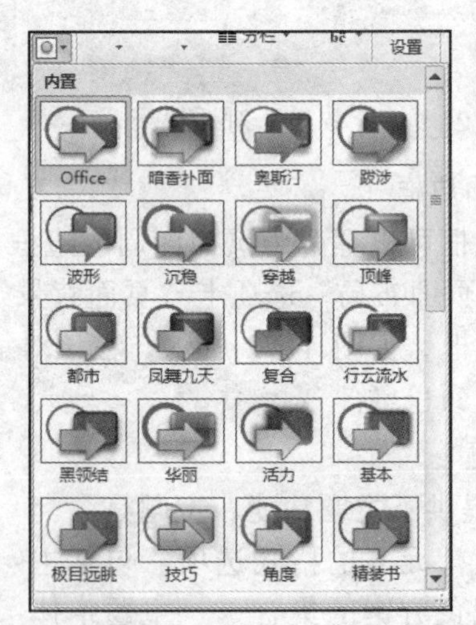

图 1–75 “效果”下拉列表

5．分页符

在 Word 中，当文档内容超过一页时，系统会自动分页，如果需要将某一部分及之后的文档内容安排到下一页，可以通过插入分页符进行人工分页，单击“插入”选项卡“页”组中的“分页”按钮即可。

分页符是一条水平虚线，如图 1–76 所示，默认情况下，分页符是隐藏的，如需

要在文档中显示分页符，可单击“开始”选项卡“段落”组中的“显示/隐藏编辑标记”按钮。

如需删除分页符，将鼠标指针定位在分页符的左边，按【Delete】键即可。

6. 分节符

“节”是版面设计的重要概念，通常用“分节符”进行分隔。一般情况下，Word默认将整篇文档作为一节，在同一节中可设置及应用相同的版面设计，为了使版面设计多样化，可将文档分成多个节，可根据需要为每个节设置不同的版面设计，例如，每个节可以单独设置页边距、纸张类型、页面边框、页眉页脚、页码等。

可以单击“页面布局”选项卡“页面设置”组中的“分隔符”|“分节符”按钮手动添加分节符，在添加分节符的文档处会出现一条双虚线，在中央位置有“分节符（类型）”字样。如没有出现双虚线分节符，可单击“开始”组中的“段落”|“显示/隐藏编辑标记”。显示分节符后，双击双虚线，弹出“页面设置”对话框，切换到“版式”选项卡，如图1-77所示，可以对已有的分节符做相应的属性设置。

..........................分页符..........................

图1-76　分页符

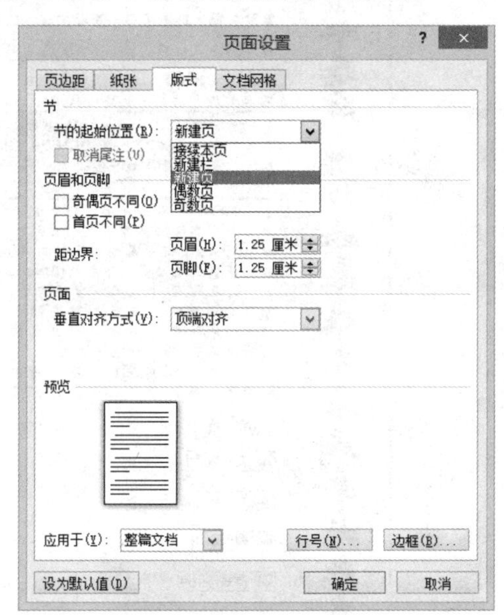

图1-77　“版式”选项卡

分节符有4种类型，以满足用户的不同需求，如表1-2所示。

表1-2　分节符类型

项　　目	功　　能
下一页	插入分节符后，新节从下一页开始
连续	插入分节符后，新节从同一页开始
奇数页	插入分节符后，新节从下一个奇数页开始
偶数页	插入分节符后，新节从下一个偶数页开始

除了手动添加分节符之外，Word也会根据情况自动生成分节符，例如，当用户使用“分栏”功能时，分节符就会自动生成，将分栏的部分作为单独的一个节。

注意：虽然“下一页”分节符与分页符同样显示为换页的效果，但是，如果需要对各个节设置不同的版面格式，则必须使用分节符，因为，分页符前后作为同一节，版面格式必须保持一致，不能单独设置。

【范例】简介

本范例要求制作图 1-78 所示的简介，所涉及的素材均保存在“简介”文件夹下。

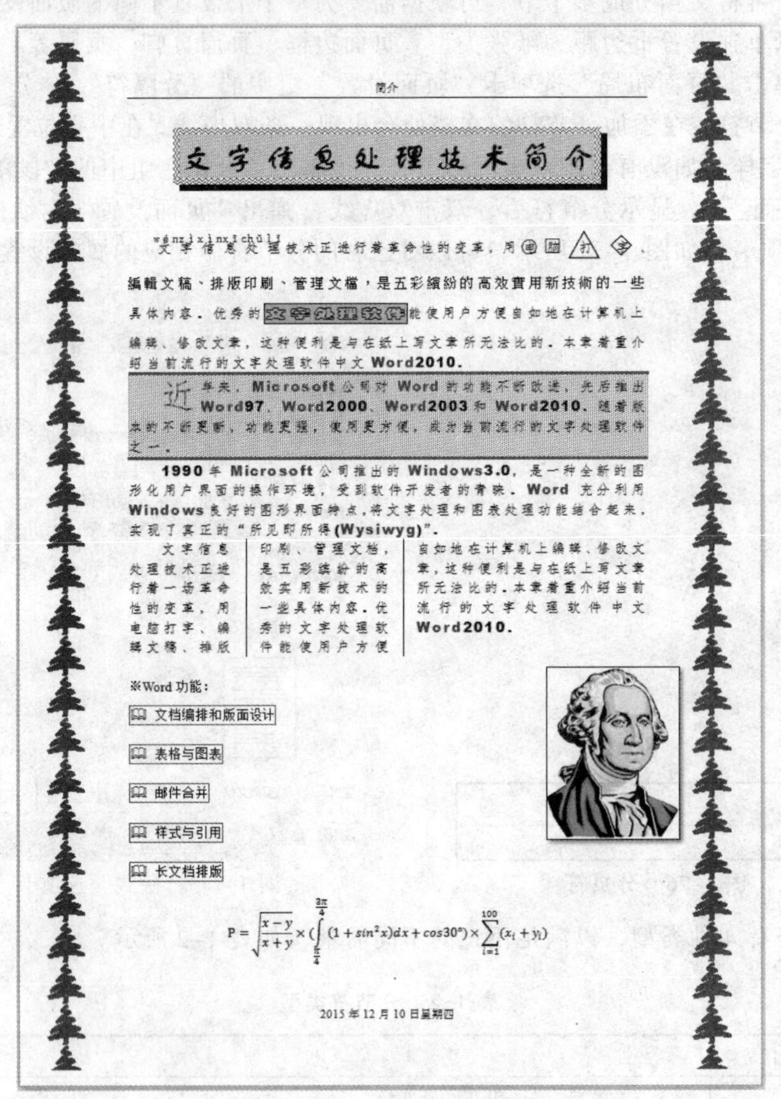

简介

文字信息处理技术简介

wénzìxìnxīchǔlǐ
文字信息处理技术正进行着革命性的变革，用电脑打字、编辑文稿、排版印刷、管理文档，是五彩缤纷的高效实用新技术的一些具体内容。优秀的文字处理软件能使用户方便自如地在计算机上编辑、修改文章，这种便利是与在纸上写文章所无法比的。本章着重介绍当前流行的文字处理软件中文 Word2010。

近年来，Microsoft 公司对 Word 的功能不断改进，先后推出 Word97、Word2000、Word2003 和 Word2010。随着版本的不断更新，功能更强，使用更方便，成为当前流行的文字处理软件之一。

1990 年 Microsoft 公司推出的 Windows3.0，是一种全新的图形化用户界面的操作环境，受到软件开发者的青睐。Word 充分利用 Windows 良好的图形界面特点，将文字处理和图表处理功能结合起来，实现了真正的“所见即所得(Wysiwyg)”。

文字信息处理技术正进行着一场革命性的变革，用电脑打字、编辑文稿、排版印刷、管理文档，是五彩缤纷的高效实用新技术的一些具体内容。优秀的文字处理软件能使用户方便自如地在计算机上编辑、修改文章，这种便利是与在纸上写文章所无法比的。本章着重介绍当前流行的文字处理软件中文 Word2010。

※Word 功能：

- 文档编排和版面设计
- 表格与图表
- 邮件合并
- 样式与引用
- 长文档排版

$$P=\sqrt{\frac{x-y}{x+y}}\times\left(\int_{\frac{\pi}{4}}^{\frac{3\pi}{4}}(1+\sin^2 x)dx+\cos 30^\circ\right)\times\sum_{i=1}^{100}(x_i+y_i)$$

2015 年 12 月 10 日星期四

图 1-78　系统简介样张

（1）打开“简介.docx”，在第一行输入文字“文字信息处理技术简介”，并设置格式为方正舒体，1 号，加粗，分散对齐，左侧和右侧各缩进 3 字符，段后间距 1 行，加 0.75 磅的红色阴影双曲线边框。底纹设置为“茶色，背景 2”填充和 25%浅蓝图案。

（2）将文本中所有的英文字母格式设置为红色加粗。

提示：单击“开始”选项卡“编辑”组中的“替换”按钮，弹出“查找和替换”对话框，“查找内容”使用“特殊格式”中的“任意字母”，其余设置参照图 1-79 所示。

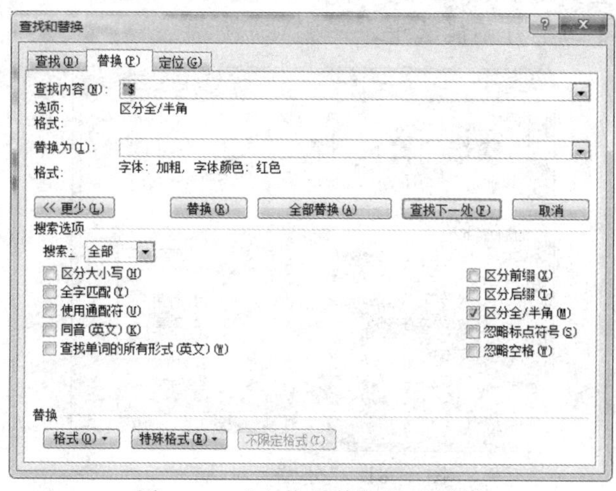

图 1-79 “查找和替换”对话框

（3）将正文文字间距加宽 1.5 磅，所有中文字体设置为仿宋，英文字体设置为 Arial Black。

（4）将正文第一段开始处的文本“文字信息处理”加拼音标注，拼音大小为 10 磅；将文本“电脑打字”分别设置为圆圈、正方形、三角形、菱形的带圈字符，并增大圈号；将第二行文本设置为繁体字；将第三行的文本“文字处理软件”设置为“华文彩云”字体、加 1 磅黑色方框、加 25%的底纹、字符缩放 150%。

提示：加拼音标注可单击“开始”选项卡“字体”组中的“拼音指南”按钮；设置带圈字符可单击“开始”选项卡“字体”组中的“带圈字符”按钮；设置繁体可单击“审阅”选项卡“中文简繁转换”组中的“简转繁”按钮。

（5）将正文第二段首字下沉 2 行；整段加 25%红色底纹和蓝色 3 磅的上下边框。

提示：先做边框和底纹，后做首字下沉，自定义边框设置如图 1-80 所示。

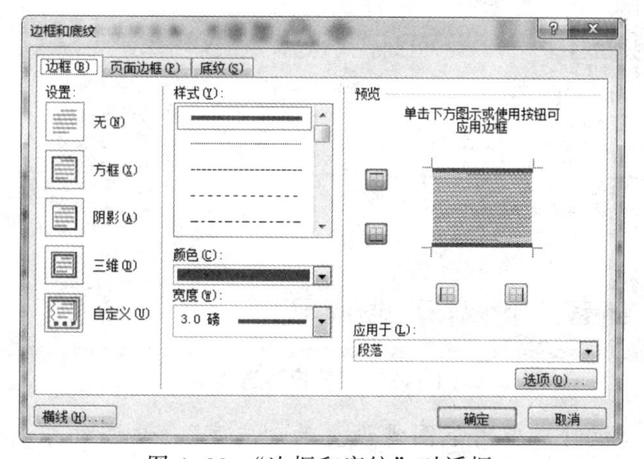

图 1-80 “边框和底纹”对话框

（6）将正文第四段分为三栏，第 1 栏栏宽 8 个字符、第 2 栏栏宽 10 个字符、栏间距均为 2 个字符、加分隔线。

提示：分栏设置如图 1-81 所示。由于该段是文档最后一段，所以，选择正文第四段文本时最后一个回车符不能选中。

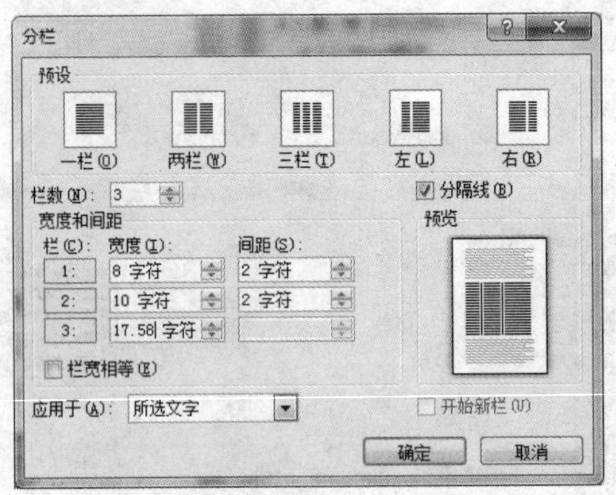

图 1-81 “分栏”对话框

（7）打开“功能.docx”，将所有文本复制到“简介.docx”的最后。为复制的文本添加项目符号（除第一行“Word 功能：”外），项目符号为书本（来自 Wingdings），小四号红色，并添加 1 磅蓝色边框。在“Word 功能：”前插入字符代码为“203B”的符号（来自普通文本的 Unicode（十六进制））。

提示：复制和粘贴之前需要在“简介.docx”的最后先输入一个回车符。

提示：设置项目符号之前需要将文本中的换行符替换为回车符，替换设置如图 1-82 所示，“查找内容”为“手动换行符”，替换为“段落标记”。

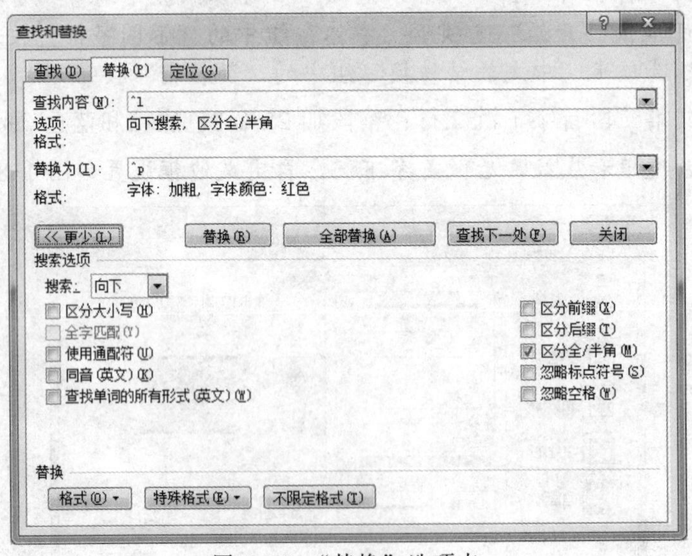

图 1-82 “替换”选项卡

提示：设置边框时，应用范围需设置为“文字”。设置时可以先设置一行，再用格式刷将设置好的格式复制到其他行的文本上。插入符号设置如图 1-83 所示。

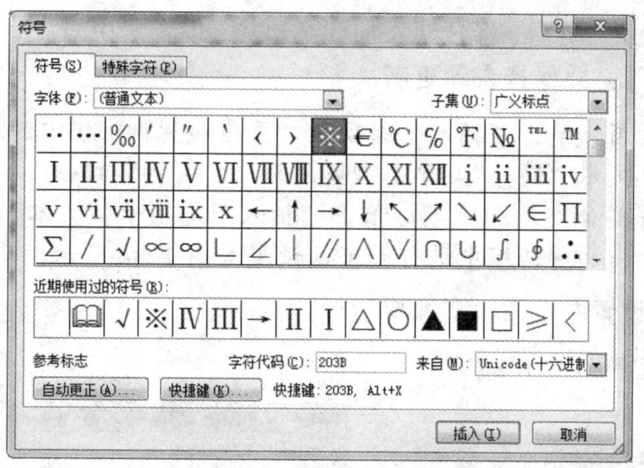

图 1-83 “符号”对话框

（8）插入“头像.bmp”，将图片放在文档页面水平位置 15 cm，垂直 18 cm 处，设置图片大小为原来的 50%，设置图片的文字环绕方式为“浮于文字上方”，为图片添加“黑色，文字 1”边框和右下斜偏移阴影效果。

提示：设置图片位置如图 1-84 所示。

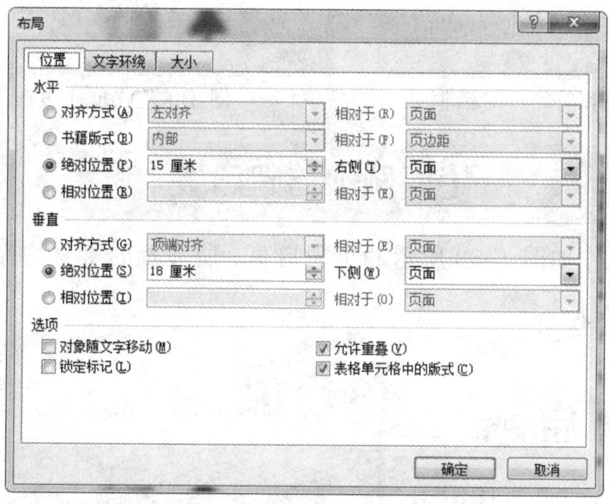

图 1-84 “位置”选项卡

（9）在文末插入如图 1-85 所示的公式。

$$P=\sqrt{\frac{x-y}{x+y}}\times\left(\int_{\frac{\pi}{2}}^{\frac{3\pi}{4}}\left(1+\sin^2 x\right)\mathrm{d}x+\cos 30^\circ\right)\times\sum_{i=1}^{100}\left(x_i+y_i\right)$$

图 1-85 公式

提示：单击“插入”选项卡“符号”组中的“公式”|“插入新公式”按钮，在公式编辑框中按照题目要求进行输入。

（10）添加“简介”页眉，将日期添加到页脚中，设置居中对齐，日期格式为“****年**月**日星期*”，并保持自动更新。

提示：添加页眉，单击“插入”选项卡“页眉和页脚”组中的“页眉”|“编辑页眉”按钮，输入文本“简介”，单击“关闭页眉和页脚”按钮。

添加页脚操作类似，添加日期，单击“插入”选项卡“文本”组中的“日期和时间”按钮，在弹出的对话框中进行即可，设置如图 1-86 所示。

（11）为页面设置左右两边型绿树边框。

提示：页面设置如图 1-87 所示。

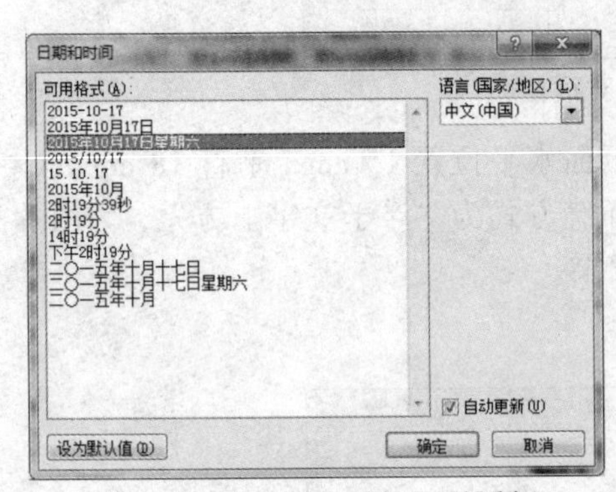

图 1-86 “日期和时间”对话框

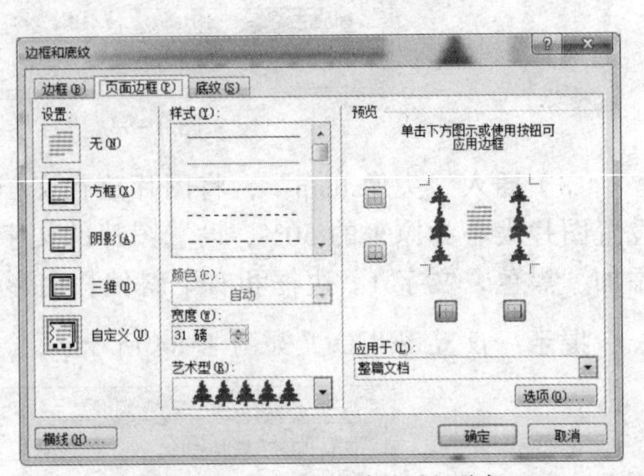

图 1-87 “页面边框”选项卡

【范例】招聘启事

本范例要求制作如图 1-88 所示的招聘启事，所涉及的素材均保存在“招聘启事”文件夹下。

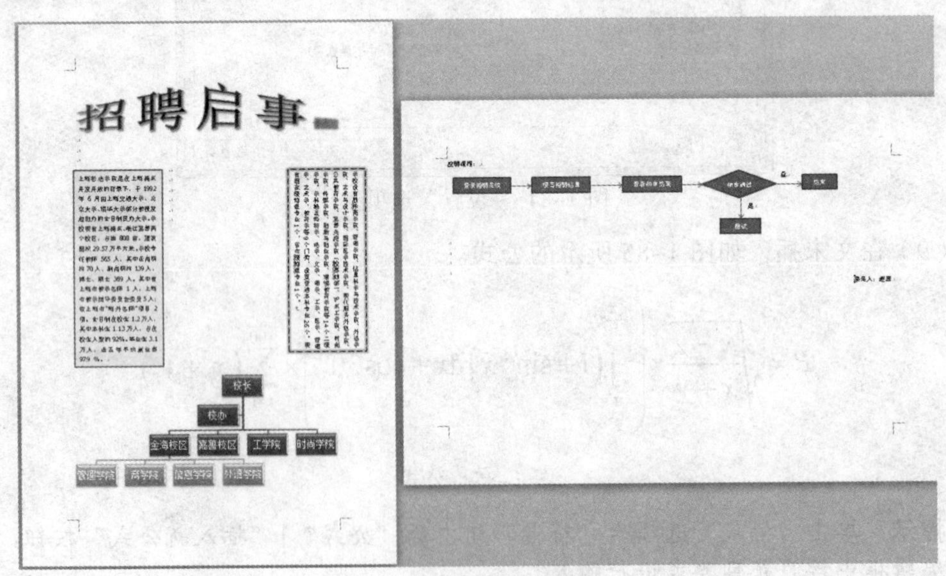

图 1-88 招聘启事样张

（1）打开“招聘启事.docx”，插入第二页（空白页），设置第二页纸张方向为横向。

提示： 插入第二页可将单击在第一页最后的段落处，即回车符处，单击“页面布局”选项卡“页面设置”组中的“分隔符”|“分节符”|“下一页”按钮。

（2）在第一页插入“填充—蓝色，透明强调文字颜色 1，轮廓—强调文字颜色 1”艺术字，内容为“招聘启事”，高度为 3 cm，宽度为 15 cm，环绕方式为上下型，将艺术字放在文档页面水平位置 3 cm，垂直 3 cm 处，形状为“正三角”，添加“右下斜偏移”阴影，设置文本渐变填充，渐变颜色为“红日西斜”，类型为“矩形”，方向为“中心辐射”。

提示： 文本渐变填充设置如图 1-89 所示。

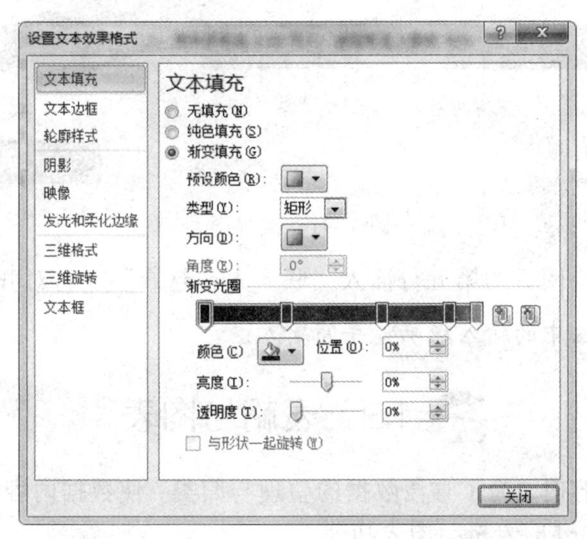

图 1-89　文本渐变填充

（3）为正文第一段添加横排文本框，环绕方式为上下型，为正文第二段添加竖排文本框，将横排文本框放在文档页面水平位置 3 cm，垂直 8 cm 处，宽度设置为 5 cm，将竖排文本框放在文档页面水平位置 15 cm，垂直 8 cm 处，高度设置为 10 cm，设置横排文本框样式为“彩色轮廓—蓝色，强调颜色 1”，填充纹理为“羊皮纸”，设置竖排文本框边框为“长划线”，添加“蓝色—5pt 发光，强调文字颜色 1”发光效果。

提示： 添加横排文本框选择正文第一段，单击“插入”选项卡“文本”组中的“文本框”|“绘制文本框”按钮，添加竖排文本框时单击“绘制竖排文本框”按钮，其余设置可在“绘图工具”|“格式”选项卡中完成。

（4）插入图 1-90 所示的组织结构图，颜色为“彩色—强调文字颜色”，样式为“优雅”，将组织结构图放在文档页面水平位置 3 cm，垂直 18 cm 处。

提示： 单击“插入”选项卡“插图”组中的“SmartArt”按钮，相关属性设置可在“SmartArt 工具”|“设计”选项卡中完成。其中，需要设置第三层次布局为“标准”。

（5）在第二页中输入文本“应聘流程：”，并插入图 1-91 所示的流程图。

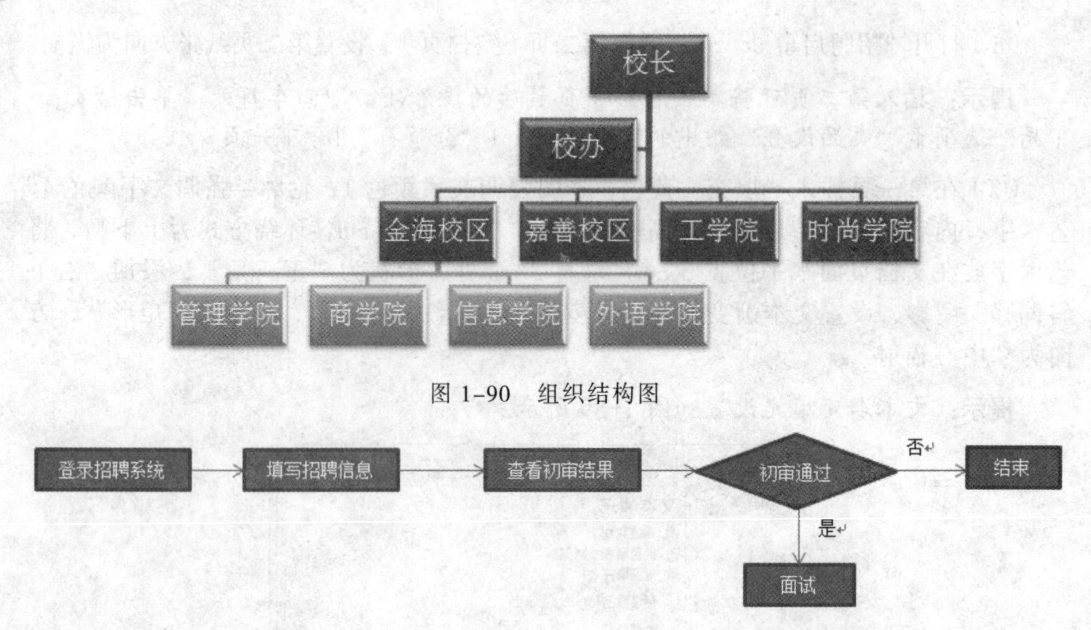

图 1-90　组织结构图

图 1-91　流程图

（6）在组织结构图后的第五行插入“联系人：赵蕈”，右对齐。

提示：用输入法中的输入板功能手写输入。

1.3　表格与图表

在处理数据内容时，为了方便数据的整理与归类，使数据内容能够更清晰地表达含义，可以使用 Word 的表格与图表功能。

表格可以对数据进行有序的组织，图表可以对数据统计分析后的结果进行展示，表格和图表的合理应用可以使文档信息更加清晰明了。

1.3.1　表格创建与编辑

表格是由水平的行和垂直的列构成的，行与列交叉形成的方格称为单元格，用户可以根据需要设置单元格的数量和样式。

创建表格，可以单击“插入”选项卡“表格”，如图 1-92 所示，在下拉列表中，可以直接选择行和列的数量（8 行 10 列以内）。

如需要创建更多行和列的表格或者自定义表格，可以在下拉列表中单击“插入表格”按钮，弹出“插入表格”对话框，如图 1-93 所示，在该对话框中，除了可以设置行和列的数量外，还可以对表格的列宽等进行设置。

如需要创建不规则表格，如图 1-94 所示，可以在下拉列表中单击“绘制表格”按钮进入绘制模式，这时鼠标指针会变成铅笔形状，可以拖动该铅笔形鼠标指针绘制出不同的表格效果，绘制完毕后，单击文档中其他任意位置即可退出绘制模式。

选择创建好的表格或者将鼠标指针停留在表格任意单元格内，系统会出现“表格工具”选项卡，该选项卡包含了“设计”和“布局”两个子选项卡。

图 1-92 “表格”下拉列表

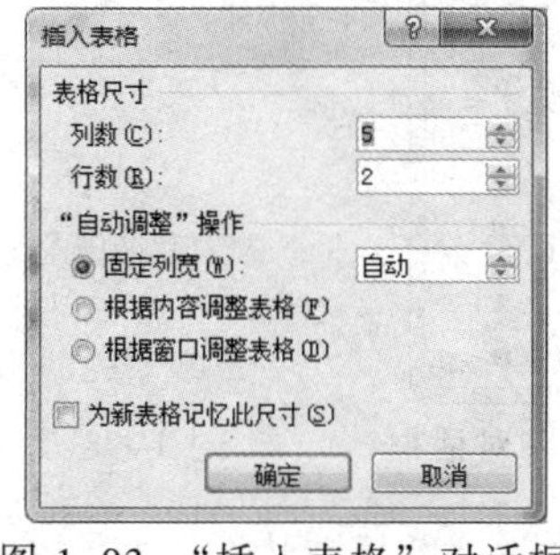

图 1-93 “插入表格”对话框

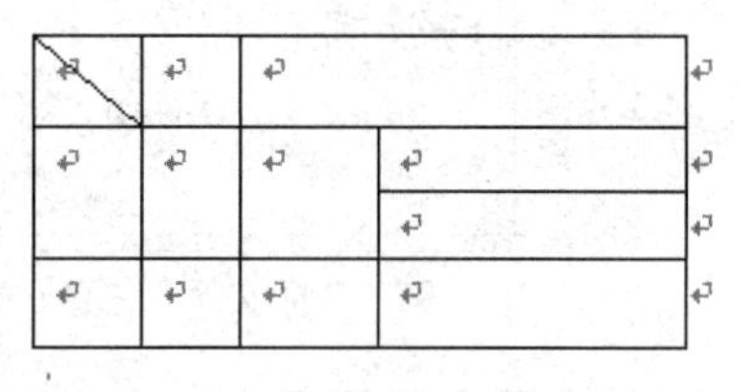

图 1-94 表格样例

“设计”选项卡如图 1-95 所示，主要包含了表格样式、底纹、边框等功能选项。

“布局”选项卡如图 1-96 所示，主要包含了修改行和列、合并与拆分、单元格大小、对齐方式以及数据处理等功能选项。

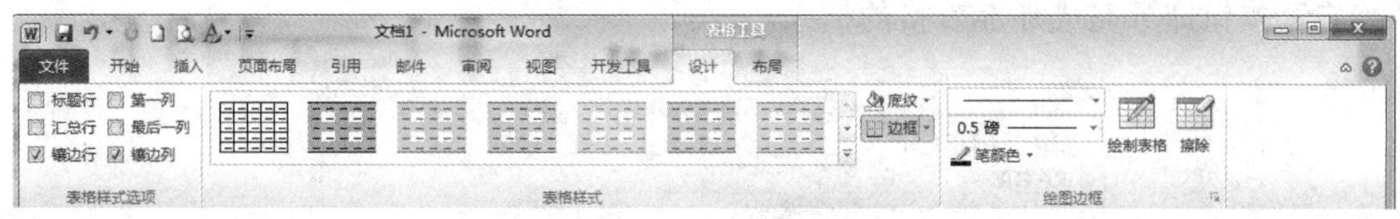

图 1-95 “设计”选项卡

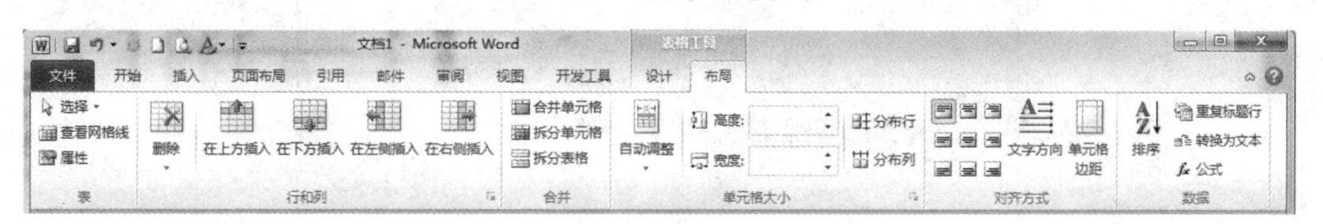

图 1-96 “布局”选项卡

注意：当插入的表格跨页时，可在“表格工具”|“布局”选项卡“数据”组中单击“重复标题行”按钮，这样可以使每页中的表格都自动添加标题行（即表头）。

1.3.2 文本与表格的转换

在 Word 中，文本与表格是可以相互转换的。

如需将文本转换成表格，可以先选中要转换的文本，再单击“插入”选项卡“表格”组中的“文本转换成表格”按钮，弹出“将文字转换成表格”对话框，如图 1-97 所示，可以根据需要在对话框中进行自定义设置，然后单击“确定”按钮即可。

注意：能转换成表格的文本要求每个单元格的文本之间要有分隔符隔开，分隔符一般是制表符、逗号、空格等。

反之，如需将表格转换为文本，用户可以先选择表格，系统会出现“表格工具”

选项卡，在该选项卡中选择“数据”|“转换为文本”，系统会弹出“表格转换成文本”对话框，如图 1-98 所示，用户指定分隔符类型后，单击“确定”按钮即可。

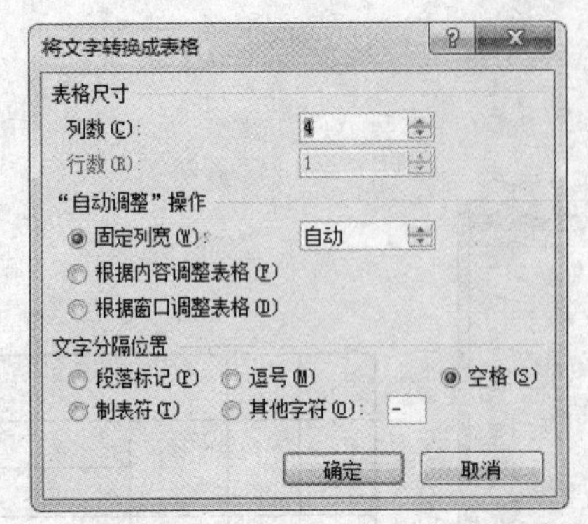

图 1-97 “将文字转换成表格”对话框

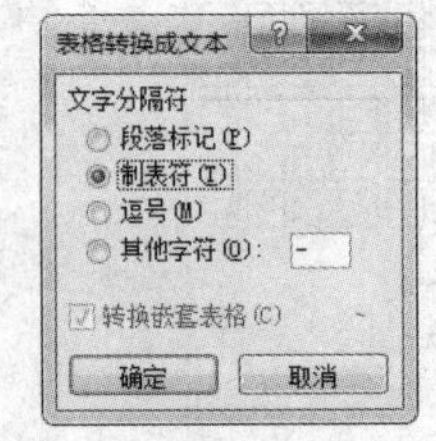

图 1-98 “表格转换成文本”对话框

1.3.3 插入外部表格

在 Word 中除了可以新建表格外，还可以将外部表格文件插入到文档中，单击“插入”选项卡“文本”组中的“对象”|“对象”按钮，弹出“对象”对话框，如图 1-99 所示，选择“由文件创建”选项卡，单击“浏览”按钮，选择需要的表格文件，单击“确定”按钮即可完成外部表格的插入。

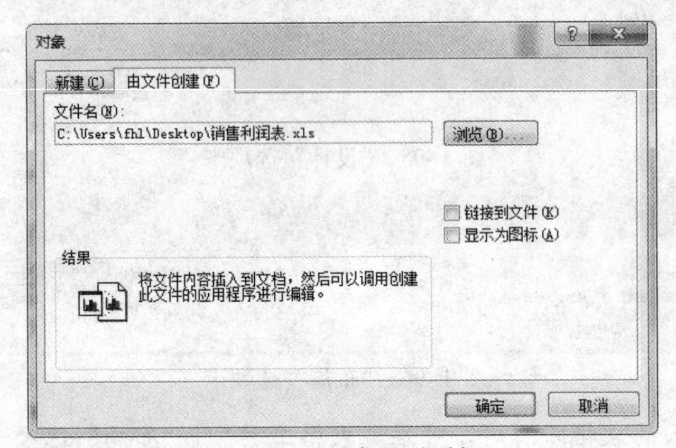

图 1-99 “对象”对话框

注意：在“对象”对话框中，可以勾选“链接到文件”复选框，从而达到链接外部表格的效果。与直接插入表格不同，链接的表格在 Word 文档中不能被修改，但是，当外部表格中的数据或格式改变时，文档中的表格也会随之变化。

1.3.4 表格中的数据处理

在表格中，除了可以输入文本信息外，还可以对输入的数据进行简单的处理。

1. 排序

当表格内有较多数据时，为了使数据有条不紊，可以使用数据排序功能。

单击“表格工具”|“布局”选项卡“数据”组中的“排序”按钮，弹出“排序”对话框，如图 1-100 所示，在该对话框中，可以设置排序关键字，排序类型等属性，

在 Word 中最多可以设置 3 个排序关键字，排序时，优先级为“主要关键字”>“次要关键字”>“第三关键字”。

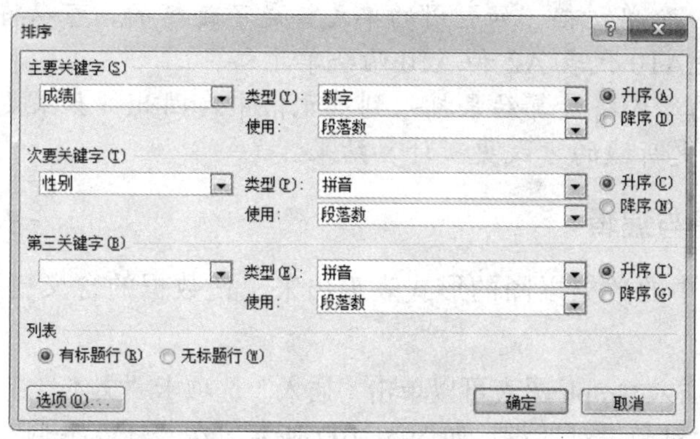

图 1-100 “排序”对话框

注意：排序规则如下：

（1）字母升序按照从 A 到 Z 排列，汉字按照拼音字母排序。

（2）数字升序按照从小到大排列。

（3）日期升序按照最早日期到最晚日期排列。

（4）如果第一个字符相同则比较第二个字符，依此类推。

2. 公式

Word 提供了表格中数据的运算功能，内置函数包括求和、平均值、计数等 18 种。

将鼠标指针停留在需要计算的单元格内，然后单击“表格工具”|“布局”选项卡“数据”组中的“公式”按钮，弹出“公式”对话框，如图 1-101 所示，在该对话框中，可以输入自定义的计算公式，也可以使用 Word 提供的内置函数进行计算。部分常用函数如表 1-3 所示。

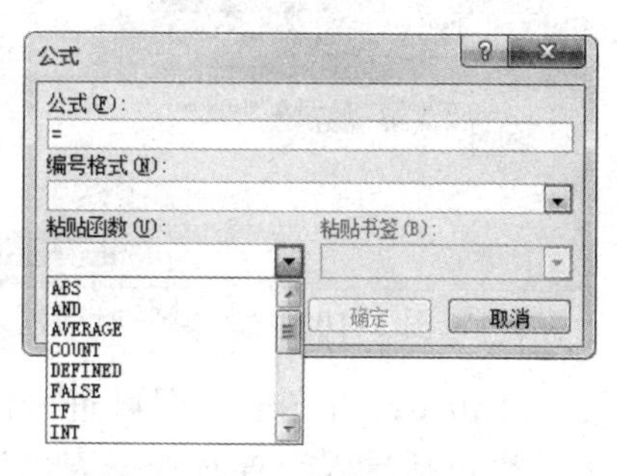

图 1-101 “公式”对话框

表 1-3 部分常用函数

函　数	功　能	函　数	功　能
ABS(X)	绝对值	MAX(X)	最大值
AVERAGE(X)	平均值	MOD(X,Y)	X 被 Y 整除后的余数
COUNT(X)	计数	ROUND(X,Y)	将 X 保留 Y 位小数
MIN(X)	最小值	SUM(X)	求总和

注意：使用公式时，必须先输入“=”。

使用公式时，通常需要引用其他单元格内的数据。如需引用某个方位的所有数据可以使用引用方向的方式，Left 代表当前单元格左面的所有数据，Right 代表当前单元格右面的所有数据，Above 代表当前单元格上面的所有数据，Below 代表当前单元格下面的所有数据。如需引用某个单元格的数据，可以使用单元格名称，如 A1、

B3 等（列用字母 A，B，C……表示，行用数字 1，2，3……表示）。如引用的单元格是连续的，可以使用第一个单元格+冒号+最后一个单元格，例如，A2:A10 代表 A2 到 A10 连续的 9 个单元格。如引用的单元格是不连续的，可以将各个单元格用逗号分隔，例如，A2,A10 代表 A2 和 A10 两个单元格。

Word 是以域的形式将计算结果插入到单元格中，因此，如果更新了与运算有关的数据，可以通过更新域的方式更新计算结果。

1.3.5 图表的创建与编辑

图表可将表格中的数据以图的形式表现出来，使数据的含义更形象和直观。

1. Graph 图表

用户在文档中插入 Graph 图表可以单击“插入”选项卡“文本”组中的“对象”|“对象”，系统会弹出“对象”对话框，如图 1-102 所示，在“对象类型”中选择“Microsoft Graph 图表”，然后单击“确定”按钮，系统会自动插入图 1-103 所示的图表。用户可以将实际的数据输入到数据表格中，图表会根据输入的数据实时更新，完成数据输入后，单击文档其他任意位置，即可完成插入操作，数据表格也会自动隐藏。

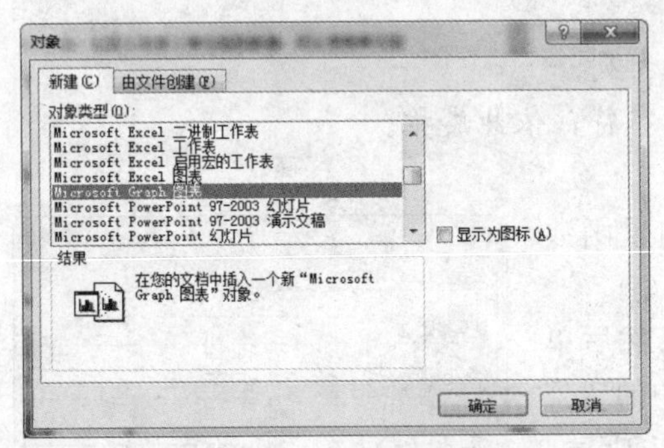

图 1-102 “对象”对话框

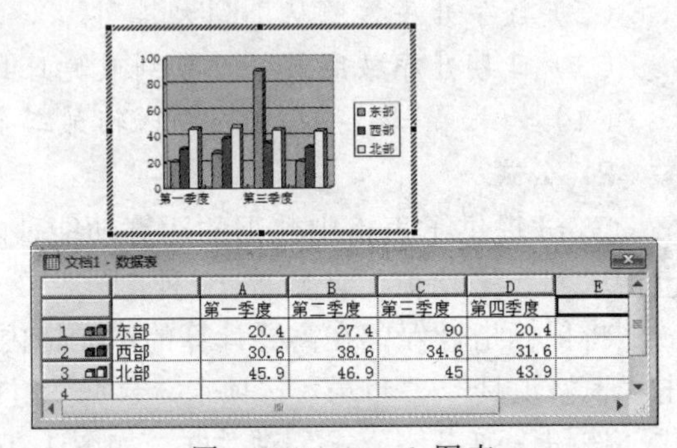

图 1-103 Graph 图表

双击 Graph 图表，即可进入图表的编辑模式，系统会出现 Graph 图表工具栏，该工具栏包括导入、查看数据表、按行、按列、模拟运算表、图表类型、网格线、图例等功能选项，如图 1-104 所示，用户可以利用该工具栏对已插入的 Graph 图表进行自定义编辑。

图 1-104 Graph 图表工具栏

2. Excel 图表

Excel 图表比 Graph 图表提供了更多类型，更强功能的图表，可以使用以下两种方式之一来插入 Excel 图表：

（1）单击“插入”选项卡“插图”组中的“图表”按钮，弹出“插入图表”对话框，如图 1-105 所示，根据需要选择图表类型后单击“确定”按钮，系统会自动插入用户选择的图表，并弹出 Excel 数据表格，如图 1-106 所示，将实际的数据输入数据表格后关闭数据表格，系统会根据输入的数据更新图表。

注意：数据表格中的紫色线条代表数据区域，可以用鼠标拖动该线条的右下角，以保证图表所需要用到的数据都包括在紫色线条区域内。

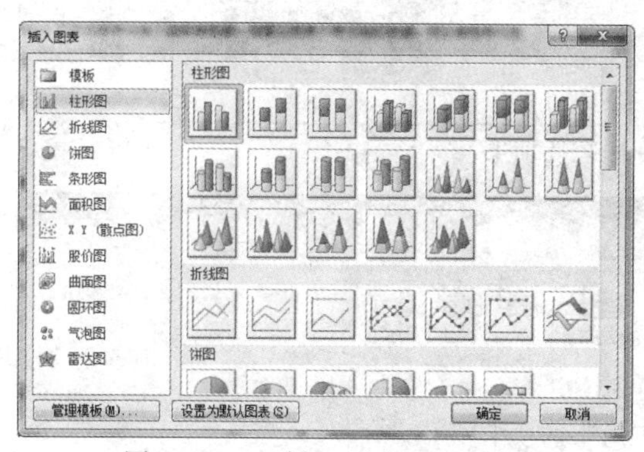

图 1-105 “插入图表”对话框

	A	B	C	D	E	F
1		系列 1	系列 2	系列 3		
2	类别 1	4.3	2.4	2		
3	类别 2	2.5	4.4	2		
4	类别 3	3.5	1.8	3		
5	类别 4	4.5	2.8	5		
6						
7						
8		若要调整图表数据区域的大小，请拖拽区域的右下角。				

图 1-106 Excel 图表样例

（2）单击“插入”选项卡“文本”组中的“对象”|“对象”按钮，弹出“对象”对话框，如图 1-107 所示，在“对象类型”中选择“Microsoft Excel 图表”，然后单击“确定”按钮，系统会自动插入如图 1-108 所示的图表，单击图表中“Sheet1”选项卡，并在该选项卡中输入实际的数据，如图 1-109 所示，根据输入的数据，“Chart1”中的图表会自动更新。

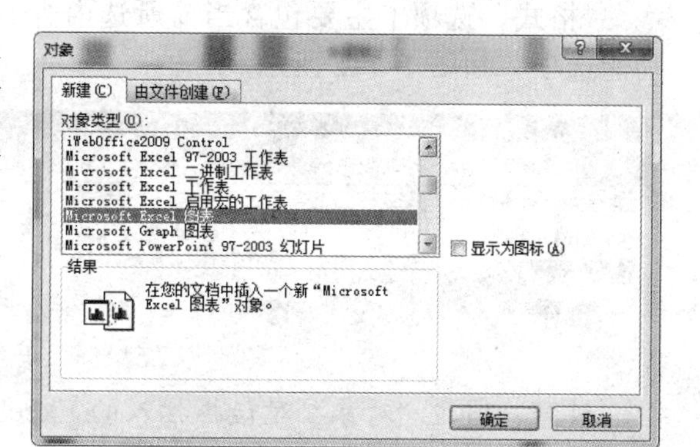

图 1-107 “对象”对话框

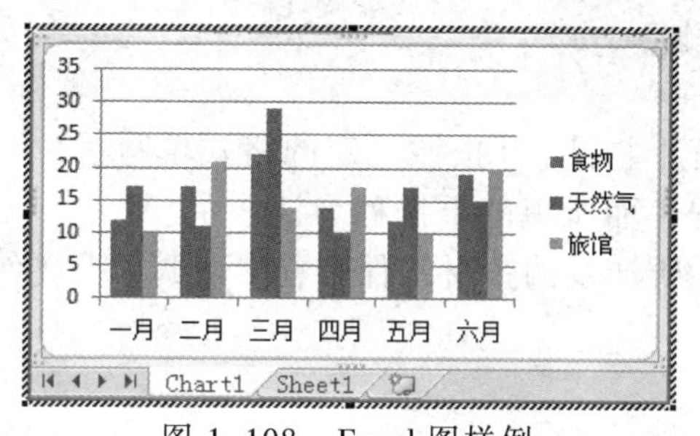

图 1-108 Excel 图样例

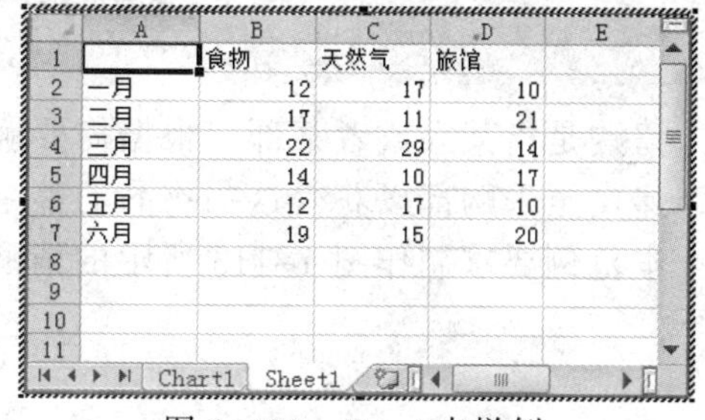

	A	B	C	D	E
1		食物	天然气	旅馆	
2	一月	12	17	10	
3	二月	17	11	21	
4	三月	22	29	14	
5	四月	14	10	17	
6	五月	12	17	10	
7	六月	19	15	20	
8					
9					
10					
11					

Chart1 Sheet1

图 1-109 Excel 表样例

选择 Excel 图表，系统会出现“图表工具”选项卡，该选项卡包含“设计”“布局”“格式”3 个子选项卡，可以利用该选项卡对已插入的 Excel 图表进行自定义编辑。

“设计”选项卡主要包含图表类型、数据、图表布局、图表样式等功能选项，如图 1-110 所示。

“布局”选项卡主要包含当前所选内容、插入、标签、坐标轴、背景、分析等功能选项，如图 1-111 所示。

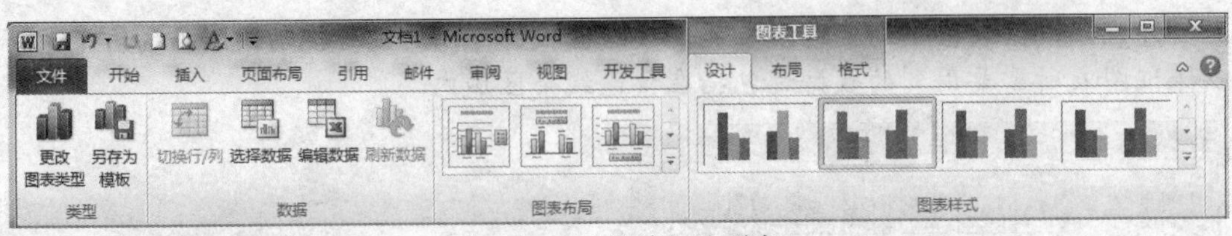

图 1-110 “设计”选项卡

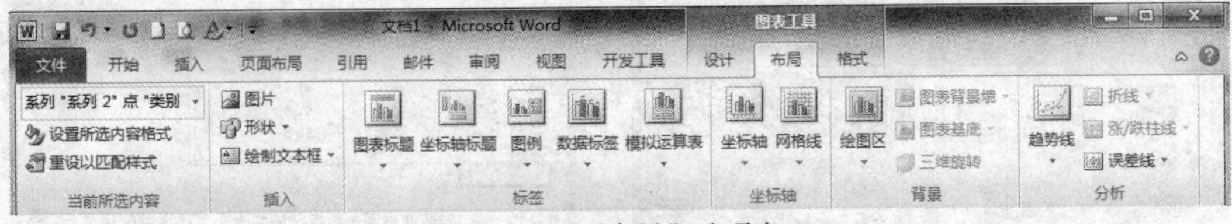

图 1-111 “布局”选项卡

“格式”选项卡主要包含当前所选内容、形状样式、艺术字样式、排列、大小等功能选项，如图 1-112 所示。

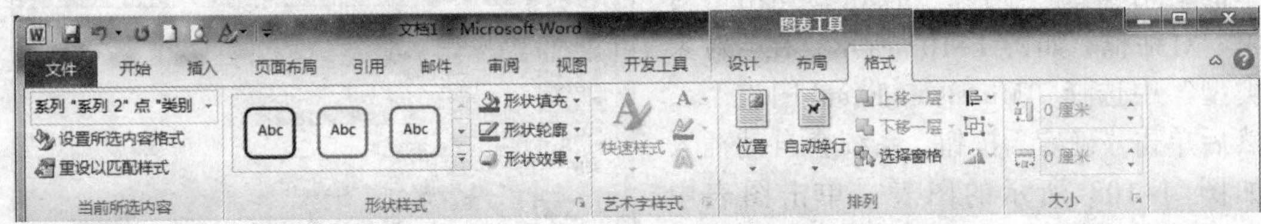

图 1-112 “格式”选项卡

注意：通过“对象”对话框插入的 Excel 图表，需要双击图表进入编辑模式，才可以对图表进行自定义编辑。

【范例】请购单

请购是指某人或者某部门根据需要确定若干物品，并按照规定的格式填写一份要求，递交至采购部以获得这些物品的整个过程，而所填的单据称为请购单。

本范例要求制作图 1-113 所示的请购单，所涉及的素材均保存在“请购单”文件夹下。

请 购 单

申请部门：______________ **申请日期：**____________

项目 / 序号	品名	数量	单价	总金额
1	水笔	10	2.00	20.00
2	硒鼓	2	198.00	396.00
3				
4				
5				
			总计：	416.00
申请人：		部门领导：		

参考列表：

品名	单价	供应商
水笔	2.00	晨光
A4打印纸	25.00	得力
硒鼓	198.00	理光

图 1-113 请购单样张

（1）打开“请购单.docx”，在第 4 行中插入一个 8 行 5 列的表格。

提示：鼠标指针停留在第 4 行，单击“插入”选项卡“表格”组中的“表格”|“插入表格”按钮，弹出“插入表格”对话框，如图 1-114 所示，设置列数为 5，行数为 8，设置完成后，单击“确定”按钮关闭该对话框。插入的表格如图 1-115 所示。

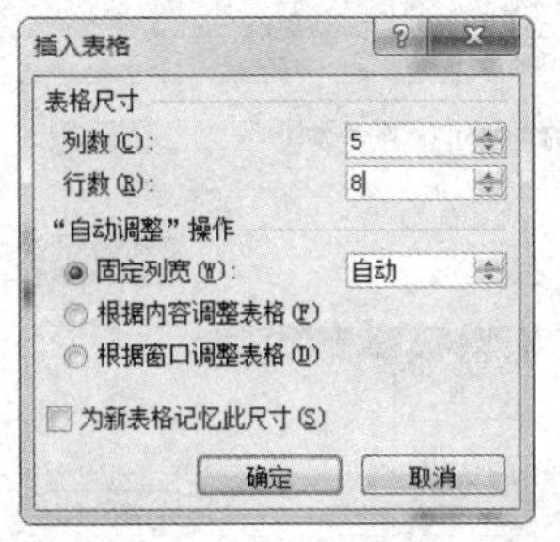

图 1-114 “插入表格”对话框

图 1-115 表格样例

（2）在表格第 1 行第 1 列单元格内绘制斜表头，并合并表格第 7 行的第 1～4 列单元格。

提示：单击“插入”选项卡“表格”组中的“表格”|“绘制表格”按钮，鼠标指针变成笔状，将鼠标指针移动到表格第 1 行第 1 列单元格的左上角，按住鼠标左键，从左上角拖动到右下角，释放鼠标左键，按【Esc】键退出绘图模式。

选择第 7 行的第 1～4 列单元格，单击“表格工具”|“布局”选项卡“合并”组中的“合并单元格”按钮，合并后的表格如图 1-116 所示。

图 1-116 合并单元格

（3）根据样张输入相应文字，设置对齐方式，并计算总金额和总计（增加千分位符号，保留 2 位小数），序号 1～5 使用自动编号格式。

提示：计算总金额，将鼠标指针停留在第 2 行第 5 列，单击“表格工具”|“布局”选项卡“数据”组中的“公式”按钮，弹出“公式”对话框，设置参照图 1-117 所示，设置完成后，单击“确定”按钮关闭该对话框。其余两个单元格同样操作，其中，第 3 行第 5 列单元格公式为“=c3*d3”，第 7 行第 5 列单元格公式为“=SUM（ABOVE）”或者“=e2+e3”。完成后的表格如图 1-118 所示。

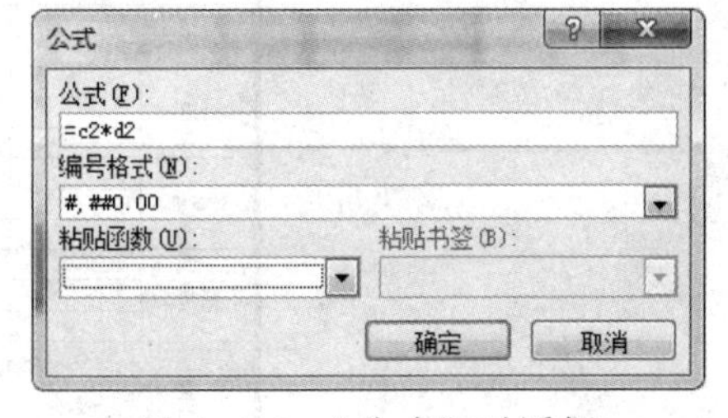

图 1-117 “公式”对话框

（4）在“参考列表：”下，使用链接方式插入“产品信息.xlsx”中的表格，并修改硒鼓的供应商为“理光”。

提示：单击“插入”选项卡“文本”组中的“对象”|“对象”按钮，弹出“对象”对话框，设置参照图 1-119 所示，设置完成后，单击“确定”按钮关闭该对话框。打开“产品信息.xlsx”，将 C4 单元格中文本修改为“理光”，保存文件。在“请购单.docx”，选择表格，按【F9】键更新。

项目 / 序号	品名	数量	单价	总金额
1	水笔	10	2.00	20.00
2	硒鼓	2	198.00	396.00
3				
4				
5				
			总计：	416.00
申请人：		部门领导：		

图 1-118　表格样例

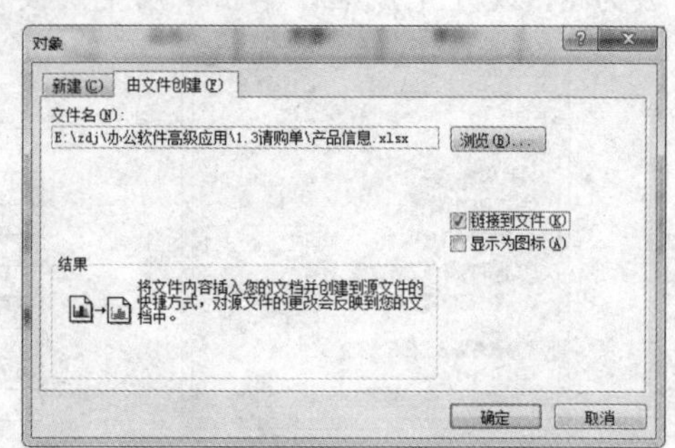

图 1-119　“对象”对话框

【范例】简历

简历是用于应聘的书面交流材料，它向未来的雇主表明自己能够满足特定工作的需求，是对个人学历、经历、特长、爱好及其他有关情况所做的简明扼要的书面介绍。对应聘者来说，简历是求职的“敲门砖”。

本范例要求制作图 1-120 所示的简历，所涉及的素材均保存在“简历”文件夹下。

简　历

应聘职位：________　　　　应聘时间：________

姓名			性别		
出生日期			户口所在地		
联系电话			工作年限		
通讯地址			E-mail		
学历（按照时间先后排序）					
年月		学校名称	专业		学位/学历
起	止				
工作经历（按照时间先后排序）					
年月		工作单位			职位
起	止				
证书					
证书名称			颁发机构		获得时间
外语					
计算机					
其他					
自我评价					

图 1-120　简历样张

（1）打开“简历.docx”，在第 4 行中插入一个 9 行 4 列的表格。

提示：将鼠标指针停留在第 4 行，单击“插入”选项卡“表格”组中的“插入表格”按钮，弹出“插入表格”对话框，如图 1-121 所示，设置列数为 4，行数为 9，然后单击“确定”按钮关闭该对话框。

插入表格
表格尺寸
列数(C): 4
行数(R): 9
“自动调整”操作
固定列宽(W): 自动
根据内容调整表格(F)
根据窗口调整表格(D)
为新表格记忆此尺寸(S)
确定 取消

图 1-121 “插入表格”对话框

（2）通过拆分与合并单元格功能，制作图 1-124 所示的表格，并输入相应文字，文字对齐方式为水平和垂直都居中对齐。

提示：选择表格第一行，单击“表格工具”|“布局”选项卡“合并”组中的“拆分单元格”按钮，弹出“拆分单元格”对话框，如图 1-122 所示，设置列数为 5，行数为 4，单击“确定”按钮关闭该对话框。选择拆分后的第 5 列的第 1～4 行，单击“表格工具”|“布局”选项卡“合并”组中的“合并单元格”按钮，拆分与合并后的表格如图 1-123 所示。再使用同样的操作，将原第 2、4、6、8、9 行的各列合并，将原第 3、5、7 行拆分成如图 1-124 所示。

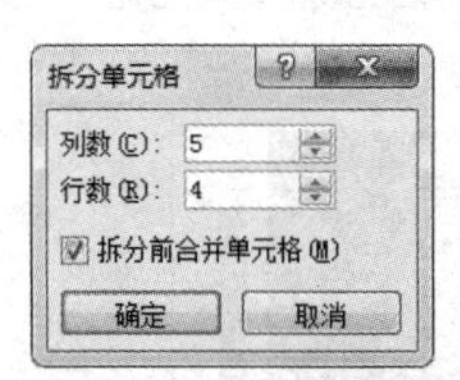

图 1-122 “拆分单元格”对话框

图 1-123 表格样例 1

姓名		性别		
出生日期		户口所在地		
联系电话		工作年限		
通讯地址		E-mail		
学历（按照时间先后排序）				
年月		学校名称	专业	学位/学历
起	止			
工作经历（按照时间先后排序）				
年月		工作单位		职位
起	止			
证书				
证书名称		颁发机构		获得时间
外语				
计算机				
其他				
自我评价				

图 1-124 表格样例 2

提示： 设置对齐方式可以选择表格中的所有单元格，单击“表格工具”|“布局”选项卡“对齐方式”组中的“水平居中”按钮。

（3）设置表格每行的行高为 0.5 cm，设置最后一行的行高为 3 cm。

提示： 选择所有单元格，选择“表格工具”|“布局”选项卡“单元格大小”，设置表格行高为“0.5 厘米”，选择最后一行单元格，同样操作，设置行高为“3 厘米”。

（4）设置表格的边框和底纹，如图 1-120 所示。

提示： 设置边框：将鼠标指针停留在表格内，单击“表格工具”|“设计”选项卡“表格样式”组中的“边框”|“边框和底纹”按钮，弹出“边框和底纹”对话框，如图 1-125 所示，在“设置”内选择“自定义”，在“样式”列表内选择相应的样式，然后单击“预览”中的相应边框，设置完成后，单击“确定”按钮关闭该对话框。

设置底纹：选择表格中要设置的行，单击“表格工具”|“设计”选项卡“表格样式”组中的“底纹”|“其他颜色”按钮，弹出“颜色”对话框，选择“自定义”选项卡，设置“颜色模式”为“RGB”，红绿蓝颜色设置如图 1-126 所示，设置完成后，单击“确定”按钮关闭该对话框。

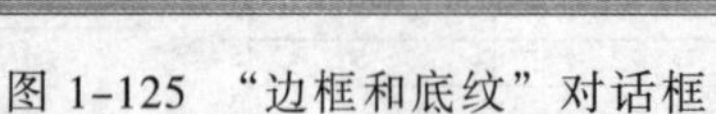
图 1-125 “边框和底纹”对话框

图 1-126 “颜色”对话框

【范例】成绩分析图表

成绩分析主要是针对学生的考核成绩进行统计和分析，为将来的教学提供参考依据。

本范例要求制作如图 1-127 所示的图表，所涉及的素材均保存在“成绩分析图表”文件夹下。

（1）打开“成绩分析图表.docx”，将文本内容转换为表格。

提示： 选择文本，单击“插入”选项卡“表格”组中的“表格”|“文本转换成表格”按钮，弹出“将文字转换成表格”对话框，设置参照图 1-128 所示，单击“确定”按钮关闭该对话框。转换后的表格如图 1-129 所示。

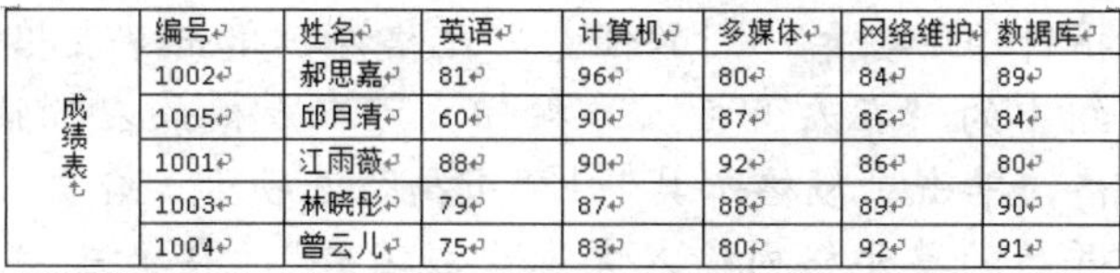

成绩表	编号	姓名	英语	计算机	多媒体	网络维护	数据库
	1002	郝思嘉	81	96	80	84	89
	1005	邱月清	60	90	87	86	84
	1001	江雨薇	88	90	92	86	80
	1003	林晓彤	79	87	88	89	90
	1004	曾云儿	75	83	80	92	91

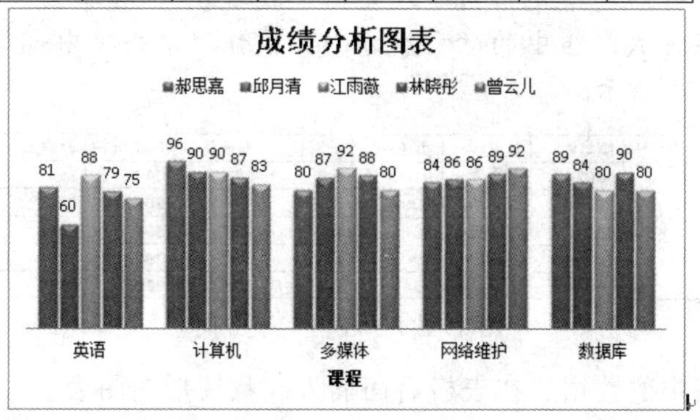

图 1-127　成绩分析图表样张

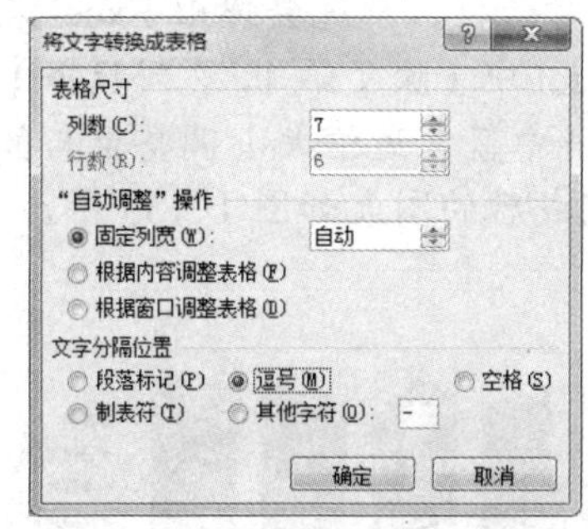

图 1-128　"将文字转换成表格"对话框

编号	姓名	英语	计算机	多媒体	网络维护	数据库
1001	江雨薇	88	90	92	86	80
1002	郝思嘉	81	96	80	84	89
1003	林晓彤	79	87	88	89	90
1004	曾云儿	75	83	80	92	91
1005	邱月清	60	90	87	86	84

图 1-129　表格样例

（2）将表格中的数据排序，排序规则为先按照计算机成绩降序排序，如果计算机成绩相同，再按照英语成绩升序排序。

提示：单击"表格工具"|"布局"选项卡"数据"组中的"排序"按钮，弹出"排序"对话框，设置如图 1-130 所示，单击"确定"按钮关闭该对话框。

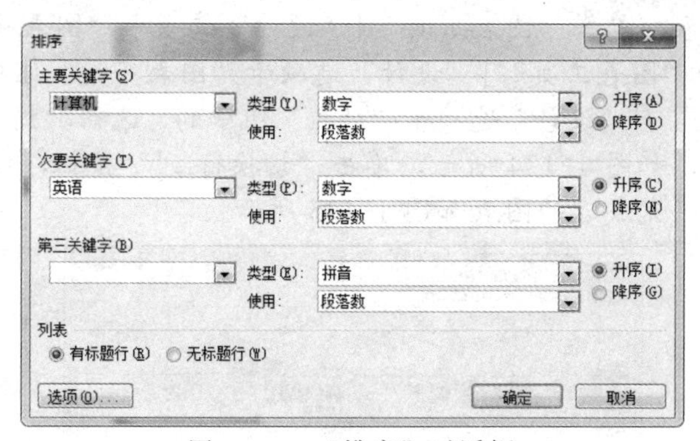

图 1-130　"排序"对话框

（3）在表格最左侧插入一列，合并该列的所有单元格，输入竖排文本"成绩表"，对齐方式为水平和垂直都居中对齐。

提示：将鼠标指针停留在第一列的任意单元格内，单击“表格工具”|“布局”选项卡“行和列”组中的“在左侧插入”按钮，可在表格最左侧插入一列。选择插入列中的所有单元格，单击“表格工具”|“布局”选项卡“合并”组中的“合并单元格”按钮，在合并后的单元格内输入文本“成绩表”，再单击“表格工具”|“布局”选项卡“对齐方式”组中的“文字方向”按钮，单击“中部居中”按钮，完成后的表格如图 1-131 所示。

成绩表	编号	姓名	英语	计算机	多媒体	网络维护	数据库
	1002	郝思嘉	81	96	80	84	89
	1005	邱月清	60	90	87	86	84
	1001	江雨薇	88	90	92	86	80
	1003	林晓彤	79	87	88	89	90
	1004	曾云儿	75	83	80	92	91

图 1-131　表格文字方向

（4）根据表格中的数据，在表格后面插入簇状柱形图图表。

提示：单击“插入”|“插图”|“图表”按钮，弹出“插入图表”对话框，选择“簇状柱形图”，设置完成后，单击“确定”按钮关闭该对话框。系统会弹出 Excel 表格，将“成绩分析图表.docx”中表格中的数据复制到 Excel 中（除了第 1、2 列数据），复制时，粘贴选项设置为“匹配目标格式”，然后将 Excel 中蓝色边框大小调整至与数据区域大小一致，如图 1-132 所示，关闭 Excel 表格。完成后的图表如图 1-133 所示。

	A	B	C	D	E	F
1	姓名	英语	计算机	多媒体	网络维护	数据库
2	郝思嘉	81	96	80	84	89
3	邱月清	60	90	87	86	84
4	江雨薇	88	90	92	86	80
5	林晓彤	79	87	88	89	90
6	曾云儿	75	83	80	92	91
7						
8		若要调整图表数据区域的大小，请拖拽区域的右下角。				
9						

图 1-132　表格数据

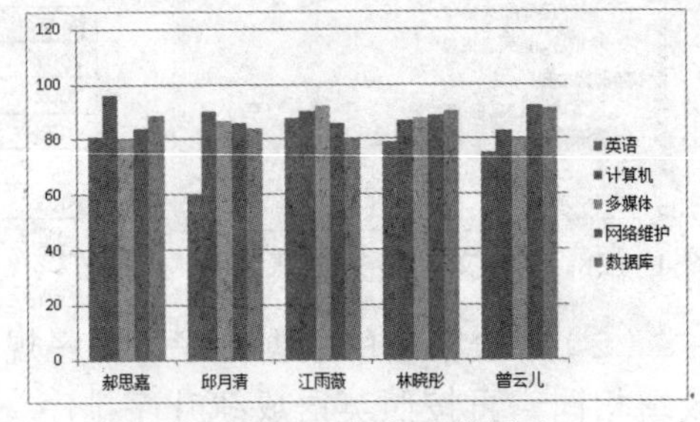

图 1-133　完成后的图表

（5）设置图表属性为“样式 26”“布局 2”，交换图表中行和列的数据。

提示：选择图表，单击“图表工具”|“设计”选项卡“图表样式”组中的“样式 26”按钮。单击“图表工具”|“设计”选项卡“图表布局”组中的“布局 2”按钮。单击“图表工具”|“设计”选项卡“数据”组中的“选择数据”按钮，弹出“选择数据源”对话框，如图 1-134 所示，单击“切换行/列”按钮，然后单击“确定”按钮关闭该对话框，完成后的图表如图 1-135 所示。

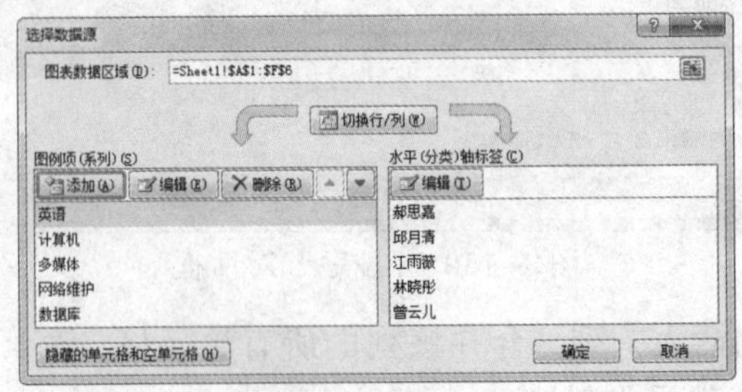

图 1-134　“选择数据源”对话框

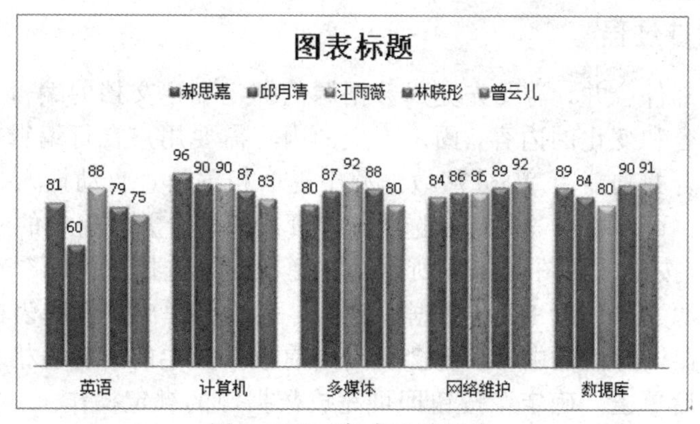

图 1-135　完成后的图表

（6）将数据表中 F6 单元格中的数据改为“80”。

提示：选择图表，单击“图表工具”|“设计”选项卡“数据”组中的“编辑数据”按钮，系统会弹出 Excel 表格，在该表格中将 F6 单元格中的数据改为“80”。

（7）将横坐标轴标题设置为“课程”，图表标题设置为“成绩分析表”。

提示：选择图表，单击“图表工具”|“布局”选项卡“标签”组中的“坐标轴标题”|“主要横坐标轴标题”|“坐标轴下放标题”按钮，单击图表中的“坐标轴标题”文本框，将文字修改为“课程”，将“图表标题”文本框中文字改为“成绩分析图表”。完成后的图表如图 1-127 所示。

1.4　邮件合并

在日常工作中，用户可能拥有大量的数据表，同时，又需要根据这些数据制作出大量的格式统一的文档，例如，信函、信封、通知书、标签等，面对庞大复杂的数据，如果用户一个个复制粘贴会费时费力，还容易出错，Word 提供了强大的邮件合并功能，利用该功能用户可以方便快捷地完成这些数据的处理。

“邮件合并”这个功能最初是在批量处理邮件时提出的，其功能主要是将数据源与 Word 主文档绑定，从而批量创建一组格式相同，且包含数据源中相关信息的文档。该功能除了可以批量处理信函、信封等与邮件相关的文档外，还可以批量制作标签、工资条、成绩单等文档。

该功能主要涉及以下 3 个文档：

（1）数据源是指一个数据列表，其中包含了用户希望合并到输出文档中的信息。Word 的邮件合并功能支持 Office 地址列表、Excel 工作表、Access 数据库等多种数据源。

（2）主文档是经过特殊标记的 Word 文档，用于创建输出文档的“蓝图”，其中包含了基本的文本内容，这些文本内容在所有输出文档中都是相同的，即固定不变的内容。此外，还有一系列域，用于在每个输出文档中插入数据源中相关的信息。

（3）最终文档是指输出文档，它包含了邮件合并的所有输出结果。

1.4.1 邮件的合并过程

用户要进行邮件合并，需要先完成数据源的绑定和主文档的编辑，主文档通常分为固定不变的内容和变化的内容，固定不变的内容需要用户自行编辑完成，变化的内容可以通过邮件合并功能由 Word 从数据源中提取相关信息自动插入。

绑定数据源，可以单击“邮件”选项卡“开始邮件合并”组中的“选择收件人”|“使用现有列表”按钮，如图 1-136 所示，在弹出的“选择数据源”对话框中选择事先准备好的数据源文件，以 Excel 数据源为例，系统会弹出“选择表格”对话框，如图 1-137 所示，在该对话框中，系统会列出当前数据源中的所有表格，根据需要选择相应的表格，然后单击“确定”按钮即可完成数据源的绑定操作。

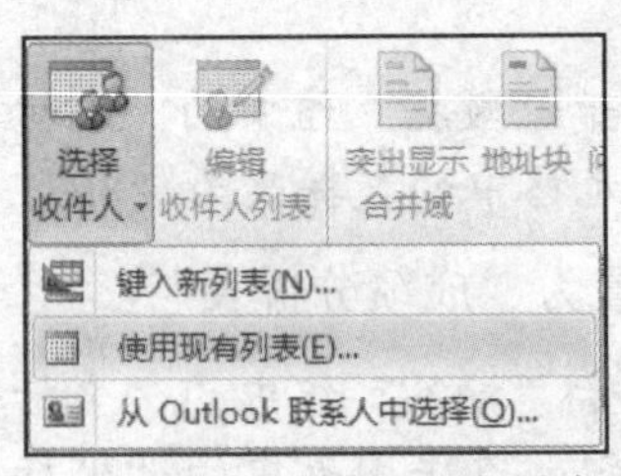

图 1-136 单击“使用现有列表”按钮

选择表格

名称	说明	修改时间	创建时间	类型
Sheet1$		8/3/2015 2:37:08 PM	8/3/2015 2:37:08 PM	TABLE
Sheet2$		8/3/2015 2:37:08 PM	8/3/2015 2:37:08 PM	TABLE
Sheet3$		8/3/2015 2:37:08 PM	8/3/2015 2:37:08 PM	TABLE

数据首行包含列标题(R) 确定 取消

图 1-137 “选择表格”对话框

数据源绑定后，在主文档中可通过插入合并域的方式实现数据源信息的自动插入，例如姓名等。可单击“邮件”选项卡“编写和插入域”组中的“插入合并域”按钮，在下拉列表中，系统会列出当前绑定的数据源中的所有字段，可根据需要单击相应的字段完成域的合并及插入操作。

数据域合并插入后，可单击“邮件”选项卡“预览结果”组中的“预览结果”按钮查看邮件合并的效果，再次单击“预览结果”按钮可返回主文档。

生成邮件合并的最终文档可以单击“邮件”选项卡“完成”组中的“完成并合并”按钮，如图 1-138 所示，在下拉列表中单击“编辑单个文档”按钮，弹出“合并到新文档”对话框，如图 1-139 所示，在该对话框中用户可以选择合并全部记录、合并当前记录或者合并指定的若干条记录，单击“确定”按钮即可生成最终文档。

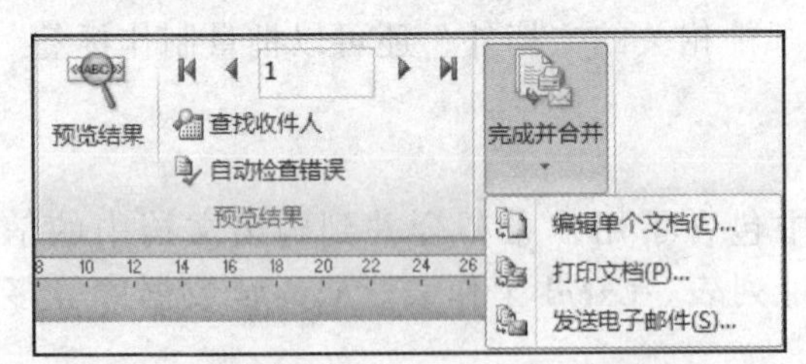

图 1-138 单击“完成并合并”按钮

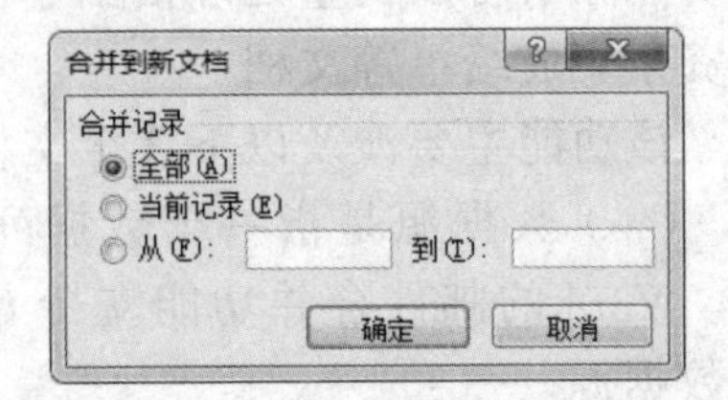

图 1-139 “合并到新文档”对话框

1.4.2 合并规则

有时在邮件合并时，需要根据数据源中信息的不同而显示不同的内容，例如，当数据源中性别为“男”时，显示“先生”；性别为“女”时，显示“女士”，这可以使用邮件合并中的合并规则功能进行设置。

单击“邮件”选项卡“编写和插入域”组中的“规则”按钮，在下拉列表中显示出 Word 所支持的所有合并规则，如图 1-140 所示，以“如果…那么…否则…”规则为例，单击该规则后，弹出“插入 Word 域：IF”对话框，设置如图 1-141 所示，单击“确定”按钮即可完成合并规则的设定和插入。

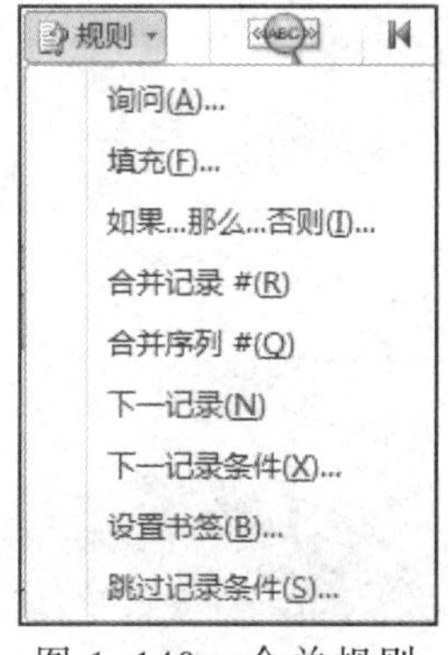

图 1-140　合并规则

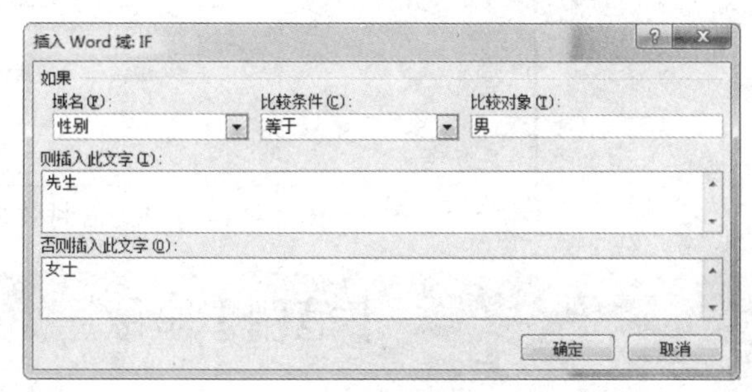

图 1-141　“插入 Word 域：IF”对话框

1.4.3　中文信封

信封用于写信时书写收信人地址、姓名、邮编等信息，Word 提供利用已有的收信人信息批量生成信封的功能。

批量制作信封时，需要事先准备收信人的信息，例如，可在 Excel 中按照名称、称谓、单位、公司地址、邮政编码等内容制作数据表格，然后，在 Word 中单击“邮件”选项卡“创建”组中的“中文信封”按钮，弹出“信封制作向导”对话框，如图 1-142 所示，在该向导中用户根据提示完成“信封样式”“信封数量”“收信人信息”“寄信人信息”等设置即可完成信封的创建，其中“收信人信息”步骤中，需要单击“选择地址簿”按钮选择事先准备好的收信人信息的数据文件，并将数据文件中的数据与 Word 中的收信人信息进行匹配，如图 1-143 所示。最后完成效果如图 1-144 所示。

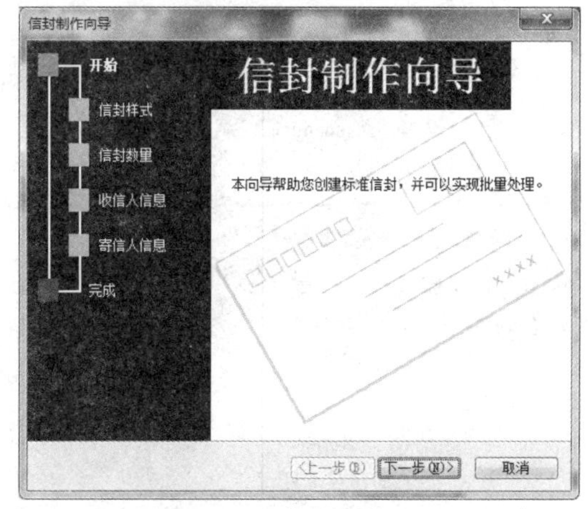

图 1-142　信封制作向导

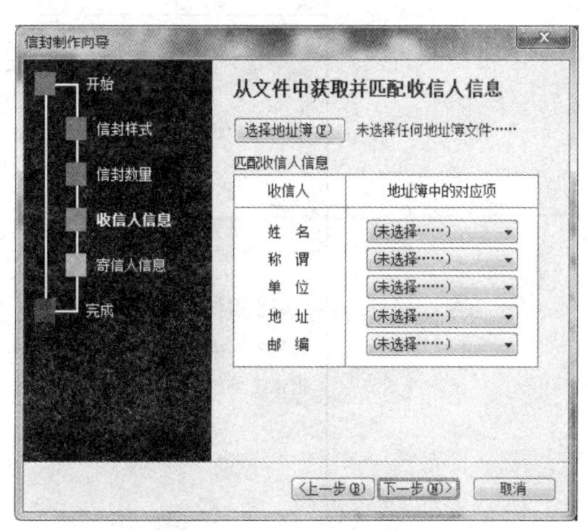

图 1-143　收信人信息

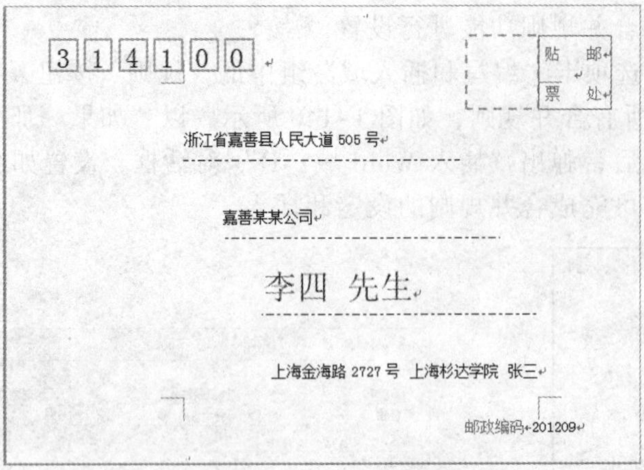

314100

贴邮
票处

浙江省嘉善县人民大道 505 号

嘉善某某公司

李四 先生

上海金海路 2727 号 上海杉达学院 张三

邮政编码：201209

图 1-144　中文信封效果

【范例】录取通知书

本范例要求制作图 1-145 所示的录取通知书，所涉及的素材均保存在“录取通知书”文件夹下。

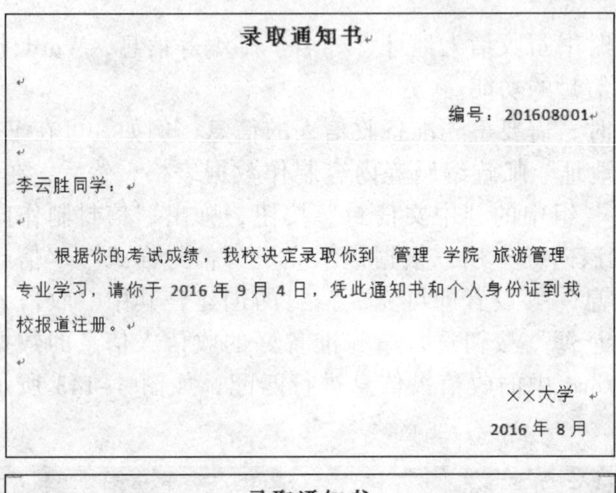

录取通知书

编号：201608001

李云胜同学：

根据你的考试成绩，我校决定录取你到 管理 学院 旅游管理专业学习，请你于 2016 年 9 月 4 日，凭此通知书和个人身份证到我校报道注册。

××大学

2016 年 8 月

录取通知书

编号：201608002

刘大为同学：

根据你的考试成绩，我校决定录取你到 商 学院 国际贸易 专业学习，请你于 2016 年 9 月 4 日，凭此通知书和个人身份证到我校报道注册。

××大学

2016 年 8 月

图 1-145　录取通知书样张

（1）打开“录取通知书.docx”，绑定数据源“新生信息表.xlsx”。

提示：单击“邮件”选项卡“开始邮件合并”组中的“选择收件人”|“使用现有列表”按钮，系统会弹出“选择数据源”对话框，在该对话框中选择“新生信息表.xlsx”中的第一个数据表，单击“确定”按钮关闭该对话框。

（2）根据样张，插入合并“编号”“姓名”“学院”“专业”域。

提示：将鼠标指针停留在“编号:”之后，单击“邮件”选项卡“编写和插入域”组中的“插入合并域”|“编号”按钮，使用同样的方法插入“姓名”“学院”“专业”域。完成后的效果如图 1-146 所示。

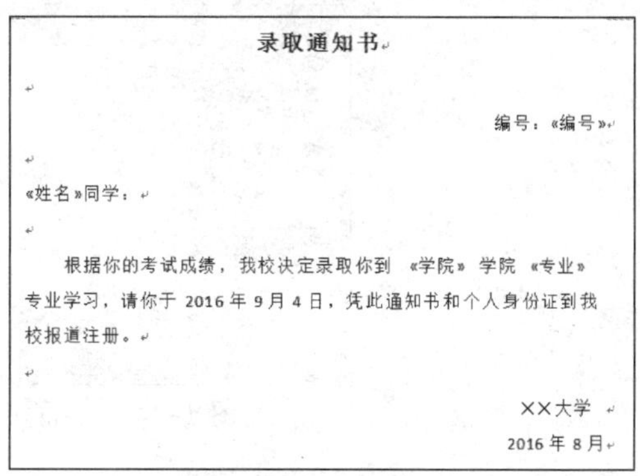

录取通知书

编号：«编号»

«姓名»同学：

根据你的考试成绩，我校决定录取你到 «学院» 学院 «专业» 专业学习，请你于 2016 年 9 月 4 日，凭此通知书和个人身份证到我校报道注册。

××大学

2016 年 8 月

图 1-146　插入合并域效果

（3）完成并保存合并效果，主文档以原文件名“录取通知书.docx”保存，合并后的文档以“录取通知书_结果.docx”保存。

提示：单击“邮件”选项卡“完成”组中的“完成并合并”|“编辑单个文档”按钮，弹出“合并到新文档”对话框，在该对话框中选择“全部”，单击“确定”按钮关闭该对话框。在新建的 Word 应用窗口中显示了已经完成合并后的文档，如图 1-146 所示，单击“文件”|“保存”按钮，弹出“另存为”对话框，在“文件名”文本框中输入“录取通知书_结果”，然后单击“确定”按钮关闭该对话框。

【范例】邀请函

本范例要求制作图 1-147 所示的邀请函，所涉及的素材均保存在“邀请函”文件夹下。

邀请函

李××先生：

邀请您参加 2016 年 7 月 15 日 9：00 在校大会堂召开的毕业典礼，届时，麻烦您负责主持会议，谢谢配合。

××大学校办

2016 年 6 月 15 日

邀请函

李××女士：

邀请您参加 2016 年 7 月 15 日 9：00 在校大会堂召开的毕业典礼，届时，麻烦您负责记录会议内容，谢谢配合。

××大学校办

2016 年 6 月 15 日

图 1-147　邀请函样张

（1）打开“邀请函.docx”，绑定数据源“人员信息表.xlsx”。

提示：单击“邮件”选项卡“开始邮件合并”组中的“选择收件人”|“使用现有列表”按钮，弹出“选择数据源”对话框，在该对话框中选择“人员信息表.xlsx”中的第二个数据表，然后单击“确定”按钮关闭该对话框。

（2）根据样张，插入合并“姓名”“职责”“称谓”域。

提示：将鼠标指针停留在“:”之前，单击“邮件”选项卡“编写和插入域”组中的“插入合并域”|“姓名”按钮，使用同样的方法插入“职责”域。将鼠标指针

停留在“《姓名》”之后，单击“邮件”选项卡“编写和插入域”组中的“规则”|“如果...那么...否则...”按钮，弹出“插入 Word 域：IF”对话框，参数设置如图 1-148 所示，然后单击“确定”按钮关闭该对话框。

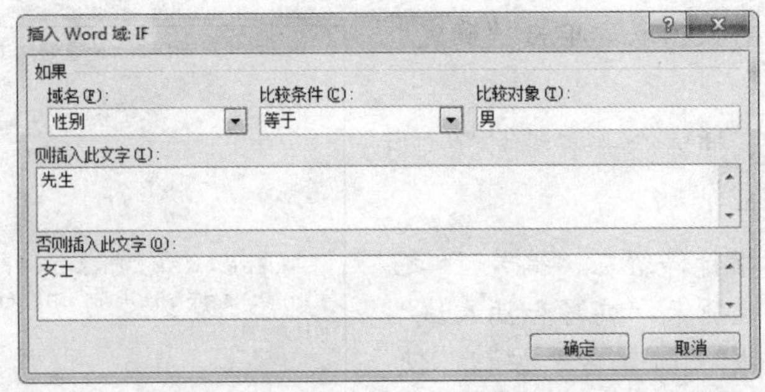

图 1-148 “插入 Word 域：IF”对话框

（3）完成并保存合并效果，主文档以原文件名“邀请函.docx”保存，合并后的文档以“邀请函_结果.docx”保存。

提示：单击“邮件”选项卡“完成”组中的“完成并合并”|“编辑单个文档”按钮，弹出“合并到新文档”对话框，选择“全部”，然后单击“确定”按钮关闭该对话框。在新建的 Word 应用窗口中显示了已经完成合并后的文档，如图 1-147 所示，单击“文件”|“保存”按钮，弹出“另存为”对话框，在“文件名”文本框中输入“邀请函_结果”，然后单击“确定”按钮关闭该对话框。

【范例】工作证

本范例要求制作图 1-149 所示的工作证，所涉及的素材均保存在“工作证”文件夹下。

图 1-149 工作证样张

（1）新建一个 Word 文档，命名为“工作证.docx”，在文档首行插入一个 2 行 2 列的表格，设置表格行高为 12 cm，保存该文档。

提示：新建一个空白 Word 文档，单击“插入”选项卡“表格”组中的“插入表格”按钮，插入一个 2 行 2 列的表格，选中表格，单击“表格工具”|“布局”选项卡“单元格大小”组中的“表格行高”按钮，设置行高为 12 cm，再单击“文件”|“保存”按钮，文件名为“工作证.docx”，保存文件。

（2）在表格的第一行第一列中输入“A 公司”“工作证”“工号：”“姓名：”“职务：”5 段文本，设置文本字号为三号、加粗、居中对齐。

（3）绑定数据源“人员信息.xlsx”，插入“工号”“姓名”“职务”域。

提示：单击“邮件”选项卡“开始邮件合并”组中的“选择收件人”|“使用现有列表”按钮，弹出“选择数据源”对话框，选择“人员信息.xlsx”中的第一个数据表，然后单击“确定”按钮关闭该对话框。将鼠标指针停留在“工号:”之后，单击“邮件”选项卡“编写和插入域”组中的“插入合并域”|“工号”按钮，使用同样的方法插入“姓名”和“职务”域。完成后的效果如图 1-150 所示。

（4）插入“照片”域。照片所在位置必须与“人员信息.xlsx”的“照片”列中的信息一致。

提示：在文本“工作证”后按【Enter】键，单击“插入”选项卡“文本”组中的“文档部件”|“域”按钮，弹出“域”对话框，如图 1-151 所示，在域名列表中选择“IncludePicture”，在“域属性”文本框中输入照片所在位置及文件名，如“d:\photo\0101.jpg”，然后单击“确定”按钮关闭该对话框，指定的图片就会显示在 Word 中，如图 1-152 所示，按【Alt+F9】组合键显示域代码，删除代码“IncludePicture”后引号内的内容，将鼠标指针停留在该引号内，单击“邮件”选项卡“编写和插入域”组中的“插入合并域”|“照片”按钮，代码如图 1-153 所示，再次按【Alt+F9】组合键关闭显示域代码。

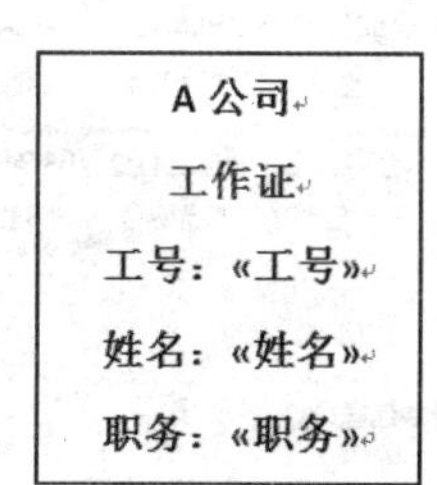

图 1-150 插入合并域效果

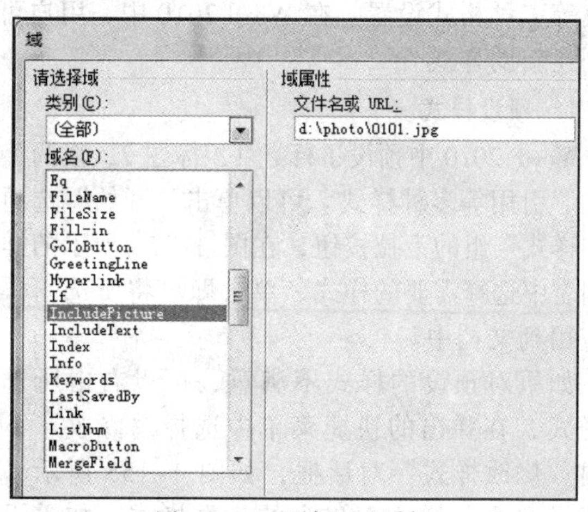

图 1-151 “域”对话框

（5）更新标签，完成并保存合并结果，主文档以原文件名“工作证.docx”保存，合并后的文档以“工作证_结果.docx”保存。

图 1-152　照片域效果

图 1-153　修改域代码

提示：单击“邮件”选项卡“开始邮件合并”组中的“开始邮件合并”|“标签”按钮，弹出“标签选项”对话框，然后单击“确定”按钮关闭该对话框。单击“邮件”选项卡“编写和插入域”组中的“更新标签”按钮。单击“邮件”选项卡“完成”组中的“完成并合并”|“编辑单个文档”按钮，弹出“合并到新文档”对话框，选择“全部”，然后，单击“确定”按钮关闭该对话框。在新建的 Word 应用窗口中显示了已经完成合并后的文档，按【Ctrl+A】组合键选中整个文档，按【F9】更新域，单击“文件”|“保存”按钮，弹出“另存为”对话框，在“文件名”文本框中输入“工作证_结果”，然后单击“确定”按钮关闭该对话框。

1.5　样式与引用

1.5.1　样式

样式是一组字符格式与段落格式的组合。一个样式可以包含字体、段落、边框、底纹等多种格式设置。在 Word 2010 中，用户可以直接使用预设的样式，也可以自定义创建新的样式。

1．预设样式

Word 2010 中预设了标题 1、标题 2、强调、题注、引用等多种样式。可以单击“开始”选项卡“样式”组的下拉按钮，在图 1-154 所示的样式列表中选择需要的样式，单击即可将所选的样式应用到文档中。

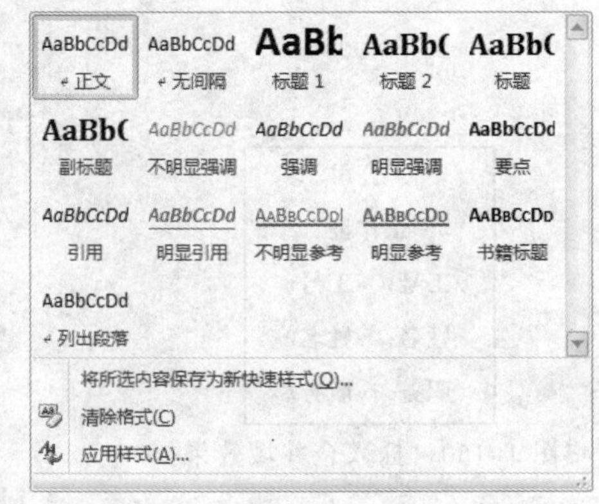

图 1-154　预设样式

如果对预设的样式不满意，可以右击所选的样式，在弹出的快捷菜单中选择“修改”，弹出“修改样式”对话框，如图 1-155 所示，可以设置当前样式中包含的各类格式。如需设置更多格式，可以单击对话框中的“格式”按钮，弹出图 1-156 所示的菜单，可以根据需要选择相

应的格式进行自定义设置。设置完毕后，文档中所有已经应用过该样式的文本会自动更新为最新设置的格式。

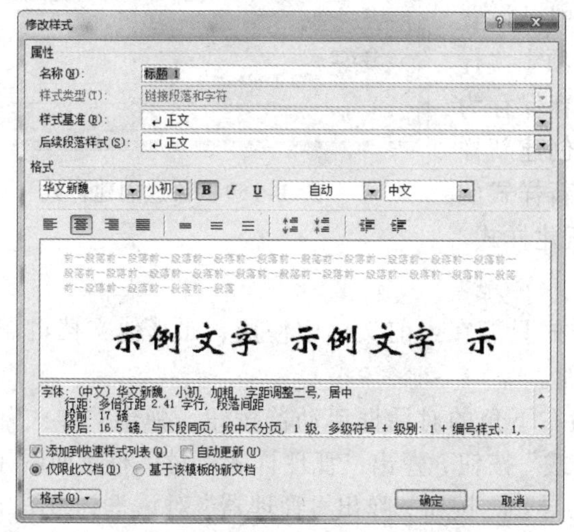

图 1-155 “修改样式”对话框

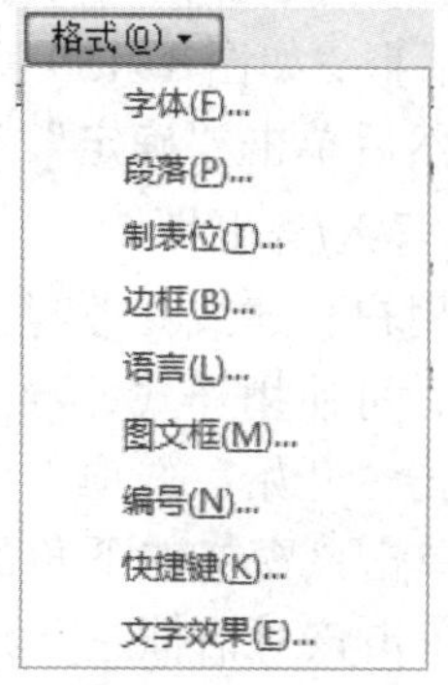

图 1-156 样式格式

如果对预设的样式名称不满意，可以右击所选的样式，在弹出的快捷菜单中选择“重命名”命令，弹出“重命名样式”对话框，输入新的样式名称即可。

2. 新建样式

虽然 Word 中预设了大量的样式，但满足不了用户千变万化的需求，故 Word 提供了新建样式的功能，单击“开始”选项卡“样式”组右下角的对话框启动器按钮，弹出“样式”任务窗格，如图 1-157 所示，在该窗格中列出了 Word 中所有预设的样式名称，用户单击该窗格左下角的“新建样式”按钮，弹出“根据格式设置创建新样式”对话框，如图 1-158 所示，输入新样式的名称并设置相应的格式，然后单击“确定”按钮即可新建样式。

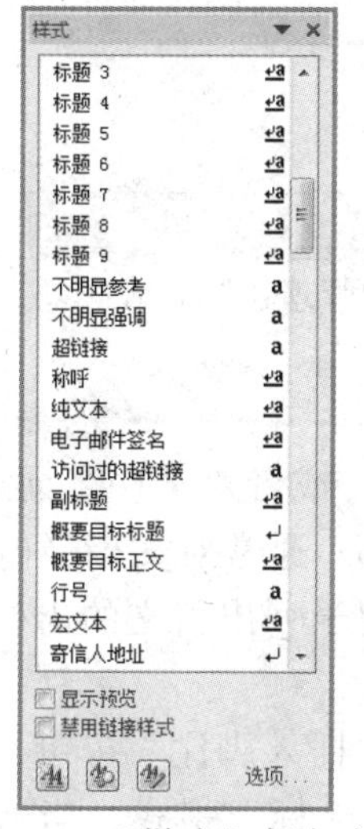

图 1-157 “样式”任务窗格

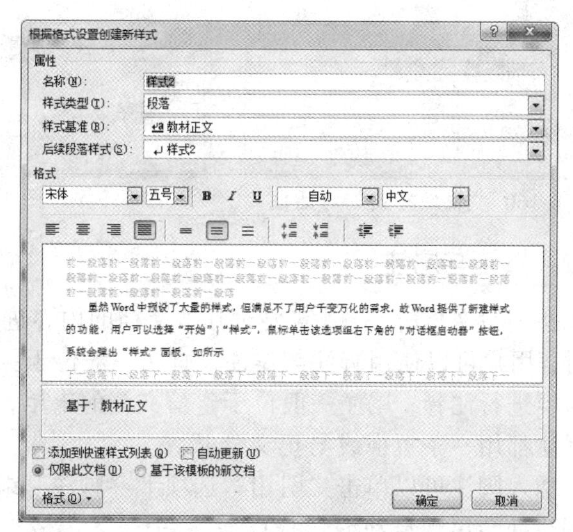

图 1-158 “根据格式设置创建新样式”对话框

如用户已经在文档中将一部分文本设置好格式，Word 可以将已经设置的格式转化为新样式，以方便下一次使用。可先选中已设置好格式的文本，然后单击“开始”选项卡“样式”组的下拉列表中选择“将所选内容保存为新快速样式”，弹出“根据格式设置创建新样式”对话框，如图 1–159 所示，输入新样式的名称，然后单击“确定”按钮即可新建样式。

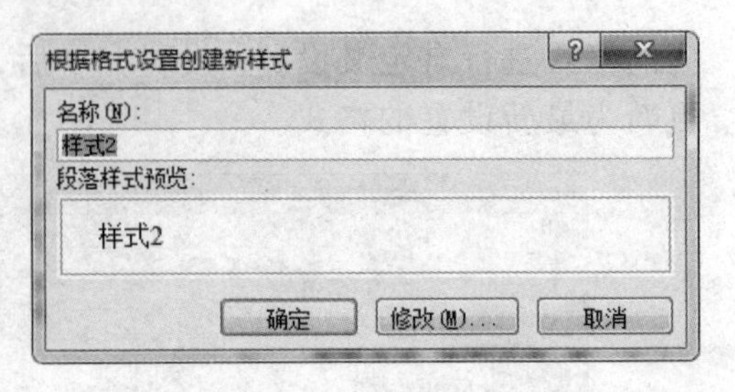

图 1–159　快速创建样式

3．导入/导出样式

当用户新建或修改样式后，该样式只能在当前文档中使用，如其他文档也需使用该样式，可使用样式的导入/导出功能。

单击“开始”选项卡“样式”组右下角的对话框启动器按钮，弹出“样式”任务窗格，单击该窗格左下角的“管理样式”按钮，弹出“管理样式”对话框，如图 1–160 所示，单击该对话框左下角的“导入/导出”按钮，弹出“管理器”对话框，如图 1–161 所示，对话框左边列出了当前文档中的所有样式，用户在样式列表中选择需要导出的样式，然后，单击“复制”按钮就可将样式复制到右边文档中，即目标文档中。

注意：如对话框中所列出的目标文档不是用户所需要的文档，用户可以通过“关闭文件”和“打开文件”按钮来选择目标文档。

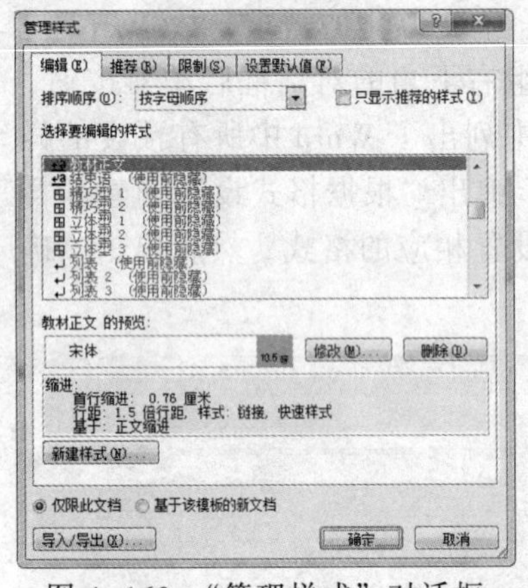

图 1–160　“管理样式”对话框

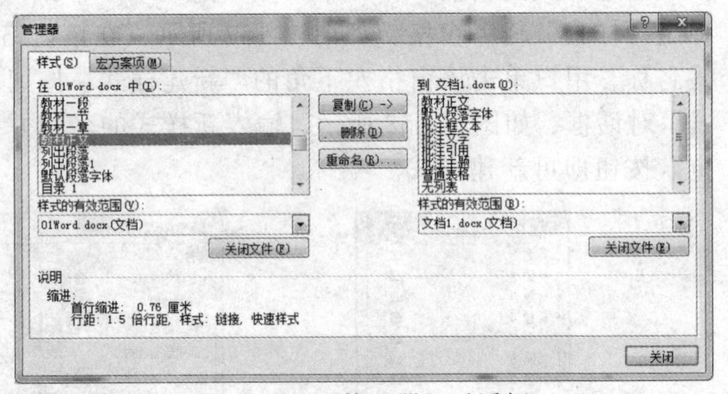

图 1–161　“管理器”对话框

1.5.2　脚注与尾注

在编写文档时，有时需要对其他文档的内容进行引用，或者对某些名词进行解释，这时，用户可以使用脚注与尾注。脚注一般位于页面底部，通常对文档当前页中的某处内容进行注释，尾注一般位于整篇文档的末尾，通常用于列出引文的出处等。脚注与尾注都用一条短横线与正文分开。

插入脚注可以单击“引用”选项卡“脚注”组中的“插入脚注”按钮，文档中插入脚注处会出现自动编号“1，2，3……”，格式类似“上标”格式，当前页最下方会出现一条水平线，水平线下系统会自动编号，用户只需在编号后输入脚注内容即可，如图 1-162 所示，完成脚注插入后，鼠标指向文档中的脚注编号时，系统会显示脚注内容。

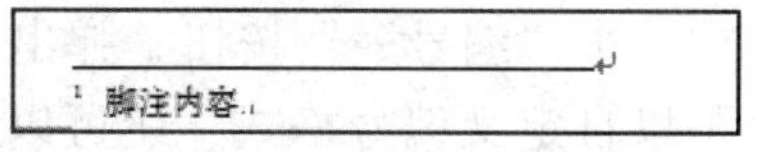

图 1-162 脚注

插入尾注可以单击“引用”选项卡“脚注”组中的“插入尾注”按钮。文档中插入尾注处会出现自动编号“i，ii，iii……”，格式类似“上标”格式，文档末尾处会出现一条水平线，水平线下系统会自动编号，用户只需在编号后输入尾注内容即可，如图 1-163 所示，完成尾注插入后，鼠标指向文档中的尾注编号时，系统会显示尾注内容。

如需要对脚注与尾注进行更多属性设置，可以鼠标单击“引用”选项卡“脚注”右下角的对话框启动器按钮，弹出“脚注与尾注”对话框，如图 1-164 所示，可以将脚注和尾注相互转换，还可以对编号格式等进行自定义设置。

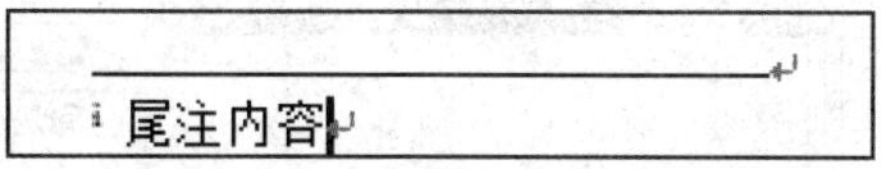

i 尾注内容

图 1-163 尾注

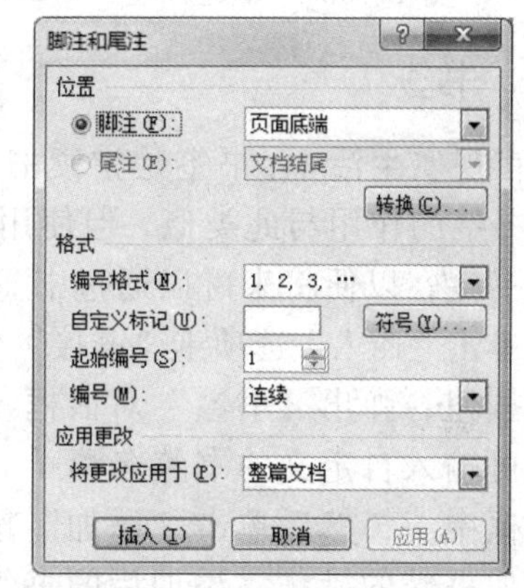

图 1-164 “脚注和尾注”对话框

如需要删除文档中的脚注或者尾注，可选中脚注或者尾注的编号，按【Delete】键即可。

1.5.3 题注

当在文档中插入图片、表格等对象时，可以为这些对象添加题注，用于标识对象的编号及含义。题注是由标签和编号两部分组成的，一般来说，图对象的题注为“图自动编号题注文字”，出现在图对象的下方；表对象的题注为“表自动编号题注文字”，出现在表对象的上方。用户也可以自定义题注。

添加题注可以单击“引用”选项卡“题注”组中的“插入题注”按钮，弹出“题注”对话框，如图 1-165 所示，可先在“标签”下拉列表中选择合适的标签，如没有合适的标签，可以单击对话框中的“新建标签”按钮，弹出“新建标签”对话框，如图 1-166 所示，可在该对话框的文本框中输入用户所需要的标签名称，例如，图、表等。在“题注”对话框中设置“标签”后，单击“确定”按钮即可完成题注的插入，可以根据需要在题注后增加一些说明性的题注文字。

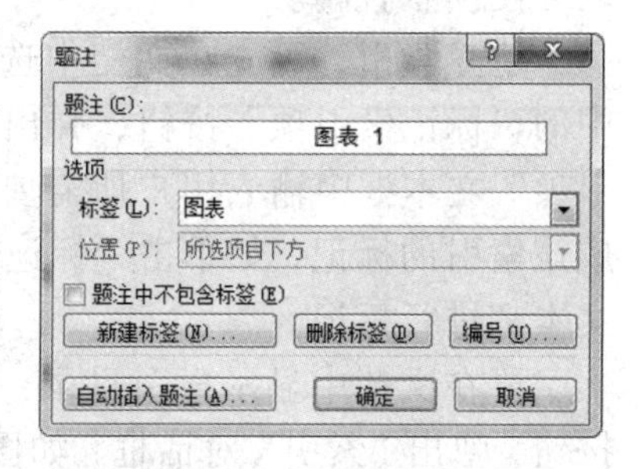

图 1-165 “题注”对话框

题注编号是自动编号，默认情况为“1，2，3，……”，可以在“题注”对话框中单击“编号…”按钮，弹出“题注编号”对话框，如图 1-167 所示，在该对话框中可以自定义编号格式，还可以通过勾选“包含章节号”选项，使题注中自动出现当前所在的章节号，例如，第一章的第 2 个图，题注为“图 1-2”。

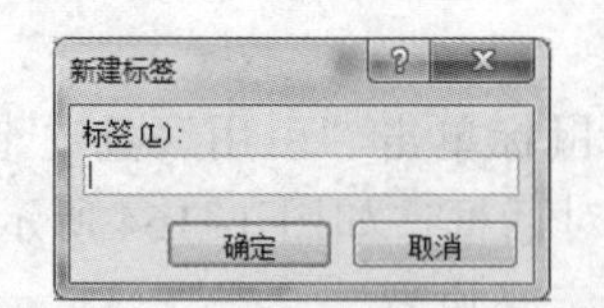

图 1-166 “新建标签”对话框

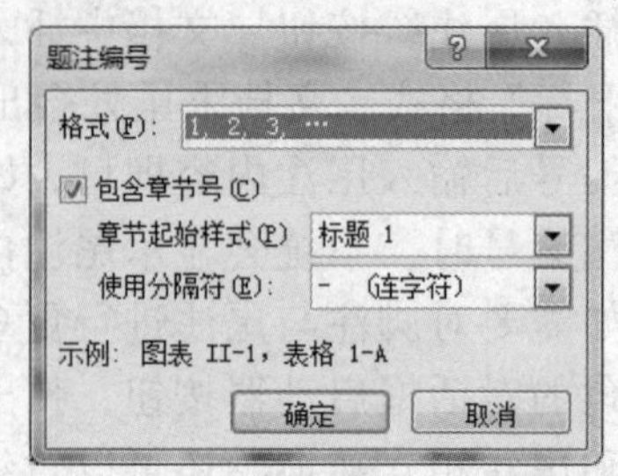

图 1-167 “题注编号”对话框

1.5.4 书签

在现实生活中，书签是指读书时用于记录阅读进度而夹在书里的小薄片，在 Word 中，书签的作用与此类似，但使用起来更加方便，用户可以在重要内容所在的位置上添加书签，以便将来可以通过书签快速定位到所需查看的内容的位置处。

单击“插入”选项卡“链接”组中的“书签”按钮，弹出“书签”对话框，在该对话框中可输入自定义的书签名称（“书签名”文本框中），然后单击“添加”按钮即可完成添加书签的操作，添加后的书签在文档中是不显示的，但是，在“书签”对话框（见图 1-168）中可以看到，在该对话框中通过单击所需的书签名称，然后单击“定位”按钮即可快速跳转到书签所在的文档中的位置。单击对话框中的“删除”按钮可以删除当前选中的书签。

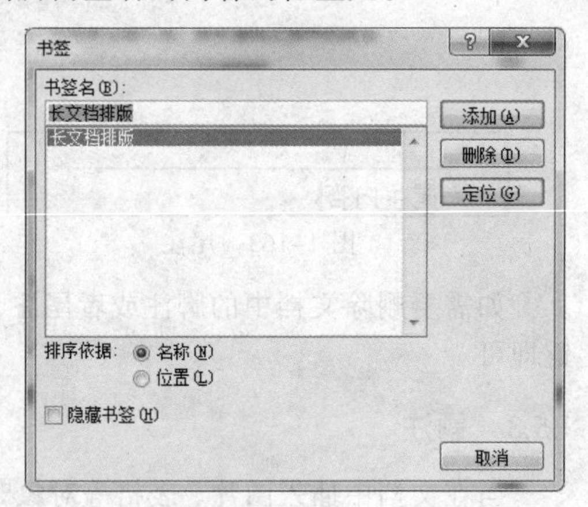

图 1-168 “书签”对话框

1.5.5 索引

索引可将整篇文档中的有关词条进行标记和统计，一般会标明出处、所在页码等，以方便读者查阅。

建立索引，可先在文档中选择相关的文本，然后单击“引用”选项卡“索引”组中的“标记索引项”按钮，弹出“标记索引项”对话框，如图 1-169 所示，在“主索引项”文本框中输入用户所需要的索引名，然后单击“标记”和“关闭”按钮即可完成该索引的标记，如单击“标记全部”按钮可以将该文档中与此文本相同的其他所有文本都进行标记。

要在文档中显示索引目录，可以单击“引用”选项卡“索引”组中的“插入索引”按钮，弹出“索引”对话框，如图 1-170 所示，根据需要设置相关属性，然后单击“确定”按钮即可完成索引目录的添加。

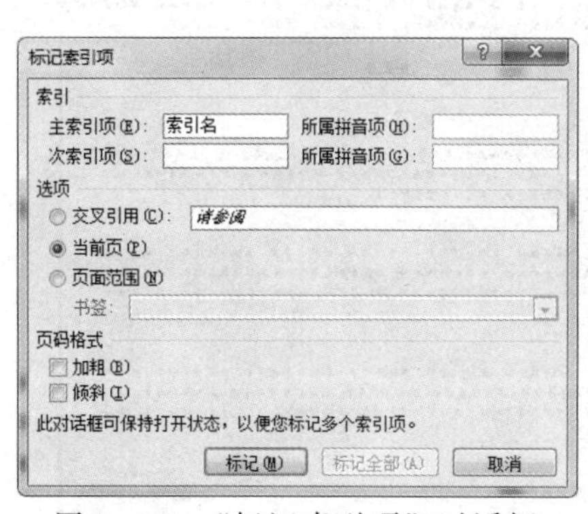

图 1-169 “标记索引项”对话框

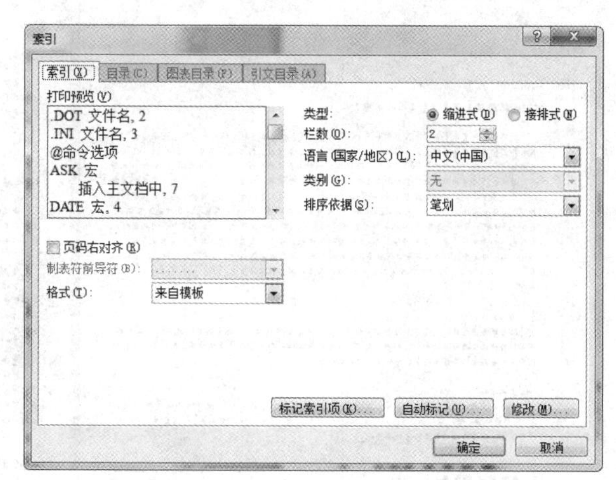

图 1-170 “索引”对话框

1.5.6 交叉引用

交叉引用是将文档中的题注、编号等，与文档正文内的说明性文本建立对应关系，这可以为文档编辑提供很大的方便。

以题注的交叉引用为例，可以单击“引用”选项卡“题注”组中的“交叉引用”按钮，弹出“交叉引用”对话框，如图 1-171 所示，先选择“引用类型”，例如，“图”（插入题注时所使用的标签），这时，在“引用哪一个题注”列表框中列出了当前文档中所有使用“图”标签的题注，选择所需要的题注，单击“插入”按钮即可完成题注的交叉引用。

一般情况下，在文档的正文中只需要引用题注的标签和编号，例如，“如图 1-1 所示”等，这需要在“交叉引用”对话框的“引用内容”下拉列表中选择“只有标签和编号”。

交叉引用编号、标题、脚注等，与题注的交叉引用类似，这里不再阐述。

随着文档的编写和修改，交叉引用的源对象（题注等）会有所变化，为了保证引用的正确性，可以对交叉引用进行更新，更新方式请参照域的更新。

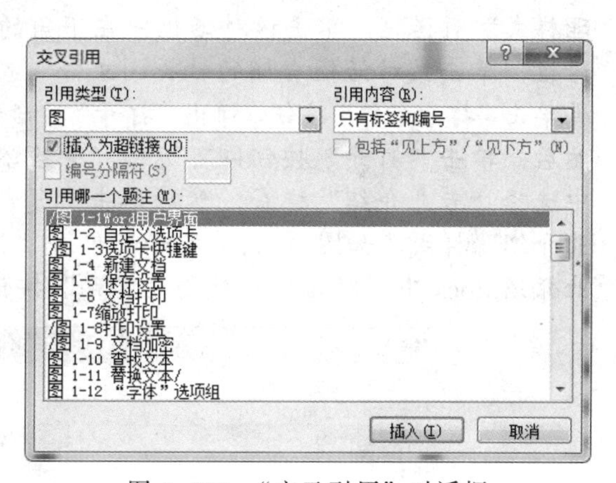

图 1-171 “交叉引用”对话框

【范例】专业介绍

本范例要求制作图 1-172 所示的专业介绍，所涉及的素材均保存在“专业介绍”文件夹下。

（1）打开“样式.docx”，将“专业介绍”样式复制到“专业介绍.docx”中，并改名为“专业介绍_正文”。

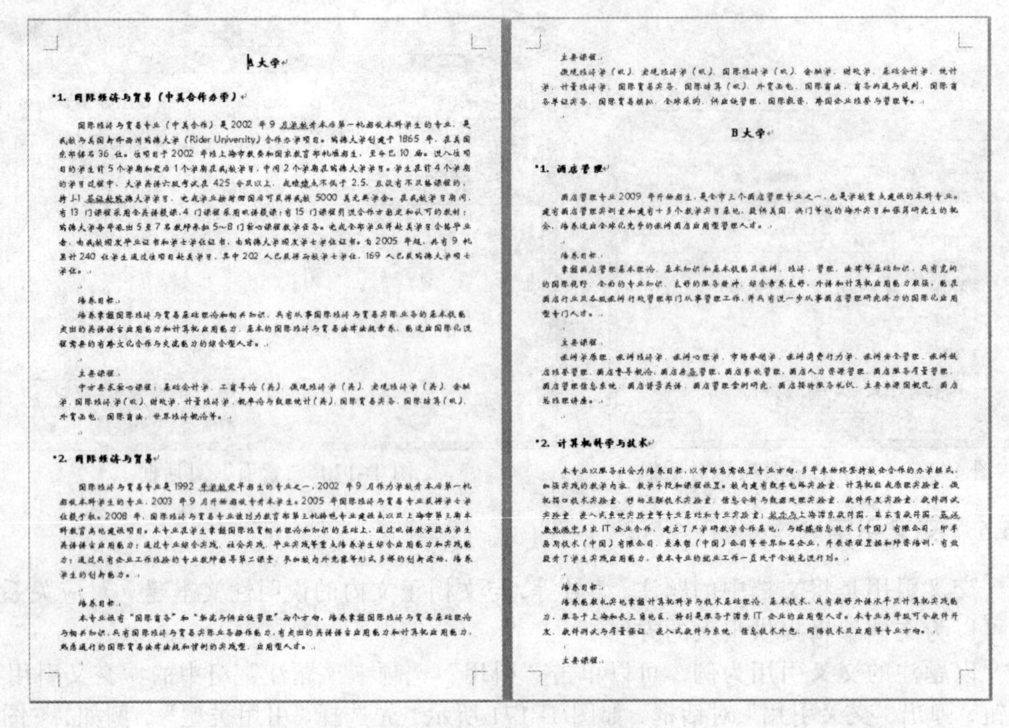

A大学

1. 国际经济与贸易（中美合作办学）

国际经济与贸易专业（中美合作）是2002年9月学校升本后第一批招收本科学生的专业，是我校与美国新泽西州莱德大学（Rider University）合作办学项目。莱德大学创建于1865年，在美国东部排名36位。该项目于2002年经上海市教委和国家教育部批准招生，至今已10届。进入该项目的学生前5个学期和最后1个学期在我校学习，中间2个学期在莱德大学学习。学生在前4个学期的学习过程中，大学英语六级考试在425分及以上，或绩点不低于2.5，且没有不及格课程的，持J-1签证赴莱德大学学习，也或学业拔尖的国后可获得我校5000美元奖学金。在我校学习期间，有13门课程采用全英语教学，4门课程采用双语教学；有15门课程用该合作方指定和认可的教材；莱德大学每年派出5至7名教师承担5~8门核心课程教学任务。完成全部学业并赴美学习合格毕业者，由我校颁发毕业证书和学士学位证书，由莱德大学颁发学士学位证书。自2005年起，共有9批累计240位学生通过该项目赴美学习，其中202人已获得两校学士学位，169人已获莱德大学硕士学位。

培养目标：

培养掌握国际经济与贸易基础理论和相关知识，具有从事国际经济与贸易实际业务的基本技能，突出的英语语言应用能力和计算机应用能力，基本的国际经济与贸易法律法规素养，能适应国际化进程需要的有跨文化合作与交流能力的综合型人才。

主要课程：

中方要求核心课程：基础会计学、工商导论（英）、微观经济学（英）、宏观经济学（英）、金融学、国际经济学（双）、财政学、计量经济学、概率论与数理统计（英）、国际贸易实务、国际结算（双）、外贸函电、国际商法、世界经济概论等。

2. 国际经济与贸易

国际经济与贸易专业是1992年学校最早招生的专业之一，2002年9月作为学校升本后第一批招收本科学生的专业，2003年9月开始招收专升本学生。2005年国际经济与贸易专业获得学士学位授予权。2008年，国际经济与贸易专业被列为教育部第三批特色专业建设点以及上海市第三期本科教育高地建设项目。本专业在学生掌握国际经贸相关理论和知识的基础上，通过双语教学提高学生英语语言应用能力；通过专业综合实践、社会实践、毕业实践等重点培养学生综合应用能力和实践能力；通过具有企业工作经验的专业教师指导第二课堂、参加校内外竞赛等形式多样的创新活动，培养学生的创新能力。

培养目标：

本专业设有"国际商务"和"物流与供应链管理"两个方向，培养掌握国际经济与贸易基础理论与相关知识，具有国际经济与贸易实际业务操作能力，有突出的英语语言应用能力和计算机应用能力，熟悉通行的国际贸易法律法规和惯例的实践型、应用型人才。

主要课程：

微观经济学（双）、宏观经济学（双）、国际经济学（双）、金融学、财政学、基础会计学、统计学、计量经济学、国际贸易实务、国际结算（双）、外贸函电、国际商法、商务沟通与谈判、国际商务单证实务、国际贸易模拟、全球采购、供应链管理、国际投资、跨国企业经营与管理等。

B大学

1. 酒店管理

酒店管理专业2009年开始招生，是全市三个酒店管理专业之一，也是学校重点建设的本科专业。建有酒店管理实训室和建有十多个教学实习基地，提供美国、澳门等地的海外实习和保荐研究生的机会，培养适应全球化竞争的旅游酒店应用型管理人才。

培养目标：

掌握酒店管理基本理论、基本知识和基本技能及旅游、经济、管理、法律等基础知识，具有宽阔的国际视野、全面的专业知识、良好的服务精神、综合素养良好，外语和计算机应用能力较强，能在酒店行业及各级旅游行政管理部门从事管理工作，并具有进一步从事酒店管理研究潜力的国际化应用型专门人才。

主要课程：

旅游学原理、旅游经济学、旅游心理学、市场营销学、旅游消费行为学、旅游安全管理、旅游饭店经营管理、酒店管理概论、酒店房务管理、酒店餐饮管理、酒店人力资源管理、酒店服务质量管理、酒店管理信息系统、酒店情景英语、酒店管理案例研究、酒店接待服务礼仪、主要客源国概况、酒店总经理讲座。

2. 计算机科学与技术

本专业以服务社会为培养目标，以市场需求设置专业方向，多年来始终坚持校企合作的办学模式，加强实践的教学内容、教学手段和课程设置。校内建有数字电路实验室、计算机组成原理实验室、微机接口技术实验室、移动互联技术实验室、信息分析与数据处理实验室、软件开发实验室、软件测试实验室、嵌入式系统实验室等专业基础和专业实验室；校外与上海浦东软件园、东方青软件园、[illegible]等多家IT企业合作，建立了产学研教学合作基地，与[illegible]信息技术（中国）有限公司、[illegible]斯技术（中国）有限公司、爱森哲（中国）公司等世界知名企业，开展课程置换和师资培训，有效提升了学生实践应用能力，使本专业的就业工作一直处于全校先进行列。

培养目标：

培养能较扎实地掌握计算机科学与技术基础理论、基本技术，具有较好外语水平及计算机实践能力，服务于上海和长三角地区，特别是服务于浦东IT企业的应用型人才。本专业高年级可分软件开发、软件测试与质量保证、嵌入式软件与系统、信息技术外包、网络技术及应用等专业方向。

主要课程：

图 1-172　专业介绍样张

提示：打开"样式.docx"，单击"开始"选项卡"样式"组右下角的对话框启动器按钮，在"样式"任务窗格中单击最下方的第三个"管理样式"按钮，弹出"管理样式"对话框，单击该对话框中左下角的"导入/导出"按钮，弹出"管理器"对话框，单击该对话框右侧的"关闭文件"按钮，该按钮会变为"打开文件"按钮，再单击"打开文件"按钮，弹出"打开"对话框，在该对话框中选择"专业介绍.docx"，然后，单击"打开"按钮即可返回"管理器"对话框，在该对话框中的左侧列表框中选择"专业介绍"样式，然后单击"复制"按钮，右侧列表框中便也会出现"专业介绍"样式，如图 1-173 所示，单击"关闭"按钮，弹出"是否将更改保存到专业介绍.docx 中"对话框，单击"保存"按钮即可关闭"样式.docx"。

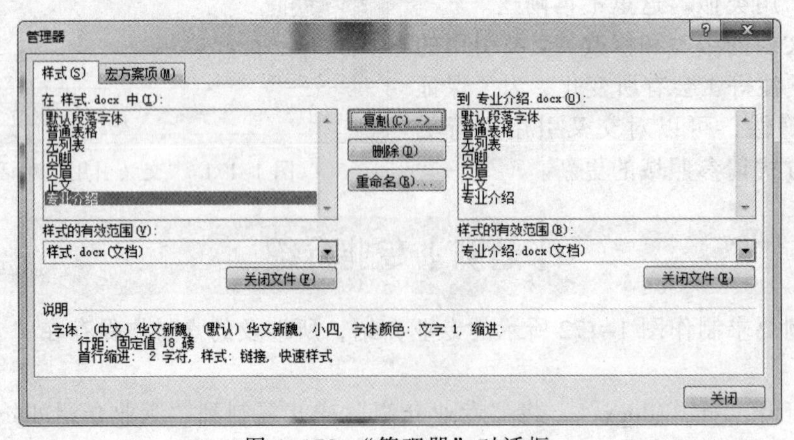

图 1-173　"管理器"对话框

提示：打开“专业介绍.docx”，单击“开始”选项卡“样式”组中的下拉按钮，右击“专业介绍”样式，在弹出的快捷菜单中选择“重命名”命令，弹出“重命名样式”对话框，在该对话框中输入“专业介绍_正文”，如图 1-174 所示，然后单击“确定”按钮关闭该对话框。

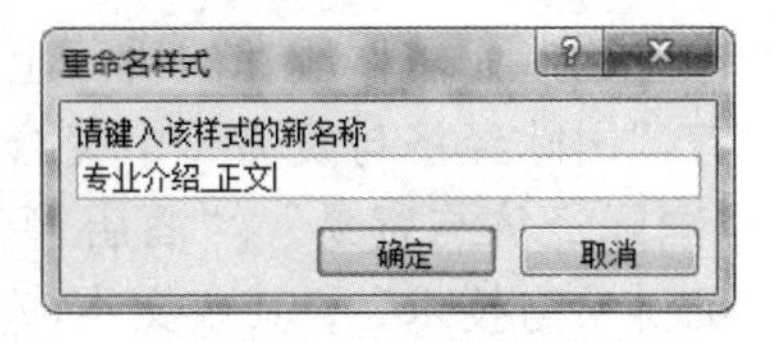

图 1-174　重命名样式

（2）修改“标题 5”样式的字体为“华文新魏”，行距为“20 磅”，段前和段后间距均为“5 磅”。

提示：在“管理样式”对话框中选择“推荐”选项卡，在列表框中选择“标题 5”，单击对话框中的“显示”按钮，如图 1-175 所示，然后单击“确定”按钮关闭该对话框。单击“开始”选项卡“样式”组中的下拉按钮，右击“标题 5”样式，在弹出的快捷菜单中选择“修改”命令，弹出“修改样式”对话框，如图 1-176 所示，在该对话框中选择“格式”|“字体”，系统会弹出“字体”对话框，在该对话框中设置“中文字体”为“华文新魏”，然后，单击“确定”按钮返回“修改样式”对话框，在该对话框中选择“格式”下拉列表中的“段落”按钮，弹出“段落”对话框，在该对话框中设置行距为“20 磅”，段前和段后间距均为“5 磅”，然后单击“确定”按钮返回“修改样式”对话框，再单击“确定”按钮关闭该对话框。

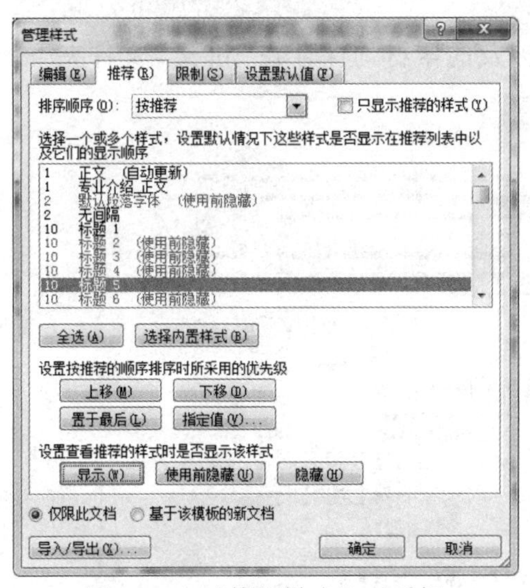

图 1-175　“管理样式”对话框

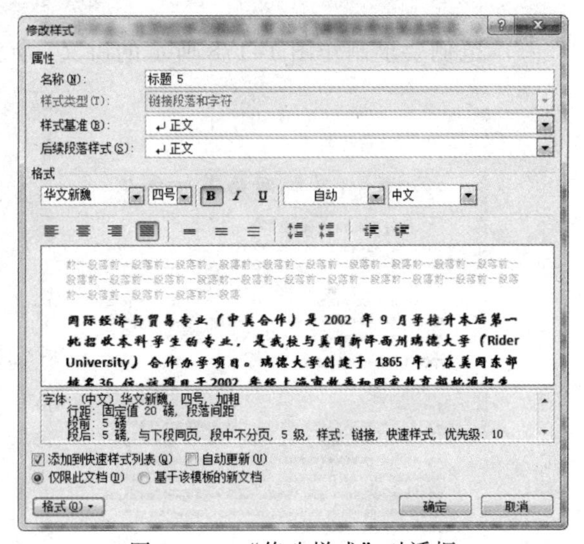

图 1-176　“修改样式”对话框

（3）新建“学校”样式，样式字体为“华文新魏”，字号为“小三”，加粗，居中对齐。

提示：单击“样式”任务窗格最下方第一个“新建样式”按钮，弹出“根据格式设置创建新样式”对话框，在该对话框中设置名称为“学校”，字体为“华文新魏”，字号为“小三”，加粗，居中对齐，如图 1-177 所示，然后单击“确定”按钮关闭该对话框。

（4）应用“学校”样式到“A 大学”和“B 大学”所在的段落上，应用“标题 5”

样式到专业名称所在的段落上，专业名称有“国际经济与贸易（中美合作办学）”“国际经济与贸易”“酒店管理”“计算机科学与技术”，其余文本应用“专业介绍_正文”样式。

提示：选中文本“A 大学”和“B 大学”，单击“开始”选项卡“样式”组中的“学校”按钮。选中文本“国际经济与贸易（中美合作办学）”“国际经济与贸易”“酒店管理”“计算机科学与技术”，单击“开始”选项卡“样式”组中的“标题 5”。将鼠标定位到正文中任意位置（除各标题外），单击“开始”选项卡“编辑”组中的“选择”|“选择格式相似的文本”按钮，再选择“开始”选项卡“样式”组中的“专业介绍_正文”选项。

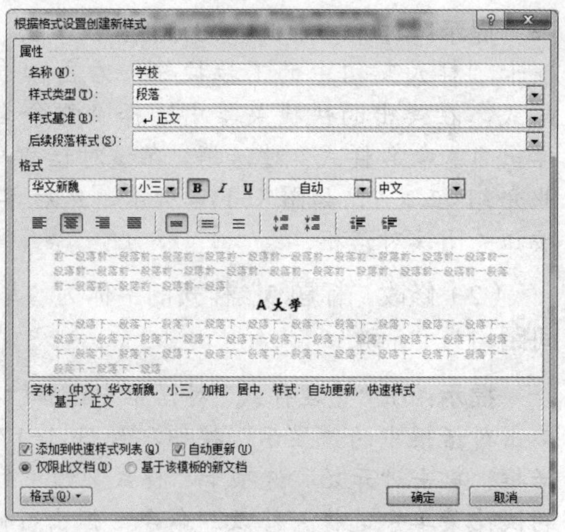

图 1–177　根据格式设置创建新样式

【范例】讲义

本范例要求制作图 1–178 所示的讲义，所涉及的素材均保存在“讲义”文件夹下。

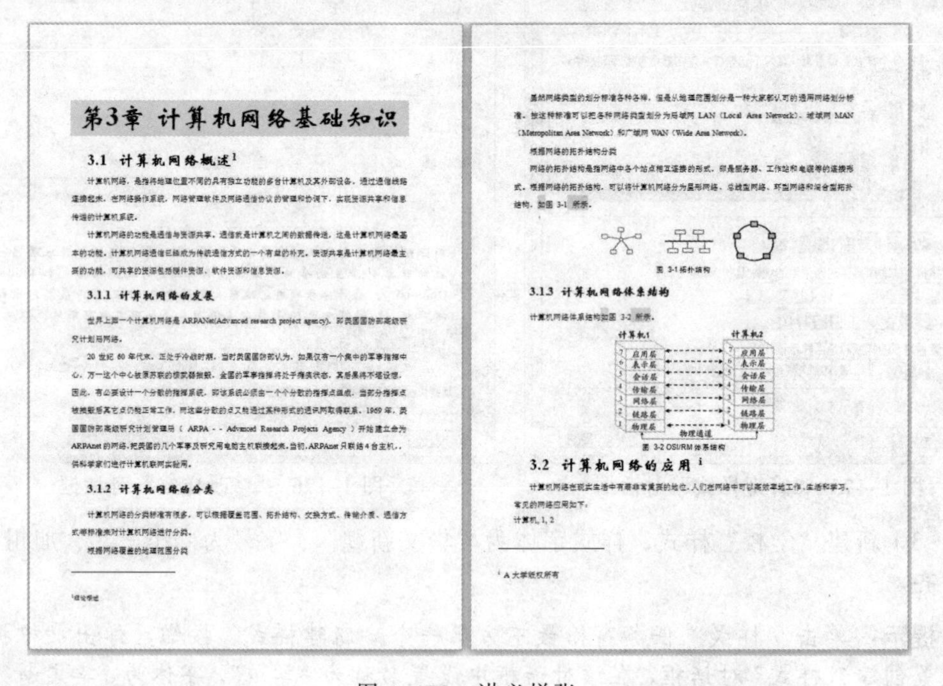
第3章 计算机网络基础知识

3.1 计算机网络概述[1]

计算机网络，是指将地理位置不同的具有独立功能的多台计算机及其外部设备，通过通信线路连接起来，在网络操作系统，网络管理软件及网络通信协议的管理和协调下，实现资源共享和信息传递的计算机系统。

计算机网络的功能是通信与资源共享，通信就是计算机之间的数据传送，这是计算机网络最基本的功能，计算机网络通信已经成为传统通信方式的一个有益的补充。资源共享是计算机网络最主要的功能，可共享的资源包括硬件资源、软件资源和信息资源。

3.1.1 计算机网络的发展

世界上第一个计算机网络是 ARPANet(Advanced research project agency)，即美国国防部高级研究计划局网络。

20 世纪 60 年代末，正处于冷战时期，当时美国国防部认为，如果仅有一个集中的军事指挥中心，万一这个中心被原苏联的核武器摧毁，全国的军事指挥将处于瘫痪状态，其后果将不堪设想，因此，有必要设计一个分散的指挥系统，即该系统必须由一个个分散的指挥点组成，当部分指挥点被摧毁后其它点仍能正常工作，而这些分散的点又能通过某种形式的通讯网取得联系。1969 年，美国国防部高级研究计划管理局（ ARPA - - Advanced Research Projects Agency ）开始建立命为 ARPAnet 的网络，把美国的几个军事及研究用电脑主机联接起来，当初，ARPAnet 只联结 4 台主机，，供科学家们进行计算机联网实验用。

3.1.2 计算机网络的分类

计算机网络的分类标准有很多，可以根据覆盖范围、拓扑结构、交换方式、传输介质、通信方式等标准来对计算机网络进行分类。

根据网络覆盖的地理范围分类

[1]理论概述

虽然网络类型的划分标准各种各样，但是从地理范围划分是一种大家都认可的通用网络划分标准。按这种标准可以把各种网络类型划分为局域网 LAN（Local Area Network）、城域网 MAN（Metropolitan Area Network）和广域网 WAN（Wide Area Network）。

根据网络的拓扑结构分类

网络的拓扑结构是指网络中各个站点相互连接的形式，即是服务器、工作站和电缆等的连接形式。根据网络的拓扑结构，可以将计算机网络分为星形网络、总线型网络、环型网络和混合型拓扑结构，如图 3-1 所示。

图 3-1 拓扑结构

3.1.3 计算机网络体系结构

计算机网络体系结构如图 3-2 所示。

计算机1 计算机2
7 应用层　7 应用层
6 表示层　6 表示层
5 会话层　5 会话层
4 传输层　4 传输层
3 网络层　3 网络层
2 链路层　2 链路层
1 物理层　1 物理层
物理通道

图 3-2 OSI/RM 体系结构

3.2 计算机网络的应用[i]

计算机网络在现实生活中有着非常重要的地位，人们在网络中可以高效率地工作，生活和学习。

常见的网络应用如下：

计算机, 1, 2

[i] A 大学版权所有

图 1–178　讲义样张

（1）打开“讲义.docx”，为“3.1 计算机网络概述”插入一个脚注，脚注内容为“理论概述”，为“3.2 计算机网络的应用”插入一个尾注，尾注内容为“A 大学版权所有”。

提示：将鼠标指针定位至文本“3.1 计算机网络概述”后，单击“引用”选项卡“脚注”组中的“插入脚注”按钮，系统自动将鼠标指针定位至该页最下方，输入文本“理论概述”。将鼠标指针定位至文本“3.2 计算机网络的应用”后，单击“引用”选项卡“脚注”组中的“插入尾注”按钮，系统自动将鼠标指针定位至文档结束处，输入文本“A 大学版权所有”。

（2）为文档中的图使用题注（标签名为“图”，包含章节号，居中显示），文字引用（黄色底纹处）使用该题注的交叉引用。

提示：将鼠标指针定位至第一张图下方，文本“拓扑结构”前，单击“引用”选项卡“题注”组中的“插入题注”按钮，弹出“题注”对话框，如图 1-179 所示，在该对话框中单击“新建标签”按钮，弹出“新建标签”对话框，如图 1-180 所示，在该对话框中的文本框内输入标签名称“图”，然后单击“确定”按钮返回“题注”对话框。在“题注”对话框中单击“编号”按钮，弹出“题注编号”对话框，如图 1-181 所示，勾选“包含章节号”复选框，然后单击“确定”按钮返回“题注”对话框。在“题注”对话框中，在“标签”属性的下拉列表中选择“图”选项，然后单击“确定”按钮关闭该对话框。在文档中设置该题注居中对齐。同样方式设置第二张图的题注。

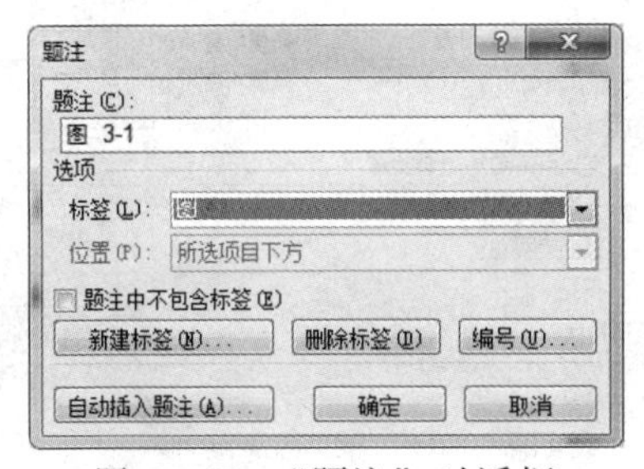

图 1-179 “题注”对话框

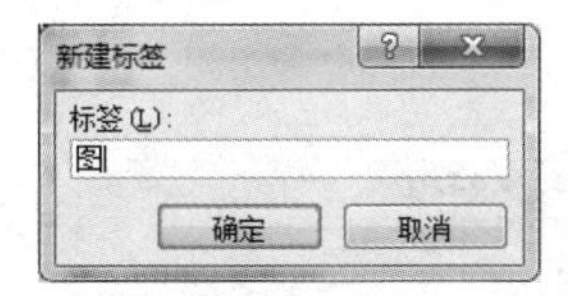

图 1-180 “新建标签”对话框

提示：在第一个黄色底纹处，将鼠标指针定位至文本“如”之后，单击“引用”选项卡“题注”组中的“交叉引用”按钮，弹出“交叉引用”对话框，如图 1-182 所示，在“引用类型”下拉列表中选择“图”选项，在“引用内容”下拉列表中选择“只有标签和编号”选项，在“引用哪一个题注”列表框中选择“图 3-1 拓扑结构”选项，然后单击“插入”按钮关闭该对话框。同样方式插入第二个交叉引用。

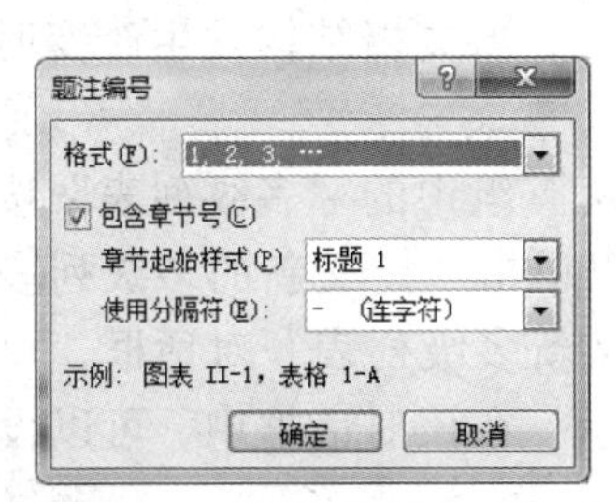

图 1-181 “题注编号”对话框

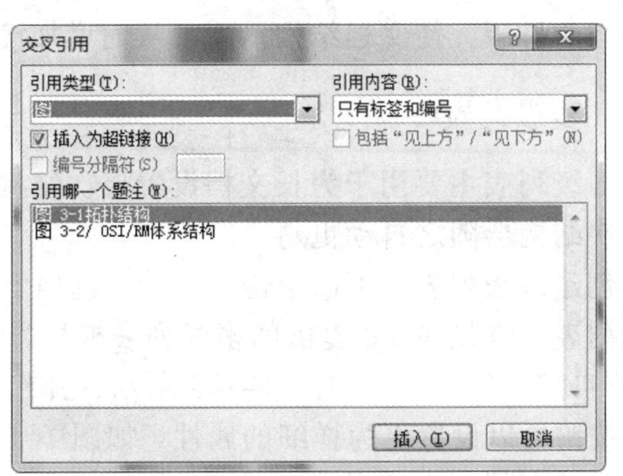

图 1-182 “交叉引用”对话框

（3）在文本“3.1.3 计算机网络体系结构”后插入一个书签，书签名为“体系结构”。

提示：将鼠标指针定位至文本“3.1.3 计算机网络体系结构”后，单击“插入”选项卡“链接”组中的“书签”按钮，弹出“书签”对话框，如图 1-183 所示，在该对话框的“书签名”文本框中输入书签的名称“体系结构”，然后单击“添加”按钮关闭该对话框。

（4）标记文档中的文本“计算机”，在文档最后建立该文本的索引目录，并隐藏所有编辑标记。

提示：选中文档中任意一个文本“计算机”，单击“引用”选项卡“索引”组中的“标记索引项”按钮，弹出“标记索引项”对话框，如图 1-184 所示，在对话框中的“主索引项”文本框中输入索引名“计算机”，然后，依次点击“标记全部”和“关闭”按钮。鼠标定位至文档最后，选择“引用”|“索引”|“插入索引”，系统会弹出“索引”对话框，单击“确定”按钮关闭该对话框。选择“开始”|“段落”|“显示/隐藏编辑标记”。

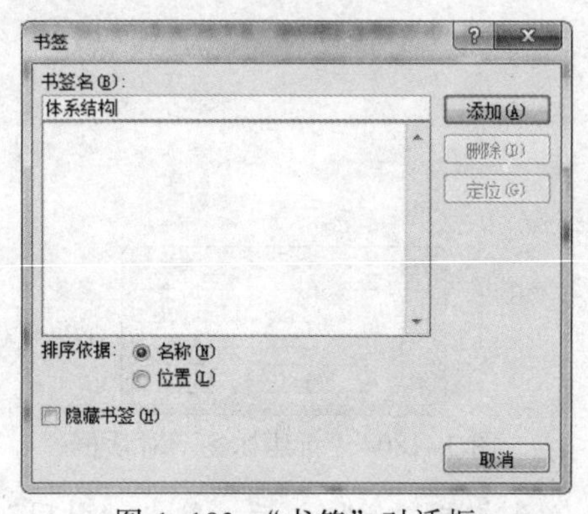

图 1-183 “书签”对话框

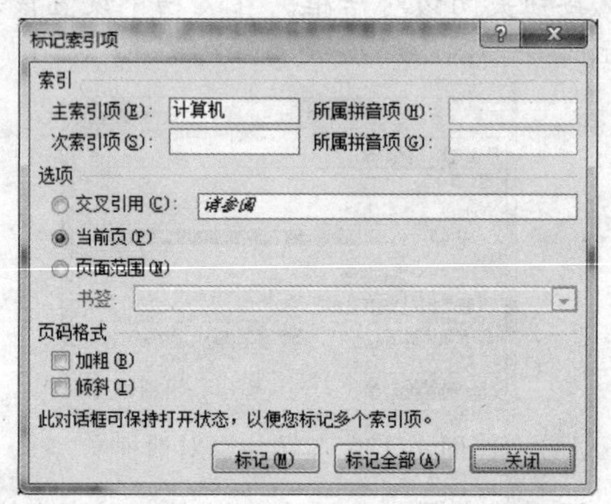

图 1-184 “标记索引项”对话框

1.6 长文档排版

长文档的特点是篇幅长，页数多，内容多，为了方便读者阅读，可以对长文档进行适当的排版，使文档结构清晰，从而增加读者的阅读兴趣。

1.6.1 多级列表

多级列表主要用于为长文档设置层次结构，并且，当文档结构发生改变时，相应的层次结构会随之自动更新。

创建多级列表，可以单击“开始”选项卡“段落”组中的“多级列表”按钮，在下拉列表中选择 Word 提供的多级列表模板，也可以单击“定义新的多级列表”按钮（用户自定义模板），如图 1-185 所示，弹出“定义新多级列表”对话框，单击“更多”按钮可以设置更为详细的属性，如图 1-186 所示，在该对话框中，可以设置自己所需要的多级列表模板。

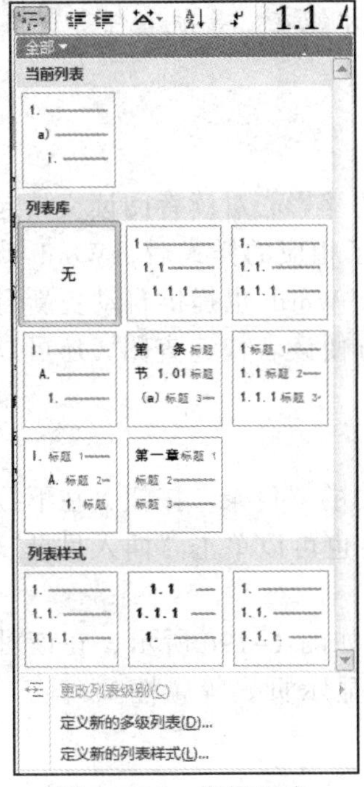

图 1-185 多级列表

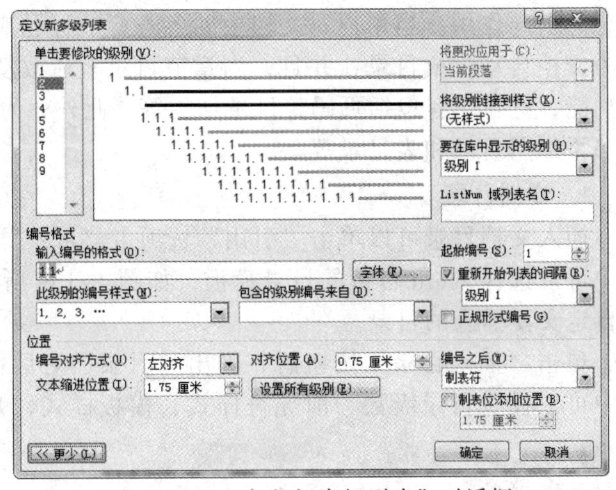

图 1-186 “定义新多级列表”对话框

在“定义新多级列表”对话框中，最左边列表框中显示数字 1～9，代表 9 级列表，数字越小级别越高，可以根据需要单击每个级别的数字设置相应级别的属性，数字列表框的右边为预览框，可以在预览框中看到自定义多级列表的效果。

为便于给长文档各层次结构设置各类格式，在“定义新多级列表”对话框中，需要为每个列表级别设置“将级别链接到样式”属性，一般来说，级别从高到低，分别依次链接“标题”系列样式，例如，标题 1、标题 2 等，链接后的“标题”样式也会显示多级列表的相应序列号，如图 1-187 所示。其他属性设置可根据需要自行设置。

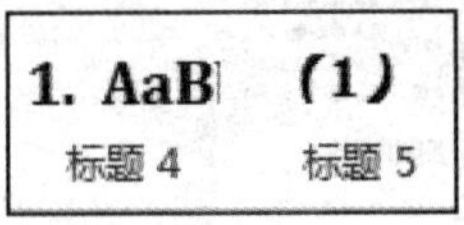

1. AaBl (1)
标题 4 标题 5

图 1-187 标题样式

多级列表的应用参照样式的应用，这里不再阐述。

注意：按【Alt+Shift+→】组合键可以将当前文本级别下降一级，按【Alt+Shift+←】组合键可以将当前文本级别上升一级。

1.6.2 文档导航

当文档页数较多时，为了便于用户查看整篇文档，可以使用文档的导航功能。导航功能可以列出整个文档的结构，通过单击即可在各个章节中跳转。

默认情况下，Word 会隐藏导航窗格，单击“视图”选项卡的“显示”组，勾选“导航窗格”即可在 Word 左边出现“导航”任务窗格，如图 1-188 所示。

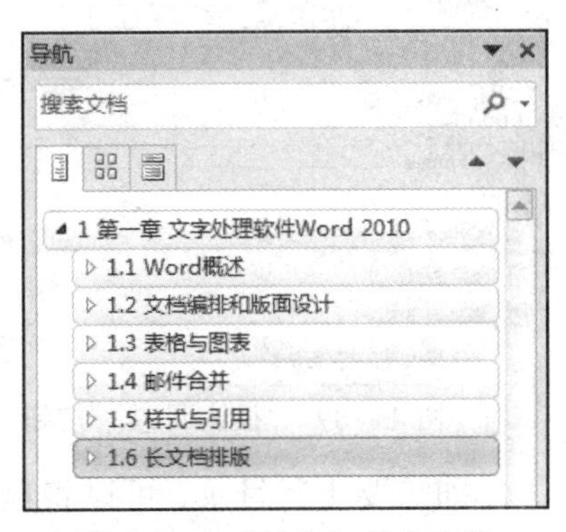

图 1-188 “导航”任务窗格

注意：文档中的各个章节必须先设置好各级样式，才能在“导航”任务窗格中显示。

1.6.3 目录

目录是整篇文档的骨架，是文档的精髓，也是文档的缩影，对读者阅读文档起到一定的引导作用。当用户对文档中的各类章节标题应用了相应的样式后，Word 就可以为文档自动生成目录，并且，当章节目录有所改动时，Word 也提供自动更新目录的功能，更新内容包括页码，目录结构等。此外，为了方便读者快速查阅，还可以为文档添加图目录和表目录等。

1. 文档目录

插入文档目录可以单击“引用”选项卡“目录”组中的“目录”按钮，在下拉列表中可以选择 Word 自带的目录模板，如图 1-189 所示，也可以单击“插入目录”按钮自定义要插入的目录。

单击“插入目录”按钮后，弹出“目录”对话框，如图 1-190 所示，在该对话框中可以设置目录级数、前导符样式，模板样式，是否显示页码等属性。

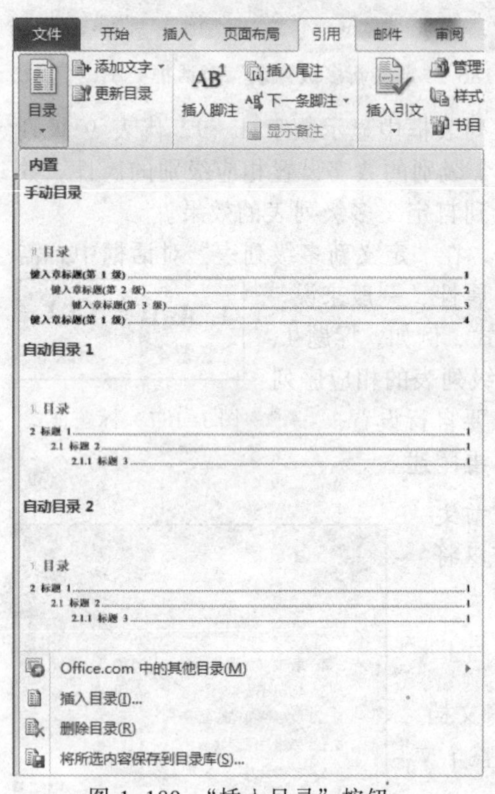

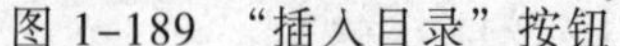

图 1-189 “插入目录”按钮

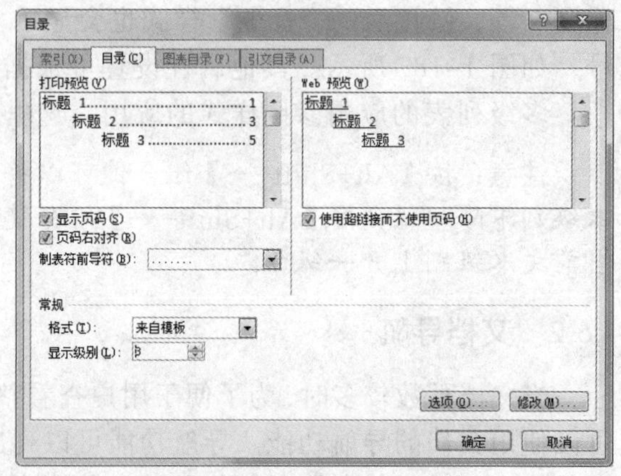

图 1-190 “目录”对话框

如需要更新目录，可以将鼠标定位在目录中的任意位置，系统会在目录上方出现图 1-191 所示的菜单，单击“更新目录”按钮，弹出“更新目录”对话框，如图 1-192 所示，根据需要选择“只更新页码”或者“更新整个目录”即可。

图 1-191 目录菜单

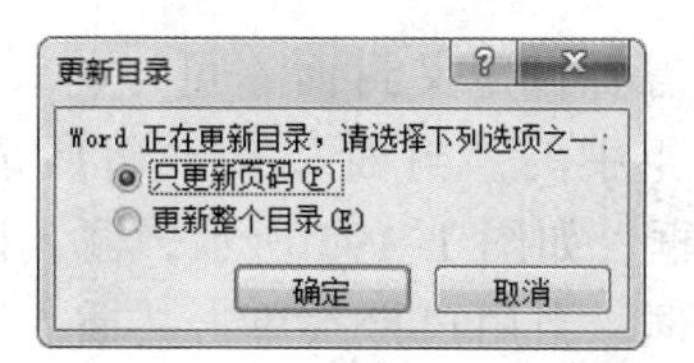

图 1-192 “更新目录”对话框

注意：如需要更新目录结构，必须选择“更新整个目录”。

如需要删除目录，可以单击“引用”选项卡“目录”组中的“目录”按钮，在下拉列表中单击“删除目录”按钮即可。

2. 图目录和表目录

对于包含大量图和表的长文档，增加一个图目录和表目录，会给读者阅读带来很大的方便，图目录和表目录的创建主要依据文档中为图和表添加的题注。

添加图目录可以单击“引用”选项卡“题注”组中的“插入表目录”按钮，弹出“图表目录”对话框，在该对话框中的“题注标签”下拉列表中选择“图”（插入题注时所使用的标签），其他选项根据用户需要设置，然后单击“确定”按钮即可，如图 1-193 所示。

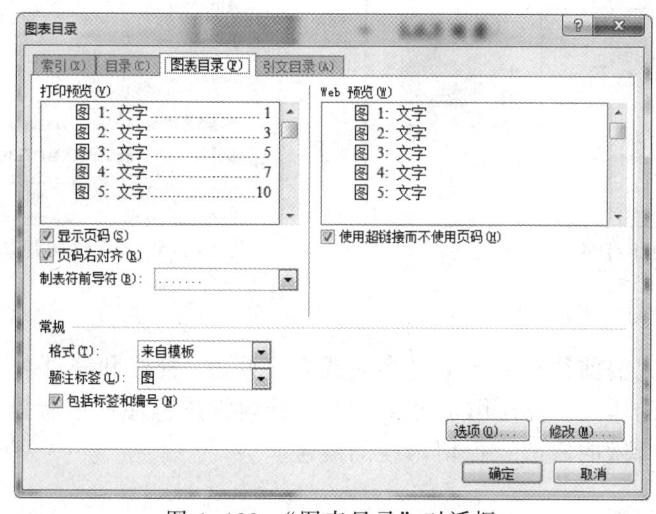

图 1-193 “图表目录”对话框

表目录的创建和图目录类似，这里不再阐述。

1.6.4 封面

为了使文档更加完善和美观，需要为其添加封面。封面页是 Word 为用户提供的格式化封面，用户只需要在指定位置输入标题，作者信息等，即可快速创建文档封面页，从而大大提高工作效率。

单击“插入”选项卡“页”组中的“封面”按钮，如图 1-194 所示，在下拉列表中选择需要的封面，即可在文档的开始处插入一页封面，在封面页中，可根据提示输入相应的标题等信息。如需删除封面，可以在下拉列表中单击“删除当前封面”选项。

如用户需要自定义封面，可以将设计好的封面内容选中，然后单击“插入”选项卡“页”组中的“封面”Ⅰ“将所选内容保存到封面库”按钮，弹出“新建构建基块”对话框，如图 1-195 所示，输入该自定义封面的名称，然后单击“确定”按钮关闭该对话框。当用户再次单击“插入”选项卡“页”组中的“封面”时，下拉列表中就会显示出用户自定义的封面。

图 1-194　封面

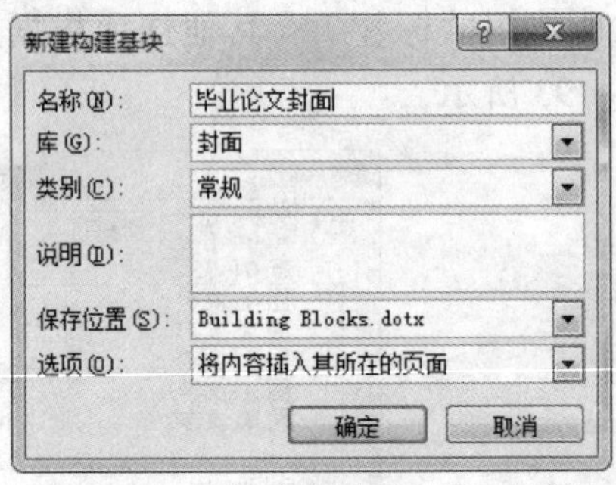

图 1-195　“新建构建基块”对话框

1.6.5　批注和修订

文档在最终完稿前往往需要通过多人或多次修改，批注和修订对于编写和修改文档内容起了较大的作用。批注用于对文档中部分内容进行注释或者提出意见，修订则用来标记对文档所做的修改，保留修改的痕迹。

1. 批注

插入批注，先要在文档中选择要批注的文本，然后单击“审阅”选项卡“批注”组中的“新建批注”，系统会在文档右边出现一个批注框，如图 1-196 所示，批注框内会自动生成“批注[**]：”，其中，中括号内的内容为当前 Word 的用户名以及当前批注的序列号，用户只需要在冒号后输入批注内容即可。

当文档中批注较多时，可以单击“审阅”选项卡“批注”中的“上一条”或者“下一条”按钮在各个批注中切换。

如需删除批注，可单击要删除的批注，然后单击“审阅”选项卡“批注”组中的“删除”Ⅰ“删除”按钮删除当前批注；如需删除所有批注，可单击“删除文档中的所有批注”按钮，如图 1-197 所示。

2. 修订

要将修改的痕迹保留下来，必须将文档切换至修订模式。单击“审阅”选项卡“修

订”组中的“修订”按钮，进入修订模式。在该模式中，系统会跟踪文档中所有内容的变化，并将这些变化一一标记出来，例如，被删除的文本内容会以红色删除线进行标记，新添加的文本会以红色字体进行显示，并且文档有修改的内容的左边都会出现黑色垂直线，如图 1-198 所示，当鼠标指针定位到修改的文档上时，系统会显示哪个用户什么时候做了什么修改，如图 1-199 所示。

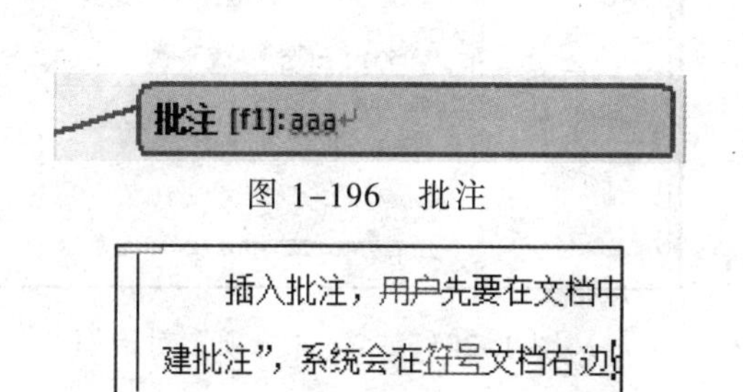

图 1-196　批注

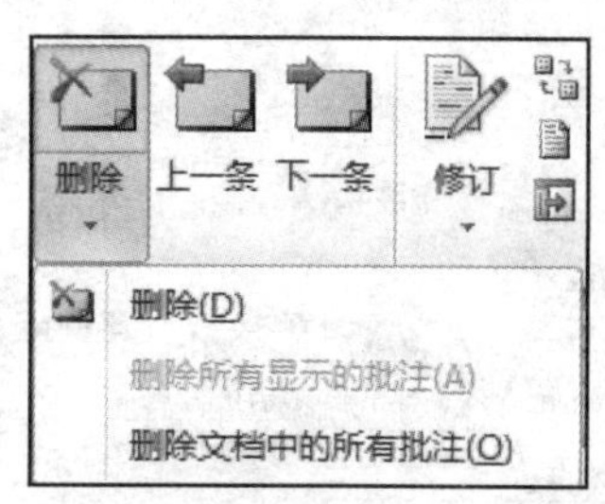

图 1-197　删除批注

图 1-198　文档修订

图 1-199　修订信息

用户可以根据需要保留修改结果或者放弃修改结果。当文档中修改较多时，可以单击“审阅”选项卡“更改”组中的“上一条”或者“下一条”按钮在各个修改点中切换。当单击“接受”或者“拒绝”修改结果后，修改标记会消失。

如需要退出修订模式时，再次单击“审阅”选项卡“修订”组中的“修订”按钮即可退出该模式，退出后，再对文档进行修改时，系统不会进行标记。

注意：“修订”按钮处于高亮状态时，表示当前文档处于修订模式中。“修订”按钮处于暗灰状态时，表示当前文档处于普通编辑模式中。

3．属性设置

为文档添加批注时，用户可以自定义设置批注框的颜色、大小和位置。在修订模式下，对文档进行修改，系统会自动进行标注，也可以自定义设置标注的颜色，这些设置的更改，可以单击“审阅”选项卡“修订”组中的“修订”|“修订选项”按钮，弹出“修订选项”对话框，如图 1-200 所示，在该对话框中，用户可以对批注和修订的属性进行自定义设置。

在做批注和修改时，系统会自动调用 Word 的用户名，即安装软件时输入的用户名，当多个用户同时参与同一文档的批注与修订时，Word 会通过不同颜色来区分不同用户的修改操作。如需修改用户名可以单击“审阅”选项卡“修订”组中的“修订”|“更改用户名”按钮，弹出“Word 选项”对话框，如图 1-201 所示，可以对用户名进行修改。

注意：当一台计算机上有多个用户对文档进行批注或修订时，也可以通过修改用户名的方法进行操作，这样可以使读者很清楚地了解谁做了哪个批注或修订。

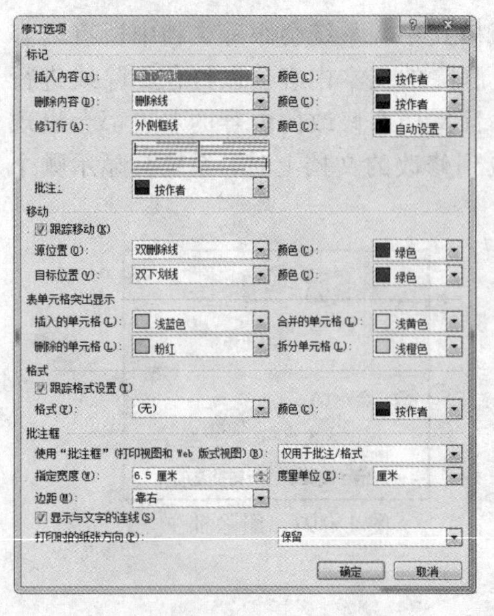

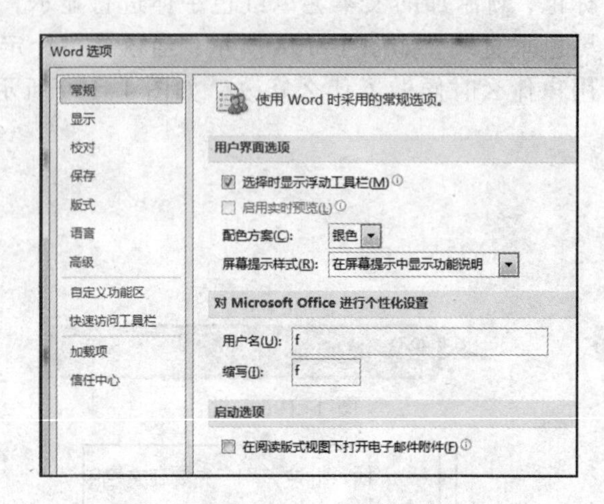

图 1-200 “修订选项”对话框

图 1-201 “Word 选项”对话框

1.6.6 比较与合并文档

比较文档主要用于比较两个文档之间的差别，一般用来比较同一个文档修改后，多个版本之间的差异。单击“审阅”选项卡“比较”组中的“比较”|“比较”按钮，弹出“比较文档”对话框，如图 1-202 所示，在该对话框中分别选择两个文档，即“原文档”和“修订的文档”，单击“确定”按钮即可查看这两个文档的区别。

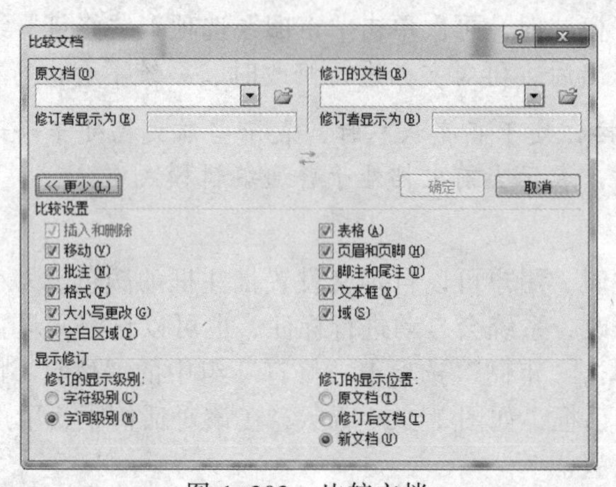

图 1-202 比较文档

合并文档用于将多个文档合并为一个文档，单击“审阅”选项卡“比较”组中的“比较”|“合并”按钮，弹出“合并文档”对话框，其操作与比较文档类似，这里不再阐述。

【范例】计划书

本范例要求制作如图 1-203 所示的计划书，所涉及的素材均保存在“计划书”文件夹下。

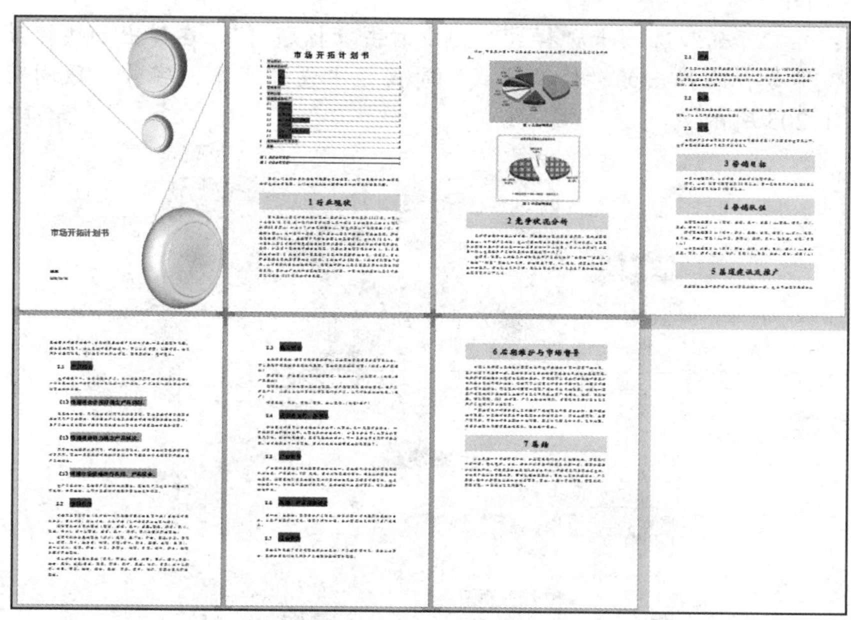

图 1-203　计划书样张

（1）打开“计划书.docx”，新建多级列表，具体设置如下：

一级：编号格式为 1，2，3……，华文新魏，一号，加粗，居中对齐，2 倍行距，段前间距 17 磅，段后间距 16 磅，12.5%图案底纹，对齐位置 0 厘米，缩进位置 0 厘米，链接样式标题 1。

二级：编号格式为 1.1，1.2，1.3……，华文新魏，二号，加粗，左对齐，对齐位置 0.75 厘米，缩进位置 0 厘米，链接样式标题 2。

三级：编号格式为（1），（2），（3）……，华文新魏，三号，加粗，左对齐，对齐位置 0.75 厘米，缩进位置 0 厘米，链接样式标题 3。

提示：单击“开始”选项卡“段落”组中的“多级列表”|“定义新的多级列表”按钮，在弹出的“定义新多级列表”对话框中设置编号格式、对齐位置、缩进位置和链接样式，如图 1-204 所示。

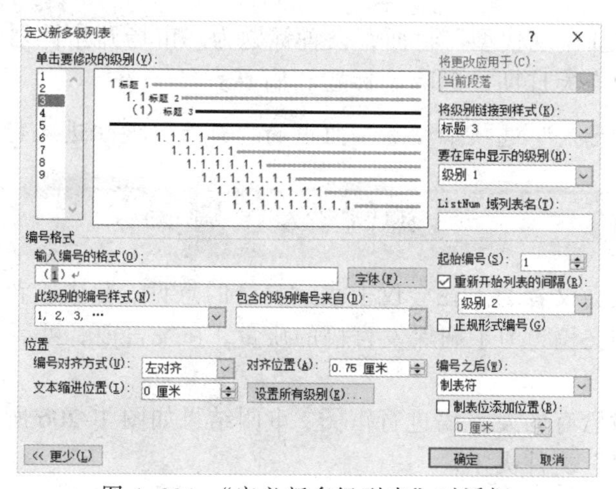

图 1-204　“定义新多级列表”对话框

提示： 在“开始”选项卡“样式”组中右击“标题 1”，在弹出的快捷菜单中选择“修改”命令，在弹出的“修改样式”对话框中设置字体、字号、段间距和底纹等，如图 1-205 所示。

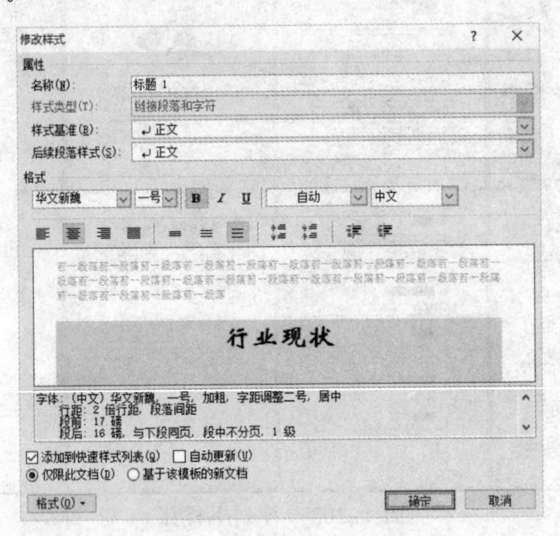

图 1-205　修改样式

(2) 应用多级样式列表，黄色底纹处设置一级列表，红色底纹处设置二级列表，蓝色底纹处设置三级列表。

提示： 选择需要设置样式的文本，点击相应样式即可。

(3) 在文档第 2 行创建目录，显示级别为 2。

提示： 将鼠标指针定位在文档第 2 行，单击“引用”选项卡“目录”组中的“插入目录”按钮，在弹出的“目录”对话框中设置显示级别为 2。

(4) 在文档目录下方创建优雅型图目录，前导符为“----------”。

提示： 在“图表目录”对话框中设置前导符为“---------”，格式为“优雅”，题注标签为“图”。注意：目录与目录之间要插入一个回车符。

(5) 为文档添加“现代型”封面，设置标题为“市场开拓计划书”，作者为“张三”，日期设置为当天日期，删除副标题和摘要。

提示： 单击“插入”选项卡“页”组中的“封面”按钮进入封面的插入。

【范例】发言稿

发言稿是参加会议者为了在会议上表达自己的意见、看法或者汇报思想、工作情况而事先准备好的文稿，为了确保发言稿的质量，在发言前，可请他人对写好的发言稿进行批阅。

本范例要求对已有的发言稿进行审阅，审阅结果如图 1-206 所示，所涉及的素材均保存在“发言稿”文件夹下。

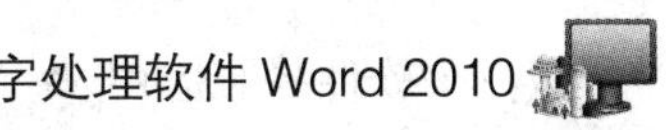

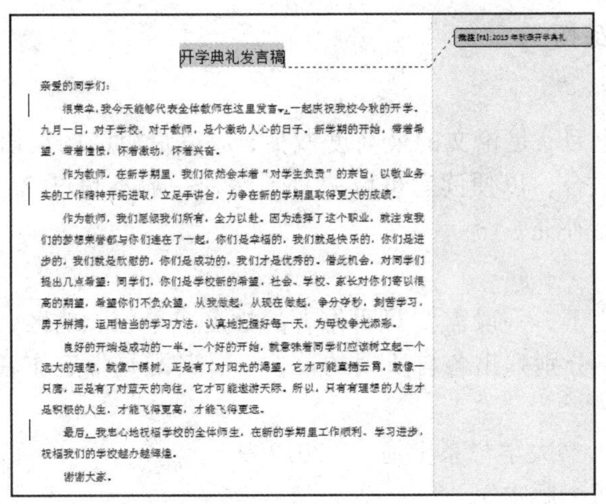

图 1-206　发言稿样张

（1）打开“发言稿 1.docx”，接受文档中所有的修订，并为标题添加批注，批注内容为“2015 年秋季开学典礼”。

提示：单击“审阅”选项卡“更改”组中的“接受”|“接受对文档的所有修订”按钮。

提示：选中标题“开学典礼发言稿”，单击“审阅”选项卡“批注”组中的“新建批注”按钮，在批注中输入文本“2015 年秋季开学典礼”。

（2）打开“发言稿 2.docx”，接受第一处修订，拒绝第二处修订。

提示：选中第一处修订，单击“审阅”选项卡“更改”组中的“接受”|“接受并移到下一条”按钮。选中第二处修订，单击“审阅”选项卡“更改”组中的“拒绝”|“拒绝修订”按钮。

（3）合并“发言稿 1.docx”和“发言稿 2.docx”，合并结果保存为“发言稿_合并结果.docx”。

提示：单击“审阅”选项卡“比较”组中的“比较”|“合并”按钮，弹出“合并文档”对话框，如图 1-207 所示，“原文档”设置为“发言稿 1.docx”，“修订的文档”设置为“发言稿 2.docx”，然后单击“确定”按钮关闭该对话框，将合并结果保存为“发言稿_合并结果.docx”。

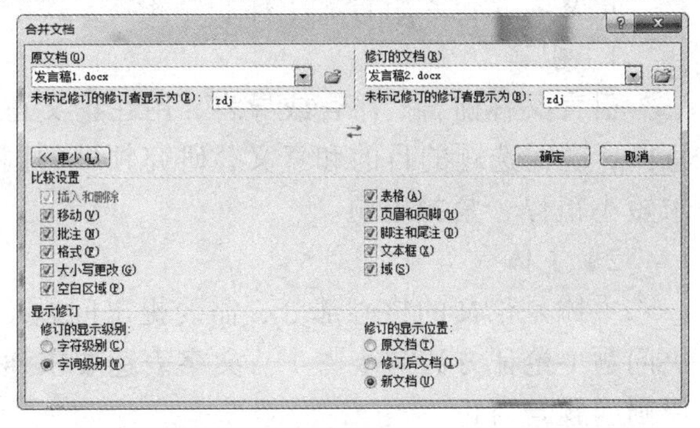

图 1-207 “合并文档”对话框

1.7　综合应用：论文排版

论文是指进行各个学术领域的学习研究后，进行总结的文章，它既是探讨问题进行学术研究的一种手段，又是描述学术研究成果进行学术交流的一种工具，它可包括学年论文、毕业论文、学位论文、科技论文、成果论文等。

1.7.1 论文的基本结构

1．题名（标题）

题名是论文的题目，是论文的最高度概括，应以最简洁的词语表达论文中最重要的特定内容的逻辑组合，以便读者可以一目了然，一般不超过 25 个字符，也可以使用副标题对题名进行补充。

2．署名

署名位于题名之下，一般需要写明作者的姓名、单位、地区、邮编等。如该论文有多名作者，则需要分别列出各自所属的单位。署名既是肯定作者的成果，也表明文责自负。

例如：张三　　**大学**系上海　　201209

摘要（中英文两个版本）

摘要是整篇论文的高度浓缩，可让读者快速了解论文的主要内容，摘要需要写明论文研究的目的、研究方法和最终结论等，是一篇具有独立性和完整性的短文，应尽可能突出论文的创造性成果和新见解，要求表达简明、语义确切、逻辑清楚，无空泛笼统之词，一般 200～300 个字符为宜。

3．关键词

关键词是从论文的题名、提要和正文中选取出来的，是对表述论文中心内容有实质意义的词汇。关键词是用作计算机系统标引论文内容特征的词语，便于信息系统汇集，以供读者检索。每篇论文可选取 3～8 个词汇作为关键词，多个关键词之间用逗号分隔，一般是名词性的词或词组。

4．目录（短篇论文不必列目录）

目录既是论文的提纲，也是论文组成部分的小标题汇总，应标注相应页码。

5．正文

正文需要包含引言、主体、结论等。

1）引言

引言又称前言、序言或导言，用在论文正文的开头。引言一般要概括地写出作者意图，说明选题的目的和意义，研究领域的国内外现状，并指出论文写作的范围，要求短小精悍、紧扣主题。

2）主体

主体是论文的核心部分，需要提出问题（论点），分析问题（论据和论证），解决问题（论证方法与步骤）。文字表达要求通顺、流畅、无错别字，无违反政治上的原则问题与言论。

主体部分为了做到层次分明、脉络清晰，常常分成几个大的段落，这些段落即逻辑段，每一个逻辑段可包含若干个小逻辑段，每一个小逻辑段可包含若干个自然段落，使主体部分形成若干层次，论文的层次不宜过多，一般不超过五级。

3）结论

结论是对论文论点的强调，是对论文最终的、总体的高度总结，要求明确、精炼、完整，阐明自己的创造性成果或新见解，以及在本领域的意义。

6. 致谢

一篇论文，往往不是独自一人就可以完成的，还需要各方面人力、财力、物力的支持和帮助，因此，在论文的末尾处应该对论文完成期间得到的帮助表示感谢。

一般应该对以下方面致谢：

（1）横向课题合同单位，资助或支持研究的企业、组织或个人。

（2）协助完成研究工作或提供便利条件的组织或个人。

（3）在研究工作中提出建议或提供帮助的人员。

（4）给予转载和引用权的资料、图片、文献、研究思想和设想的所有者。

（5）其他应感谢的组织或个人。

7. 参考文献

一篇论文的参考文献是将论文在研究和写作中参考或引证的主要文献资料列于论文的末尾处。参考文献应另起一页，在文中要有引用标注，如[1]、[2]、[3]……，标注方式按 GB/T 7714—2015 进行编写：

1）专著

格式：[序号]主要责任者．书名[M]．版本（第 1 版不注）.出版地：出版者，出版年.

例如：

[1] Mandel Brot B. The fractal geometry of nature[M]. New York: Freeman, 1982.

[2] 齐东旭．分形及其计算机生成[M]．北京：科学出版社，1994.

2）专著析出文献

格式：[序号]主要责任者．析出文献题名[M]．其他责任者/专著主要责任者．专著题名：其他题名信息．版本项．出版地：出版者，出版年:页码.

例如：

[1] 薛社普.C-醋酸棉酚在大鼠体内的药物动力学研究[M]//薛社普，梁德才，刘裕.男用节育药棉酚的实验研究．北京：人民卫生出版社，1993：67 – 73.

[2] Tagg R C，Push M.Enzyme catalyzed cellular transaminations[M]//Round A F .Advances in Enzymology，vol 1.3rd ed.New York：Academic Press，1954：125 – 147.

3）连续出版物

格式：[序号]主要责任者.题名[J]．期刊名，年，卷（期）：页码

例如：

[6] Chen Jianxun,Ma Hengtai. A new algorithm for dynamic computing the area of union of circular arcs[J]. Journal of Computer-Aided Design & Computer Graphics, 1998, 10(3): 221 – 226(in Chinese)

(陈建勋，马恒太．动态计算圆弧并面积的一个新算法[J].计算机辅助设计与图形学学报，1998，10（3）：221 – 226．)

4）专利文献

格式：[序号]专利申请者或所有者．专利题名：专利国别，专利号[文献标志类型]．公告日期或公开日期[引用日期].

例如：

[1] 姜锡洲．一种温热外敷药制备方案：中国，881056073[P].1989 - 07 - 26

5）电子资源

格式：[序号]主要责任者．题名．电子文献类型标示．引用日期．获取和访问途径．

例如：

[1] 箫珏．出版业信息化迈入快车道[EB/OL]. Http:// www.……htm，2001-04-15/2002-07-26.

8．附录

附录可以包括放在正文内过分冗长的公式推导或者程序代码，以备他人阅读方便所需的辅助性数学工具、重复性数据图表、论文使用的符号意义、单位缩写、程序全文及有关说明等。

1.7.2 版面要求

一般要求使用 Word 排版，纸型：A4，方向：纵向，页边距：上 3.5 cm，下 4.0 cm，左 2.8 cm，右 2.8 cm，页眉为 2.5 cm，页脚为 3.0 cm。

1.7.3 格式要求

每个学校、出版社要求有所不同，请根据具体要求执行，以某学校毕业论文为例，要求如下：

（1）论文标题，占 1 行或 2 行，黑体，三号，加粗，居中对齐，如有副标题，另起一行，小三号字，紧挨正标题下居中，文字前加破折号。

（2）摘要标题："摘"与"要"之间空一格，黑体，加粗，四号，居中对齐。

（3）摘要内容：宋体，小四号，每段首行缩进 2 个字符，1.5 倍行距。

（4）关键字标题：黑体，小四号。

（5）关键字内容：宋体，小四号，关键字之间用逗号隔开。

（6）目录标题：另起一页，字与字之间空两格，黑体，加粗，三号，黑色，居中对齐，行间距为 1.25 磅。

（7）目录内容：目录的产生使用 Word 中的"自动目录 1"生成（三级目录，含页码），域应保持时刻更新。

（8）图目录和表目录参照（f）和（g）两项。

（9）正文：另起一页，具体要求如下：

- 一级标题（章标题）：标题序号为"第 1 章"，标题序号后加一个空格，独占一行，末尾不加标点符号，黑体，加粗，三号，居中对齐，段前 17 磅，段后 16.5 磅，多倍行距 2.41 磅，对齐位置 0 cm，缩进位置 0 cm，链接样式"标题 1"。
- 二级标题（节标题）：标题序号为 1.1、1.2、1.3……，标题序号后加一个空格，独占一行，末尾不加标点符号，黑体，加粗，四号，左对齐，段前 13 磅，段后 13 磅，多倍行距 1.73 磅，对齐位置 0.75 cm，缩进位置 0 cm，链接样式标题 2。

- 三级标题：标题序号为 1.1.1、1.1.2、1.1.3……，独占一行，末尾不加标点符号，黑体，加粗，五号，左对齐，段前 13 磅，段后 13 磅，多倍行距 1.73 磅，对齐位置 0.75 cm，缩进位置 0 cm，链接样式“标题 3”。
- 四级标题：标题序号为（1）、（2）、（3）……，独占一行，末尾不加标点符号，黑体，加粗，五号，左对齐，段前 13 磅，段后 13 磅，多倍行距 1.73 磅，对齐位置 0.75 cm，缩进位置 0.75 cm，链接样式“标题 4”。
- 正文内容：宋体，小四，每段首行缩进 2 个字符，1.5 倍行间距。

（10）题注：楷体，五号，居中对齐，图的编号按章顺序编号，显示在图下方，如图 2-1 为第二章第 1 个图，表的编号按章顺序编号，显示在表上方，如表 2-3 为第二章第 3 个表。

（11）页眉：宋体，五号，居中对齐，封面和摘要页无页眉，目录页眉分别设置为“目录”“图目录”“表目录”，其余页的偶数页眉设置为“***大学***学院***专业毕业论文”，奇数页眉设置为“章序号”+“章名”。

（12）页脚：宋体，小五号，居中对齐，封面和摘要页无页脚，目录（含图目录和表目录）页脚使用罗马序号格式“Ⅰ，Ⅱ，Ⅲ…”，正文页脚使用阿拉伯数字格式“1，2，3…”，设置为“第*页，共*页”。

【范例】毕业论文排版

对毕业论文进行排版，排版结果如图 1-208 所示。

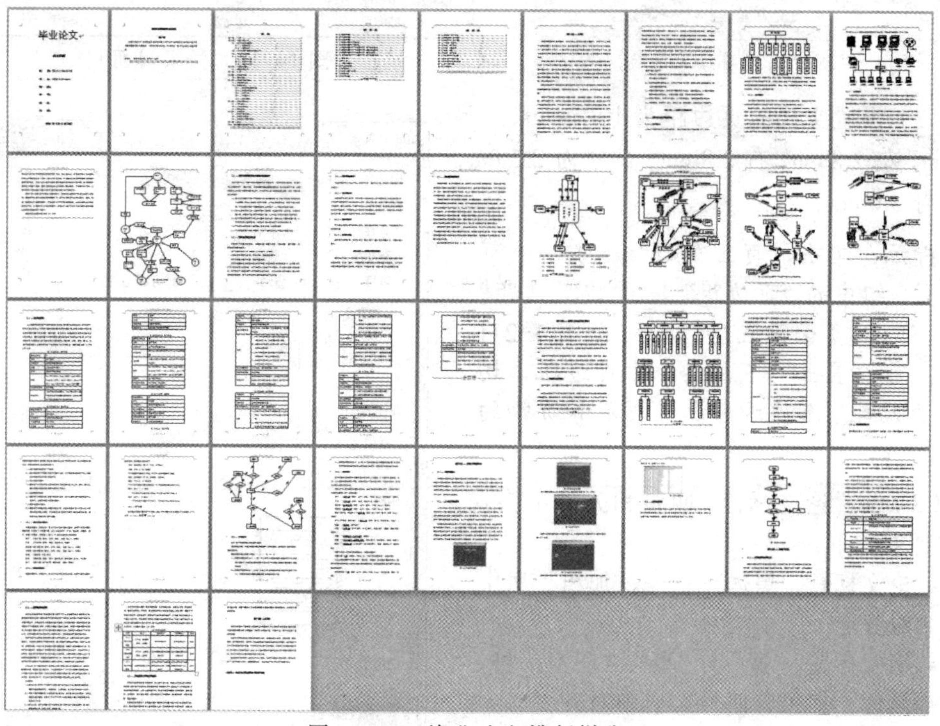

图 1-208　毕业论文排版样张

（1）打开“论文.docx”，为文档添加自定义封面，封面内容使用“毕业论文封面.docx”中的全部内容。

提示：打开“毕业论文封面.docx”，选择文档中的全部内容，单击“插入”选项卡“页”组中的“封面”|“将所选内容保存到封面库”按钮，弹出“新建构建基块”对话框，如图 1-209 所示，输入该自定义封面的名称“毕业论文封面”，然后单击“确定”按钮关闭该对话框。打开“论文.docx”，单击“插入”选项卡“页”组中的“封面”按钮，下拉列表中会显示出自定义的封面，如图 1-210 所示，选择“毕业论文封面”即可完成封面的添加，如有多余空白页请删除。

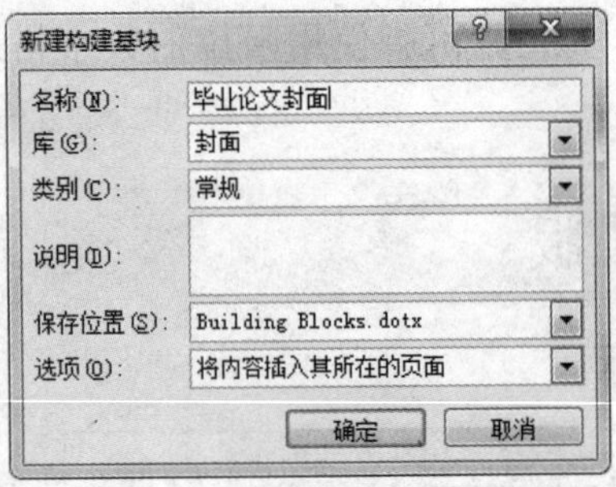

图 1-209 “新建构建基块”对话框

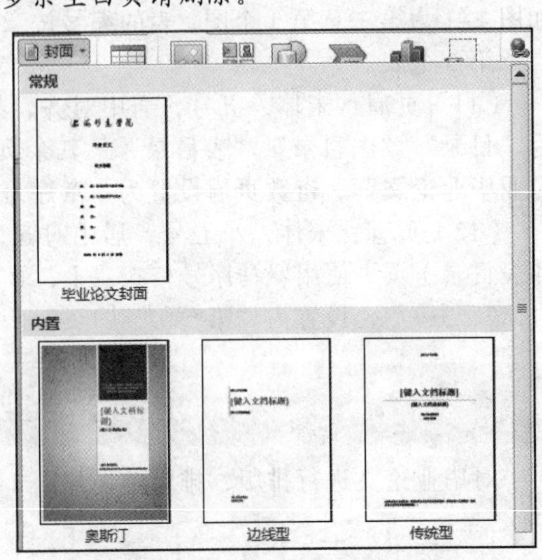

图 1-210 插入封面

（2）设置文档的页边距为上 3.5 cm，下 4.0 cm，左 2.8 cm，右 2.8 cm，页眉为 2.5 cm，页脚为 3.0 cm。

提示：单击“页面布局”选项卡“页面设置”组中的“页边距”|“自定义边距”按钮，弹出“页面设置”对话框，如图 1-211 所示，可设置上、下、左、右页边距，切换到“版式”选项卡可设置页眉和页脚的距离。

（3）设置论文标题、摘要和关键字格式，具体要求如下：

- 论文标题，黑体，三号，加粗，居中对齐。
- 摘要标题：“摘”与“要”之间空一格，黑体，加粗，四号，居中对齐。
- 摘要内容：宋体，小四号，每段首行缩进 2 个字符，1.5 倍行距。

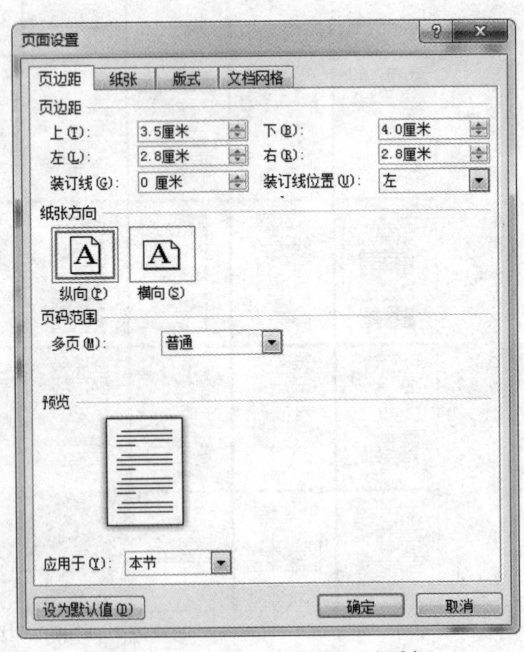

图 1-211 “页面设置”对话框

- 关键字标题：黑体，小四号。
- 关键字内容：宋体，小四号，关键字之间用逗号隔开。

（4）设置论文正文格式，具体要求如下：

- 一级标题（章标题）：标题序号为“第 1 章”，标题序号后加一个空格，独占一行，末尾不加标点符号，黑体，加粗，三号，居中对齐，段前 17 磅，段后 16.5 磅，多倍行距 2.41 磅，对齐位置 0 cm，缩进位置 0 cm，链接样式“标题 1”。
- 二级标题（节标题）：标题序号为 1.1、1.2、1.3……，标题序号后加一个空格，独占一行，末尾不加标点符号，黑体，加粗，四号，左对齐，段前 13 磅，段后 13 磅，多倍行距 1.73 磅，对齐位置 0.75 厘米，缩进位置 0 厘米，链接样式“标题 2”。
- 三级标题：标题序号为 1.1.1、1.1.2、1.1.3……，独占一行，末尾不加标点符号，黑体，加粗，五号，左对齐，段前 13 磅，段后 13 磅，多倍行距 1.73 磅，对齐位置 0.75 cm，缩进位置 0 cm，链接样式“标题 3”。
- 四级标题：标题序号为（1）、（2）、（3）……，独占一行，末尾不加标点符号，黑体，加粗，五号，左对齐，段前 13 磅，段后 13 磅，多倍行距 1.73 磅，对齐位置 0.75 cm，缩进位置 0.75 cm，链接样式“标题 4”。
- 正文内容：宋体，小四，左对齐，每段首行缩进 2 个字符，1.5 倍行间距。

提示：单击“开始”选项卡“段落”组中的“多级列表”|“定义新的多级列表”按钮，弹出“定义新多级列表”对话框，设置各级标题的标题序号、对齐位置、缩进位置和链接样式，具体如图 1-212 所示。

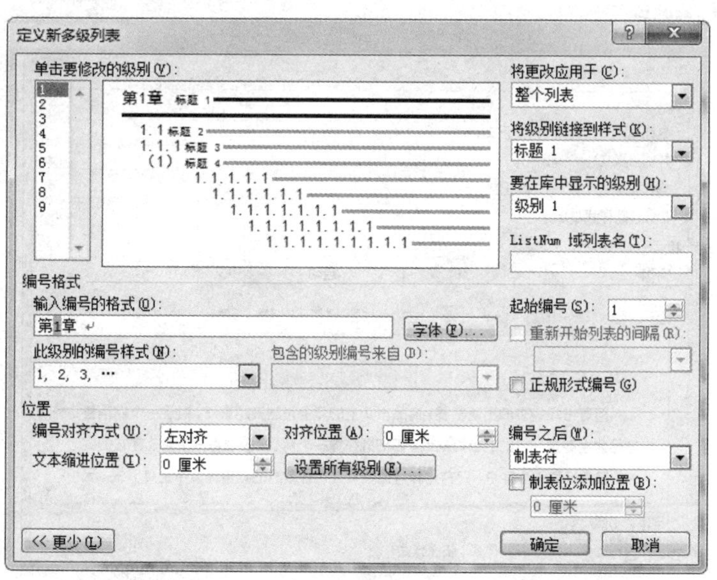

图 1-212 “定义新多级列表”对话框

提示：右击“开始”选项卡“样式”组中的“标题 1”，在弹出的快捷菜单中选择“修改”命令，弹出“修改样式”对话框，修改“标题 1”样式的字体、字号、对齐方式、行距、段落间距等设置，具体如图 1-213 所示。同样操作，修改“标题 2”“标题 3”“标题 4”样式的设置。

修改样式
属性
名称(N): 标题 1
样式类型(T): 段落
样式基准(B): 正文
后续段落样式(S): 正文
格式
黑体 三号 B I U 自动 中文
第1章 引言
字体：(中文) 黑体, 三号, 加粗, 居中
行距：多倍行距 0.2 字行, 段落间距
段前：17 磅
段后：16.5 磅, 与下段同页, 1 级, 多级符号 + 级别: 1 + 编号样式: 1, 2, 3, … +
添加到快速样式列表(Q) 自动更新(U)
仅限此文档(D) 基于该模板的新文档
格式(O) 确定 取消

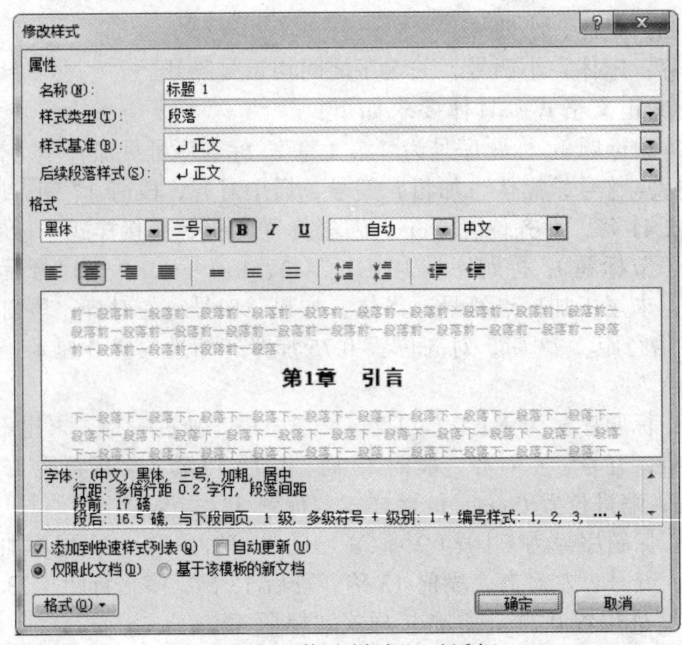

图 1-213 “修改样式”对话框，

提示：新建样式“论文正文”，单击“开始”选项卡“样式”组右下角的对话框启动器按钮，弹出“样式”任务窗格，单击该窗格左下角的“新建样式”按钮，弹出“根据格式设置创建新样式”对话框，输入新样式的名称，并设置相应的格式，具体如图 1-214 所示。

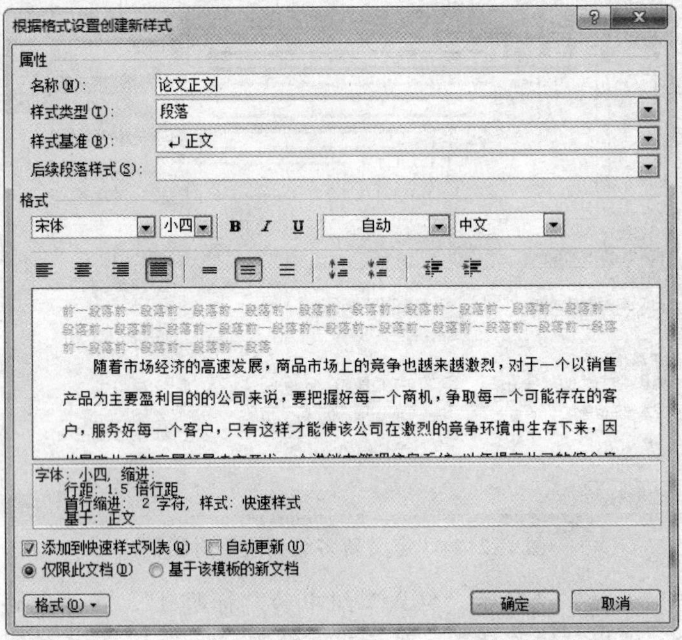

根据格式设置创建新样式
属性
名称(N): 论文正文
样式类型(T): 段落
样式基准(B): 正文
后续段落样式(S):
格式
宋体 小四 B I U 自动 中文
随着市场经济的高速发展，商品市场上的竞争也越来越激烈，对于一个以销售
产品为主要盈利目的的公司来说，要把握好每一个商机，争取每一个可能存在的客
户，服务好每一个客户，只有这样才能使该公司在激烈的竞争环境中生存下来，因
字体：小四, 缩进:
行距：1.5 倍行距
首行缩进：2 字符, 样式: 快速样式
基于：正文
添加到快速样式列表(Q) 自动更新(U)
仅限此文档(D) 基于该模板的新文档
格式(O) 确定 取消

图 1-214 “根据格式设置创建新样式”对话框

提示：应用各级标题样式和“论文正文”样式，如有多余的章节编号请删除。鉴于正文内容（除各类章节标题）较多且不连续，可以将鼠标指针停留在正文中的

任意位置，单击“开始”选项卡“编辑”组中的“选择”|“选定所有格式类似的文本”按钮，以便快速选中所有的正文内容。编号列表处可先应用“论文正文”样式，然后再添加编号列表。“附录”应用“标题 1”样式，然后删除标题序号。

（5）设置图和表的题注，并在正文内容中引用相应题注。题注格式为楷体，五号，居中对齐，图的编号按章顺序编号，显示在图下方；表的编号按章顺序编号，显示在表上方。

提示：修改“题注”样式，具体设置如图 1-215 所示。

提示：单击“引用”选项卡“题注”组中的“插入题注”按钮，弹出“题注”对话框，如图 1-216 所示，单击“新建标签”按钮，新建两个标签“图”和“表”。单击“编号”按钮，设置题注包含章节号，如图 1-217 所示。

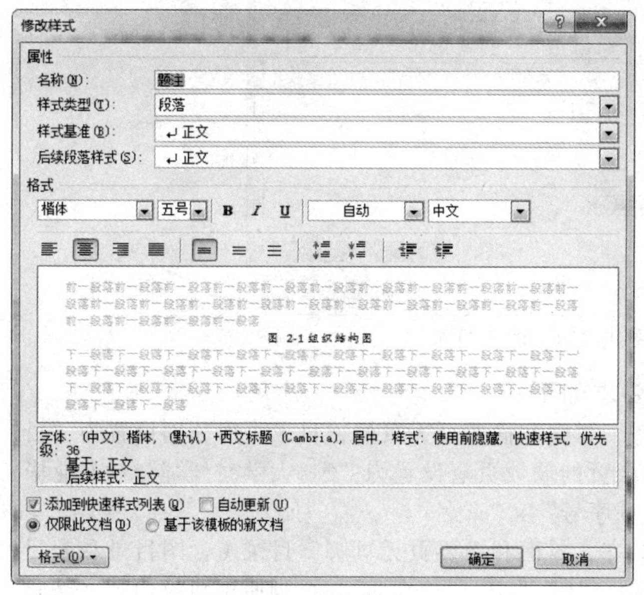

图 1-215 题注样式

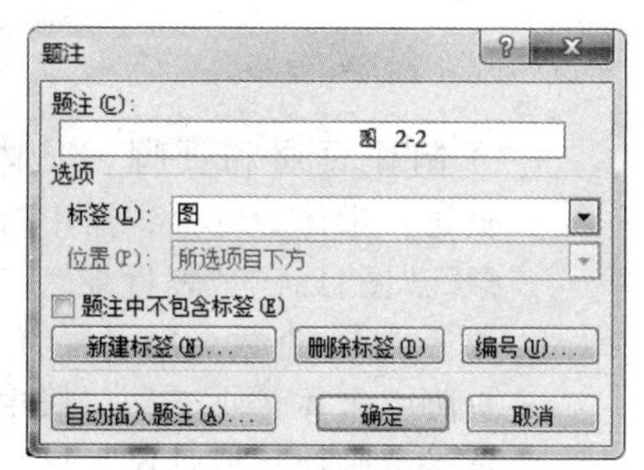

图 1-216 “题注”对话框

提示：在正文中找到需要引用题注的地方，单击“引用”选项卡“题注”组中的“交叉引用”按钮，弹出“交叉引用”对话框，具体设置如图 1-218 所示。

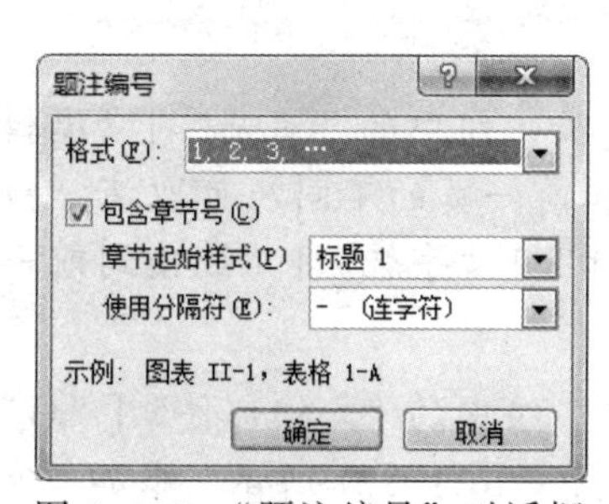

图 1-217 “题注编号”对话框

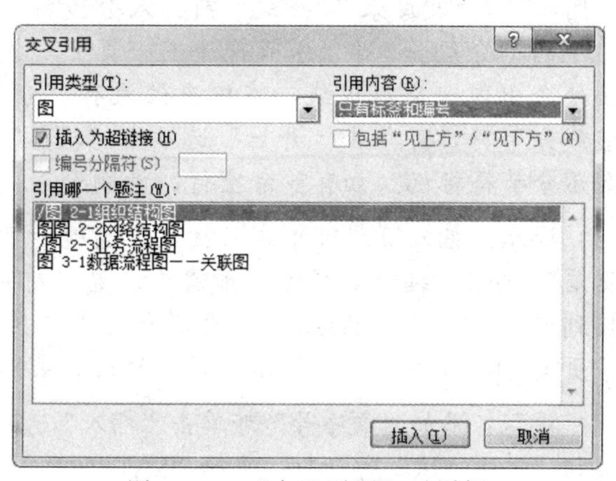

图 1-218 “交叉引用”对话框

（6）制作论文目录、图目录、表目录，要求各类目录的产生使用Word中的“自动目录1”生成（三级目录，含页码），域应保持时刻更新。各类目录标题，字与字之间空两格，格式为黑体，加粗，三号，黑色，居中对齐，行间距为1.25磅。

提示： 单击“引用”选项卡“目录”组中的“目录”|“自动目录1”按钮生成目录。单击“引用”选项卡“题注”组中的“插入表目录”按钮，弹出“图表目录”对话框，设置“题注标签”为“图”，可插入图目录；设置“题注标签”为“表”，可插入表目录，如图1-219所示。注意：各类目录之间至少空一行。

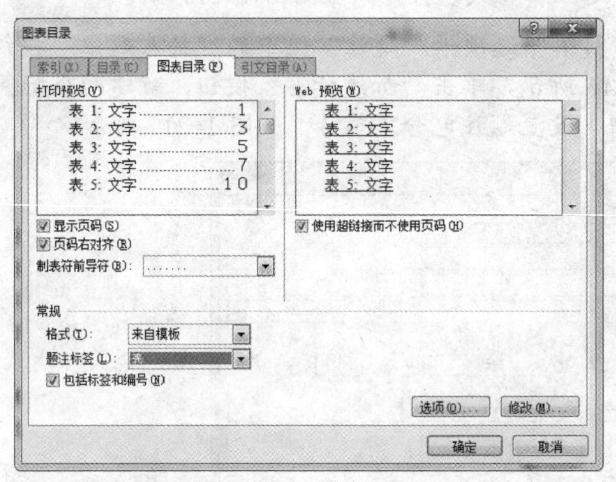

图1-219　图表目录

（7）制作页眉和页脚，具体要求如下：

- 页眉：宋体，五号，居中对齐，封面和摘要页无页眉，目录页眉分别设置为“目录”“图目录”“表目录”，其余页的偶数页眉设置为“***大学***学院***专业毕业论文”，奇数页眉设置为“章序号”+“章名”。
- 页脚：宋体，小五号，居中对齐，封面和摘要页无页脚，目录（含图目录和表目录）页脚使用罗马序号格式“I”“II”“III”……，正文页脚使用阿拉伯数字格式“1”“2”“3”……，设置为“第*页，共*页”。

提示： 由于各个部分的页眉有所不同，所以，根据题目的要求，需要在“目录”“图目录”“表目录”“正文”前插入分节符。单击“页面布局”选项卡“页面设置”组中的“分隔符”|“分节符（下一页）”按钮可插入分节符，在添加分节符的文档处会出现一条双虚线，在中央位置有“分节符（下一页）”字样。如没有出现双虚线分节符，可单击“开始”选项卡“段落”组中的“显示/隐藏编辑标记”按钮来显示分节符标记。如有多余空行，请删除。

提示： 插入页眉可单击“插入”选项卡“页眉和页脚”组中的“页眉”|“编辑页眉”按钮，编辑页眉时，如需要设置当前页的页眉和前一页的不同，可取消“链接到前一条页眉”的选择（“页眉和页脚工具”|“设计”|“导航”|“链接到前一条页眉”），如图1-220所示。页脚的设置雷同。

提示： 添加“章序号”可单击“插入”选项卡“文本”组中的“文档部件”|“域”按钮，弹出“域”对话框，选择“StyleRef”域，具体设置如图1-221所示。添加“章

名”可重复上述操作，在“域”对话框中的“域选项”中勾选“插入段落位置”。注意：“章序号”和“章名”不能同时添加。

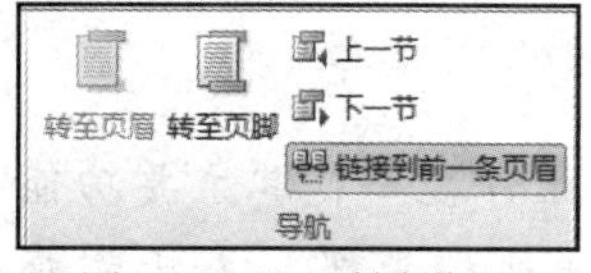

图 1-220 页眉设置

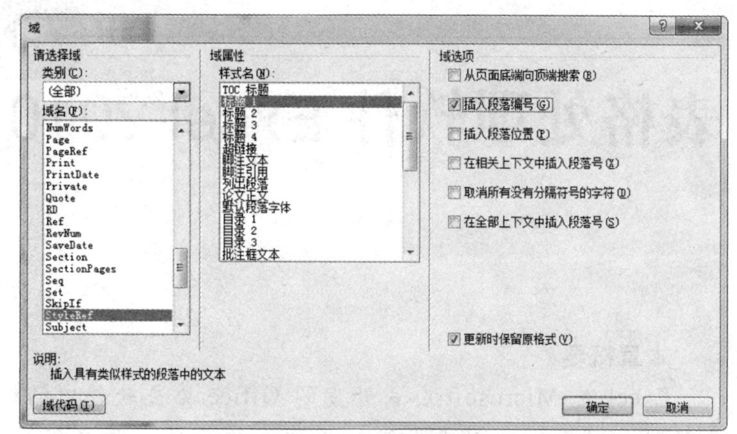

图 1-221 “域”对话框

第 2 章

表格处理软件 Excel 2010

本章概要

Excel 是 Microsoft 公司开发的 Office 办公软件中的核心组件之一，其主要功能是帮助人们在快速创建和编辑工作表的基础上对数据进行分析和管理。灵活掌握 Excel 已成为当今人们学习和工作的必备技能之一。

本章将向读者介绍如何使用 Excel 创建并处理电子表格。

学习目标

(1) 熟练掌握 Excel 2010 基础知识；
(2) 熟练掌握 Excel 2010 工作表的格式设置；
(3) 熟练掌握 Excel 2010 公式和函数基础；
(4) 熟练掌握 Excel 2010 常用函数的使用；
(5) 熟练掌握 Excel 2010 图表操作；
(6) 熟练掌握 Excel 2010 数据分析与处理；
(7) 掌握 Excel 2010 中宏的简单应用。

Excel 是 Microsoft 公司开发的 Office 办公软件中的核心组件之一，是当今市面上比较主流的电子表格处理软件工具，其功能强大，被广泛应用于财务、行政、人事、金融及统计等诸多领域，帮助人们对数据进行分析和管理。

1985 年，只适用于 Mac 系统的第一款 Excel 应用程序诞生，2 年后，第一款适用于 Windows 操作系统的 Excel 应用程序也随之产生。随着 Windows 操作系统的广泛普及，与之捆绑销售的 Microsoft Office 套件也迅速占领市场，而作为核心组件之一的 Excel，由于其出色的功能和高效的可操作性也迅速获得了人们的认同。

本书介绍的是 Microsoft Office Excel 2010 版本。与旧版本相比，Excel 新增了自定义功能区、迷你图和“文件”选项卡等不少新功能，为用户更好地处理电子表格提供了不小的便利。

2.1 Excel 2010 基础

Excel 作为一款强大而高效的表格处理软件，如果需要其高效发挥各项功能，离不开扎实的基本功，本节主要帮助读者掌握其基本功能，为后续的学习打下基础。

2.1.1 基本操作

打开 Excel 2010，默认的工作界面与 Word 2010 的工作界面非常类似，由标题栏、选项卡、工作表等组成，如图 2-1 所示。

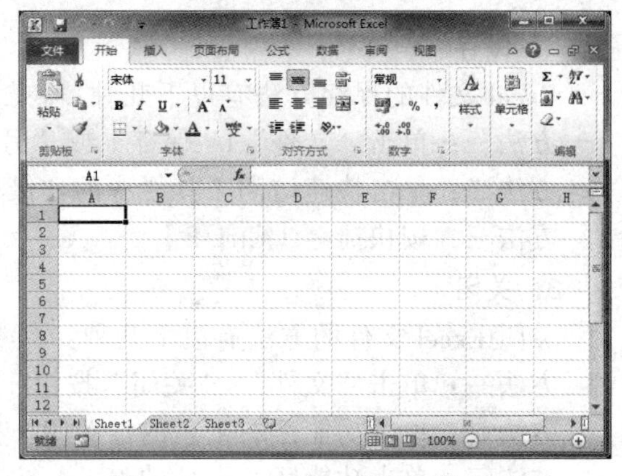

图 2-1　Excel 2010 默认工作界面

作为 Office 套件之一，Excel 和 Word 一样，也可以通过【Alt】键调用功能区中的功能按钮和控件，按层级关系依次进入“选项卡”|“组”|“按钮”或“弹出式菜单”|“子菜单”，逐级显示快捷键。

1. 新建

建立新的 Excel 文件方法有以下几种：

方法一：启动 Excel 软件，程序会自动创建一个新的 Excel 文件。

方法二：单击“文件”|“新建”命令，可以选择利用模板创建新文件，也可以选择“空白工作簿”，再单击“创建”按钮，如图 2-2 所示。

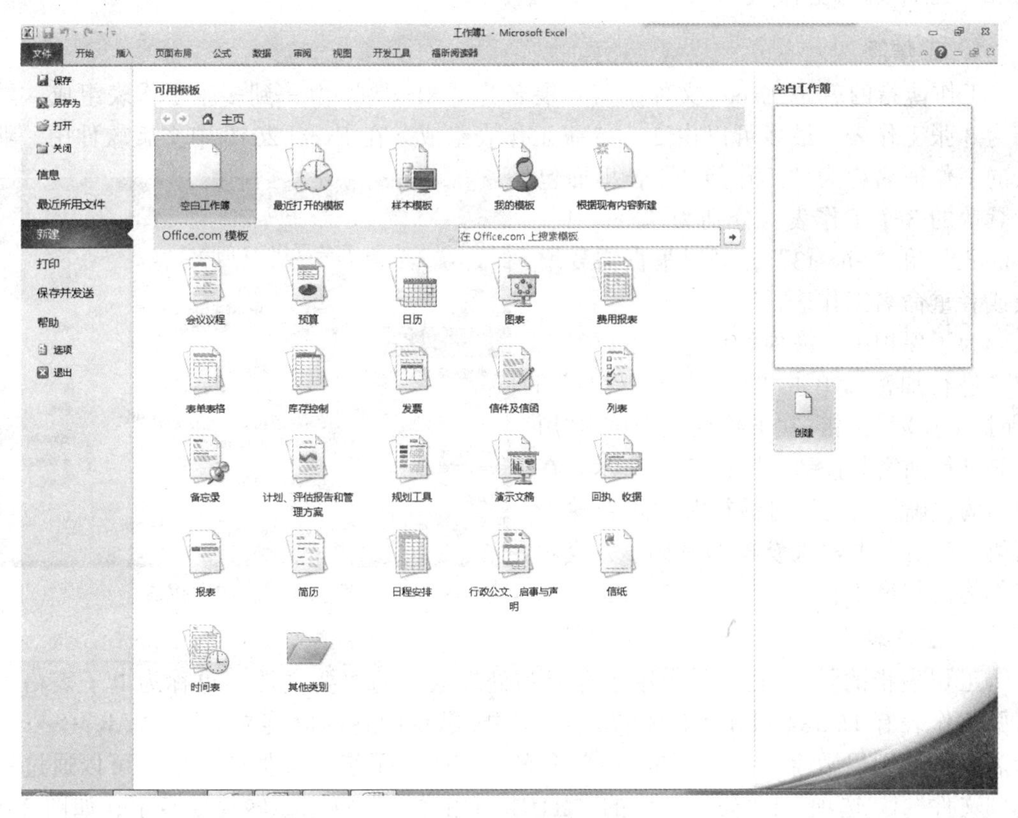

图 2-2　Excel 2010“新建”界面

方法三：在快速访问工具栏中单击“新建”按钮，快速新建一个文件。

方法四：按快捷键【Ctrl+N】。

2. 保存

Excel 文件的保存方法有以下几种：

方法一：单击“文件”|“保存”或“另存为”按钮。

方法二：单击快速访问工具栏中的“保存”按钮。

方法三：按快捷键【Ctrl+S】。

3. 关闭

关闭 Excel 文件的方法有以下几种：

方法一：单击“文件”|“关闭”按钮。

方法二：单击功能区右上角的“关闭”按钮。

方法三：单击功能区左上角的 Excel 图标，在弹出菜单中选择“关闭”命令。

方法四：按快捷键【Ctrl+W】。

方法五：按快捷键【Alt+F4】。

其中，方法四中的快捷键关闭的是当前文件并没有退出 Excel 软件，而方法五的快捷键关闭的则是 Excel 软件。

2.1.2 工作簿与工作表

1. 工作簿

工作簿指的就是 Excel 文件，其扩展名为“.xlsx”，由一到多张工作表组成，默认为 3 张工作表，最多可以由 2～55 张工作表组成。在 Excel 2010 中文版软件中，默认的工作簿名称为“工作簿 1”，里面包含默认的 3 个工作表，分别为“Sheet1”“Sheet2”和“Sheet3”，可以根据需要增减或者重命名工作表。

为了保护工作簿内的信息，可以对工作簿进行加密。单击“文件”|“信息”|“保护工作簿”按钮，在下拉列表中单击“用密码进行加密”按钮，如图 2-3 所示。在弹出的“确认密码”对话框和“重新输入密码”对话框中输入设置的密码，完成对工作簿的加密工作。

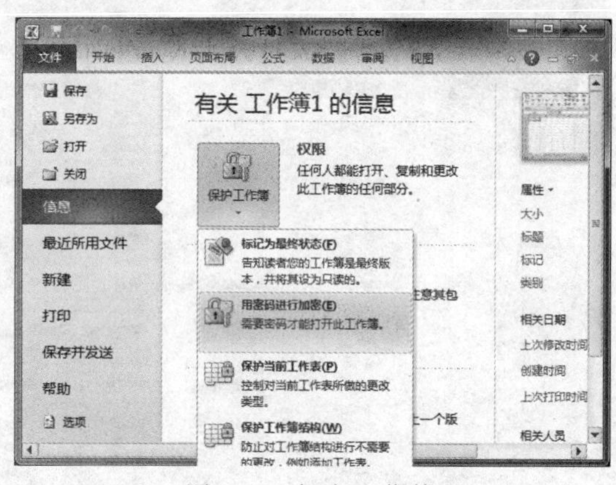

图 2-3 加密工作簿

2. 工作表

工作表指的是在 Excel 中用于存储和处理数据的主要文档，也称为电子表格。每张工作表有 16 384 列和 1 048 576 行，其中，默认的列标以英文字母“A、B、C……”命名，行号则以数字“1、2、3……”命名。有时为了统计数据的需要，可以通过勾选“文件”|“选项”|“公式”中的“R1C1 引用样式”将列标转换成数字，如图 2-4 所示。如果需要还原到列标是字母的样式，取消勾选“R1C1 引用样式”复选框，单击“确定”按钮即可。

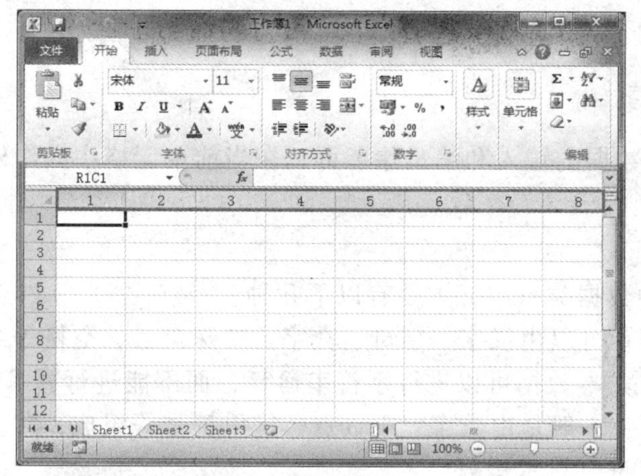

图 2-4　列名更改为数字

大部分关于工作表的基本操作都能在工作表标签的右键菜单中找到，如对工作表的插入、删除、重命名、移动或复制等。有时在工作表较多，需要用颜色加以区分的时，可以设置工作表标签颜色，如图 2-5 所示。

和加密整个工作簿不同的是，工作表的加密有很大的可选择性，在工作表标签的右键菜单中选择“保护工作表”或者单击“文件”|“信息”|“保护工作簿”|“保护当前工作表”按钮，在弹出的“保护工作表”对话框中设置取消工作表保护时使用的密码，并勾选“允许此工作表的所有用户进行”的具体内容，如“选定锁定单元格”等，对工作表进行局部保护，如图 2-6 所示。

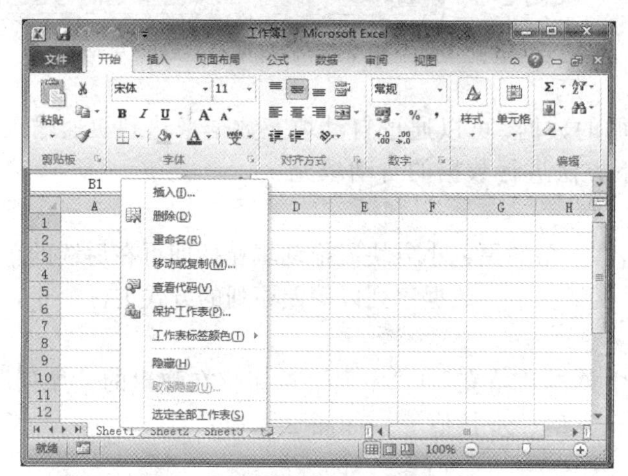

图 2-5　工作表标签的右键菜单

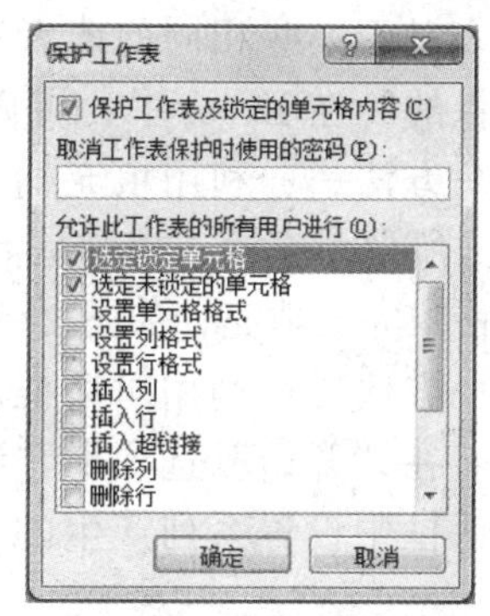

图 2-6　“保护工作表”对话框

工作簿由工作表组成，而工作表则由行和列中交叉而成的单元格构成。在打开工作表后，用户不管是输入数据还是插入公式，都是在单元格中进行操作的。作为工作表行列交叉所形成的区域，单元格是工作表最小的组成单位，通过行号和列标进行标识。如地址“B3”表示的是第 3 行、第 2 列的单元格。

在对工作表的操作中，Excel 还允许同时对一组工作表进行相同的操作，如输入数据、修改格式等。同时对多张工作表进行操作为快速处理结构和基础数据相同或类似的同组表格提供了较大的便捷性。

2.1.3 输入和编辑

在 Excel 中，数据的输入和编辑除了可以在当前单元格中操作外，也可以在数据编辑区进行。

1. 数据类型

在输入的各种数据类型中，主要有以下几种：

（1）文本数据：可以由汉字、字母、数字、特殊符号、空格等组合而成，默认对齐方式是左对齐。文本数据可以进行字符串运算，而不能进行算术运算。

（2）数值数据：一般是由数字、小数点、货币符号等组成，默认对齐方式是右对齐。数值数据可以进行算术运算。

（3）日期和时间型数据：在单元格中输入 Excel 可识别的日期或时间数据时，单元格的格式会自动转换为对应的格式，默认对齐方式是右对齐。

2. 数据有效性

使用数据有效性可以控制输入的数据是否满足条件的约束。在“数据”选项卡“数据工具”组中单击“数据有效性”按钮，在弹出的“数据有效性”对话框中，可以对数据的设置、输入信息、出错警告和输入法模式进行设置，如图 2-7 所示。

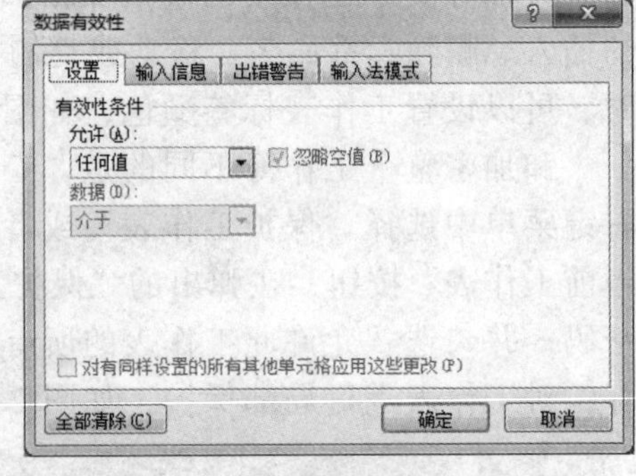

图 2-7 “数据有效性”对话框

3. 自动填充数据

对于一些相同的或者有规律可循的数据，可以通过自动填充数据来达到快速输入的目的。在 Excel 中，可以通过以下方法进行数据的自动填充：

方法一：利用填充柄。

所谓填充柄，指的是活动单元格右下角的黑色小方块。拖动填充柄即可在后续的单元格中完成填充，如图 2-8 所示。默认情况下，数据序列以等差序列的方式进行填充。

方法二：利用对话框。

在“开始”选项卡“编辑”组中单击“填充”|“序列”按钮，在弹出的“序列”对话框中设置系列产生的位置、填充类型、步长值等，如图 2-9 所示。

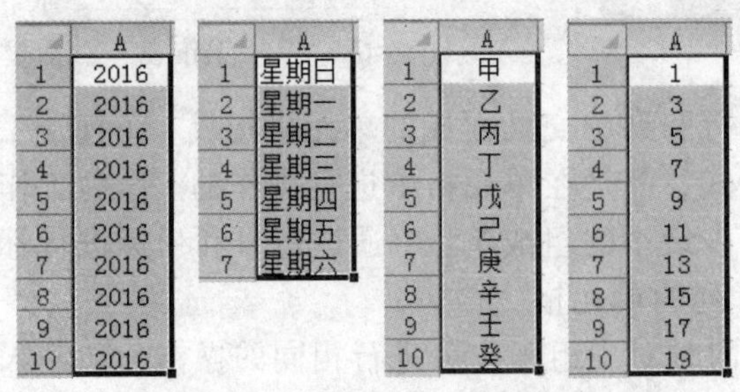

图 2-8 利用填充柄填充数据

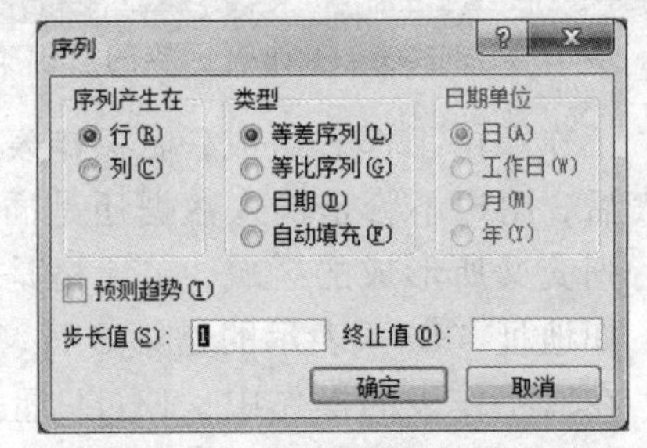

图 2-9 “序列”对话框

通过上述方法，除了可以填充内置序列外，还可以填充自定义序列。单击“文件”|“选项”|“高级”“Web 选项”|“编辑自定义列表”按钮，在弹出的“自定义序列”对话框中，输入需要定义的序列，完成后单击“添加”和“确定”按钮即可，如图 2-10 所示。完成添加自定义序列后，在工作表中即可使用该序列进行填充了。

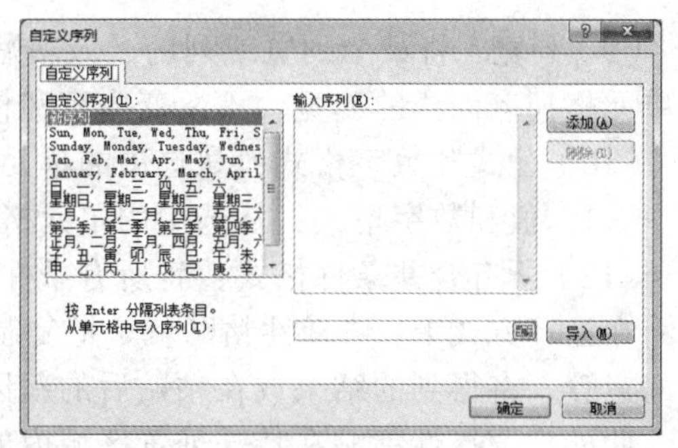

图 2-10 “自定义序列”对话框

2.1.4 复制和粘贴

在 Excel 中，复制的功能除了可以复制内容外，还可以“复制为图片”。粘贴的功能则更为强大，除了最为大家所熟悉的粘贴全部内容外，还可以进行“选择性粘贴”，只得到需要的内容。复制内容后，选择需要粘贴内容的单元格，再单击“开始”选项卡“粘贴”组，在下拉列表中选择相应的内容，如数值、格式等，即可完成选择性粘贴，如图 2-11 所示。在选择性粘贴时，将鼠标指针悬浮在“粘贴”下拉列表的图标上，即可预览到粘贴效果。单击下拉列表中的“选择性粘贴”按钮，弹出“选择性粘贴”对话框，对粘贴的内容进行选择，如图 2-12 所示。

图 2-11 “粘贴”下拉列表

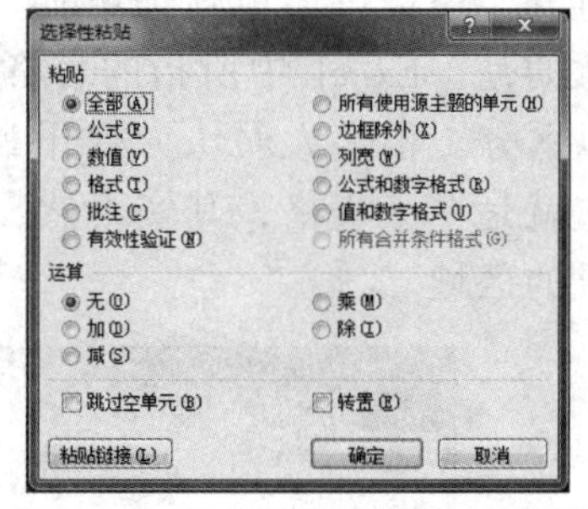

图 2-12 “选择性粘贴”对话框

选择性粘贴中，粘贴方式的说明如下：

（1）全部：粘贴全部内容，包括内容、格式等，相当于直接粘贴。

（2）公式：粘贴文本和公式，不粘帖内容、格式等。

（3）数值：粘贴文本。如果单元格的内容是计算公式的话只粘贴计算结果，并且不会改变目标单元格的格式。

（4）格式：粘贴源单元格格式，功能相当于格式刷工具。

（5）批注：粘贴源单元格的批注内容，切不改变目标单元格的内容和格式。

（6）有效性验证：将复制单元格的数据有效性规则粘贴到粘贴区域，只粘贴有效性验证内容，其他保持不变。

（7）所有使用源主题的单元：粘贴使用复制数据应用的文档主题格式的所有单元格内容。

（8）边框除外：粘贴除边框外的所有内容和格式，保持目标单元格和源单元格相同的内容和格式。

（9）列宽：将某个列宽或列的区域粘贴到另一个列或列的区域，使目标单元格和源单元格拥有同样的列宽，不改变内容和格式。

（10）公式和数字格式：从选中的单元格中粘贴公式和所有数字格式选项。

（11）值和数字格式：从选中的单元格粘贴值和所有数字格式选项。

（12）所有合并条件格式：将所有条件格式进行合并。

在运算方式上，选择性粘贴就是把复制的源区域内的值，与新区域做加、减、乘、除的运算，将得到的结果放在粘贴后的新区域。

此外，选择性粘贴在特殊处置区域内的功能如下：

（1）跳过空单元：当复制的源数据区域中有空单元格时，粘贴时空单元格不会替换粘贴区域对应单元格中的值。

（2）转置：将被复制数据的列变成行，将行变成列。源数据区域的顶行将位于目标区域的最左列，而源数据区域的最左列将显示于目标区域的顶行。

2.1.5 区域和表格

1. 区域和表格的区别

区域指的是工作表上的两个或多个单元格，其中的单元格可以相邻或不相邻，而为了使数据处理更加简单，可以在工作表上以表格的形式组织数据。表格除了提供计算列和汇总行外，还提供简单筛选功能。

值得注意的是，Excel 中所指的表格和平时生活中泛指的表格并不属于同一个概念，需要加以区分。很多人误认为打开 Excel 后输入一些数据，加上边框汇总行之类的格式或公式就是一个表格，其实不然，图 2-13 中 A1:D9 所显示的只是一个由若干个单元格组成的区域。

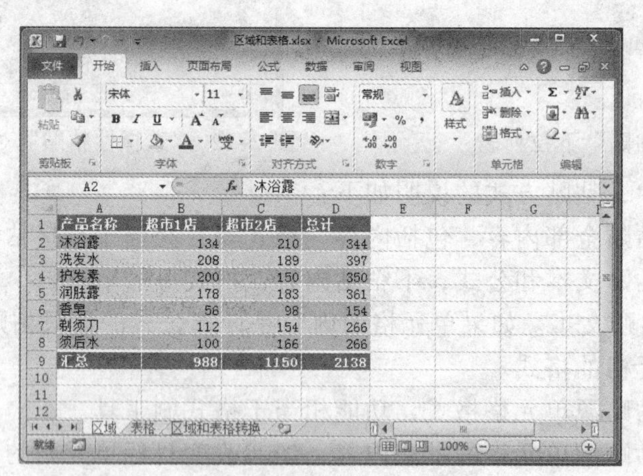

图 2-13 “区域”示例

而表格则不同，在创建完表格后，虽然从外观上看和区域差别不大，但单击表格中任意位置，会出现“表格工具”的上下文选项卡，在“设计”选项卡中可以对表格进行一些样式之类的设置，如图 2-14 所示。通过在表格的结尾处显示一个汇总行，然后使用每个汇总行单元格的下拉列表中提供的函数，可以快速汇总 Excel 表格中的数据。

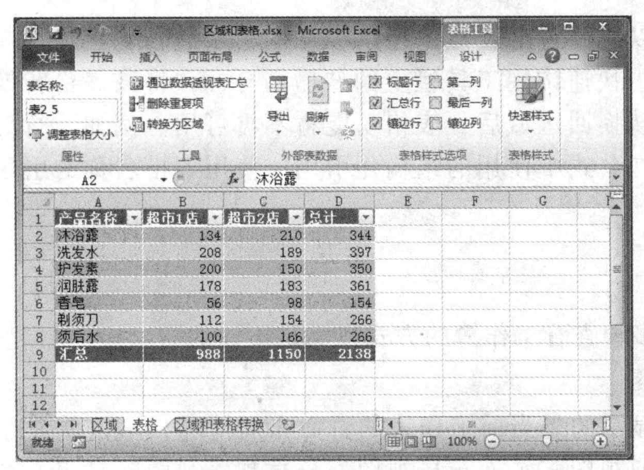

图 2-14 “表格”示例

在工作表中创建表格后，独立于该表格外部的数据即可对该表格中的数据进行管理和分析。例如，可以筛选表格列、添加汇总行、应用表格格式以及将表格发布到正在运行 Windows SharePoint Services 3.0 或 Microsoft SharePoint Foundation 2010 的服务器上。

2. 创建表格的方法

创建表格的方法有两种：

方法一：以默认表格样式插入表格。

在“插入”选项卡“表格”组中单击“表格”按钮即可快速插入表格，如图 2-15 所示。

在弹出的“创建表“对话框中，设置表数据的来源，并根据实际情况勾选“表包含标题”复选框，如图 2-16 所示。

方法二：以所选样式插入表格。

在“开始”选项卡“样式”组中单击“套用表格样式”按钮，将数据的格式设置为表格，如图 2-17 所示。

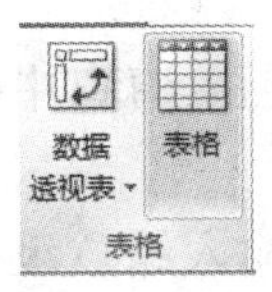

图 2-15 “表格”

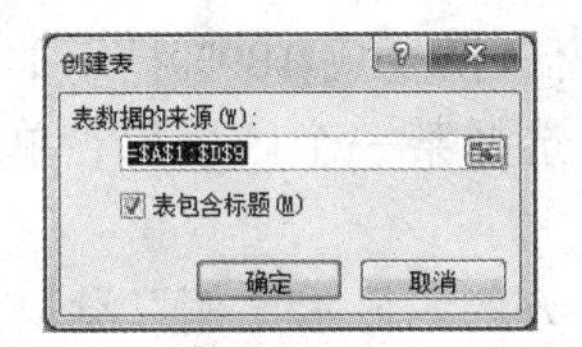

图 2-16 “创建表”对话框

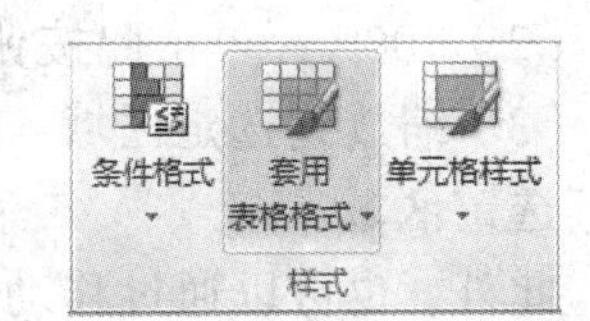

图 2-17 单击“套用表格格式”按钮

3. 区域和表格的转换

根据实际需求不同，区域和表格可以互相转换。

将区域转换成表格最简便的方法就是选择数据区域后，在“插入”选项卡“表格”组中单击“表格”按钮即可创建表。

在创建表格之后，如果不想继续使用表格功能来处理其中的数据，则可以将表格转换为常规数据区域，同时保留所应用的任何表格样式。单击表格中的任意位置，在“设计”选项卡“工具”组中单击“转换为区域”按钮，如图 2-18 所示，即可将表格转换为工作表上的常规数据区域。

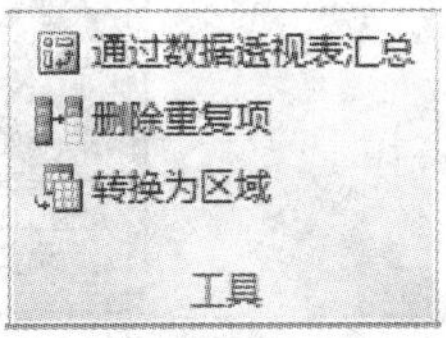

图 2-18 单击“转换为区域”按钮

此外，还可以通过右击表格，选择“表格”|“转换为区域”命令。也可以在创建表格后立即单击快速访问工具栏上的“撤销”，将该表格转换回区域。值得注意的是，将表格转换回区域后，表格功能将不再可用。例如，行标题不再包括排序和筛选箭头，而在公式中使用的结构化引用（使用表格名称的引用）将变成常规单元格引用。

2.1.6 视图

视图提供了多种查看工作簿的方式以满足不同的需求。

1．工作簿视图

工作簿视图显示的是当前工作表的页面布局情况，Excel 提供了 5 种工作簿视图方式，分别是普通视图、页面布局视图、分页预览视图、自定义视图和全屏显示视图。在“视图”选项卡“工作簿视图”组中单击相应的视图方式可以进行视图切换，如图 2-19 所示。

2．显示比例

在“视图”选项卡“显示比例”组中可以对当前窗口的显示比例进行缩放设置，如图 2-20 所示。

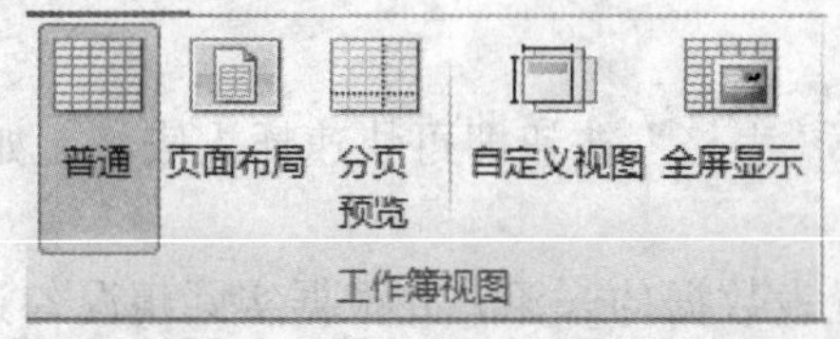

图 2-19 “工作簿视图”组

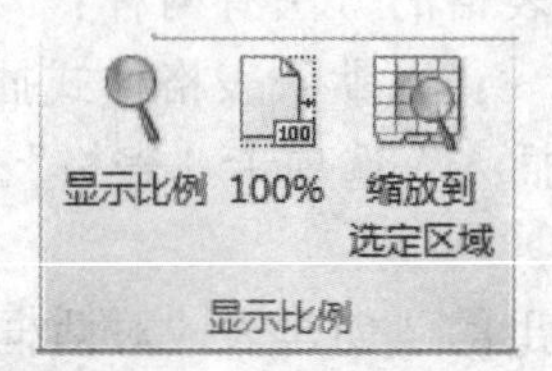

图 2-20 “显示比例”组

在“显示比例”组中，有 3 个按钮，功能分别如下：

（1）显示比例：单击该按钮，弹出“显示比例”对话框，如图 2-21 所示，根据对话框中的选项可以设置窗口比例大小。

（2）100%：单击此按钮，可以将窗口恢复成 100%显示的比例。

（3）缩放到选定区域：在工作表中选择某一个区域后，单击此按钮，窗口中会显示其选定区域。

此外，也可以通过移动工作表右下方的“显示比例”滑块或直接输入缩放级别数据调整窗口比例，如图 2-22 所示。

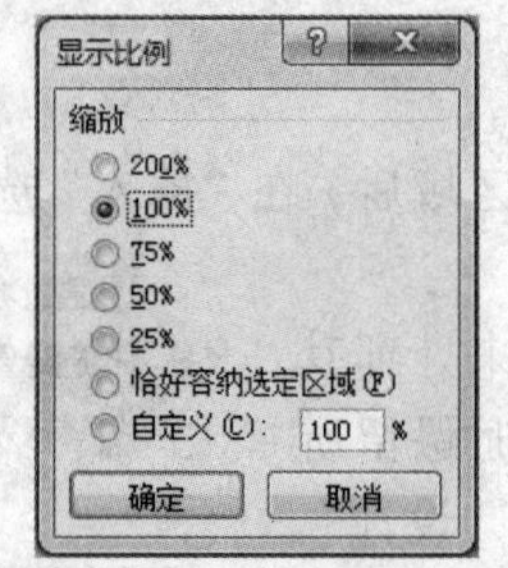

图 2-21 “显示比例”对话框

图 2-22 缩放级别

3. 窗口

在 Excel 中，当一个工作簿中的工作表很大，一个窗口中无法显示出其全部的行或者列时，可以将工作表分割成两个或两个以上的临时窗口进行排列或切换，以方便数据的比较及引用。在“视图”选项卡“窗口”组中即可进行相关设置，如图 2-23 所示，其功能如下：

1）新建窗口

在工作表中选择需要定义窗口的区域，在“视图”选项卡“窗口”组中单击“新建窗口”按钮，被选定的区域就会显示在一个新的窗口中。

2）全部重排

在“视图”选项卡“窗口”组中单击“全部重排”按钮，在弹出的如图 2-24 所示的“重排窗口”对话框中，选择排列方式，可以同时查看当前所有打开的窗口。如果勾选“当前活动工作簿的窗口”复选框，则只针对当前工作簿中已经分割的窗口进行排列。

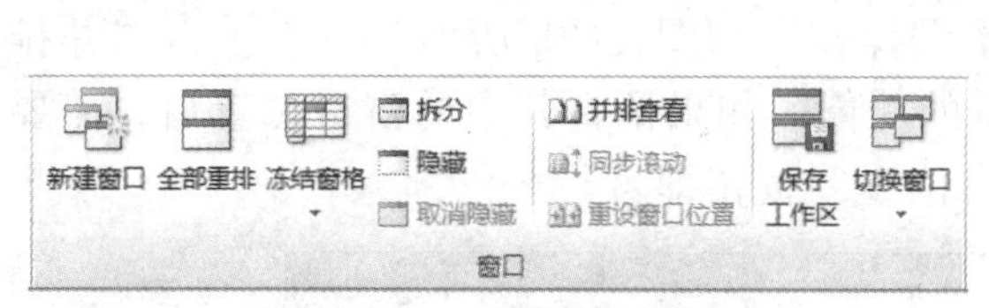

图 2-23 “窗口”组

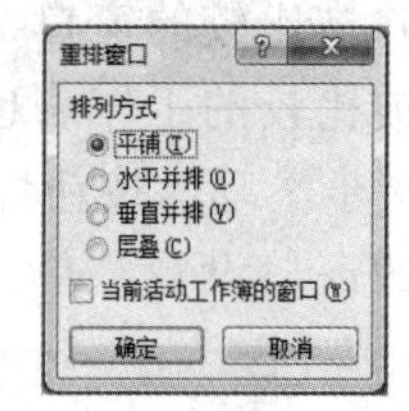

图 2-24 “重排窗口”对话框

3）冻结窗格

当一个工作表超长超宽，无法在一个显示屏中显示出其全部数据，需要拖动滚动条才得以查看完整时，很容易使阅读者由于无法一次性获得完整信息而造成数据误差。此时，通过冻结窗格来锁定某些行或列的单元格区域，使得其不随滚动条滚动，从而让关键信息如行列标题得以完整呈现。

单击工作表中的单元格，在“视图”选项卡“窗口”组中单击“冻结窗格”按钮，在如图 2-25 所示的下拉列表中单击“冻结拆分窗格”按钮，以活动单元格上方的行和左侧的列为界将其冻结，始终保持可见，不会随着滚动条的滚动而消失。

此外，也可以直接选择“冻结首行”或者“冻结首列”进行工作表中首行或首列窗格的冻结。需要注意的是，并不能通过“撤销”按钮对窗口进行取消冻结的操作。需要在“视图”选项卡“窗口”组中单击“冻结窗格”按钮，在其下拉列表中单击“取消冻结窗格”按钮，如图 2-26 所示。

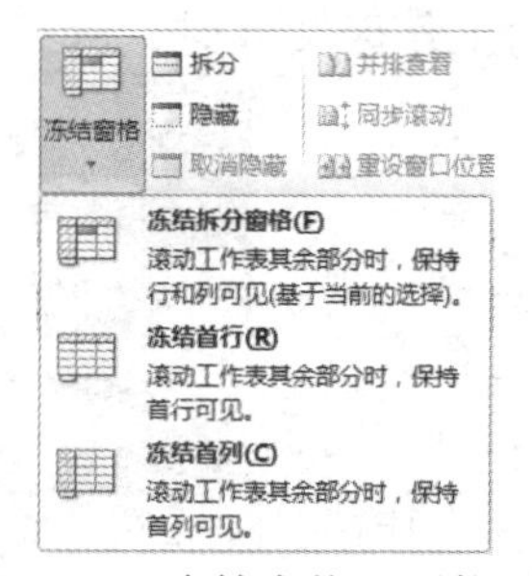

图 2-25 “冻结窗格”下拉列表

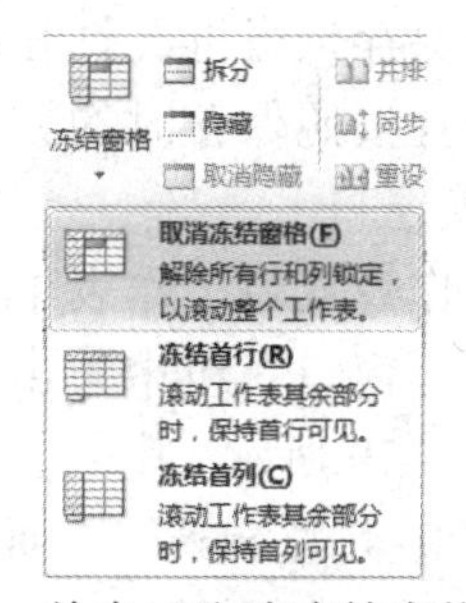

图 2-26 单击“取消冻结窗格”按钮

4）拆分窗格

在“视图”选项卡“窗口”组中单击“拆分”按钮，可以当前活动单元格为坐标，将窗口拆分成4个，每个窗口中都可以进行编辑操作。再次单击“拆分”按钮则取消拆分效果。

5）并排查看、同步滚动及重设窗口位置

利用并排查看功能可以按上下排列的方式比较两个工作窗口中的内容。同时在Excel中打开需要并排查看的工作簿，选择其中一个工作簿，在“视图”选项卡“窗口”组中，单击“并排比较”按钮，如果待比较的工作簿有2个及以上，会出现图2-27所示的“并排比较”对话框，从中选择需要并排比较的工作簿，单击“确定”按钮即可完成并排查看。

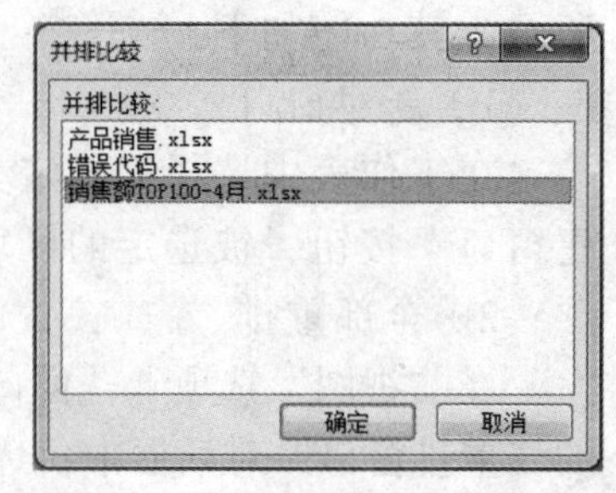

图2-27 “并排比较”对话框

对于并排比较的窗口，默认是同步滚动的，即在一个窗口中滚动鼠标查看工作表时另一个被比较的工作表也作相应的滚动操作，如图2-28所示。再次单击“并排查看”或“同步滚动”按钮即可取消相应的功能。如果调整其中的窗口位置后，需要恢复成默认的窗口设置，单击“重设窗口位置”按钮即可。

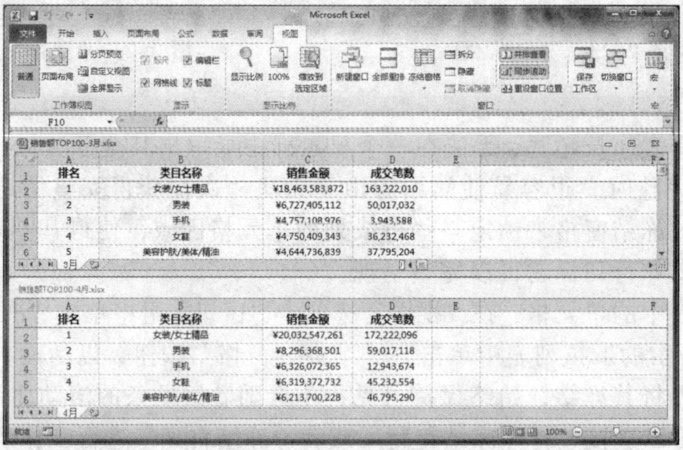

图2-28 “并排查看”及“同步滚动”效果

6）保存工作区

在“视图”选项卡“窗口”组中单击“保存工作区”按钮，可以将当前窗口的排列方式进行保存。当再次打开扩展名为“.xlsx”的工作区文件时，所有涉及的文件均被打开，并且按照保存时的方式排列。

7）切换窗口

多个工作簿或者工作表中定义了多个窗口之后，在“视图”选项卡“窗口”组中单击“切换”按钮即可进行窗口切换，如图2-29所示。其中，工作簿以文件名表示，如“销售额 TOP100-4 月.xlsx”，而工作表中的窗口以“工作簿名:序号”表示，如“销售额 TOP100-3 月.xlsx:1”

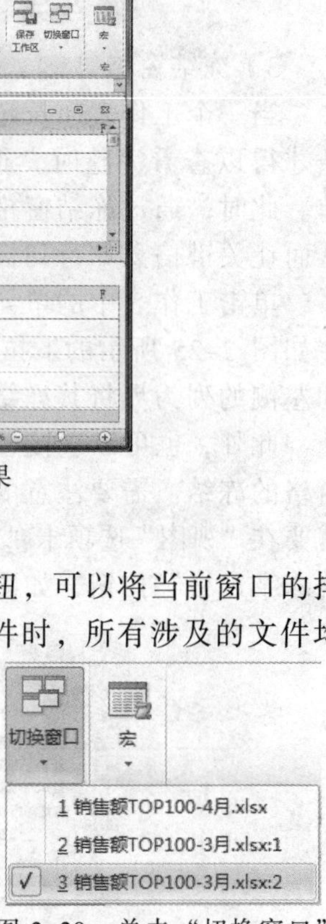

图2-29 单击“切换窗口”按钮

【范例】数据输入

本例主要练习数据的输入方式。

在“范例 1-1.xlsx”工作簿的“数据练习”工作表中输入数据，要求显示 1/4、4 1/4、12 月 25 日、001、123456789012、310108201306160616，如图 2-30 所示。

真分数输入	假分数输入	日期输入	首位是0的数字的输入	超过12位数字的输入	身份证号码的输入
1/4	4 1/4	12月25日	001	123456789012	310108201306160616

图 2-30 输入数据

提示：由于直接输入分数，Excel 会将其转换为日期型，因此分数的输入步骤为：先输入整数位（真分数则输入 0），再输入空格，然后输入分数。

在 Excel 中，输入数字即会被认为是数值型数据，“001” 会被认为是 “1”，因此直接输入 “001” 系统会将其 0 省略掉而只显示 “1”。因此需要将其强制转换成文本型，方法是先输入半角单引号 “'”，再输入数字 “001”。

类似的处理方法也可以处理 “超过 12 位数被强制显示为科学计数法” 和 “输入 18 位身份证号系统将后面的数字全部变成了 0” 的问题，使用半角引号 “'” 将需要输入的数字变成文本型，然后再进行数据的输入。

【范例】下拉菜单制作

本例主要练习数据有效性的设置。

在 “范例 1-2.xlsx” 工作簿 “Sheet1” 工作表的 “G4:G8” 单元格区域制作下拉菜单，菜单项为 “A” “B” “C” 和 “D”，当输入其他内容时则弹出警告信息 “输入信息错误，请重新输入！”，如图 2-31 所示。全部完成后如图 2-32 所示。

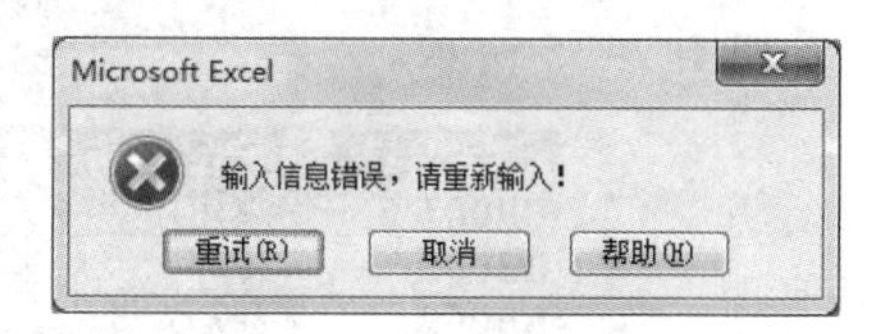

图 2-31 警告信息

计算机文化基础单选题

序号	题目	选项				答案
		A	B	B	D	
1	中央处理器（CPU）主要由（）组成。	控制器和内存	运算器和控制器	控制器和寄存器	运算器和内存	B
2	微型计算机中运算器的主要功能是进行（）。	算术计算	逻辑计算	初等函数运算	算术和逻辑运算	
3	微型计算机中，控制器的基本功能是（）。	控制计算机各个部件协调一致地工作	存储各种控制信息	保持各种控制状态	进行算术运算和逻辑运算	A
4	CPU中有一个程序计数器（又称指令计数器），它用于存放（）。	正在执行的指令的内容	下一条要执行的指令的内容	正在执行的指令的内存地址	下一条要执行的指令的内存地址	D
5	CPU、存储器和I/O设备是通过（）连接起来的。	接口	总线控制逻辑	系统总线	控制线	C

图 2-32 下拉菜单制作

提示： 首先选择“G4:G8”区域，在“数据”选项卡“数据工具”组中单击“数据有效性”按钮，在弹出的“数据有效性”对话框中选择“设置”选项卡，在有效性条件中，允许“序列”来源于输入菜单项“A,B,C,D”，如图 2-33 所示。值得注意的是，菜单项之间需要用半角逗号“,”分隔。

其次，选择“出错警告”选项卡，在错误信息中输入题目要求的文字“输入信息错误，请重新输入!”，然后单击“确定”按钮，如图 2-34 所示，完成下拉菜单的制作。

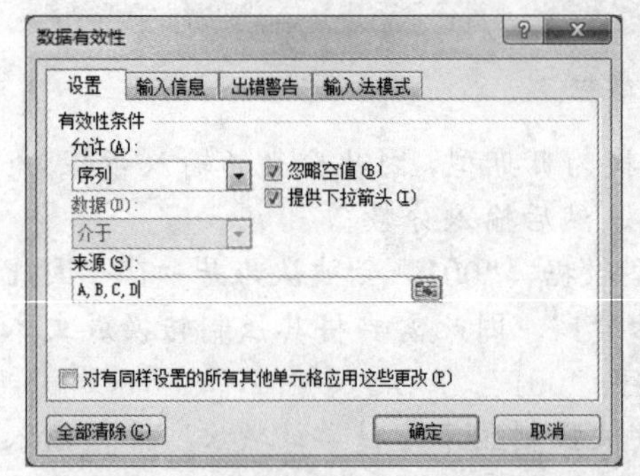

图 2-33 “数据有效性”对话框

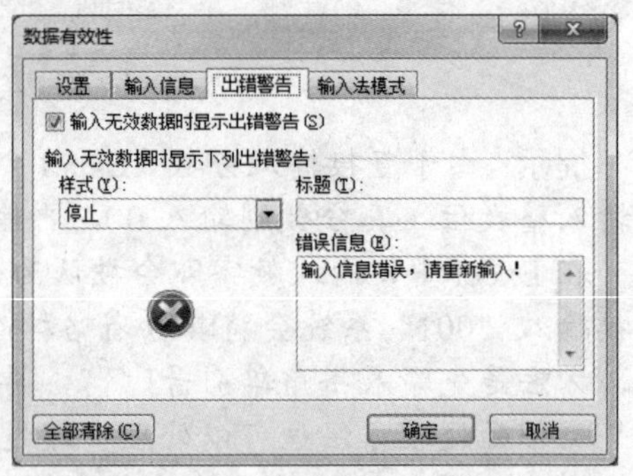

图 2-34 “出错警告”选项卡

【范例】自动填充序列

本例主要练习区域和表格的转换、自定义序列的设置。

请按如下要求完成对“范例 1-3.xlsx”的操作，并以原文件名保存，完成后的效果如图 2-35 所示。

产品编号	产品名称	单价	销售量	销售金额	销售部门
BH001	冰淇淋	25	2300	57500	销售一部
BH002	棒冰	20	6085	121700	销售二部
BH003	甜筒	28	7605	212940	销售三部
BH004	雪糕	18	8100	145800	销售一部
BH005	牛奶	19	3200	60800	销售二部
BH006	巧克力	58	9000	522000	销售三部
BH007	面包	17	3520	59840	销售一部
BH008	蛋糕	98	2110	206780	销售二部
BH009	果汁	18	4500	81000	销售三部
BH010	曲奇	88	3560	313280	销售一部
汇总				1781640	

图 2-35 自动填充序列

（1）将素材“素材 1.xlsx”工作簿“Sheet1”中的数据只保留数值粘贴到“范例 1-3.xlsx”的工作表“Sheet1”中，并将工作表改名为“表格练习”。

提示： 打开素材“素材 1.xlsx”，单击“全选”按钮，将整个工作表选中，按快捷键【Ctrl+C】进行复制，再打开“范例 1-3.xlsx”工作簿的“Sheet1”工作表，单击“开始”选项卡“粘贴”组中的粘贴数值按钮，完成值的粘贴。然后将“Sheet1”重命名为“表格练习”。

（2）将“表格练习”工作表中的区域转换为图 2-36 所示的表格。

提示：首先选择区域内的任意单元格，在“插入”选项卡“表格”组中单击“表格”按钮，在弹出的对话框中勾选“表包含标题”复选框，如图 2-37 所示。

产品编号	产品名称	单价	销售量	销售金额
BH001	冰淇淋	25	2300	57500
BH002	棒冰	20	6085	121700
BH003	甜筒	28	7605	212940
BH004	雪糕	18	8100	145800
BH005	牛奶	19	3200	60800
BH006	巧克力	58	9000	522000
BH007	面包	17	3520	59840
BH008	蛋糕	98	2110	206780
BH009	果汁	18	4500	81000
BH010	曲奇	88	3560	313280
汇总				1781640

图 2-36 表格

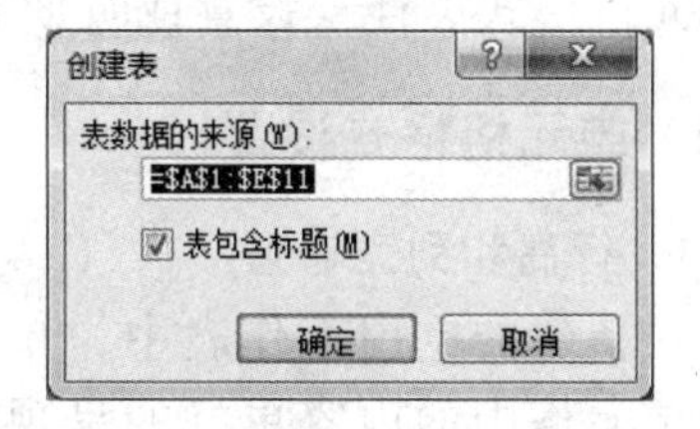

图 2-37 “创建表格”对话框

将区域转化为表格后，在“表格工具”|“设计”选项卡“表格样式选项”组中勾选相应的项目，并将表格样式更改为“表样式中等深浅 3”，如图 2-38 所示。

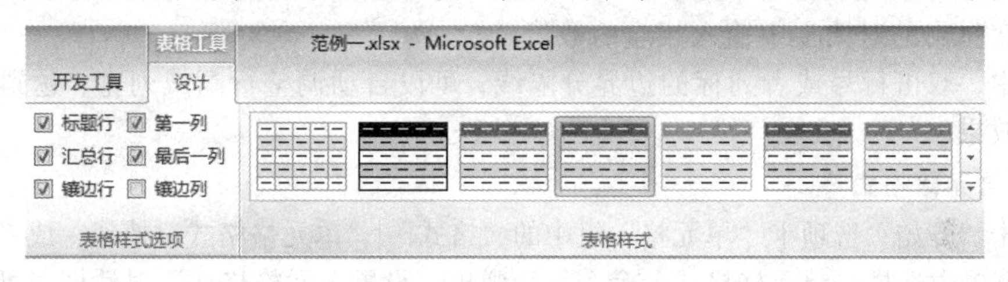

图 2-38 表格工具相关设置

（3）在表格的最右侧增加一列销售部门，要求在第一个单元格输入“销售一部”，用填充柄向下填充依次完成“销售一部”“销售二部”“销售三部”的填充，如图 2-39 所示。

提示：在“数据练习”工作表“F2:F11”区域的数据填充可以通过自定义序列完成。

单击“文件”|“选项”|“高级”|“编辑自定义列表”按钮，在弹出的“自定义序列”对话框中，输入序列“销售一部”“销售二部”“销售三部”，如图 2-40 所示，单击“添加”按钮后，再单击“确定”按钮。在完成序列的自定义后，在 F2 单元格输入“销售一部”，再拖动填充柄至 F11 单元格即可完成数据的填充。

图 2-39 填充信息

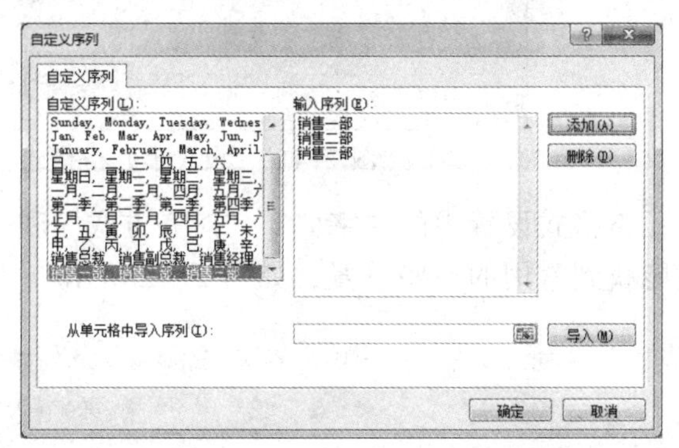

图 2-40 “自定义序列”对话框

2.2 工作表格式化

为了满足需要，使工作表更加直观和美观，可以对工作表进行格式设置，即通过对单元格格式、样式设置或页面布局对工作表进行设置调整。

2.2.1 单元格格式设置

1. 行高和列宽调整

在新建的空白工作表中，单元格行高和列宽都是固定的，而在实际应用中，为了使单元格中的内容更好的呈现，有时需要对行高和列宽进行调整。方法主要有以下两种：

方法一：直接拖动行号或者列标的边界分隔线。

方法二：单击“开始”选项卡“单元格”组中的“格式”|“行高”或者“列宽”按钮，在弹出的对话框中输入相应的数值。

其中，双击行号或者列标的边界分隔线，可以自动调整行高或列宽，达到最适合的匹配效果。

2. 单元格格式

单击“开始”选项卡“单元格”组中的“格式”|“单元格格式”按钮，或者在单元格右键菜单中选择“单元格格式”命令，均弹出“设置单元格格式”对话框，可以对单元格进行数字格式、对齐方式、字体、边框、填充和保护的设置，如图 2-41 所示。

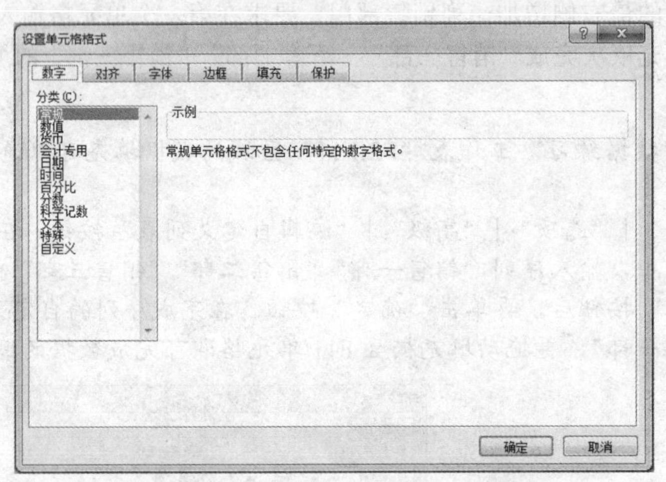

图 2-41 “设置单元格格式”对话框

单元格格式设置中的“字体”“对齐方式”和“数字”在“开始”选项卡相应的组中就能找到常用的一些设置，如图 2-42 所示。

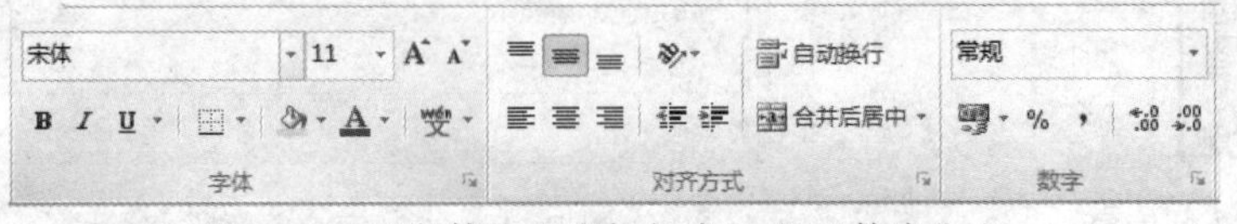

图 2-42 “字体”“对齐方式”和“数字”组

3. 为单元格添加批注

通过批注的添加，可以在不影响单元格数据的情况下对单元格内容进行解释说明。添加批注的方法有两种：在“审阅”选项卡“批注”组中单击“新建批注”按钮，或者直接在单元格中右击，在弹出的快捷菜单中选择“插入批注”命令。

默认情况下批注处于隐藏状态，鼠标指针移动到包含批注的单元格时批注才会显示。有批注存在的单元格右上角会有红色三角形符号，如图 2-43 示。

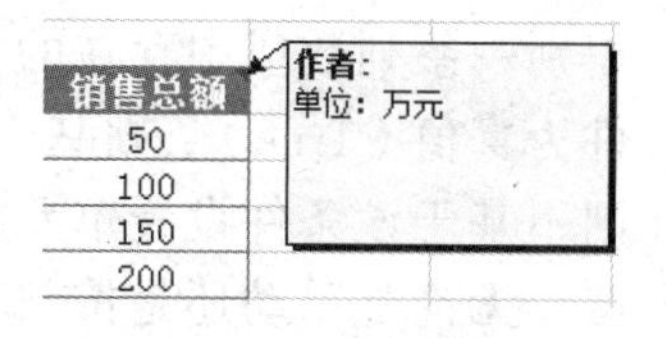

图 2-43 批注

如果需要将批注始终显示，在“审阅”选项卡“批注”组中单击“显示/隐藏批注”按钮，或者直接在右键菜单中选择“显示/隐藏批注”命令，如图 2-44 所所示。

除了默认的批注格式外，还可以对批注进行编辑，对其格式进行修改。在“审阅”选项卡“批注”组中单击“编辑批注”按钮，或者直接在右键菜单中选择“编辑批注”命令，在将批注变成活动状态后，在批注边框右击，在菜单中选择“设置批注格式”命令，弹出“设置批注格式”对话框中，可以对批注的格式进行设置，如图 2-45 所示。

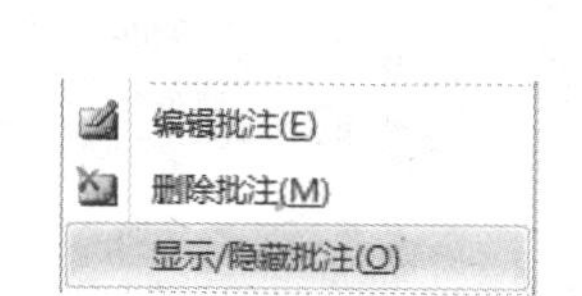

图 2-44 显示/隐藏批注

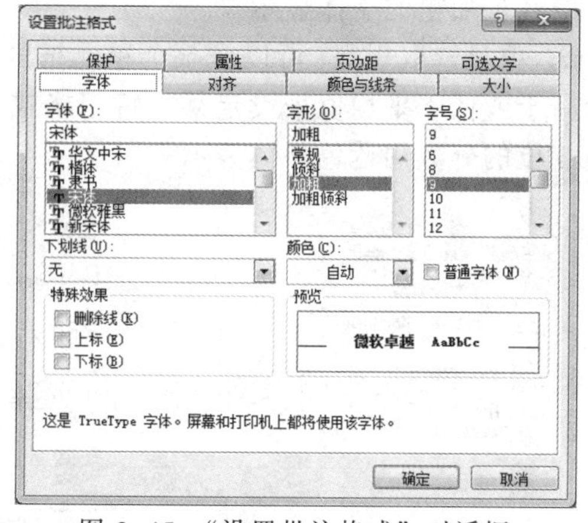

图 2-45 “设置批注格式”对话框

对于不需要的批注，在“审阅”选项卡“批注”组中单击“删除”按钮，或者直接在右键菜单中选择“删除批注”命令，进行删除操作。

2.2.2 样式设置

样式设置分为条件格式、套用表格格式和单元格样式。

1. 条件格式

在日常生活中，对数据的分析经常会遇上此类问题：

- 在最近的 30 天里，有多少天超过的 35°？
- 在过去 3 年的降水总量分布表中，哪些地方有异常情况？
- 公司雇员的职位分布情况如何？
- 哪些产品的销售增长幅度超过 10%？
- 期末考试中，85 分以上的有哪些人？60 分以下的又有哪些人？

对数据进行条件格式的设置有助于解答以上问题，因为采用这种格式易于达到以下效果：突出显示所关注的单元格或单元格区域；强调异常值；使用数据条、颜色刻度和图标集来直观地显示数据。通过为数据应用条件格式，只需要快速浏览即可立即识别一系列数值中存在的差异。条件格式是基于条件更改单元格区域的外观，如果条件为真值（True），则基于该条件设置单元格区域的格式；如果条件为假值（False），则不基于该条件设置单元格区域的格式。

无论是手动还是按条件设置的单元格格式，都可以按格式进行排序和筛选，其中包括单元格颜色和字体颜色。

条件格式的操作方法如下：

（1）选择需要设置条件格式的数据。

（2）在“开始”选项卡“样式”组中单击“条件格式”下拉按钮，选择需要设置的规则，如图 2-46 所示。

① 在条件格式中，各项条件规则的功能也不一，说明如下：

突出显示单元格规则：通过比较运算符的限定（如大于、小于、不等于等）对满足条件的单元格设置统一的格式，如图 2-47 所示。例如：将成绩表中不及格的成绩记录以红色加粗的字体显示。

② 项目选取规则：可以将某个单元格区域内按照最大或最小的项目数或者比例、或者高于或低于平均值来设定某一特定格式，如图 2-48 所示。例如，将成绩表中排名前 3 位的分数用蓝色斜体表示。

图 2-46 “条件格式”下拉列表　图 2-47 突出显示单元格规则　图 2-48 项目选取规则

③ 数据条：一般用以查看当前单元格相对于其他单元格的值，数据条越长表示值越大，可以用渐变或者实心填充，如图 2-49 所示。例如，在某年气温表中显示最高及最低气温所处的日期。

④ 色阶：通过使用两种或三种颜色的渐变效果来直观显示数据分布或变化，如图 2-50 所示。例如，在雨量分布图中标识出降雨充沛的区域。

⑤ 图标集：利用图标对数据进行注释，每个图标代表一个值的范围，如图 2-51 所示。例如，在某公司销售表中，先确定商品销量的高值、中值和低值，则可以用三色箭头标注出每项产品的销售趋势。

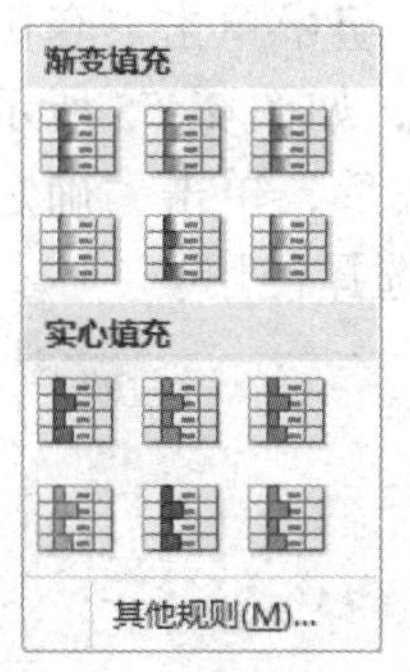

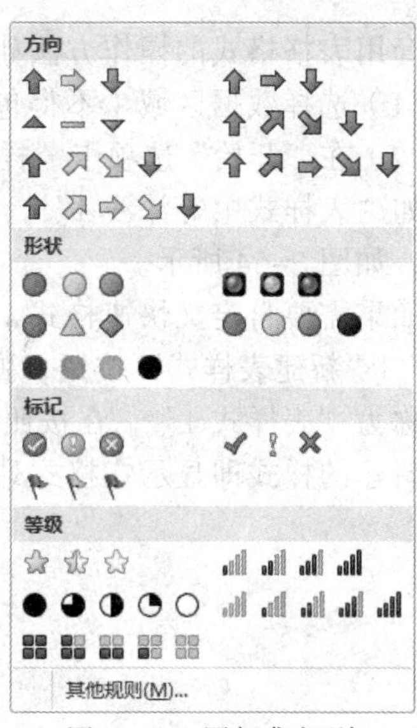

图 2-49　数据条规则　　图 2-50　色阶规则　　图 2-51　图标集规则

除了默认的规则之外，也可以根据需要自行新建规则。在选择“新建规则”后，在弹出的“新建格式规则”对话框中进行调整，格式样式包括有双色刻度、三色刻度、数据条和图标集，如图 2-52 所示。

2. 套用表格格式

利用套用表格格式可以将格式的设置整体应用到数据区域，包括对齐方式、字体边框等。在 Excel 中，预置的套用表格格式有浅色 21 种、中等深浅 28 种和深色 11 种共计 60 种，如图 2-53 所示。需要注意的是，这 60 种表格格式方案不是一成不变的，其颜色会随着主题配色方案的改变而做相应的变化。

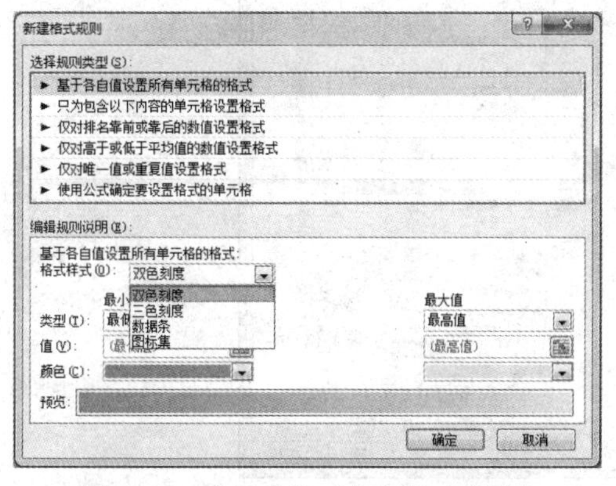

图 2-52　“新建格式规则”对话框

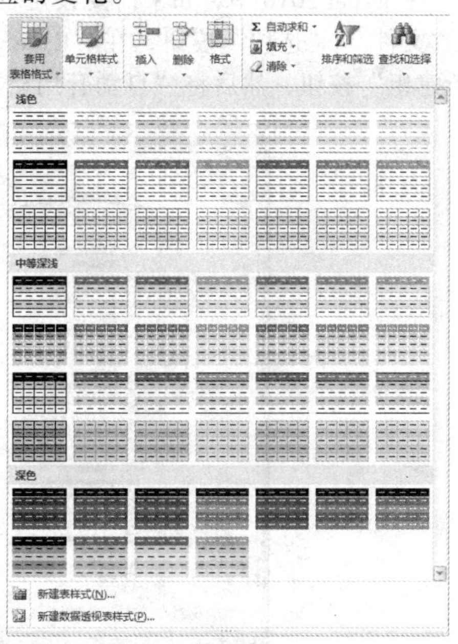

图 2-53　“套用表格格式”下拉列表

套用表格格式的操作方法如下：

（1）选择数据区域（不得包含有合并过的单元格）。

（2）在“开始”选项卡“样式”组中单击“套用表格格式”按钮，选择预置的格式，如“表样式中等深浅 1”，在弹出的“套用表格式”对话框中再次确定表数据的来源，如图 2-54 所示。

如果需要自定义快速格式，可以在“开始”选项卡“样式”组中单击“套用表格格式”|“新建表样式”按钮，弹出“新建表快速样式”对话框，如图 2-55 所示。默认名称为“表样式 1”，在按照需要选择“表元素”设定其格式后，单击“确定”按钮，新建的样式即显示在格式列表最上方的“自定义区域”供选择使用。

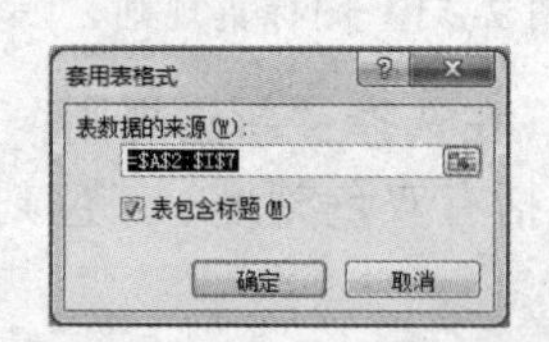

图 2-54 “套用表格式”对话框

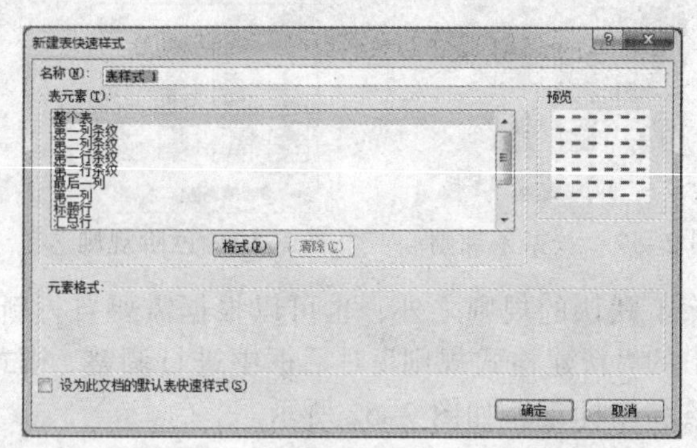

图 2-55 “新建表快速样式”对话框

如果需要取消套用的格式，将光标停留在已经套用格式的表格的任意区域，在“表格工具”|“设计”选项卡“表格样式”组中单击向下箭头，打开样式列表，单击最下方的“清除”按钮即可。注意，此操作清除的仅仅是格式，表格的相关功能依旧存在。

在 Excel 2010 中，如果需要设定自动套用格式，需要在自定义功能区中打开。单击“文件”|“选项”按钮，在“Excel 选项”对话框中选择“自定义功能区”，单击“新建组”按钮，然后将“自动套用格式”添加到新建组中，如图 2-56 所示。

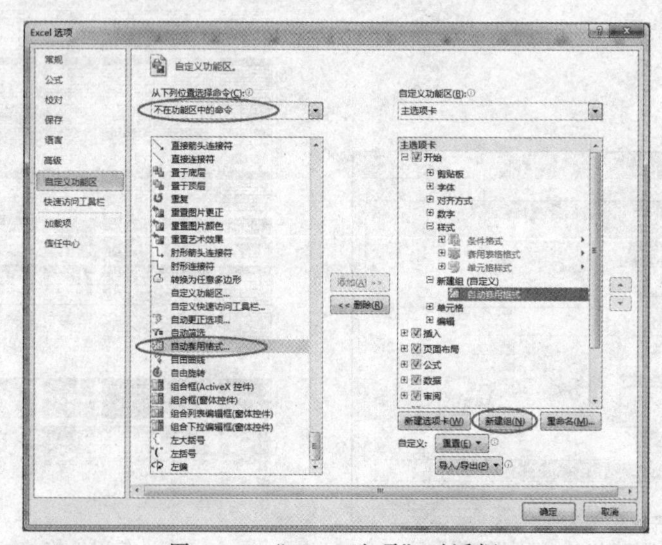

图 2-56 “Excel 选项”对话框

添加完成后，在主选项卡中即可找到“自动套用格式”按钮。

自动套用格式主要有简单、古典、会计序列和三维效果等格式，可以根据需要选择应用的格式，如数字、字体、对齐等，如图 2-57 所示。

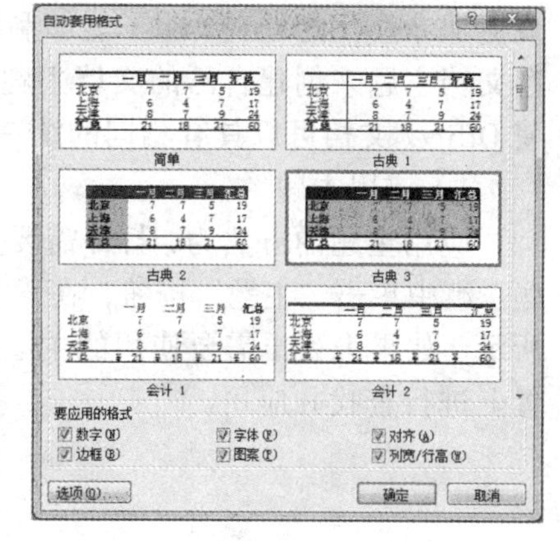

图 2-57 “自动套用格式”对话框

3. 单元格样式

单元格样式可以快速设定选定单元格的整体样式，自动实现字体大小、填充图案、颜色、边框及对齐方式等，使单元格呈现统一的外观。对指定的单元格设定预置的样式，方法如下：

（1）选择需要进行单元格样式设定的区域，可以是单个单元格，也可以是多个连续或者不连续的单元格。

（2）在“开始”选项卡“样式”组中单击“单元格样式”按钮，在单元格样式的下拉列表中的预置样式列表中，选择需要的样式，如图 2-58 所示。

除了预置样式之外，也可以使用自定义样式，按照需求进行设定。具体方法为：在“开始”选项卡“样式”组中，单击“单元格样式”|“新建单元格样式”按钮，弹出图 2-59 所示的“样式”对话框，输入样式名，单击“格式”按钮设定相应的格式。格式的设定方式同单元格格式，可参见前文。自定义样式设定完成后，该样式会显示在样式列表最上方的“自定义”区域中供选择使用。

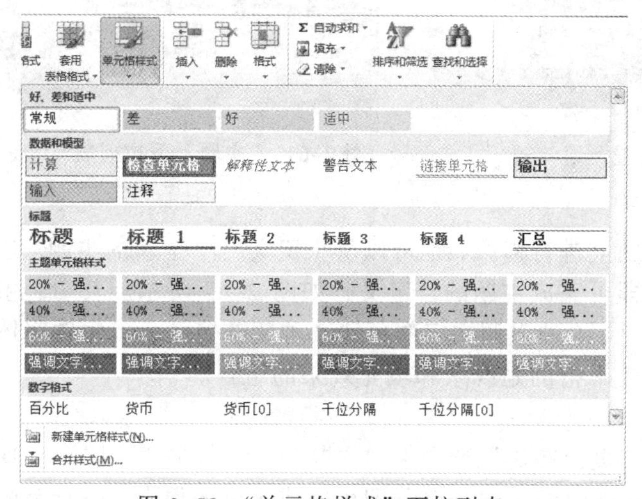

图 2-58 “单元格样式”下拉列表

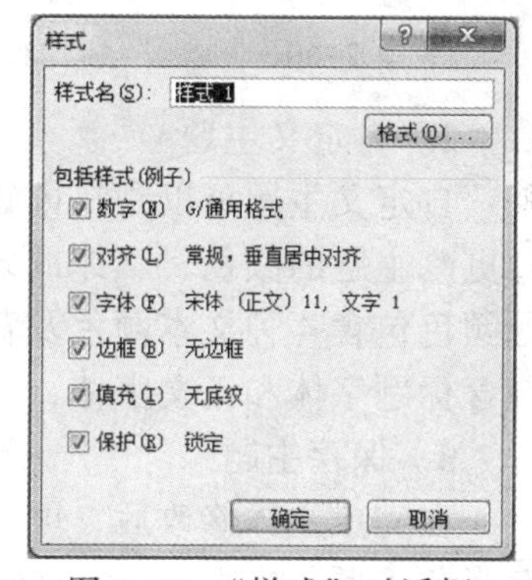

图 2-59 “样式”对话框

2.2.3 页面布局

在对工作表的格式化过程中，页面布局主要针对的是工作表的整体设置，包括图 2-60 所示的主题和页面设置。

1. 主题设置

主题指的是一组格式选项，包括一组主题颜色、一组主题字体（包括标题字体和正文字体）和一组主题效果（包括线条和填充效果）。通过主题的应用可以使文档呈现更加专业化的外观。除了能够利用诸多内置的文档主题外，还可以通过自定义并保存文档主题来创建自己的文档主题。此外，文档主题可在各种 Office 程序之间共享，使 Office 文档可以具有相同的统一外观。

1）应用主题

应用主题的方法为：打开需要应用主题的 Excel 文件，在“页面布局”选项卡“主题”组中单击“主题”按钮，在“主题”下拉列表中选择需要的内置主题，如图 2-61 所示。如果未列出需要使用的主题，可以单击“浏览主题”按钮在计算机或网络的位置上进行查找并应用。

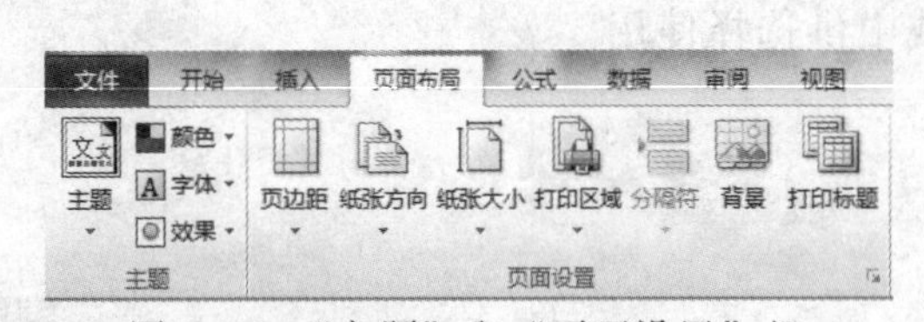

图 2-60 “主题”和“页面设置”组

图 2-61 “主题”下拉列表

2）自定义主题

自定义主题可以是在内置主题上进行修改，也可以从头定义一个全新的主题。通过更改主题的颜色、字体或效果即可完成主题的自定义，如图 2-62 所示。其中，主题颜色包含 4 种文本颜色及背景色、6 种强调文字颜色和 2 种超链接颜色，主题字体包含标题字体和正文字体，主题效果指的是线条和填充效果的组合。

3）保存主题

在完成主体修改后，可以在“页面布局”选项卡“主题”组中单击“主题”|“保存当前主题”按钮，在弹出的对话框中输入主题名称即可完成主题的保存。保存完的主题作为新建主题显示在主题列表最上方的“自定义”区域供选择使用。

2. 页面设置

在 Excel 页面设置中，包括页面、页边距、页眉/页脚和工作表的设置。在“页面布局”选项卡“页面设置”组中单击右下角的对话框启动器按钮，即可弹出“页面设置”对话框，如图 2-63 所示。

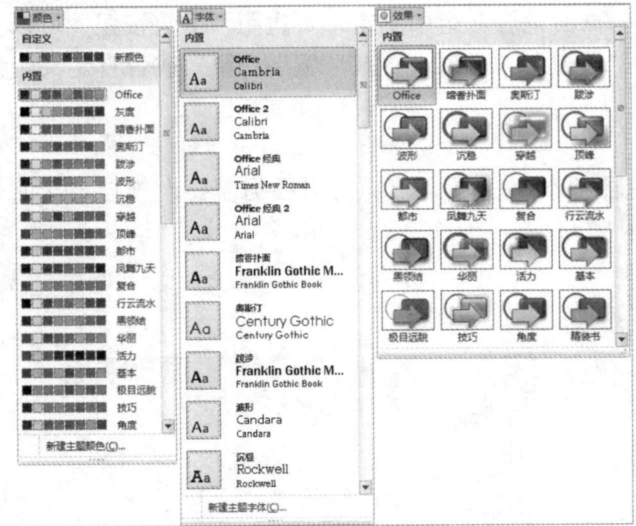

图 2-62　自定义主题

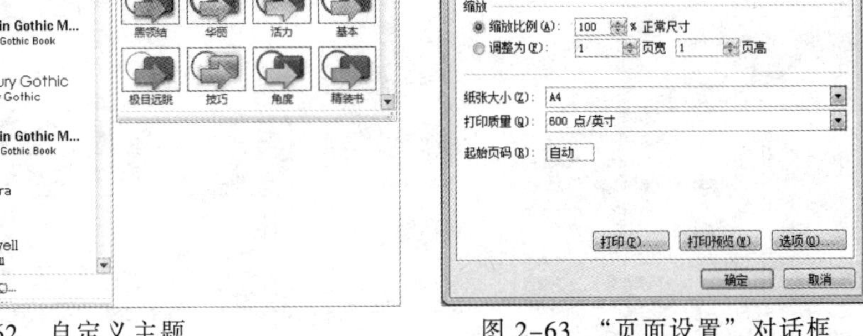

图 2-63　“页面设置”对话框

1）页面

在“页面设置”对话框的“页面”选项卡上，可以设置纸张的方向、缩放比例、纸张大小等具体参数。此外，也可以在“页面布局”选项卡“页面设置”组中单击“纸张方向”或“纸张大小”下拉列表中的预置项进行快速设置，如图 2-64 所示。

2）页边距

在“页面设置”对话框的“页边距”选项卡上，可以根据需求设定具体的上下边距，也可以设定工作表的水平、垂直居中方式，如图 2-65 所示。

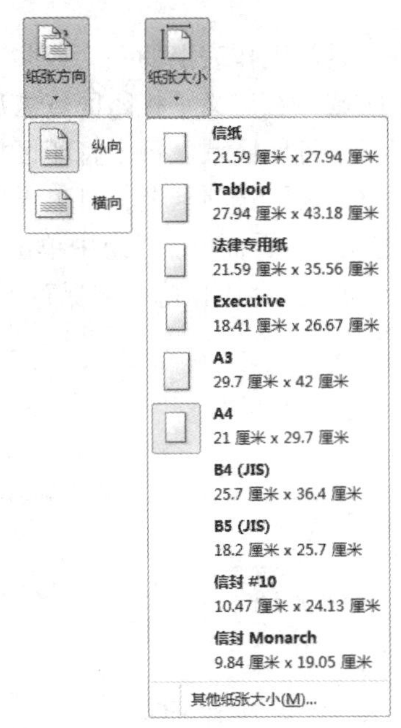

图 2-64　“纸张方向”和“纸张大小”下拉列表

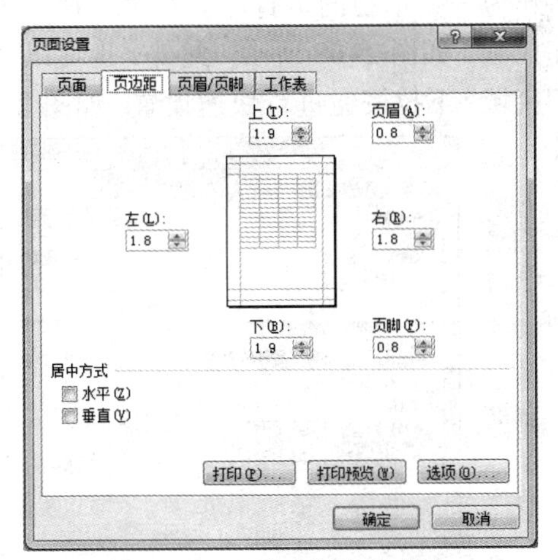

图 2-65　“页边距”选项卡

此外，在“页面布局”选项卡“页面设置”组中单击“页边距”下拉按钮，可以选择系统预置的页边距，默认的是“普通”，可以设置成“宽”“窄”或者自定义边距，如图 2-66 所示。

3）页眉/页脚

在“页面设置”对话框的“页眉/页脚”选项卡上，可以根据需要设置自定义的工作表页眉或页脚，如图 2-67 所示。

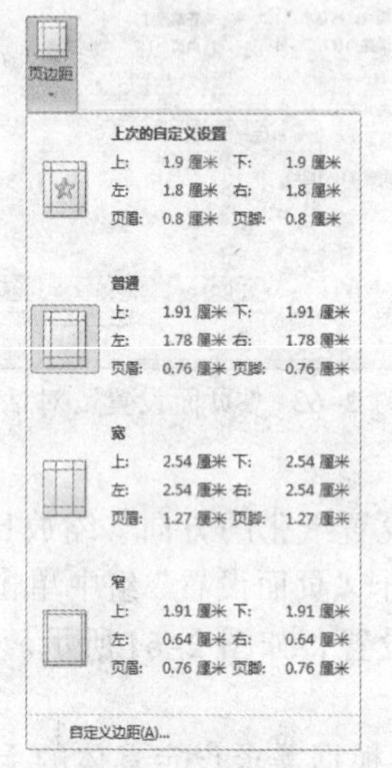

图 2-66 “页边距”下拉列表

图 2-67 “页眉/页脚”选项卡

4）工作表设置

在实际使用过程中，有时并不需要打印整个工作表，只需工作表上的一个或多个单元格区域，那么可以定义一个只包括该选择内容的打印区域。在定义了打印区域之后打印工作表时，将只打印该打印区域。一个工作表可以有多个打印区域。每个打印区域都将作为一个单独的页打印。在“页面设置”对话框的“工作表”选项卡上，可以设定打印区域，如图 2-68 所示。此外，也可以在“页面布局”选项卡“页面设置”组中单击“打印区域”下拉按钮进行快速设置，如图 2-69 所示。打印区域在保存工作簿时被保存下来。

图 2-68 “工作表”选项卡

图 2-69 “打印区域”下拉列表

当不需要打印区域时，可以清除打印区域，方法如下：

（1）单击要清除其打印区域的工作表上的任意位置。

（2）在“页面布局”选项卡“页面设置”组中单击“取消打印区域”按钮。

如果工作表包含多个打印区域，则清除一个打印区域将删除工作表上的所有打印区域。

在“页面设置”对话框的“工作表”选项卡上，还可以设定打印标题，包括顶端标题行和左端标题行。在“页面布局”选项卡“页面设置”组中单击“打印标题”按钮也将弹出相同的对话框。

【范例】商品销售统计

本例主要练习工作表的格式设置。

请按如下要求完成对“范例 2.xlsx”的操作，并按原文件名保存。全部完成后的效果如图 2-70 所示。

2015年
商品销售统计表

商品	冰箱	彩电	电脑	空调	相机	总计
2015年1月	$2,883,404	$2,545,294	$2,047,412	$3,215,102	$637,690	$11,328,902
2015年2月	$3,122,455	$2,741,784	$2,441,599	$3,455,084	$677,347	$12,438,269
2015年3月	$3,135,255	$2,098,186	$1,563,187	$3,021,400	$829,285	$10,647,313
2015年4月	$2,064,490	$1,872,757	$775,407	$2,989,748	$605,927	$8,308,329
2015年5月	$8,035,589	$6,702,788	$4,601,986	$7,000,853	$2,027,994	$28,369,210
2015年6月	$13,172,347	$8,146,210	$3,104,009	$12,059,604	$1,809,736	$38,291,906
2015年7月	$7,831,463	$4,395,759	$3,124,659	$7,327,978	$817,224	$23,497,083
2015年8月	$2,837,750	$1,785,362	$624,493	$4,310,725	$673,497	$10,231,827
2015年9月	$1,543,553	$1,399,265	$437,670	$1,955,657	$255,316	$5,591,461
2015年10月	$2,193,101	$1,319,236	$1,411,022	$3,301,122	$330,862	$8,555,343
2015年11月	$5,691,018	$2,736,476	$3,766,175	$5,155,383	$677,657	$18,026,709
2015年12月	$2,290,053	$1,358,200	$2,346,861	$2,159,406	$993,219	$9,147,739

图 2-70 格式化设置样张

（1）将工作表“Sheet1”中的数据区域 A1:G13 设置列宽为 15，并设置最合适的行高。

提示： 选择第 A～G 列并右击，选择“列宽”命令，在弹出的对话框中输入 15，单击“确定”按钮即可完成列宽的设置。再选择第 1～13 行，在行号中间双击，系统自动调整为最合适的行高。

（2）将 B2:G13 区域内的数字设置为货币型，保留 0 位小数，货币符号为“$”；通过对单元格格式的设置，使 A2:A13 区域内的数据显示“2015 年×月”，如 1 月显示为“2015 年 1 月”，如图 2-71 所示。

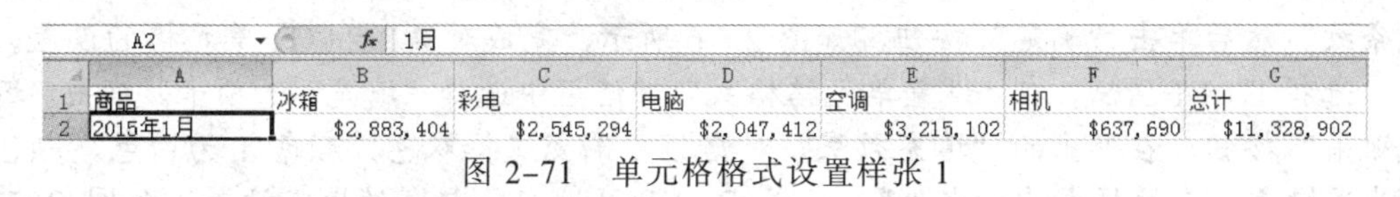

A2 | 1月

商品	冰箱	彩电	电脑	空调	相机	总计
2015年1月	$2,883,404	$2,545,294	$2,047,412	$3,215,102	$637,690	$11,328,902

图 2-71 单元格格式设置样张 1

提示： 选择 B2:G13 区域，在“开始”选项卡“数字”组中单击右下角的对话框启动器按钮，弹出“设置单元格格式”对话框，或者在右键菜单中选择“设置单元格格式”命令，在“数字”选项卡中选择“货币”，设置小数位数为0位，货币符号为“$”，再单击“确定”按钮。

选择A2:A13区域，打开“设置单元格格式”对话框，在“数字”选项卡中选择“自定义”分类，然后在右侧的下拉列表中选择占位符“@”，表示原样显示单元格中的内容；再在“类型”文本框的“@”符号前输入文本“"2015年"”，用以在单元格中显示“2015年×月”的格式，如图2-72所示。需要注意，新增加的固定文本以半角双引号进行引用。

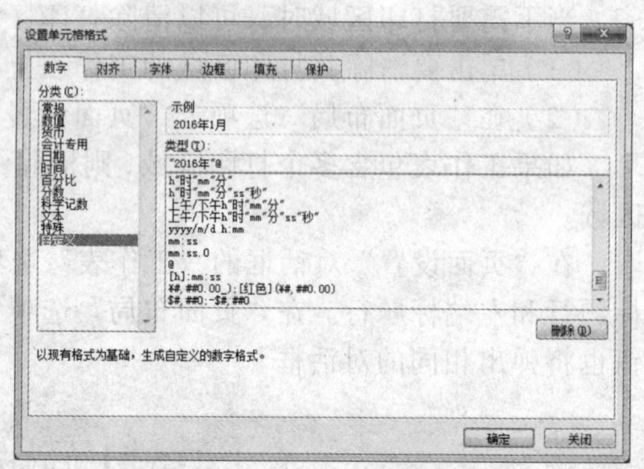

图2-72　自定义类型设置

（3）在第1行上方插入新的一行，在A1单元格中输入文字“2016年商品销售统计表”，要求两行显示，字体为微软雅黑，20磅；将A1单元格在A～G列跨列居中，并设置A1和G1单元格为绿色双线外框，并设置底纹图案颜色为浅绿色，细逆对角线条纹；将B1:F1区域设置填充白色浅绿色的双色水平渐变，如图2-73所示。

图2-73　单元格格式设置样张2

提示：选中第1行并右击，在右键菜单中选择“插入”命令，插入新的一行。在A1单元格中输入文字“2015年商品销售统计表”，在“开始”选项卡“字体”组中将文字设置为微软雅黑，20磅，然后将光标停留在文字“2015年”后面，按【Alt+Enter】组合键进行强制换行，即可完成在同一单元格中多行显示文字。

选择A1:G1单元格区域，在“设置单元格格式”对话框中选择“对齐”选项卡，文本对齐方式中的水平对齐方式选择跨列居中，然后单击“确定”按钮，如图2-74所示。需要注意的是，“跨列居中”虽然和“合并后居中”的显示效果非常类似，单其本质是完全不同的，A1单元格里的数据在进行跨列居中后还是保存在原来的地方，B1:G1的单元格还是独立存在的，而一旦进行合并后居中，A1:G1的区域就变成了一个整体，系统将其认为是一个单元格，也就不能再对其中的单元格进行单独的格式设置。

选中A1和G1单元格，在“设置单元格格式”对话框中选择“边框”选项卡，线条样式选择双线，颜色为绿色，在边框中选择外边框，如图2-75所示。

再切换到“填充”选项卡，选择图案颜色为“浅绿色“，图案样式为“细逆对角线条纹”然后单击“确定”按钮，如图2-76所示，完成对A1和G1单元格的设置。

选择B1:F1区域，在“设置单元格格式”对话框中选择“填充”选项卡，单击“填充效果”按钮，在弹出的“填充效果”对话框中渐变选择双色，颜色1为白色，颜色2为浅绿色，底纹样式为“水平”，完成B1:F1区域双色渐变的填充设置，如图2-77所示。

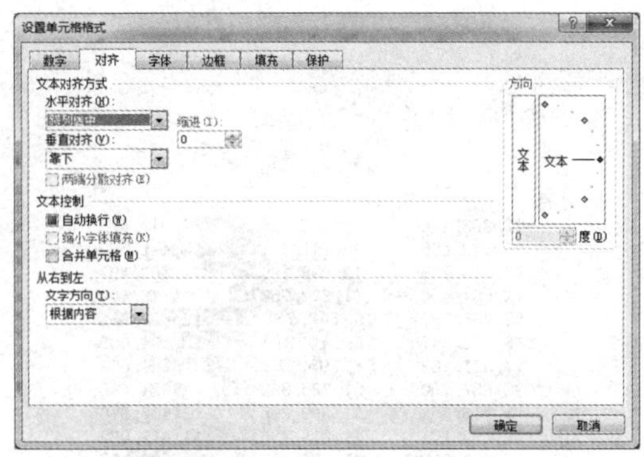

图 2-74 “对齐”选项卡

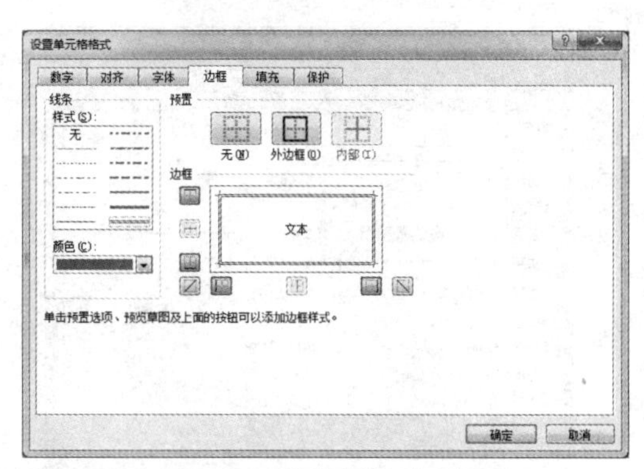

图 2-75 “边框”选项卡

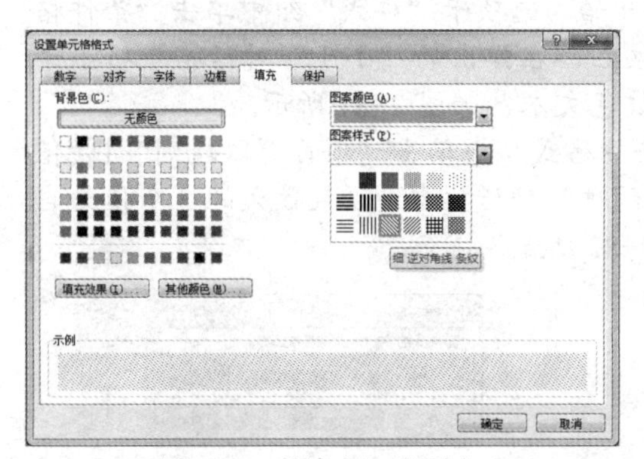

图 2-76 “填充”选项卡

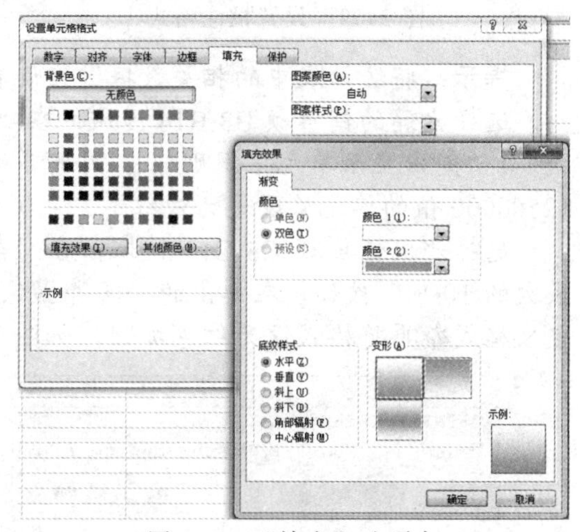

图 2-77 “填充”选项卡

（4）为 B1 单元格插入批注，内容为“统计人：×××”，要求：文本水平垂直居中，字体为楷体，加粗，12 磅，批注大小为 1.5×4 cm，填充颜色为浅青绿色，边框线为橙色 1.75 磅的短画线，如图 2-78 所示。完成后将批注复制到 F1 单元格，并将内容改为“学号：×××”，其中“统计人：”和“学号：”后添加真实姓名和学号。

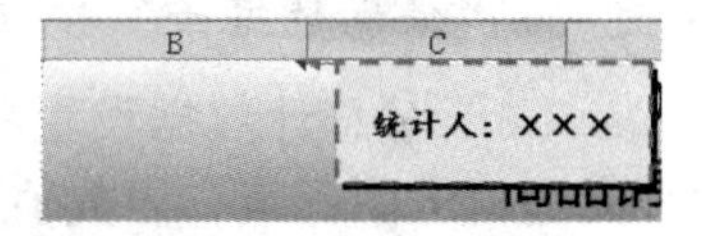

图 2-78 批注格式图

提示：在 B1 单元格右击，在弹出的快捷菜单中选择“插入批注”命令，输入文字“统计人：×××”，再在批注的边框右击，在弹出的“设置批注格式”对话中，按照题目要求，在相应的标签中对批注的字体、对齐、颜色与线条、大小进行设置，如图 2-79 所示。

完成对 B1 单元格批注的设置后，在 B1 单元格按【Ctrl+C】组合键对其进行复制，再选择 F1 单元格，右击，选择“选择性粘贴”命令，在弹出的“选择性粘贴”对话框中选择粘贴“批注”。最后将批注的内容按题目要求更改为“学号：×××”。

（5）将统计表中的相关数据进行设置，要求：冰箱的销售额小于$2500000 用浅红填充色深红色文本标识，彩电销售额最大的 3 个值标识为红色加粗，实心绿色数据条来显示电脑的销售额，如图 2-80 所示。

图 2-79 设置批注格式

冰箱	彩电	电脑
$2,883,404	$2,545,294	$2,047,412
$3,122,455	$2,741,784	$2,441,599
$3,135,255	$2,098,186	$1,563,187
$2,064,490	$1,872,757	$775,407
$8,035,589	**$6,702,788**	$4,601,986
$13,172,347	**$8,146,210**	$3,104,009
$7,831,463	**$4,395,759**	$3,124,659
$2,837,750	$1,785,362	$624,493
$1,543,553	$1,399,265	$437,670
$2,193,101	$1,319,236	$1,411,022
$5,691,018	$2,736,476	$3,766,175
$2,290,053	$1,358,200	$2,346,861

图 2-80 统计表相关数据格式设置

提示：将统计表中的相关数据进行设置其实就是对条件格式的应用。

选择冰箱的销售额 B3:B14 区域，在“开始”选项卡“样式”组中单击“条件格式”|“突出显示单元格规则”|“小于”按钮，在弹出的“小于”对话框中将小于$2500000 值的单元格设置为浅红填充色深红色文本，如图 2-81 所示。

选择彩电销售额 C3:C14 区域，在“条件格式”中单击“项目选取规则”|“值最大的 10 项”按钮，在弹出的“10 个最大的项”对话框中，设置最大的 3 个值为自定义格式，再将格式设为红色加粗，如图 2-82 所示。

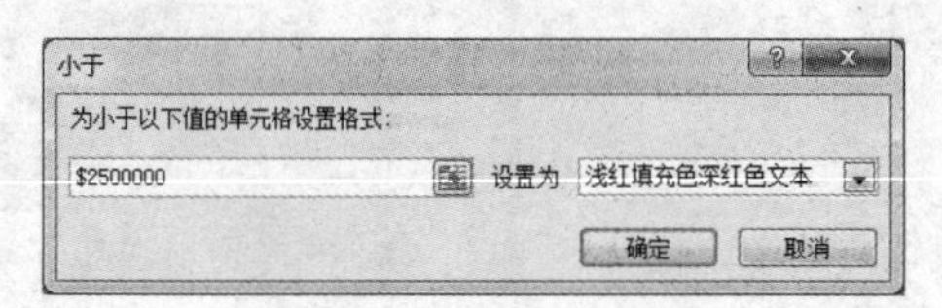

图 2-81 “小于”对话框

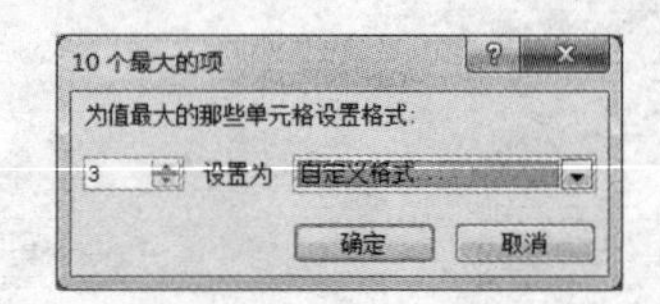

图 2-82 “10 个最大的项”对话框

选择电脑销售额 D3:D14 区域，在“条件格式”中单击“数据条”|“实心填充”|“绿色数据条”按钮，用以显示电脑销售情况。

（6）对总计数据设置格式，要求使用三色交通灯（无边框）图标集，当数值大于等于$20000000 显示绿灯，$10000000～$20000000 显示黄灯，小于等于$10000000 显示红灯，如图 2-83 所示。

总计
$11,328,902
$12,438,269
$10,647,313
$8,308,329
$28,369,210
$38,291,906
$23,497,083
$10,231,827
$5,591,461
$8,555,343
$18,026,709
$9,147,739

图 2-83 总计数据的图标集显示

提示：选择总计数据 G3:G14，在“条件格式”中单击“新建规则”按钮，在弹出的“新建格式规则”对话框中选择格式样式为“图标集”，图标样式为“三色交通灯（无边框）”，按照要求“当数值大于等于$20000000 显示绿灯，$10000000～$20000000 显示黄灯，小于等于$10000000 显示红灯”设定规则，如图 2-84 所示。

当所有的条件格式设定完成后，单击“条件格式”|“管理规则”按钮，在弹出的“条件格式规则管理器”对话框中，可以对当前工作表中的规则进行查看，也可以在管理器中对新建、编辑或删除规则，如图 2-85 所示。

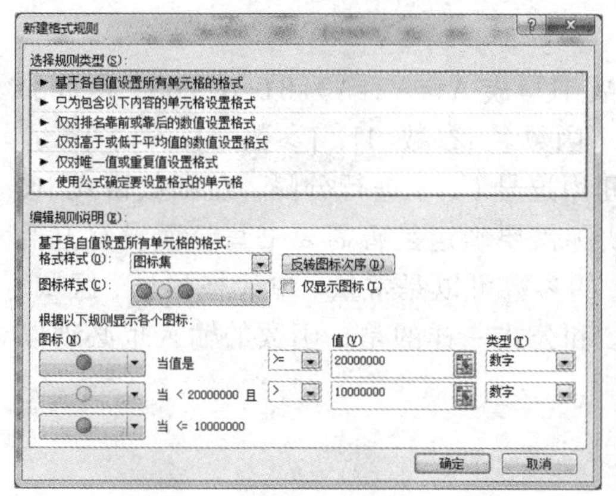

图 2-84 “新建格式规则”对话框

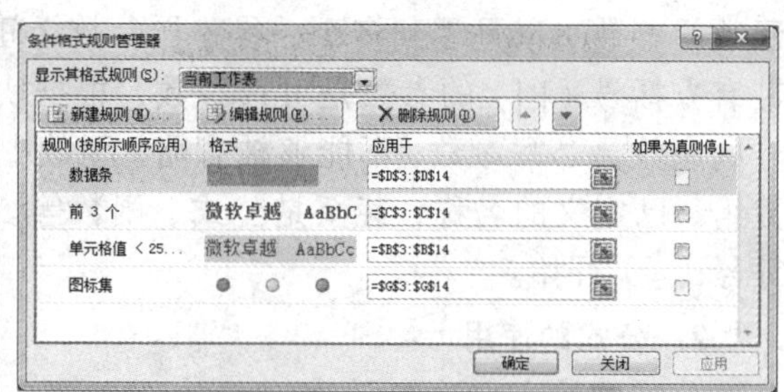

图 2-85 “条件格式规则管理器”对话框

（7）为 A2:G14 区域应用“表样式中等深浅 25”的表格格式，并将表头设置单元格样式标题 1。

提示：选择 A2:G14 区域，应用“开始”选项卡“样式”组中的“套用表格格式”|“表样式中等深浅 25”表格格式；再选中 A2:G2 区域，应用“开始”选项卡“样式”组中的“单元格样式”|“标题 1”。

（8）将 A1:G14 设置为打印区域，纸张方向设置为横向。

提示：选择 A1:G14，在“页面布局”选项卡“页面设置”组的“打印区域”|“设置打印区域”中完成设定，按原文件名保存。

2.3 公式与函数基础

在完成数据录入后，用户除了可以对工作表进行格式化设置外，还可以利用公式和函数对源数据进行运算或处理。所谓公式，指的是能够对数据进行执行计算、返回信息、操作其他单元格的内容、测试条件等操作的方程式，始终以等号 (=) 开头。而函数，指的是一类特殊的、预先编写的公式，不仅可以简化和缩短工作表中的公式，还可以完成更为复杂的数据运算。

2.3.1 认识公式与函数

1. 公式与函数概述

公式就是一组表达式，一般由单元格引用、常量、运算符等组成，复杂的公式还可以包含函数以计算新的数值。举例来说，公式的组成部分如图 2-86 所示。

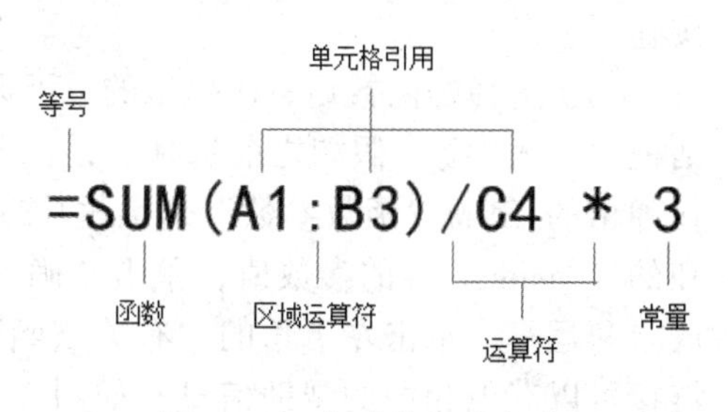

图 2-86 公式的组成部分

该公式表示利用 SUM 函数对 A1 到 B3 区域的数据进行求和运算，然后除以 C4 单元格中的值，再乘上数字常量 3。默认情况下，公式的计算结果显示在单元格中，公式本身则显示在编辑栏中。

如果没有函数，上例中的 SUM(A1:B3)需要书写成 A1+A2+A3+B1+B2+B3，函数的便捷性可见一斑。通常来说，函数的表示为“函数名([参数 1]，[参数 2]，……)”。函数的参数可以是零到多个，参数与参数之间用逗号（，）进行分隔。在函数格式中，带有方括号（[]）的参数是可选参数，根据实际需要确定是否需要书写，而没有方括号的参数是必写参数，不能够被省略。函数中的参数可以是常量、单元格地址、区域、数组、已定义的名称，甚至是公式、函数等。和公式一样的是，函数的输入也必须以等号（=）开始。

2. 公式的使用

公式的输入方法如下：

（1）单击需要输入公式的单元格，使其成为当前的活动单元格。

（2）在单元格或者编辑栏内输入等号（=），表示正在输入的是公式或者函数，否则系统会将其认定为文本数据，不参与计算。

（3）按照需求输入常量或者单元格地址，或者直接单击需要引用的单元格或区域。

（4）按【Enter】键或者编辑栏的 ✔ 按钮完成输入，默认情况下计算结果将显示在相应的单元格中。

双击公式所在的单元格即可进入公式的编辑状态，可以对其进行修改，也可以在选中公式所在单元格的情况下，直接在编辑栏内进行修改。删除公式的方法也很简单，单击公式所在的单元格，按【Delete】键删除即可。

3. 函数的输入

为了减少操作步骤，提高运算速度，可以通过函数简化公式的计算过程。函数有多种输入方法，常用的有以下几种：

方法一：利用“插入函数”对话框输入

（1）单击需要输入函数的单元格，使其成为当前的活动单元格。

（2）在“公式”选项卡“函数库”组中单击“插入函数”按钮，弹出“插入函数”对话框，如图 2-87 所示。

（3）在“搜索函数”框中输入需要函数的简短描述，单击“转到”按钮完成函数的检索，也可以在“选择类别”下拉列表中选择函数的类别进行函数的筛选，满足需求后单击“确定”按钮。

（4）选择好函数后，在弹出的“函数参数”对话框中输入参数。假如之前选择的是求和函数，则在弹出的 SUM“函数参数”对话框中输入需要求和的 Number1 等的参数值，单击“确定”按钮完成求和运算。单击左下角的“有关该函数的帮助”链接可以获取相关的帮助信息，如图 2-88 所示。

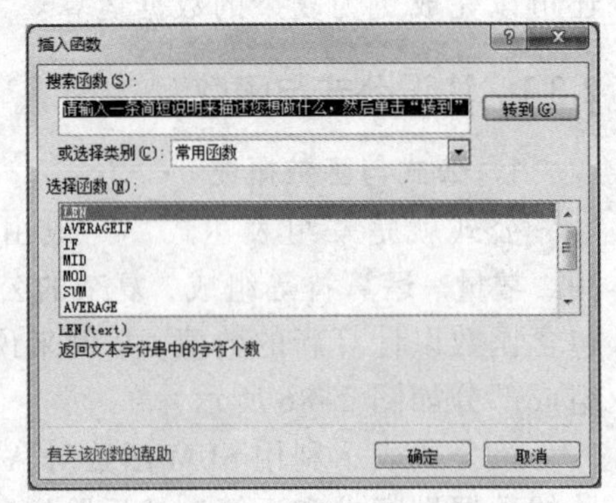

图 2-87 “插入函数”对话框

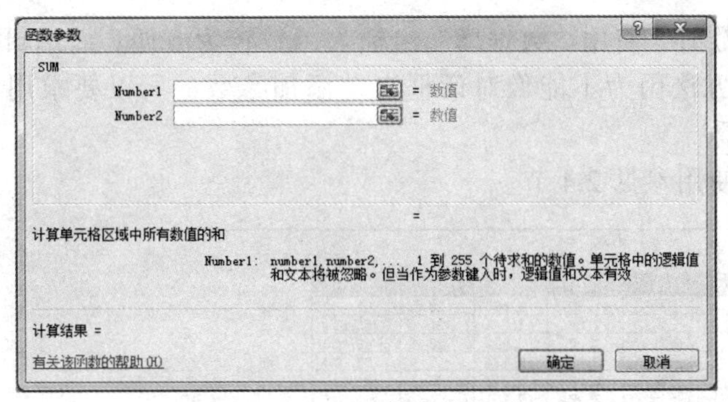

图 2-88 SUM“函数参数”对话框

方法二：利用“函数库”组输入。

（1）单击需要输入函数的单元格，使其成为当前的活动单元格。

（2）在“公式”选项卡“函数库”组中单击需要的函数类别，如图 2-89 所示。

（3）在函数类别中选择需要的函数，也可以在最近使用的函数中找到常用函数，如图 2-90 所示。

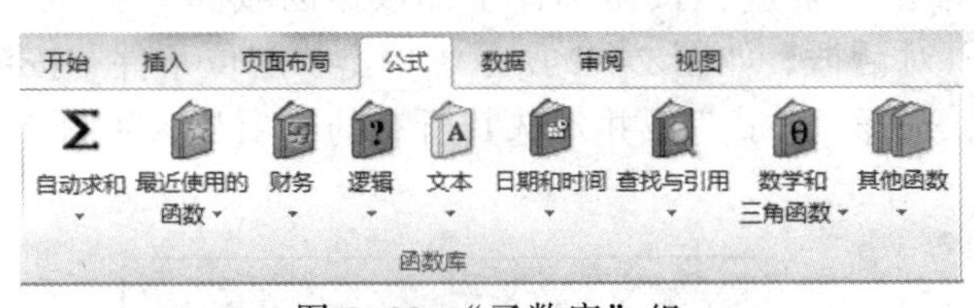

图 2-89 “函数库”组

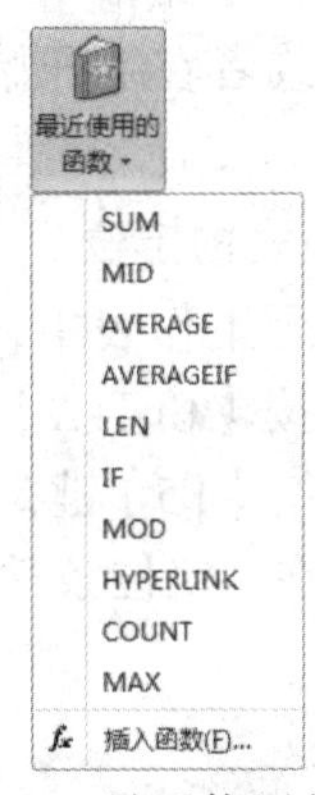

图 2-90 最近使用的函数

（4）选择完函数后，在弹出的“函数参数”对话框中按照提示输入参数。

（5）输入完成后单击“确定”按钮。

方法三：在编辑栏或单元格中直接输入。

（1）单击需要输入函数的单元格，使其成为当前的活动单元格。

（2）在单元格中输入等号（=），再输入需要的函数名。Excel 会根据输入的字符快速而准确地提供公式。以输入 VLOOKUP 函数为例，在单元格中输入“=vl”后系统就会提供符合字母开头的 VLOOKUP 函数，并且会显示当前函数的功能描述，如图 2-91 所示。

（3）按【Tab】键，Excel 会自动录入整个函数名称，且包含左括号，等待用户根据提示输入参数，完成函数的录入。

注意：在公式和函数中输入的运算符、函数名都必须是西文的半角字符。

3 种函数输入方法各有优点，“插入函数”对话框输入函数的最大优点是引用区域准确，特别是在三维引用时，不容易发生工作表或工作簿名称输入错误的问题；在插入一些常用函数时，使用“数据库”组插入函数较为方便；而编辑栏直接输入函数这种手动输入的方法因为不能像对话框自动添加参数，所以要求用户对该函数的结构、参数比较熟悉。

常用函数的使用参见 2.4 节。

SUM =vl

序号	品名	规格	单价	数量	金额
1	三菱	1.5P	2,580	20	51,600
2	三菱	2.0P	2,644	21	55,524
3	格力	2.0P	1,942	25	48,550
4	三星	2.0P	5,134	15	77,010
5	夏普	3.0P	5,842	5	29,210
6	西门子	3.0P	9,909	5	49,545
7	格力	1.2P	1,608	14	22,512
8	春兰	1.5P	2,100	8	16,800

查找品名为夏普的金额

金额

=vl

VLOOKUP 搜索表区域首列满足条件的元素，确定待检索单元格在区域中的行序号，再进一步返回选定单元格的值。默认情况下，表是以升序排序的

图 2-91　在单元格中输入“=vl”后系统提供的 VOOKUP 函数

4. 公式与函数的复制与填充

输入到单元格中的公式或函数，可以像普通数据一样，通过拖动单元格右下角的填充柄，或者在“开始”选项卡“编辑”组中单击“填充”按钮进行公式或函数的复制填充。

5. 公式的定位

当一个工作表中含有较多公式，需要一次性定位全部公式时，其方法如下：

（1）按【Ctrl+A】组合键或者单击“全选”按钮选择全部数据区域。

（2）按【F5】键，打开“定位”对话框，如图 2-92 所示，单击“定位条件”按钮。

（3）在“定位条件”对话框中，选择“公式”，并勾选其所有的子项目，如图 2-93 所示；

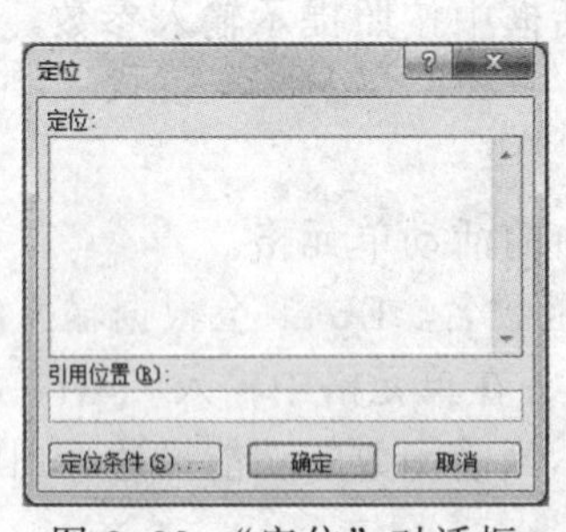

图 2-92　“定位”对话框

图 2-93　“定位条件”对话框

单击“确定”按钮后，工作表中所有包含公式的单元格都会呈现选中状态。

2.3.2　公式中的常量与运算符

在公式的使用过程中，有时需要用到常量和运算符。其中，运算符又分为算术运算符、比较运算符、文本连接运算符和引用运算符。

1. 常量

常量指的是始终保持相同的值，有日期型常量（如“2015-9-1”）、数字型常量（如“123456”）及文本型常量（如“你好”）等。如果在公式中使用的是常量而不是对单元格引用，则只有在修改公式时结果才会发生改变。

2. 算术运算符

算术运算符是基本的数学运算符号，具体的运算符名称及含义如表 2-1 所示。

表 2-1　算术运算符

算术运算符	含　义	举　例
+（加号）	加法运算	5+5
-（减号）	减法运算 负数	5-2 -5
*（星号）	乘法运算	5*5
/（正斜杠）	除法运算	5/5
%（百分号）	百分比	20%
^（脱字符）	乘方运算	5^2

3. 比较运算符

比较运算符用于比较符号左右两边的数值，其返回的值是布尔型（Boolean），只有逻辑真（TRUE）或者逻辑假（FALSE）。具体的运算符名称及含义如表 2-2 所示。

表 2-2　比较运算符

比较运算符	含　义	举　例
=（等号）	等于	A1=B1
>（大于号）	大于	A1>B1
<（小于号）	小于	A1<B1
>=（大于等于号）	大于等于	A1>=B1
<=（小于等于号）	小于等于	A1<=B1
<>（不等于号）	不等于	A1<>B1

4. 文本连接运算符

使用文本连接运算符可以将一个或多个文本字符串进行连接，生成一段新的文本值。具体的运算符名称及含义如表 2-3 所示。

表 2-3　文本连接运算符

文本连接运算符	含　义	举　例
&（与号）	将符号两边的值连接成一个连续的文本值	"你好"&"中国" 结果为："你好中国"

5. 引用运算符

引用运算符可以对单元格区域进行合并计算。具体的运算符名称及含义如表 2-4 所示。

表 2-4　引用运算符

引用运算符	含　义	举　例
:（冒号）	区域运算符。生成一个对两个引用之间所有单元格的引用，且包含这两个引用	A1:B5
,（逗号）	联合运算符。将多个引用合并为一个引用	AVERAGE(A1:B5,C2,D3)
（空格）	交集运算符。生成一个对两个引用中共有单元格的引用	SUM(A1:B5 B1:C5)

6. 运算符优先级

如果一个公式中有若干个运算符，Excel 将按表 2-5 中的次序进行计算。如果一个公式中的若干个运算符具有相同的优先顺序（例如，如果一个公式中既有乘号又有除号），则 Excel 将按照从左到右的顺序计算各运算符。

表 2-5　运算符优先级

运　算　符	说　明
:（冒号） （单个空格） ,（逗号）	引用运算符
–（负号）	负数，如–1
%（百分号）	百分比
^（脱字符）	乘方运算
*（星号） /（正斜杠）	乘法运算 除法运算
+（加号） –（减号）	加法运算 减法运算
&（与号）	连接两个文本字符串
=（等号） >（大于号） <（小于号） >=（大于等于号） <=（小于等于号） <>（不等于号）	比较运算符

如果需要更改公式中值计算的顺序，可以将需要先计算的部分用括号“()”括起来。

2.3.3　单元格引用

在公式使用中，对数据的引用很少情况下是直接输入常量，最常用到的是单元格引用。单元格引用就是用于表示单元格在工作表中所处位置的坐标集，采用列标和行号来表示。

1. 单元格引用方法

如果引用的是一个区域，可以手动输入区域地址，如“=AVERAGE(A1:A5)”，也

可以采用点选的方式选择区域。如果需要引用多个区域，可以按住【Shift】键再选择连续的区域，或者按住【Ctrl】键再用选择不连续的区域。

如果引用的是整行或整列，直接单击行号或者列标即可。

当需要引用同一个工作簿不同工作表中的单元格时，操作步骤如下：

（1）单击需要引用单元格的位置，将其变成当前活动单元格。

（2）输入等号（=），表示输入的是公式或者函数。

（3）单击需要引用的工作表相应的单元格。

（4）按【Enter】键或者单击编辑栏中的“完成”按钮。

Excel 会自动在当前单元格地址前添加“工作表名!”的前缀，如图 2-94 所示。

当需要引用不同工作簿中的单元格时，操作步骤如下：

（1）打开需要被引用的工作簿。

（2）在引用工作簿的工作表中单击需要引用单元格的位置。

（3）输入等号（=）。

（4）单击需要被引用的工作表相应的单元格。

（5）按【Enter】键或者单击编辑栏的“完成”按钮。

Excel 会自动在当前单元格地址前添加“[工作簿名.扩展名]工作表名!”的前缀，如图 2-95 所示。

D2 =Sheet2!A2

	A	B	C	D	E
1	序号	姓名	职称	工龄系数	
2	001	赵晓琳	助工	1	
3	002	沈千	工程师	1.1	
4	003	王立群	高工	1.2	

图 2-94　同一个工作簿不同工作表中的单元格引用

E2 =[工作簿2.xlsx]Sheet1!$A$2

	A	B	C	D	E	F
1	序号	姓名	职称	工龄系数	基数	
2	001	赵晓琳	助工	1	1000	
3	002	沈千	工程师	1.1	1000	
4	003	王立群	高工	1.2	1000	

图 2-95　不同工作簿的单元格引用

工作表名称和工作簿名称虽然可以手动输入，但通过选择的方式来输入可以确保其输入的准确性。此外，在引用不同工作簿的单元格时，如果被引用的单元格所在的工作簿处于关闭状态，那么在公式中相应位置将会被自动更改为该工作簿所在的绝对路径，如图 2-96 所示。

E2 ='D:\[工作簿2.xlsx]Sheet1'!$A$2

	A	B	C	D	E	F	G
1	序号	姓名	职称	工龄系数	基数		
2	001	赵晓琳	助工	1	1000		
3	002	沈千	工程师	1.1	1000		
4	003	王立群	高工	1.2	1000		

图 2-96　被引用的单元格所在工作簿关闭后

2．相对引用

相对引用是指在公式引用中被引用的单元格地址随着公式位置的改变而改变。公式中的相对单元格引用是基于包含公式和单元格引用的单元格的相对位置。如果公式所在单元格的位置改变，引用也随之改变。如果多行或多列地复制或填充公式，引用会自动调整。默认情况下，新公式使用相对引用。

举个例子，如图 2-97 所示，在已知“总价=单价×数量”的情况下，在 D2 单元格中输入公式“=B2*C2”，利用填充柄将公式复制到 D3，其单元格公式自动变成“=B3*C3”，这就是一个相对引用。

D2　=B2*C2

	A	B	C	D
1	品名	单价	数量	总价
2	酒精棉	20	2	40
3	碘伏	10	1	10

图 2-97　相对引用举例

3. 绝对引用

绝对引用是指在公式中被引用的单元格无论位置怎么改变，该引用地址始终保持不变。如果多行或多列地复制或填充公式，绝对引用将不做调整。绝对引用在单元格列标和行号之间分别添加了“$”符号，如“A1”单元格变成绝对引用后就显示为“$A$1”。

举个例子，如图 2-98 所示，当 D2 中的公式变成绝对引用的公式“=$B$2*$C$2”后，利用填充柄将公式复制到 D3，其单元格公式依然是“=$B$2*$C$2”，这就是一个绝对引用。

4. 混合引用

混合引用是指一半相对引用一半绝对引用，分为列绝对、行相对和行绝对、列相对这两种情况。

列绝对、行相对：当需要固定引用列而允许行变化时，在列号前面加“$”符号，那么在复制公式时，列标不会发生变化，行号会发生变化，如“=$A1”“=$B1:$B5”。

行绝对，列相对：当需要固定引用行而允许列变化时，在行号前面加“$”符号，那么在复制公式时，行号不会发生变化，列标会发生变化，如“=A$1”“=B$1:B$5”。

举个例子，如图 2-99 所示，已知“折扣价=总价×折扣率”，折扣率 80%在 B5 单元格中，那么 E2 单元格中的可以输入“=D2*B$5”，使得行号保持不变，利用填充柄将公式复制到 D3，其单元格公式将变成“=D3*B$5”，这就是一个混合引用。

D2　=$B$2*$C$2

	A	B	C	D	E
1	品名	单价	数量	总价	
2	酒精棉	20	2	40	
3	碘伏	10	1	40	

图 2-98　绝对引用举例

E2　=D2*B$5

	A	B	C	D	E
1	品名	单价	数量	总价	折扣价
2	酒精棉	20	2	40	32
3	碘伏	10	1	10	8
4					
5	折扣率：	80%			

图 2-99　混合引用举例

在选择引用地址的情况下，可以按【F4】键在相对引用、绝对引用和混合引用中相互切换，每按一下切换一次。【F4】键允许多个引用同时切换。例如在选择公式“=AVERAGE(A1:B5)”中的“A1:B5”，按一次【F4】键，公式会变成绝对引用的“=AVERAGE($A$1:$B$5)”，之后再按将变成“=AVERAGE(A$1:B$5)”和“=AVERAGE($A1:$B5)”的混合引用。

2.3.4　名称的使用

在公式或函数中使用名称来引用常量、参数、单元格或单元格区域，既可以简化用户的工作，又可以让公式更加直观。简单来说，名称就是对单元格引用、表达式或

常量取个别名。例如，可以使用“总计”名称来代替引用“=sum(Sheet2!C1:C9)，显然要比直接引用更具有可读性。此外，使用名称还可以代替辅助单元格区域，扩展嵌套函数的级别和实现动态效果等。

1. 名称的定义

在 Excel 中定义名称，需要遵循以下规则：

（1）唯一性：名称在其适用范围内必须保持唯一，不可存在重复的命名。

（2）不与单元格地址相同：名称的命名不允许和单元格地址的名字相同，如不可以起名为“A1”“$B$2”等。

（3）不能使用空格：在名称中不允许出现空格。

（4）大小写不敏感：Excel 对名称中出现的大写字母和小写字母视为相同字符，不进行区分，如“Abc”“ABC”和“abC”的命名，Excel 会当作相同名字处理。

（5）有效字符：名称必须以字母、下画线（_）或反斜杠（\）字符开头，其余字符可以是字母、数字、句号或下画线，但不允许使用大写或小写的字母“C”“c”“R”或者“r”；

（6）长度限制：一个名称最多可包含 255 个西文字符。

2. 创建名称的方法

在公式或函数中创建名称的方法有三种，分别是利用“新建名称”对话框来创建，根据所选内容创建和使用名称框创建，可以根据实际情况来选择最合适的创建方式。

下面，以产品销售表为例，如图 2-100 所示，介绍 3 种不同的创建名称的方法。

	A	B	C	D	E
1	产品编号	产品分类	单价	销售量	销售金额
2	A1001	平底	125	2500	312500
3	A1002	坡跟	278	6050	1681900
4	A1003	高跟	228	6655	1517340
5	A1004	中跟	158	8902	1406516
6	A1005	帆布鞋	165	6320	1042800
7	A1006	厚底	177	6300	1115100
8	A1007	运动鞋	183	5860	1072380
9	A1008	短靴	190	6310	1198900

图 2-100　产品销售表

方法一：利用“新建名称”对话框来创建。

（1）打开工作簿，在“公式”选项卡“定义的名称”组中单击“定义名称”按钮，如图 2-101 所示。

（2）弹出“新建名称”对话框，如图 2-102 所示。

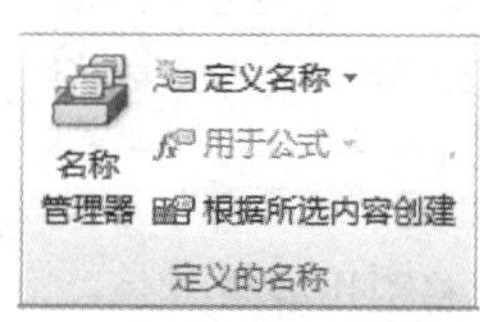

图 2-101　单击“定义名称”按钮

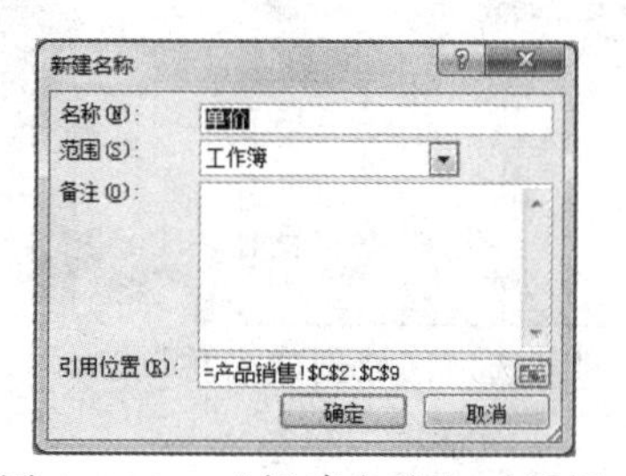

图 2-102　“新建名称”对话框

（3）在“名称”文本框中输入用于引用的名称。

（4）在“范围”下拉列表中选择“工作簿”或“工作表的名称”，指定该名称的适用范围是在整个工作簿还是在某个特定的工作表有效，默认选择为“工作簿”。

（5）“备注”框中用以输入对于该名称的说明，最多可以输入255个字符。

（6）在“引用位置”中设置该名称引用的单元格区域、常量或者公式。

（7）单击“确定”按钮完成命名。

按上述步骤，创建完“单价”名称后，在工作表中选择C2:C9单元格区域，在名称框中就会显示出选择单元格区域的名称“单价”，如图2-103所示。同样的，在名称框中选择“单价”，工作表也会呈现C2:C9单元格区域选中状态。

单价 fx 125

	A	B	C	D	E
1	产品编号	产品分类	单价	销售量	销售金额
2	A1001	平底	125	2500	312500
3	A1002	坡跟	278	6050	1681900
4	A1003	高跟	228	6655	1517340
5	A1004	中跟	158	8902	1406516
6	A1005	帆布鞋	165	6320	1042800
7	A1006	厚底	177	6300	1115100
8	A1007	运动鞋	183	5860	1072380
9	A1008	短靴	190	6310	1198900

图2-103 创建完“单价”名称后单元格引用效果

方法二：根据所选内容创建。

（1）打开工作簿，选择需要命名的区域，必须包括行标题或者列标题。

（2）在“公式”选项卡“定义的名称”组中单击“根据所选内容创建”按钮。

（3）在“以选定区域创建名称”对话框中，选择根据“首行”“最左列”“末行”或者“最右列”选定区域的值创建名称，如图2-104所示。

（4）单击“确定”按钮完成命名。

按照上述步骤，选择D1:D9单元格区域，单击“根据所选内容创建”按钮，勾选“首行”创建名称，完成“销售量”名称的创建。在名称框中选择“销售量”，单元格显示的区域为D2:D9，并不包含D1的行标题，如图2-105所示。由此可见，通过“根据所选内容创建”的名称仅包含相应标题下的单元格，而不包含现有的行标题或列标题。

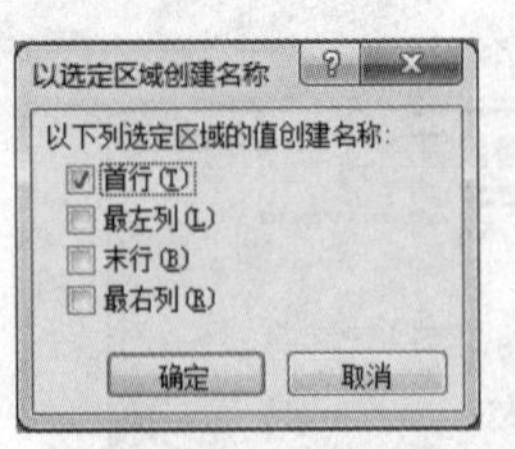

图2-104 “以选定区域创建名称”对话框

销售量 fx 2500

	A	B	C	D	E
1	产品编号	产品分类	单价	销售量	销售金额
2	A1001	平底	125	2500	312500
3	A1002	坡跟	278	6050	1681900
4	A1003	高跟	228	6655	1517340
5	A1004	中跟	158	8902	1406516
6	A1005	帆布鞋	165	6320	1042800
7	A1006	厚底	177	6300	1115100
8	A1007	运动鞋	183	5860	1072380
9	A1008	短靴	190	6310	1198900

图2-105 创建完“销售量”名称后单元格引用效果

方法三：使用名称框创建。

（1）打开工作簿，选择需要命名的区域。

（2）在编辑栏左侧的“名称框” A2 中单击，输入名称。

（3）按【Enter】键确认输入，完成名称定义。

按照上述步骤，选择 A2:B9 单元格区域，在名称框中输入“产品编号及分类”即完成了名称的创建，在名称框中选择该名称，相应的单元格被选中，如图 2-106 所示。

产品编号及分类 fx A1001

	A	B	C	D	E
1	产品编号	产品分类	单价	销售量	销售金额
2	A1001	平底	125	2500	312500
3	A1002	坡跟	278	6050	1681900
4	A1003	高跟	228	6655	1517340
5	A1004	中跟	158	8902	1406516
6	A1005	帆布鞋	165	6320	1042800
7	A1006	厚底	177	6300	1115100
8	A1007	运动鞋	183	5860	1072380
9	A1008	短靴	190	6310	1198900

图 2-106 创建完“产品编号及分类”名称后单元格引用效果

3. 名称的引用

对于已经定义的名称，用户在公式或函数中可以直接引用，用定义的名称代替引用的单元格，可以让公式或函数的计算更加清晰明了，也更容易理解。

方法一：通过“名称框”引用。

单击名称框右侧的黑色向下箭头，打开“名称”下拉列表，所有已经被命名的单元格名称均列其中，但并不包含常量和公式的名称。单击名称，该名称所引用的单元格区域就会被选中。如果是在输入公式的过程中单击名称，则该名称就会出现在公式中。

方法二：在编辑栏中直接输入名称引用。

在已知名称的情况下，可以直接在编辑栏中输入名称加以引用。比如，已知 C2:C9 单元格区域被命名为“单价”，则在求平均单价时可以在编辑栏中直接输入“=AVERAGE(单价)”。

方法三：通过公式引用。

（1）单击需要输入公式的单元格，使其成为当前的活动单元格。

（2）在“公式”|“定义的名称”组中单击“用于公式”按钮。

（3）在下拉列表中选择需要的名称，则该名称出现在当前单元格的公式中。

（4）按【Enter】键完成输入。

4. 名称的更改和删除

所谓牵一发而动全身，如果更改了某个已经定义的名称，则所有使用该名称的地方均随之发生变化。在“公式”选项卡“定义的名称”组中单击“名称管理器”按钮，弹出“名称管理器”对话框，如图 2-107 所示。

在该对话框中，可以对当前工作簿中的名称进行新建、编辑或删除操作。如果工作簿中的公式所引用的某个名称被删除，可能会导致公式出错。

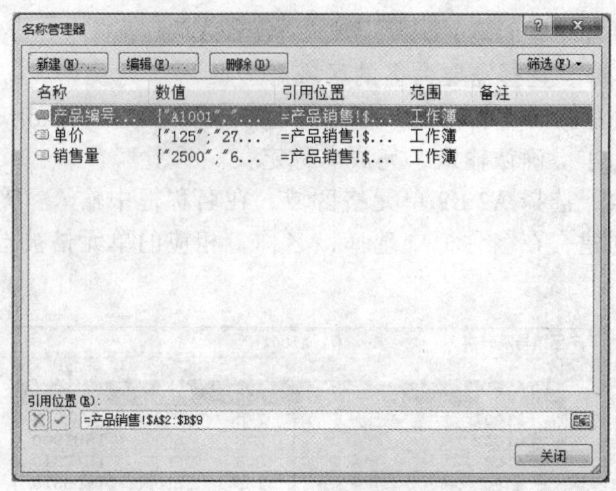

图 2-107 “名称管理器”对话框

2.3.5 数组公式

数组公式功能非常强大，可以完成一些普通公式无法完成的计算，但是其使用相对较为复杂，本节只做一个简单的介绍。

1. 数组的概念

在 Excel 中，数组指的是按一行一列或多行多列排列的一组数据元素的集合，这些数据元素可以共同参与运算，也可以个别参与运算。数组的数据类型可以是文本型、数字型、日期和时间型、逻辑值或错误值等。简单来说，Excel 中的数组就是若干个单元格的集合。

Excel 中的数组分为一维数组和二维数组两种。一维数组指的是数组只包含一个维度，即数组只存储在一行（横向数组）或一列（纵向数组）的范围内。二维数组指的是数组包含两个或两个以上的维度，即数组占据多行和多列，存储在一个矩形的单元格范围内。

2. 数组的分类

在 Excel 中，根据数组存在类型的不同，可将数组分为常量数组、区域数组、内存数组和命名数组 4 个类别。下面主要介绍一下常量数组。

常量数组是指数组中各元素都是以常量的形式存在的，可以包含数字、文本、TRUE 或 FALSE 等逻辑值、#N/A 等错误值，也可以是其他常量数组，但不能是公式、函数、单元格引用、长度不等的行或列、特殊字符美元符号（$）、括号（()）或百分号（%）。

同一个数组常量中可以包含不同类型的值。例如，{1,2,3;TRUE,FALSE,FALSE }。数组常量中的数字可以使用整数、小数或科学记数格式。文本必须包含在半角的双引号内，例如“"你好"”。

常量数组的格式如下：

（1）始终用大括号（{}）括起来。

（2）用逗号（,）分隔不同列的值。

例如，如果需要表示值 11、22、33 和 44，则输入{11,22,33,44}，表示此数组是一个 1 行 4 列的一维数组。

（3）用分号（;）分隔不同行的值。

例如，如果需要表示一行中的 11、22、33、44 和下一行中的 55、66、77、88，则输入{11,22,33,44;55,66,77,88}，表示此数组是一个 2 行 4 列的二维数组。

3. 数组公式的建立

数组公式是用于建立可以产生多个结果或对可以存放在行和列中的每个元素进行运算的单个公式。其特点是可以执行多重计算，并返回一组数据结果。

从输入方式上来说，数组公式和普通公式的区别在于，它并不是通过【Enter】键结束输入，而是以【Ctrl+Shift+Enter】组合键来完成，系统会自动在数组公式的两端添加大括号（{}）标识。值得注意的是，数组公式中的大括号不能通过手动输入，必须通过按【Ctrl+Shift+Enter】组合键产生，否则 Excel 会将公式识别成普通文本，无法参与计算。

数组公式的输入方法如下：

（1）选择用来存放结果的单元格或单元格区域。

（2）在结果区域或编辑栏中输入公式。

（3）按【Ctrl+Shift+Enter】组合键完成输入。

举个例子，在如图 2-108 所示的健身记录表中，已知“路程=步速×时间”，利用数组公式可以这么做：

选择用于存放结果的 D2:D5 单元格区域，输入等号，选择 B2:B5 区域，再输入乘号，接着选择 C1:C5 区域，编辑栏中出现公式“=B2:B5*C1:C5”，如图 2-109 所示。

F6

	A	B	C	D
1	日期	步速（Km/h）	时间(h)	路程（km）
2	8月24日	6	1	
3	8月25日	6.5	1.5	
4	8月26日	5.5	2	
5	8月27日	7	1.3	

图 2-108 健身记录表

SUM　=B2:B5*C1:C5

	A	B	C	D
1	日期	步速（Km/h）	时间(h)	路程（km）
2	8月24日	6	1	=B2:B5*C1:C5
3	8月25日	6.5	1.5	
4	8月26日	5.5	2	
5	8月27日	7	1.3	

图 2-109 在存放结果的单元格区域输入公式

此时如果直接按【Enter】键，Excel 就会将其认为是普通公式的输入而不认为是数据公式，所以一定要注意，在完成公式输入后，需要按【Ctrl+Shift+Enter】组合键完成输入，公式两则自动添加大括号，结果如图 2-110 所示。

一个数组包含若干个数据或单元格，这些单元格形成一个整体，不能被单独进行编辑。如果对其进行单独编辑操作，会弹出图 2-111 所示的警告框，告知用户操作错误。

D2　{=B2:B5*C2:C5}

	A	B	C	D
1	日期	步速（Km/h）	时间(h)	路程（km）
2	8月24日	6	1	6
3	8月25日	6.5	1.5	9.75
4	8月26日	5.5	2	11
5	8月27日	7	1.3	9.1

图 2-110 利用数组公式求出的结果

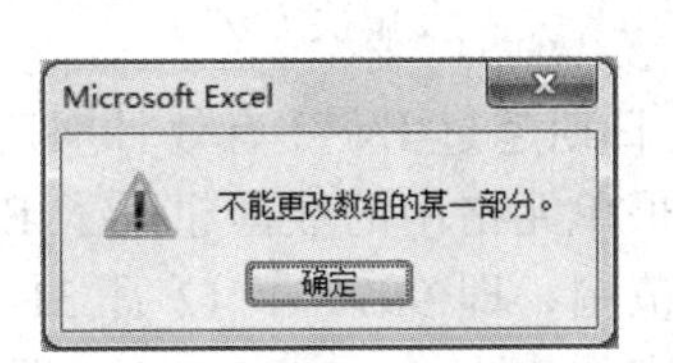

图 2-111 不能更改数组的某一部分警告框

所以，对于数组的编辑，需要先选定整个数组，然后才能对其进行编辑操作。操作步骤如下：

（1）选定数组：单击数据公式中的任意一个单元格，或者选定数据公式中包含的所有单元格。

（2）编辑数组：单击编辑栏中的数组公式，或者按【F2】键进行编辑。

（3）完成修改：按【Ctrl+Shift+Enter】组合键完成修改。

2.3.6 常见错误及处理

在公式使用过程中，有时会遇上出现诸如“####”“#DIV/0!”“#N/A”等非预期结果的文本，这些都是公式中常见的错误代码。Excel 对于不同类型的公式错误采用不同的标识进行区分，方便用户快速识别并加以修正。

1.“####”错误

产生“####”错误的情况主要有以下几种：

1）单元格宽度过小

此种情况最为常见。当单元格中的值为数字或日期类型的数据时，如果单元格的宽度过小，不足以显示该单元格中所有数据时，在单元格中就会显示多个“####”来替代原本需要显示的数据。解决方法很简单，调整单元格宽度，使其能全部显示即可，如图 2-112 所示。

2）日期或时间类型的数值为负数

如果单元格中的数据是日期或时间类型的负数，或者将负数的单元格数据类型强制转换成日期或时间类型时，Excel 会显示“####”错误，如图 2-113 所示。

C2 fx 18463583872

	A	B	C	D
1	排名	类目名称	销售金额	成交笔数
2	1	女装/女士精品	###########	########
3	2	男装	###########	########
4	3	手机	###########	########
5	4	女鞋	###########	########
6	5	美容护肤/美体/精油	###########	########

C2 fx 18463583872

	A	B	C	D
1	排名	类目名称	销售金额	成交笔数
2	1	女装/女士精品	¥18,463,583,872	163,222,010
3	2	男装	¥6,727,405,112	50,017,032
4	3	手机	¥4,757,108,976	3,943,588
5	4	女鞋	¥4,750,409,343	36,232,468
6	5	美容护肤/美体/精油	¥4,644,736,839	37,795,204

图 2-112 单元格宽度过小产生的错误及解决方法

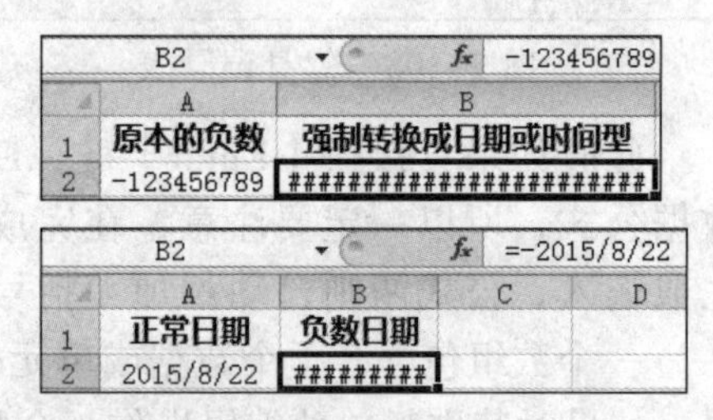

B2 fx -123456789

	A	B
1	原本的负数	强制转换成日期或时间型
2	-123456789	########################

B2 fx =-2015/8/22

	A	B	C	D
1	正常日期	负数日期		
2	2015/8/22	#########		

图 2-113 负数强制转换成日期或时间型及负数日期产生的错误

3）日期超过 Excel 有效日期范围

如果单元格中的数据超过了 Excel 有效日期范围，即 9999 年 12 月 31 日，转换成数字的值为 2958465.9999 时，Excel 会显示“####”错误，如图 2-114 所示。

B2 fx =A2+1

	A	B
1	Excel记录最大日期	最大日期后一天
2	9999/12/31	################

图 2-114 超过 Excel 有效日期范围产生的错误

2．“#DIV/0!”错误

“#DIV/0!”错误也称“被零除”错误，当公式中做除法运算除数为零时，Excel 返回该错误告知用户出错原因。排除此类错误的方法是修改公式或被引用的单元格值，使除数不为零即可。

3．“#N/A”错误

“#N/A”错误也称“值不可用”错误，当公式中引用的单元格或表达式的返回值对当前公式或函数不可用时，Excel 返回该错误。常见原因及解决方法如表 2-6 所示。

表 2-6 “#N/A”错误常见原因及解决方法

常见原因	解决方法
查找函数如 VLOOKUP()、HLOOKUP()、LOOKUP()或 MATCH()等未找到匹配值	修改参数，确认参数的数据类型是否正确
内部函数或自定义工作表函数缺少一个或多个必要参数	修改函数以包含所有必要参数
自定义工作表函数不可用	确认包含被调用的自定义工作表函数的工作簿已经被打开并运行正常
数组公式中参数的行数或列数与引用区域的不一致	增加或减少需要输入数组公式的单元格数量，使其与引用区域的行数或列数一致

4．“#NAME?”错误

“#NAME?”错误也称“无效名称”错误，当使用了 Excel 不能识别的名称或函数时，Excel 返回该错误。例如，图 2-115 所示的表中，B2 单元格计算实发补贴时需要引用一个名称“基数”，但此名称未定义或在当前工作表中无法直接访问时，Excel 就会返回“#NAME?”错误用以提醒用户加以更改。

图 2-115 使用未定义的名称产生的“#NAME?”错误

除了上述常见的情况之外，在实际使用过程中，还有多种情况也会产生“#NAME?”错误，常见的原因及解决方法如表 2-7 所示。

表 2-7 “#NAME?”错误常见原因及解决方法

常见原因	解决方法
公式中引用了一个不存在的名称	检查名称的引用是否存在拼写错误； 重新定义单元格名称
公式中引用的名称在当前工作表中无效	检查被引用名称的作用范围，确保名称的引用方式为“工作表名称！名称”，其中“！”应该是西文字符的半角符号
公式中使用的函数名称错误	检查函数的名称是否存在拼写错误； 检查函数的语法格式
公式中引用的文本未添加双引号	Excel 会将未添加双引号的文本当作名称来处理，因此公式中使用的文本需要添加半角双引号
公式中单元格区域引用错误	检查单元格区域引用的表达方式，两个单元格地址之间需要使用半角冒号“:”相连

5. “#NULL!”错误

“#NULL!”错误也称“空”错误，当指定两个不相交的区域的交集时，Excel 返回该错误。举个例子，区域 A2:A3 和区域 B2:B3 并不相交，因此当对其做相交运算后求和，Excel 返回“#NULL!”错误，如图 2-116 所示。其中，分隔公式中的两个区域地址间的空格字符即为交集运算符。

6. “#NUM!”错误

“#NUM!”错误也称“数字”错误“与值相关”的错误，当公式或函数使用过程中引用了无效的数值参数，Excel 返回该错误。举个例子，如图 2-117 所示，B 列中运用函数 SQRT()对 A 列中的数值取其平方差，当 A 列中的值为负数时，B 列中使用 SQRT()函数的单元格返回“#NUM!”错误。此类错误产生的情况不止一种，也没有很好的防范方法，唯有提高知识面，掌握相关的信息方可尽量避免。

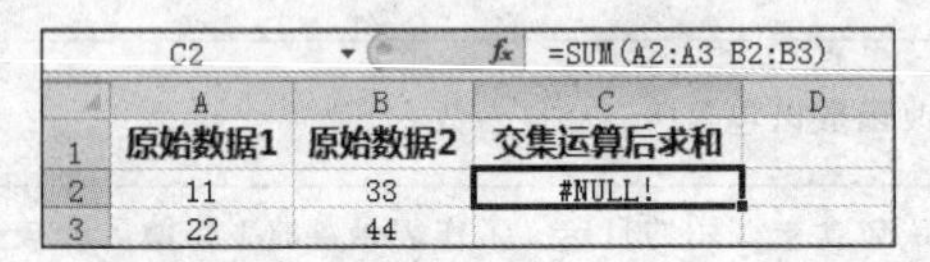

图 2-116　交集运算后求和产生的“#NULL!”错误

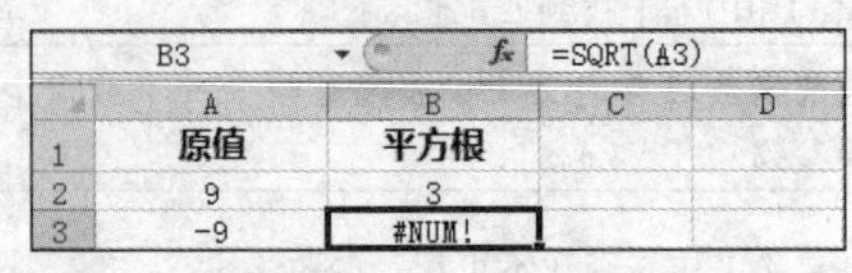

图 2-117　对负数开平方产生的“#NUM!”错误

7. “#VALUE!”错误

“#VALUE!”错误也称“值”错误，是公式使用过程中出现最多的一种错误，表示当前的公式计算的结果不能返回一个正确的数据类型。例如将文本数据和数值数据相加时就会返回“#VALUE!”错误，如图 2-118 所示。

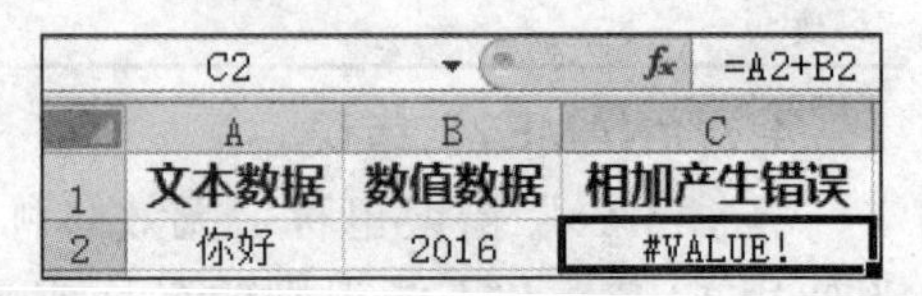

图 2-118　文本和数值相加产生的“#VALUE!”错误

除了上述常见的情况之外，在实际使用过程中，产生“#VALUE!”错误的原因还有很多种，常见的原因及解决方法如表 2-8 所示。

表 2-8　“#VALUE!”错误常见原因及解决方法

常见原因	解决方法
不同数据类型的数据进行了四则运算	检查数据类型，更正错误
函数中使用的数据类型与参数要求的数据类型不一致	检查参数返回值的数据类型，更正错误输入
为需要单个参数的函数指定了多个值	检查参数是否为单个值； 当参数为表达式时，检查其返回值是否为单个值
返回类型为矩阵的函数中使用了无效的参数	检查矩阵维数与所给参数维数是否匹配
将单元格引用、公式或函数作为常量赋值给数组	修改数组常量，确保其不是单元格引用、公式或函数
将数组公式以普通公式输入	重新编辑公式，完成后按【Ctrl+Shift+Enter】组合键进行输入

8. “#REF!”错误

“#REF!”错误也称“无效的单元格引用”错误，当公式所引用的单元格被删除后 Excel 就会返回此错误。举例来说，如图 2-119 所示，B2 单元格引用 A2 单元格的值，

使 B2 的数据显示为 A2 中的数据，当删除第 1 列后（不是删除 A2 中的值），原本的 B2 单元格变成了 A2，产生了“#REF!”错误，如图 2-120 所示。

图 2-119　B2 单元格引用 A2 单元格的值

	A	B	C
1	单元格引用		
2	#REF!		

A2　=#REF!

图 2-120　删除第 1 列后产生“#REF!”错误

“#REF!”错误如果发现及时可以通过撤销删除操作进行补救，如果不能及时撤销，则只能重新输入引用地址。

2.3.7　循环引用及公式审核

1. 循环引用

所谓循环引用，是指在公式中引用公式所在的单元格并参与运算。例如，在 A1 单元格中使用公式“=A1+1”，就会产生循环引用。在默认情况下，Excel 不允许循环引用，如果在编辑公式时创建了循环引用，系统会弹出图 2-121 所示的循环引用警告框，状态栏中也会列出循环引用所在的单元格，以便用户及时更正，如图 2-122 所示。

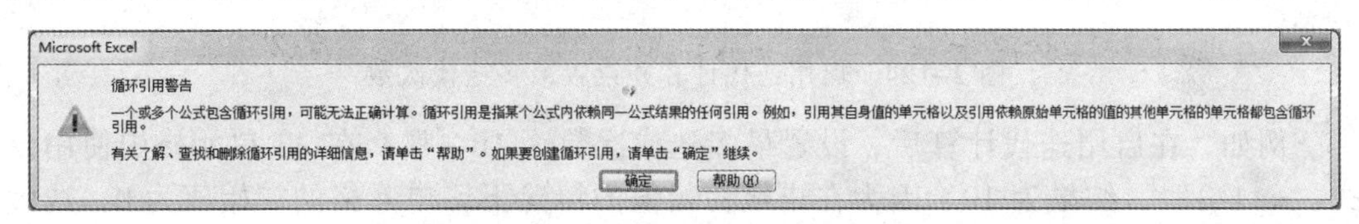

图 2-121　循环引用警告框

此外，当发生循环引用时，也可以在“公式”选项卡“公式审核”组中单击“错误检查”按钮，选择“循环引用”，Excel 会列出当前工作表中所有发生循环引用的单元格，如图 2-123 所示。单击“循环引用”子菜单中列出的单元格，即可定位到该单元格进行检查更正。当所有的循环引用被更正后，状态栏中则不再显示“循环引用”一词。

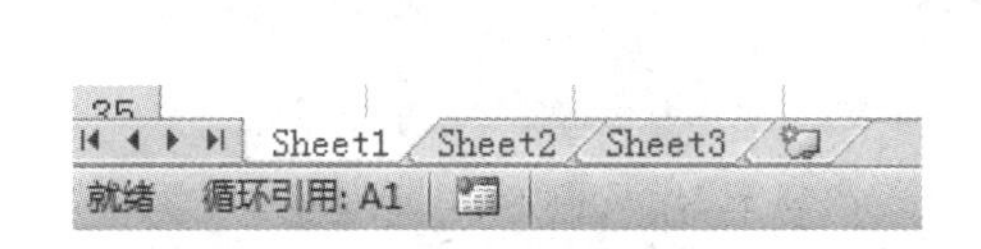

图 2-122　状态栏显示循环引用

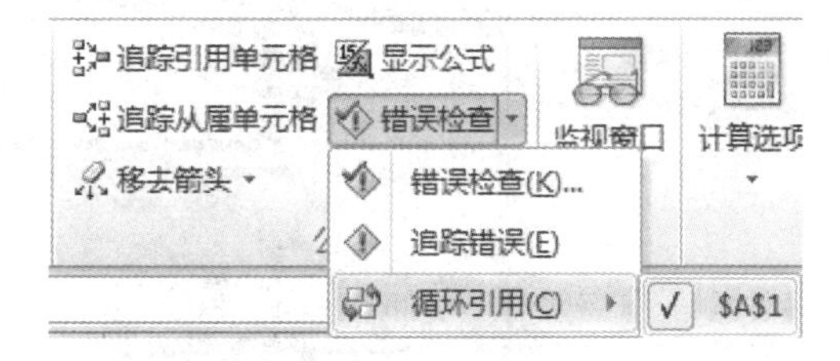

图 2-123　错误检查循环引用所在位置

那么，循环引用就是错误吗？事实并非如此。循环引用搭配迭代计算后就会产生奇迹，实现很多公式本身无法完成的功能，如累加运算、解二元一次方程等。那什么是迭代计算呢？所谓迭代计算，是指重复执行一组命令，不断更新变量从而使计算结果逐渐接近准确值的一种算法。简单来说，迭代计算就是重复计算工作表直到满足特定数值条件为止。由于 Excel 默认会关闭迭代计算，所以在应用迭代计算之前，需要

先启用迭代计算。单击“文件”|“选项”按钮，弹出“Excel 选项”对话框，选择“公式”选项，在计算选项区中勾选“启用迭代计算”，并设置“最多迭代次数”，而且可以根据需要选择“自动重算”或“手动重算”，如图 2-124 所示。

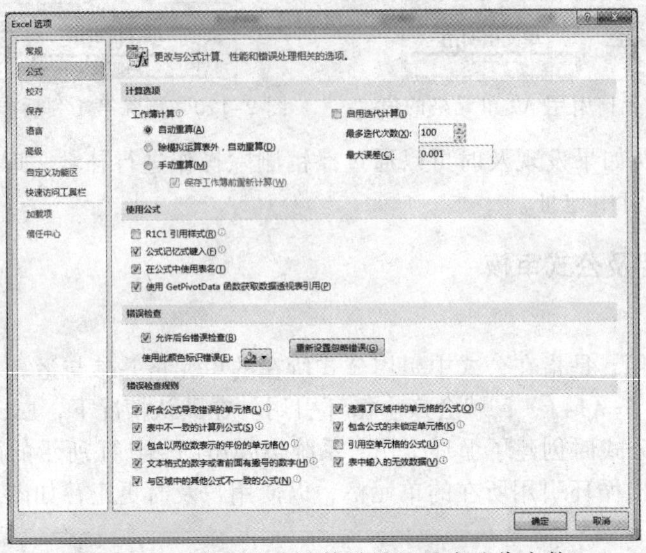

图 2-124　启用迭代计算并设置最多迭代次数

例如，在启用迭代计算后，设置最多迭代次数为 10，那么在 A1 单元格中使用公式“=A1+1”，结果为 10。因为在未赋初始值的情况下，单元格的初始值为 0，迭代 1 次表示在单元格的值基础上累加 1，那么迭代 10 次，结果即为 10。由此可见，累加次数由迭代计算的设置所决定。

2. 公式审核

单击“文件”|“选项”按钮，弹出“Excel 选项”对话框，选择“公式”选项，可以按照需求勾选“错误检查规则”区域下的复选框，如图 2-125 所示。

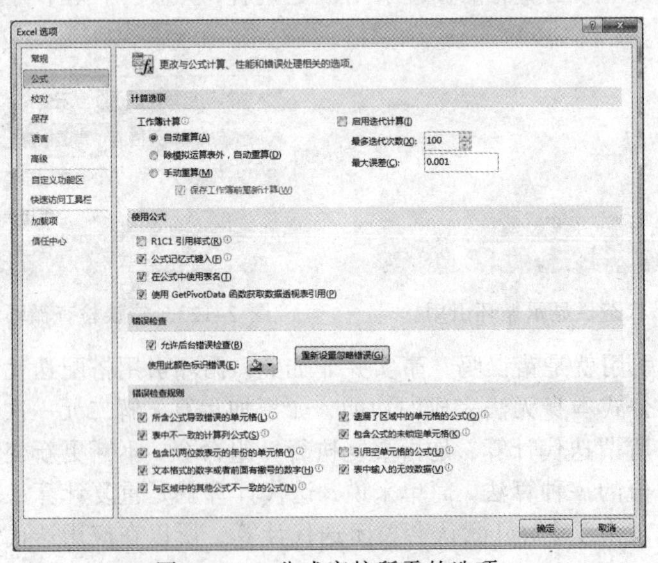

图 2-125　公式审核所需的选项

对于需要进行错误检查的工作表，在“公式”选项卡“公式审核”组中单击图 2-126 所示的“错误检查”按钮，Excel 会自动开始对工作表中的公式和函数进行检查。

当找到可能的错误时，Excel 会弹出图 2-127 所示的对话框，可以根据需求进行更改或者忽略。

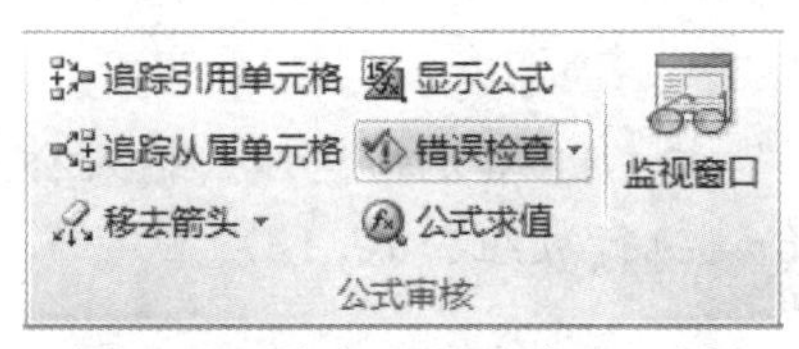

图 2-126　单击“错误检查”按钮

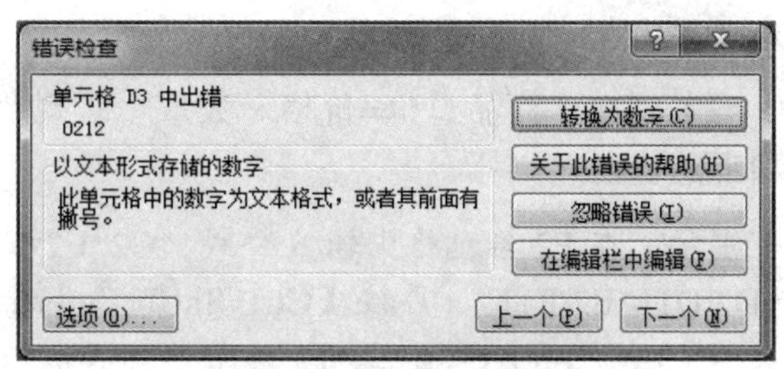

图 2-127　“错误检查”对话框

当表格较大、某些单元格在工作表上不可见时，使用“监视窗口”窗口监视这些单元格及其公式显得尤为方便。在选择好需要监视的公式所在的单元格后，在“公式”选项卡“公式审核”组中单击“监视窗口”按钮，打开图 2-128 所示的“监视窗口”窗口，单击“添加监视”按钮，在弹出的“添加监视点”对话框中，确认需要监视的单元格即可。

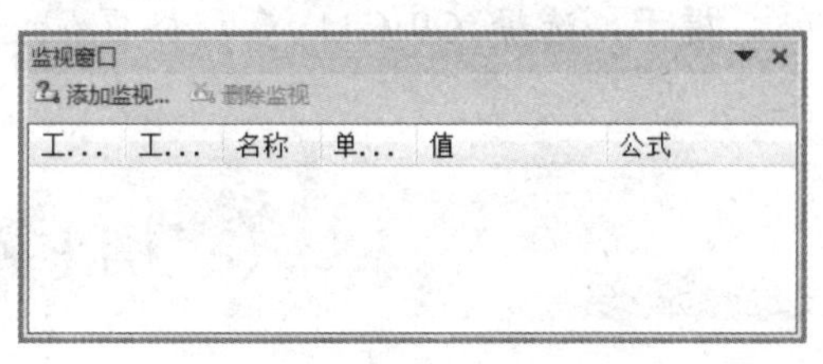

图 2-128　“监视窗口”窗口

为了帮助检查公式，可以通过“公式”选项卡“公式审核”组中的“追踪引用单元格”和“追踪从属单元格”按钮，以图形的方式显示或追踪这些单元格与包含追踪箭头的公式之间的关系。

【范例】订单折扣计算

本例主要练习单元格的相对引用、绝对引用、混合引用、数组公式及名称的定义。

请按如下要求完成对“范例 3-1.xlsx”的操作，并以原文件名保存，完成后的效果如图 2-129 所示。

序号	商品名称	原价	现价	数量	原总价	现总价		折扣率	12.5%
001	主板	¥1,299.00	¥1,136.63	12	¥15,588.00	¥13,639.50			
002	显卡	¥2,488.00	¥2,177.00	25	¥62,200.00	¥54,425.00			
003	机箱	¥359.00	¥314.13	37	¥13,283.00	¥11,622.63			
004	电源	¥579.00	¥506.63	45	¥26,055.00	¥22,798.13			
005	光驱	¥219.00	¥191.63	36	¥7,884.00	¥6,898.50			
006	显示器	¥2,599.00	¥2,274.13	29	¥75,371.00	¥65,949.63			
007	声卡	¥549.00	¥480.38	41	¥22,509.00	¥19,695.38			
008	鼠标	¥399.00	¥349.13	12	¥4,788.00	¥4,189.50			
009	键盘	¥599.00	¥524.13	29	¥17,371.00	¥15,199.63			
010	耳机	¥378.00	¥330.75	32	¥12,096.00	¥10,584.00			

图 2-129　订单折扣计算

（1）在工作表“Sheet1”中，已知“商品现价=原价×(1-折扣率)”，折扣率为12.5%，要求利用公式求出商品现价。

提示：打开“范例 3.xlsx”，在工作表“Sheet1”中单击 D2 单元格，输入公式“=C2*(1-J1)”。由于需要将该公式填充至余下单元格，因此需要对 J1 单元格做绝对引用，即把 D2 中的公式修改为“=C2*(1-J$1)”。双击填充柄可以将公式填充至区域末尾（下同）。

（2）已知“商品总价=价格×数量”，现要求分别利用公式和数组公式求出原总价和现总价。

提示：在 F2 单元格中输入公式“C2*E2”。选择 G2:G11 单元格区域，输入公式“=D2:D11*E2:E11”，再按【Ctrl+Shift+Enter】组合键执行数组公式。

（3）定义 C9:C11 单元格区域为名称“外设”。

提示：选择 C9:C11 单元格区域，在名称栏输入文字“外设”，完成名称的定义。

【范例】还款数额计算

本例主要练习单元格的相对引用、绝对引用和混合引用。

请按如下要求完成对“范例 3-2.xlsx”的操作，并以原文件名保存，完成后的效果如图 2-130 所示。

计算每期还款数额							
分期数		分3期	分6期	分9期	分12期	分18期	分24期
手续费		1.95%	3.60%	5.40%	7.20%	11.70%	15.00%
金额	¥10,000.00	¥65.00	¥60.00	¥60.00	¥60.00	¥65.00	¥62.50
	¥15,000.00	¥97.50	¥90.00	¥90.00	¥90.00	¥97.50	¥93.75
	¥20,000.00	¥130.00	¥120.00	¥120.00	¥120.00	¥130.00	¥125.00
	¥25,000.00	¥162.50	¥150.00	¥150.00	¥150.00	¥162.50	¥156.25
	¥30,000.00	¥195.00	¥180.00	¥180.00	¥180.00	¥195.00	¥187.50

图 2-130 还款数额计算

在“范例 3-2.xlsx”的工作表“Sheet1”中，已知“还款数=金额/分期数×手续费”，计算出每期还款数额。

提示：本题是对单元格相对地址和绝对地址应用的练习。在工作表“Sheet1”中，根据公式，在 C4 单元格中输入公式“=B4/C2*C3”，然后再将公式修改为“=B4/C$2*C$3”，向下、向右拖动填充柄完成数据区域内的还款数额计算。

2.4 常用函数

常用函数主要介绍日期和时间函数、逻辑与信息函数、数学与三角函数、统计函数、文本函数、引用和查找函数及财务函数。

2.4.1 日期和时间函数

在人们的日常生活中，每天都会接触到日期和时间的信息，而对于这些数据的处理却无法像普通数据那样随意，因为不同格式下的日期和时间数据会呈现不同的显示效果，存储在单元格中的数值与正确的时间之间又没有非常直观的联系，因此需要使用专门的日期和时间函数对这些数据进行处理。

日期数据是指由年份、月份和日组成的数据序列。在 Excel 中，日期数据存储在单元格中的实际值是一个正整数，通过定义单元格格式而转化为仅包含年份或者月份的数值本身不会变化。

常用的日期和时间函数有以下几种：

1．TODAY 函数：当前系统日期

语法：TODAY()

功能：返回当前的系统时间。

说明：参数为空。利用 TODAY 函数可以得到当前系统日期的序列号，再通过设置单元格格式，可以将此序列号以“YYYY-MM-DD”的日期形式显示出来。

2．YEAR 函数：日期中的年份

语法：YEAR(serial_number)

功能：返回某日期对应的年份。返回值为 1900 ～ 9999 之间的整数。

说明：参数 Serial_number 为必需字段，是一个日期值，其中包含要查找年份的日期，如果是以文本形式输入的日期，则函数可能会产生不可预知的错误。

【例 2-1】根据出生日期计算年龄。

【解题思路】在图 2-131 所示的表中，C 列显示的是出生日期，利用 YEAR 函数可以提取其中的年份。当 YEAR 函数的参数为 TODAY 函数时，表示将当前系统时间返回给 YEAR 函数作参数，也就能得到当前的年份，那么当前年与出生年之差即为年龄值。在 D3 单元格中输入公式“=YEAR(TODAY())-YEAR(C2)”，再将公式填充至余下单元格即可。

D2 　 fx =YEAR(TODAY())-YEAR(C2)

	A	B	C	D	E
1	序号	姓名	出生日期	年龄	
2	A15001	夏振雄	1995年2月27日	20	
3	A15002	朱佳敏	1996年5月7日	19	
4	A15003	陶黎峰	1997年5月20日	18	
5	A15004	马静	1994年9月9日	21	
6	A15005	沈智敏	1998年11月14日	17	
7	A15006	任卢	1996年12月4日	19	
8	A15007	刘涛涛	1995年9月23日	20	
9	A15008	夏青	1997年5月9日	18	
10	A15009	姚云婷	1998年10月18日	17	
11	A15010	韩琦	1995年8月19日	20	

图 2-131　利用 YEAR、TODAY 函数计算年龄

3．MONTH 函数：日期中的月份

语法：MONTH(serial_number)

功能：返回以序列号表示的日期中的月份。月份是介于 1（一月）～12（十二月）之间的整数。

说明：参数 Serial_number 为必需字段，表示要查找的那一个月的日期，必须是日期和时间型或者能转换成日期的时间数字，不可以是文本型。

【例 2-2】根据出生日期计算出生月。

【解题思路】在图 2-132 所示的表中，C 列显示的是出生日期，选择 E2 单元格，输入函数“=MONTH(C2)”，再将公式填充至余下单元格，可以计算得出出生月。

E2　=MONTH(C2)

	A	B	C	D	E
1	序号	姓名	出生日期	年龄	出生月
2	A15001	夏振雄	1995年2月27日	20	2
3	A15002	朱佳敏	1996年5月7日	19	5
4	A15003	陶黎峰	1997年5月20日	18	5
5	A15004	马静	1994年9月9日	21	9
6	A15005	沈智敏	1998年11月14日	17	11
7	A15006	任卢	1996年12月4日	19	12
8	A15007	刘涛涛	1995年9月23日	20	9
9	A15008	夏青	1997年5月9日	18	5
10	A15009	姚云婷	1998年10月18日	17	10
11	A15010	韩琦	1995年8月19日	20	8

图 2-132　利用 MONTH 函数计算出生月

4．DAY 函数：日期在当月的天数

语法：DAY(serial_number)

功能：返回以序列号表示的某日期的天数，用整数 1 ～ 31 表示。

说明：参数 serial_number 为必需字段，表示要查找的那一天的日期，参数要求同 YEAR 函数和 MONTH 函数。

5．WEEKDAY 函数：返回某日期为星期几

语法：WEEKDAY(serial_number,[return_type])

功能：返回某日期为星期几。

说明：

（1）参数 serial_number 为必需字段，表示需要返回的日期。

（2）参数 return_type 为可选字段，表示返回类型，如果是 1 或省略的话表示返回数字 1（星期日）～数字 7（星期六），同 Microsoft Excel 早期版本；如果是 2，表示返回数字 1（星期一）～数字 7（星期日）。

6．DATE 函数：将代表日期的文本转换成日期

语法：DATE(year,month,day)

功能：返回一个指定数字的日期格式。

说明：

（1）参数 year 为必需字段，其值可以包含 1～4 位数字。Excel 将根据计算机所使用的日期系统来解释 year 参数。

（2）参数 month 为必需字段，其值可以是一个正整数或负整数，表示一年中从 1 月～ 12 月（一月到十二月）的各个月。

（3）参数 day 为必需字段，其值可以是一个正整数或负整数，表示一年中从 1 日～ 31 日的各天。

【例 2-3】某校新生是 2016 年 9 月 1 日入学，请根据入学天数，计算具体日期。

【解题思路】在图 2-133 所示的表中，A 列表示的入学天数，在 B 列中利用 DATE 函数即可求出具体的日期。在 B2 单元格中输入函数“=DATE(2016,9,A2)”，再将公式

B2　=DATE(2016, 9, A2)

	A	B	C	D
1	入学第N天	具体日期		
2	1	2016年9月1日		
3	32	2016年10月2日		
4	100	2016年12月9日		
5	200	2017年3月19日		
6	1234	2020年1月17日		

图 2-133　利用 DATE 函数根据入学天数计算具体日期

填充至余下单元格即可。

7. DATEDIF 函数：返回两个日期之间的时间间隔数

语法：DATEDIF(start_date,end_date,unit)

功能：返回两个日期之间的年/月/日间隔数。

说明：

（1）参数 start_date 为必需字段，表示时间段内的第一个日期或起始日期。

（2）参数 end_date 为必需字段，表示时间段内的最后一个日期或结束日期。

（3）参数 unit 为必需字段，表示返回类型。“y”表示整数年，“m”表示整数月，“d”表示天数，“md”表示开始日期和结束日期之间忽略日期中的年和月后的天数的差。

DATEDIF 函数是 Excel 的隐藏函数，在“帮助”和“插入公式”里面是没有的，因此输入该函数时无法得到“函数参数”对话框的提示信息，需要用户直接在单元格或编辑栏中输入完整的函数信息。

【例 2-4】由于工龄和员工的职务升迁、薪资福利等有着密切的关系，因此某单位在对工龄计算时需要非常精确的年限，而不是直接通过当年和入职年的差额获取。试用相关函数计算以年为单位的实际工龄。

【解题思路】在已知入职日期和通过 TODAY 函数可以得到当前年的情况下，可以利用 DATEDIF 函数求取以天计算的年数，因此在如图 2-134 所示的表中，输入公式“=DATEDIF(C2,TODAY(),"y")”，再将公式填充至余下单元格即可得到各员工的实际工龄。

D2 　fx　=DATEDIF(C2,TODAY(),"y")

	A	B	C	D	E
1	编号	姓名	入职日期	工龄（年）	
2	B15001	高吟菡	2006年10月6日	9	
3	B15002	鲁翰阳	2014年11月1日	1	
4	B15003	孙杨杰	2008年7月11日	7	
5	B15004	王卓绘	2006年5月25日	9	
6	B15005	龚天琛	1998年3月23日	17	
7	B15006	张翔	1999年4月19日	16	
8	B15007	刘琼娟	2012年12月1日	3	
9	B15008	罗梅蕊	2000年10月9日	15	
10	B15009	薛晓瑜	1996年6月16日	19	
11	B15010	王莹	1986年7月18日	29	

图 2-134　利用 DATEDIF 函数计算工龄

8. NOW 函数：当前系统日期和时间

语法：NOW()

功能：返回当前的系统日期和时间。

说明：参数为空。利用 NOW 函数可以得到以“YYYY-MM-DD HH:MM”形式显示出来的系统日期和时间。

9. HOUR 函数：时间值的小时数

语法：HOUR(serial_number)

功能：返回时间值的小时数。即一个介于 0 (12:00 A.M.) ～ 23 (11:00 P.M.)的整数。

说明：参数 Serial_number 为必需字段，表示一个时间值，其中包含要查找的小时。

【例 2-5】假设某单位的工作时间为 8：00～16：00，下班后的时间视作加班时间，不足 1 小时不计算在内，请计算加班工时。

【解题思路】在图 2-135 所示的表中，首先选择计算加班工时 F2 单元格，然后输入公式“=HOUR(E2)-HOUR("16:00")”，再将公式填充至余下单元格即可得到加班工时数据。

	A	B	C	D	E	F
1	编号	姓名	日期	上班时间	下班时间	加班工时
2	B15001	高吟菡	2015/9/1	7:30	17:32	1
3	B15002	鲁翰阳	2015/9/1	8:30	17:20	1
4	B15003	孙杨杰	2015/9/1	7:21	16:23	0
5	B15004	王卓绘	2015/9/1	7:59	18:05	2
6	B15005	龚天琛	2015/9/1	7:50	19:24	3
7	B15006	张翔	2015/9/1	8:20	17:22	1
8	B15007	刘琼娟	2015/9/1	7:22	16:58	0
9	B15008	罗梅蕊	2015/9/1	7:52	19:54	3
10	B15009	薛晓瑜	2015/9/1	7:36	16:55	0
11	B15010	王莹	2015/9/1	7:28	17:45	1

F2 =HOUR(E2)-HOUR("16:00")

图 2-135　利用 HOUR 函数计算加班工时

10. MINUTE 函数：时间值的分钟数

语法：MINUTE(serial_number)

功能：返回时间值的分钟数，为一个介于 0 ～ 59 的整数。

说明：参数 Serial_number 为必需字段，表示一个时间值，其中包含要查找的分钟。

【例 2-6】已知跑步记时表中，B 列记录了跑步开始时间，C 列记录跑步结束时间，需要在 D 列相应的单元格中计算跑步时长，单位为分钟。

【解题思路】在图 2-136 所示的表中，虽然很容易就能得出结束时间和开始时间之差即为跑步时长的结论，但是直接将这两组单元格相减却并不能得到需要的分钟数，而只能得到一个时间数值。因此，需要将此时间数值转换成数字型，选择 D2 单元格，输入公式“=HOUR(C2-B2)*60+MINUTE(C2-B2)”，再将公式填充至余下单元格即可得到跑步时长。

	A	B	C	D
1	日期	跑步开始时间	跑步结束时间	跑步时长（分钟）
2	2015/9/1	19:00	20:00	60
3	2015/9/2	19:05	20:06	61
4	2015/9/3	19:20	20:08	47
5	2015/9/4	18:50	20:02	71
6	2015/9/5	18:45	19:58	72
7	2015/9/6	18:58	19:45	47
8	2015/9/7	19:25	20:55	90
9	2015/9/8	19:06	20:32	86
10	2015/9/9	19:18	20:15	57

D2 =HOUR(C2-B2)*60+MINUTE(C2-B2)

图 2-136　利用 HOUR、MINUTE 函数计算跑步时长

11. SECOND 函数：时间值的秒数

语法：SECOND(serial_number)

功能：返回时间值的秒数，为一个介于 0 ～ 59 的整数。

说明：参数 Serial_number 为必需字段，表示一个时间值，其中包含要查找的秒数。

12. TIME 函数：某一特定时间的小数值

语法：TIME(hour, minute, second)

功能：返回某一特定时间的小数值。如果在输入函数前，单元格的格式为“常规”，则结果将设为日期格式。

说明：TIME 函数返回的小数值为 0～0.99999999 的数值，代表从 0:00:00 (12:00:00 AM) ～ 23:59:59 (11:59:59 P.M.) 的时间。

（1）参数 hour 为必需字段。取值范围为 0～32767，代表小时。任何大于 23 的数

值将除以 24，其余数将视为小时。

（2）参数 minute 为必需字段。取值范围为 0～32767，代表分钟。任何大于 59 的数值将被转换为小时和分钟。

（3）参数 second 为必需字段。取值范围为 0～32767，代表秒。任何大于 59 的数值将被转换为小时、分钟和秒。

2.4.2 逻辑与信息函数

逻辑函数主要用于测试给定数据或单元格的引用是否满足特定条件，并根据判断输出不同的结果。而信息函数指的是将当前系统环境、工作簿、工作表的相关信息及单元格的格式或公式函数的相关信息通过函数进行提取，再根据其返回值进行相应的处理。在实际使用中，逻辑与信息函数经常需要与其他函数嵌套使用，以其值作为其他函数的参数。

常用的逻辑与信息函数有以下几种：

1. IF 函数：条件判断

语法：IF(logical_test, [value_if_true], [value_if_false])

功能：判断某个条件是否成立，并根据判断输出不同的结果。

说明：最多可以使用 64 个 IF 函数作为 value_if_true 和 value_if_false 参数进行嵌套。

（1）参数 logical_test 为必需字段，计算结果可以是为 TRUE 或 FALSE 的任意值或表达式。

（2）参数 value_if_true 为可选字段，参数 logical_test 的计算结果为 TRUE 时返回该值。当该参数省略时，即参数 logical_test 后仅跟一个逗号，当参数 logical_test 的计算结果为 TRUE 时返回 0。

（3）参数 value_if_false 为可选字段，参数 logical_test 的计算结果为 FALSE 时返回该值。当该参数省略时，即参数 value_if_true 后没有逗号，当参数 logical_test 的计算结果为 FALSE 时返回 0。

【例 2-7】已知某校的录取分数线为 500 分，请利用函数，根据入学分数判断是否录取。

【解题思路】在图 2-137 所示的表中，在 D2 单元格输入“=if”，再按【Ctrl+A】组合键打开“函数参数”对话框，输入参数，如图 2-138 所示。单击“确定”按钮后 D2 单元格中显示函数“=IF(C2>=500,"录取","不录取")”，再将公式填充至余下单元格即可。

D2 =IF(C2>=500,"录取","不录取")

	A	B	C	D	E	F
1	编号	姓名	入学分数	是否录取		
2	C2015001	李洋	510	录取		
3	C2015002	张昆仑	498	不录取		
4	C2015003	倪毅明	502	录取		
5	C2015004	沙泽威	512	录取		
6	C2015005	夏俊	469	不录取		
7	C2015006	张梦佳	478	不录取		
8	C2015007	徐慧婷	523	录取		
9	C2015008	朱佳莉	521	录取		
10	C2015009	耿如意	502	录取		

图 2-137 利用 IF 函数判断是否录取

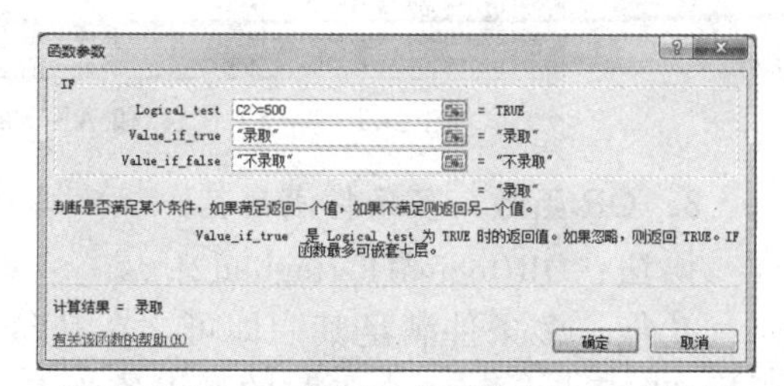

图 2-138 IF 函数的“函数参数”对话框

当需要设置 IF 函数嵌套时，只需要在“函数参数”对话框中将光标停留在需要嵌套的参数位置，再在名称栏中选择嵌套的函数，Excel 会自动弹出被嵌套函数的“函数参数”对话框，按照需求输入后如果外层的函数参数没有输完整，则不能直接单击“函数参数”对话框的“确定”按钮，需要在编辑栏中跳转到外层函数继续编辑，全部完成后才可以单击“确定”按钮确认输入。

2. AND 函数：多条件同时满足

语法：AND(logical1, [logical2], ...)

功能：满足多个条件。当所有参数的计算结果为 TRUE 时，返回 TRUE；只要有一个参数的计算结果为 FALSE，即返回 FALSE。

说明：AND 函数比较常见的一种用途就是在其他函数使用中扩大其逻辑检验。例如，在 IF 函数中嵌套使用 AND 函数，使其作为 IF 函数的 logical_test 参数，则可以检验多个不同的条件，而不仅仅是单一条件。

（1）参数 logical1 为必需字段，是需要检验的第一个条件，其计算结果可以为 TRUE 或 FALSE。

（2）参数 logical2, ... 为可选字段，是要检验的其他条件，其计算结果可以为 TRUE 或 FALSE，最多可包含 255 个条件。

（3）参数的计算结果必须是逻辑值，如果指定的单元格区域未包含逻辑值，则 AND 函数将返回错误值 #VALUE!。

【例 2-8】已知某单位当年的优秀新进员工考核标准为：上、下半年考核均为优秀且入职在 2 年内。试利用相关函数判断是否符合标准。

【解题思路】在图 2-139 所示的表中，由题目分析可知，作为 IF 函数的 logical_test 参数有 3 个，其中要求 C 列和 D 列中的值“="优秀"”，E 列中的入职年月要小于等于 2，转化成函数即为“YEAR(TODAY())-E 列中的具体值<=2”，满足所有条件的即为优秀新进员工，逻辑值为“是”，反之则为“否”。因此在选择 E2 单元格后，借助“函数参数”对话框，输入公式“=IF(AND(C2="优秀",D2="优秀",YEAR(TODAY())-E2<= 2),"是","否")”，再将公式填充至余下单元格即可。

F2 =IF(AND(C2="优秀",D2="优秀",YEAR(TODAY())-E2<=2),"是","否")

	A	B	C	D	E	F	G	H
1	编号	姓名	上半年考核	下半年考核	入职年月	是否为优秀新进员工		
2	D2015001	聂玮	中等	优秀	2014	否		
3	D2015002	朱海	合格	中等	2015	否		
4	D2015003	王嫣然	优秀	优秀	2014	是		
5	D2015004	金玲梅	优秀	中等	2013	否		
6	D2015005	宣丹辰	优秀	优秀	2012	否		
7	D2015006	贾文俊	合格	优秀	2014	否		
8	D2015007	朱哲奕	优秀	优秀	2013	是		
9	D2015008	刘志蕊	优秀	合格	2015	否		
10	D2015009	徐安哲	优秀	合格	2014	否		

图 2-139 利用 IF 和 AND 函数判断是否是优秀新进员工

3. OR 函数：多条件满足其一

语法：OR(logical1, [logical2], ...)

功能：多条件满足其一即可。在其参数组中，任何一个参数逻辑值为 TRUE，即返回 TRUE；任何一个参数的逻辑值为 FALSE，即返回 FALSE。

说明：同 AND 函数。

【例 2-9】某单位当年的优秀新进员工考核标准为：上半年考核或下半年考核有一次为优秀，并且入职在 2 年内。试利用相关函数判断是否符合标准。

【解题思路】在图 2-140 所示的表中，由题目分析可知，作为 IF 函数的 logical_test 参数，它们之间的关系不再是全部并列的关系，而是变成了考核结果之间是或者的关系，满足其一即可，需要用 OR 函数，与入职年月之间的关系还是为并列关系，用到的是 AND 函数，因此需要将公式改为“=IF(AND(OR(C2="优秀",D2="优秀"),YEAR(TODAY())-E2<=2),"是","否")”即可完成判断。

F2 =IF(AND(OR(C2="优秀",D2="优秀"),YEAR(TODAY())-E2<=2),"是","否")

	A	B	C	D	E	F	G	H
1	编号	姓名	上半年考核	下半年考核	入职年月	是否为优秀新进员工		
2	D2015001	聂玮	中等	优秀	2014	是		
3	D2015002	朱海	合格	中等	2015	否		
4	D2015003	王嫣然	优秀	优秀	2014	是		
5	D2015004	金玲梅	优秀	中等	2013	是		
6	D2015005	宣丹辰	优秀	优秀	2012	否		
7	D2015006	贾文俊	合格	优秀	2014	是		
8	D2015007	朱哲奕	优秀	优秀	2013	是		
9	D2015008	刘志蕊	优秀	合格	2015	是		
10	D2015009	徐安哲	优秀	合格	2014	是		

图 2-140 利用 IF、AND 和 OR 函数判断是否是优秀新进员工

4. NOT 函数：取反

语法：NOT(logical)

功能：取反。当要确保一个值不等于某一特定值时，可以使用 NOT 函数。

说明：参数 Logical 为必需字段，一个计算结果可以为 TRUE 或 FALSE 的值或表达式。

【例 2-10】某项计算机创意大赛参赛对象要求为非计算机科学与技术专业的大一、大二学生，试利用相关函数判断参赛资格。

【解题思路】在图 2-141 所示的表中，由题目分析可知，IF 函数的 logical_test 参数是由嵌套在内的函数构成，年级要求是大一或者大二，可以用 OR 函数进行取值；专业要求是非计算机科学与技术，可以利用 NOT 函数满足该条件，因此在 E2 单元格中输入公式“=IF(AND(NOT(C2="计算机科学与技术"),OR(D2="大一",D2="大二")),"满足","不满足")”，再将公式填充至剩余单元格，即可得到是否满足参赛条件。

E2 =IF(AND(NOT(C2="计算机科学与技术"),OR(D2="大一",D2="大二")),"满足","不满足")

	A	B	C	D	E	F	G	H	I	J
1	编号	姓名	专业	年级	参赛条件					
2	E2015001	薛静	计算机科学与技术	大一	不满足					
3	E2015002	蒋经纬	财务管理	大二	满足					
4	E2015003	张佳栋	视觉传达设计	大三	不满足					
5	E2015004	陆佳俊	英语	大一	满足					
6	E2015005	王艳阳	日语	大四	不满足					
7	E2015006	李洋	西班牙语	大一	满足					
8	E2015007	张昆仑	旅游管理	大三	不满足					
9	E2015008	倪毅明	酒店管理	大一	满足					
10	E2015009	沙泽威	计算机科学与技术	大二	不满足					

图 2-141 利用 IF、AND、NOT 和 OR 函数判断是否满足参赛条件

5. ISBLANK 函数：判断单元格是否为空

语法：ISBLANK(value)

功能：判断单元格是否为空。如果参数 value 引用的是空单元格，则 ISBLANK 函数返回逻辑值 TRUE；否则，返回 FALSE。

说明：参数 value 为必须字段，是需要检验的值，可以是空白（空单元格）、错误值、逻辑值、文本、数字、引用值，或者引用要检验的以上任意值的名称。

【例 2-11】某班级的总分计算为“期末成绩×60%+平时成绩×40%”，当期末成绩为空白时，记为缺考，试利用相关函数计算总分成绩。

【解题思路】在图 2-142 所示的表中，由题目分析可知，需要先判断 C 列中期末成绩是否为空，如果为空就不需要计算其成绩，直接显示缺考，那么利用 ISBLANK 函数即可完成空单元格的判断。因此，在 E2 单元格中输入公式“=IF(ISBLANK(C2),"缺考",C2*0.6+D2*0.4)”，再将公式填充至剩余单元格，即可得到总分。

E2 =IF(ISBLANK(C2),"缺考",C2*0.6+D2*0.4)

	A	B	C	D	E	F	G	H
1	编号	姓名	期末成绩	平时成绩	总分			
2	F2015001	杨子君	78	85	80.8			
3	F2015002	吴静雯		90	缺考			
4	F2015003	王雨楠	73	80	75.8			
5	F2015004	徐博文	70	75	72			
6	F2015005	夏天誉		65	缺考			
7	F2015006	颜苏雯	77	85	80.2			
8	F2015007	吴晓婉	81	90	84.6			
9	F2015008	沈雪薇	75	95	83			
10	F2015009	陆阳	72	85	77.2			

图 2-142　利用 IF 和 ISBLANK 函数计算总分

6．ISERROR 函数：判断公式是否有错误

语法：ISERROR(value)

功能：判断公式是否有错误。值为任意错误值返回逻辑值 TRUE；否则，返回 FALSE。

说明：参数 value 为必需字段，同 ISBLANK 函数的参数说明。

【例 2-12】某次成绩由笔试成绩和面试成绩相加而成，一旦成绩中出现的非数字记录，如缺考、缓考等，总分均记为异常，试利用相关函数计算总分成绩。

【解题思路】前文已经介绍过，将文本数据和数值数据相加时就会返回“#VALUE!”错误，那么利用 ISERROR 函数即可检查出此错误。因此，在图 2-143 所示的表中，在 E2 单元格中输入公式“=IF(ISERROR(C2+D2),"异常",C2+D2)”，再将公式填充至剩余单元格，即可得到总分。

E2 =IF(ISERROR(C2+D2),"异常",C2+D2)

	A	B	C	D	E	F	G
1	编号	姓名	笔试成绩	面试成绩	总分		
2	G2015001	陈锦华	38	50	88		
3	G2015002	张可隽	29	缺考	异常		
4	G2015003	周晓晨	32	56	88		
5	G2015004	林娟芳	25	缓考	异常		
6	G2015005	毛梦娜	16	54	70		
7	G2015006	魏雅璐	缺考	43	异常		
8	G2015007	陈彧	缓考	51	异常		
9	G2015008	张思思	26	36	62		
10	G2015009	董燕萍	出国	57	异常		

图 2-143　利用 IF 和 ISERROR 函数计算总分

2.4.3　数学与三角函数

在计算各类数学与三角函数时，为了避免手动计算的烦琐过程及高错误率，可以

利用 Excel 内置的数学与三角函数来进行快速又准确的运算，大大提高了计算便捷度。

常用的数学与三角函数有以下几种：

1. SUM 函数：求和

语法：SUM(number1,[number2],...])

功能：为指定参数的所有数字求和，每个参数都可以是区域、单元格引用、数组、常量、公式或另一个函数的结果。

说明：

（1）参数 number1 为必需参数，是需要相加的第一个数值参数。

（2）参数 number2,...为可选参数，是需要相加的 2 到 255 个数值参数。

【例 2-13】某公司上、下半年的销售量之和即为销售总量，试利用相关函数计算该值。

【解题思路】在图 2-144 所示的表中，如果题目没做要求，此题可以利用公式将 C 列和 D 列的值相加即可，但是题目要求一定要使用函数，那么在 E2 单元格中输入函数“=SUM(C2:D2)”，再填充至剩余单元格，即可得到销售总量。

E2 fx =SUM(C2:D2)

	A	B	C	D	E
1	部门编号	销售人员	上半年销售量	下半年销售量	销售总量
2	H001	陆佳	11235	21453	32688
3	H002	何静	11254	12653	23907
4	H003	冯玉琳	15687	23567	39254
5	H001	吴思	21564	31205	52769
6	H002	翁利波	23654	25314	48968
7	H003	斯宇翔	25879	30215	56094
8	H001	李璐	13256	23654	36910
9	H002	朱佳婷	26587	20314	46901
10	H003	何宇	23654	13652	37306

图 2-144　利用 SUM 函数计算销售总量

值得注意的是，“=SUM(A1:B2)”表示将 A1 到 B2 单元格中的所有数值相加，即“=A1+A2+B1+B2”；“=SUM(A1,B2)”表示将 A1 和 B2 单元格中的数值相加，也就是“=A1+B2”；“=SUM(A1:B2,C3,123)”表示将 A1 到 B2 单元格中的所有数值相加，再加上 C3 单元格中的数值和数字常量 123，即“=A1+A2+B1+B2+C3+123”。

2. SUMIF 函数：指定条件求和

语法：SUMIF(range, criteria, [sum_range])

功能：对区域中符合指定条件的值求和。

说明：

（1）参数 range 为必需参数，是用于条件计算的单元格区域，即 IF 的条件所在区域。

（2）参数 criteria 为必需参数，是用于确定对哪些单元格求和的条件，即 IF 的条件。

（3）参数 sum_range 为可选参数，是要求和的实际单元格，即 SUM 的求和区域。如果 sum_range 参数被省略，Excel 会对在 range 参数中指定的单元格（即应用条件的单元格）求和。

【例 2-14】利用函数计算各部门的销售总量。

【解题思路】在图 2-145 所示的工作表中，由题目分析可知，此题是指定条件求和，指定的条件部门编号为“H001”“H002”和“H003”在单元格 B13:B15 的区域中。可以根据 SUMIF 函数的语法进行填空，对于部门编号为“H001”的销售总量，其条件计算所在区域为 A2:A10，条件在 B13 单元格，求和区域为 E2:E10，那么可以在 C13 的单元格中输入函数“=SUMIF(A2:A10,B13,E2:E10)”，如果只要求计算一个部门的销售总量，此题答题结束。但现在要求还要计算另外 2 个部门的销售总量，直接利用填充柄填充公式会出现错误，条件区域和求和区域也会发生相应的变化，因此在 C13 单元格中对函数稍作修改，将条件区域和求和区域作混合引用，将其地址固定，修改为“=SUMIF(A$2:A$10,B13,E$2:E$10)”，再将公式填充至剩余单元格，即可得到销售总量。

C13 =SUMIF(A$2:A$10,B13,E$2:E$10)

	A	B	C	D	E
1	部门编号	销售人员	上半年销售量	下半年销售量	销售总量
2	H001	陆佳	11235	21453	32688
3	H002	何静	11254	12653	23907
4	H003	冯玉琳	15687	23567	39254
5	H001	吴思	21564	31205	52769
6	H002	翁利波	23654	25314	48968
7	H003	斯宇翔	25879	30215	56094
8	H001	李璐	13256	23654	36910
9	H002	朱佳婷	26587	20314	46901
10	H003	何宇	23654	13652	37306
11					
12		部门编号	销售总量		
13		H001	122367		
14		H002	119776		
15		H003	132654		

图 2-145　利用 SUMIF 函数计算各部门销售总量

3. SUMIFS 函数：多条件求和

语法：SUMIFS(sum_range, criteria_range1, criteria1, [criteria_range2, criteria2], ...)

功能：对区域中满足多个条件的单元格求和。

说明：

（1）参数 sum_range 为必需字段，是对一个或多个单元格求和，即 SUM 的求和区域。

（2）参数 criteria_range1 为必需字段，是在其中计算关联条件的第一个区域，即第一个 IF 的条件所在区域。

（3）参数 criteria1 为必需字段，是用于确定对参数 criteria_range1 中哪些单元格求和的条件，即第一个 IF 的条件。

（4）参数 criteria_range2, criteria2, …为可选参数，是附加的区域及其关联条件。最多允许 127 个区域/条件对。

特别需要注意的是，SUMIFS 函数与 SUMIF 函数的参数位置不同，当 SUMIFS 函数判断依据只有一组时，其功能和 SUMIF 函数一致。

【例 2-15】利用函数计算“H001”部门，上半年销售量大于 12 000 的年度销售总量。

【解题思路】在图 2-146 所示的表中，由题目分析可知，此题是多条件求和，需要满足的第一个条件“H001”在 B13 单元格，其条件所在的区域为 A2:A10。第二个条件“>12000”在 C13 单元格，其条件所在的区域为 C2:C10。求和区域为 E2:E10。因此，根据语法填空，在 D13 单元格中输入函数“=SUMIFS(E2:E10,A2:A10,B13,C2:C10,C13)”即可求得销售总量。

在实际做题中，很多时候条件并没有在表中列出，这就需要用户根据对题目的分析，以数字、表达式、单元格引用或文本的形式输入到单元格中，再利用函数进行求解。

D13　fx =SUMIFS(E2:E10,A2:A10,B13,C2:C10,C13)

	A	B	C	D	E	F
1	部门编号	销售人员	上半年销售量	下半年销售量	销售总量	
2	H001	陆佳	11235	21453	32688	
3	H002	何静	11254	12653	23907	
4	H003	冯玉琳	15687	23567	39254	
5	H001	吴思	21564	31205	52769	
6	H002	翁利波	23654	25314	48968	
7	H003	斯宇翔	25879	30215	56094	
8	H001	李璐	13256	23654	36910	
9	H002	朱佳婷	26587	20314	46901	
10	H003	何字	23654	13652	37306	
11						
12		部门编号	上半年销售量	销售总量		
13		H001	>12000	89679		

图 2-146　利用 SUMIFS 函数计算多条件销售总量

4. SUMPRODUCT 函数：返回数组或区域乘积的和

语法：SUMPRODUCT(array1,[array2], [array3], ...)

功能：返回相应的数组或区域乘积的和。

说明：

（1）参数 array1 为必须字段，是其相应元素需要进行相乘并求和的第一个数组参数。

（2）参数 array2, array3, ...为可选字段，可以选择 2～255 个数组参数，其相应元素需要进行相乘并求和。

其中，数组参数必须具有相同的维数，否则将返回错误值 #VALUE!。对于将非数值型的数组元素，SUMPRODUCT 函数将其作为 0 处理。

【例 2-16】已知某公司商品返利计算方式为“单价 × 销量 × 返利比例”，试用函数计算返利总额。

【解题思路】在图 2-147 所示的表中，返利总额的计算即为相关数组的乘积和，当前数组具有相同的维数，因此可以利用 SUMPRODUCT 函数求取。在 C12 单元格中输入函数“=SUMPRODUCT(C2:C10,D2:D10,E2:E10)”即可。

C12　fx =SUMPRODUCT(C2:C10,D2:D10,E2:E10)

	A	B	C	D	E	F
1	序号	品名	单价	销量	返利比例	
2	001	牙刷	¥8.80	1234	1.20%	
3	002	牙膏	¥28.20	1523	2.11%	
4	003	毛巾	¥12.30	3200	0.98%	
5	004	肥皂	¥6.90	1048	2.30%	
6	005	纸杯	¥3.20	1020	1.98%	
7	006	饭盒	¥22.30	1800	2.14%	
8	007	汤匙	¥6.80	2200	2.68%	
9	008	筷子	¥5.50	2506	0.68%	
10	009	吸管	¥6.30	1024	1.45%	
11						
12		返利总额	¥3,100.39			

图 2-147　利用 SUMPRODUCT 函数计算返利总额

5. SUBTOTAL 函数：返回列表或数据库中的分类汇总

语法：SUBTOTAL(function_num,ref1,[ref2],...])

功能：返回一个列表或数据库的分类汇总。

说明：

（1）参数 function_num 为必需字段，是指所示中 1～11（包含隐藏值）或 101～111（忽略隐藏值）的数字，用于指定使用何种函数在列表中进行分类汇总计算，具体参数含义见表 2-9。

（2）参数 ref1 为必需字段，是要对其进行分类汇总计算的第一个命名区域或引用。

（3）参数 ref2,...为可选字段，是要对其进行分类汇总计算的第 2 个至第 254 个命名区域或引用。

表 2-9　function_num 参数含义

Function_num（包含隐藏值）	Function_num（忽略隐藏值）	函　数
1	101	AVERAGE
2	102	COUNT
3	103	COUNTA
4	104	MAX
5	105	MIN
6	106	PRODUCT
7	107	STDEV
8	108	STDEVP
9	109	SUM
10	110	VAR
11	111	VARP

【例 2-17】在忽略隐藏值的前提下，试利用函数计算公司销售总量汇总。

【解题思路】由于使用 SUM 函数进行求和运算时其结果是包含隐藏值的，现在题目要求计算时忽略隐藏值，需要使用 SUBTOTAL 分类汇总函数。由于 SUBTOTAL 的第一个参数值较多又较难记忆，因此可以通过在输入函数时 Excel 提供的提示信息进行选择，如如图 2-148 所示。

本题需要计算的是忽略隐藏值的求和，因此参数 function_num 选择 109，在图 2-149 所示的表中，选择 D13 单元格，输入函数“=SUBTOTAL(109,E2:E10)”即可。

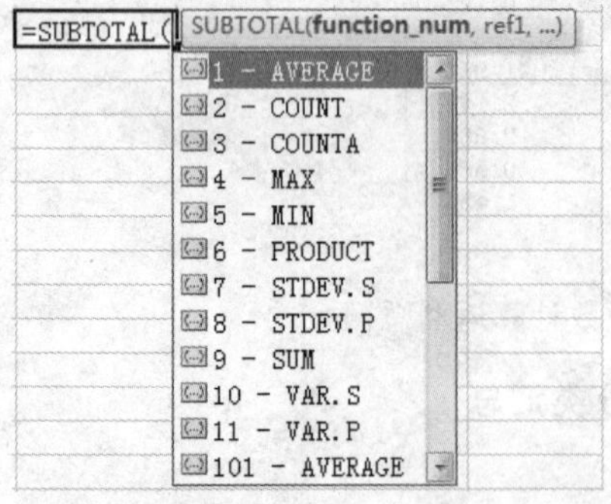

图 2-148　输入 SUBTOTAL 函数时的提示信息

D13　=SUBTOTAL(109,E2:E10)

	A	B	C	D	E
1	部门编号	销售人员	上半年销售量	下半年销售量	销售总量
2	H001	陆佳	11235	21453	32688
4	H003	冯玉琳	15687	23567	39254
5	H001	吴思	21564	31205	52769
7	H003	靳宇翔	25879	30215	56094
8	H001	李璐	13256	23654	36910
10	H003	何宇	23654	13652	37306
11					
12	销售总量(包含隐藏值) 汇总			374797	
13	销售总量(忽略隐藏值) 汇总			255021	

图 2-149　利用 SUBTOTAL 函数求销售总量汇总

6. INT 函数：向下取整

语法：INT(number)

功能：将数字向下舍入到最接近的整数。

说明：参数 Number 为必需字段，是需要进行向下舍入取整的实数。

【例 2-18】 某单位的实发工资是由应发工资减去扣款合计所得，不足一元部分将实行抹零处理，现要求利用函数计算抹零后的实发工资。

【解题思路】 在图 2-150 所示的表中，由题目可知，实发工资等于 C 列的应发工资减去 D 列的扣款合计，所以先选择抹零后的实发工资区域 E2 单元格，输入函数“=INT(C2-D2)”，再将公式填充至剩余单元格即可得到所需值。

E2 fx =INT(C2-D2)

	A	B	C	D	E
1	编号	姓名	应发工资	扣款合计	实发工资（抹零）
2	I2015001	程嘉瑾	¥6,548.32	¥245.65	¥6,302.00
3	I2015002	马安旎	¥6,987.36	¥266.36	¥6,721.00
4	I2015003	邹静	¥9,856.32	¥366.96	¥9,489.00
5	I2015004	陈凯君	¥8,753.21	¥289.63	¥8,463.00
6	I2015005	刘茂林	¥6,547.32	¥236.98	¥6,310.00
7	I2015006	王一帆	¥8,956.33	¥299.36	¥8,656.00
8	I2015007	季亚萍	¥6,598.66	¥254.77	¥6,343.00
9	I2015008	王阳	¥7,898.69	¥277.36	¥7,621.00
10	I2015009	郁可玮	¥5,648.96	¥212.36	¥5,436.00

图 2-150 利用 INT 函数对实发工资抹零

7. TRUNC 函数：指定位数取整

语法：TRUNC(number, [num_digits])

功能：对指定位数的数字取整。

说明：

（1）参数 Number 为必需字段，是需要进行取整的实数。

（2）参数 Num_digits 为可选字段，是取整位数，默认值为 0。

（3）TRUNC 函数和 INT 函数类似，都返回整数。TRUNC 函数直接去除数字的小数部分，而 INT 函数是向下取整，在处理负数时 INT 函数和 TRUNC 函数有所不同，例如 TRUNC(-1.2) 返回-1，而 INT(-1.2) 返回-2。

【例 2-19】 某单位的实发工资是由应发工资减去扣款合计所得，现要求对实发工资不足百元的部分抹零，剩余款项留作下月发放。

【解题思路】 由 TRUNC 函数说明可知，该函数对于数值的取整默认为 0，表示保留小数点 0 位，若指定取整位数为 2，表示保留小数点后面 2 位。在本题中，要求保留到百分位，那么可以对于取整位数设定为-2，表示保留小数点前面 2 位取整。因此在图 2-151 所示的表中，选择实发工资区域 E2 单元格，输入函数“=TRUNC(C2-D2,-2)”，再将公式填充至剩余单元格即可。

8. ROUND 函数：指定位数四舍五入

语法：ROUND(number, num_digits)

功能：对指定位数的数值实施四舍五入。

说明：

（1）参数 number 为必需字段，是需要四舍五入的数字。

（2）参数 num_digits 为必需字段，是对参数 number 进行四舍五入的位数。

E2	=TRUNC(C2-D2,-2)				
	A	B	C	D	E
1	编号	姓名	应发工资	扣款合计	实发工资（不足百元部分抹零）
2	I2015001	程嘉瑾	¥6,548.32	¥245.65	¥6,300.00
3	I2015002	马安旎	¥6,987.36	¥266.36	¥6,700.00
4	I2015003	邹静	¥9,856.32	¥366.96	¥9,400.00
5	I2015004	陈凯君	¥8,753.21	¥289.63	¥8,400.00
6	I2015005	刘茂林	¥6,547.32	¥236.98	¥6,300.00
7	I2015006	王一帆	¥8,956.33	¥299.36	¥8,600.00
8	I2015007	季亚萍	¥6,598.66	¥254.77	¥6,300.00
9	I2015008	王阳	¥7,898.69	¥277.36	¥7,600.00
10	I2015009	郁可玮	¥5,648.96	¥212.36	¥5,400.00

图 2-151　利用 TRUNC 函数对实发工资抹零

【例 2-20】某单位的实发工资是由应发工资减去扣款合计所得，现要求对实发工资保留一位小数进行四舍五入。

【解题思路】在图 2-152 所示的表中，在四舍五入的实发工资区域 E2 单元格输入函数“=ROUND(C2-D2,1)”，表示对 C 列与 D 列的差保留一位小数，再将公式填充至剩余单元格即可。

E2	=ROUND(C2-D2,1)				
	A	B	C	D	E
1	编号	姓名	应发工资	扣款合计	实发工资（四舍五入）
2	I2015001	程嘉瑾	¥6,548.32	¥245.65	¥6,302.70
3	I2015002	马安旎	¥6,987.36	¥266.36	¥6,721.00
4	I2015003	邹静	¥9,856.32	¥366.96	¥9,489.40
5	I2015004	陈凯君	¥8,753.21	¥289.63	¥8,463.60
6	I2015005	刘茂林	¥6,547.32	¥236.98	¥6,310.30
7	I2015006	王一帆	¥8,956.33	¥299.36	¥8,657.00
8	I2015007	季亚萍	¥6,598.66	¥254.77	¥6,343.90
9	I2015008	王阳	¥7,898.69	¥277.36	¥7,621.30
10	I2015009	郁可玮	¥5,648.96	¥212.36	¥5,436.60

图 2-152　利用 ROUND 函数对实发工资四舍五入

9．MOD 函数：取余

语法：MOD(number, divisor)

功能：返回两数相除的余数。结果的正负号与除数相同。

说明：

（1）参数 number 为必需字段，是被除数。

（2）参数 divisor 为必需字段，是除数。

【例 2-21】利用相关函数，对数值进行奇偶判断。

【解题思路】从奇偶数的定义可知，能被 2 整除的为偶数，不能被 2 整除的即为奇数。因此，可将 MOD 函数作为 IF 函数的嵌套函数，判断数值是否可以被 2 整除，然后根据真假返回相应的值。在如图 2-153 所示的表中，在判断区 B2 单元格内，输入公式“=IF(MOD(A2,2)=0,"偶数","奇数")”后，再将公式填充至剩余单元格即可。

B2	=IF(MOD(A2,2)=0,"偶数","奇数")					
	A	B	C	D	E	F
1	数值	奇偶数判断				
2	111	奇数				
3	222	偶数				
4	12345	奇数				
5	67890	偶数				

图 2-153　利用 MOD 函数进行奇偶判断

10. ABS 函数：取绝对值

语法：ABS(number)

功能：返回数字的绝对值，绝对值没有符号。

说明：参数 number 为必需字段，是需要计算其绝对值的实数。

11. RAND 函数：随机数

语法：RAND()

功能：返回小于整数 1 但不小于 0 的均匀分布随机实数，每次计算工作表时都将返回一个新的随机实数。

说明：参数为空。如果需要使生成的一个随机数不随单元格计算而改变，可以在函数编辑状态按【F9】键，将随机数固定下来。

【例 2-22】某次考试需要随机安排座位号，如图 2-154 所示，请利用相关函数完成。

编号	姓名	考试科目	座位号
J2015001	赵丽纹	二级C语言	
J2015002	鲁巧妮	二级JAVA	
J2015003	周琪	二级OFFICE	
J2015004	麻江明	二级ACCESS	
J2015005	种天航	二级C语言	
J2015006	郑牡丹	二级JAVA	
J2015007	杨敬	二级OFFICE	
J2015008	张昊晨	二级ACCESS	
J2015009	张诗琦	二级OFFICE	

图 2-154　需要随机安排座位号的原始表

【解题思路】利用随机数可以随机生成一组数据，将此数据进行从小到大排序，再按次序填入座位号，完成后再重新按照编号排列，即可得到随机座位号的安排。

首先在座位号的右侧增加一列随机数列，输入函数“=RAND()”，但由于随机数在工作表计算时都会做变动，虽然可以通过在编辑状态按【F9】键将一组随机数固定，但如果是多组随机数都需要固定的话此方法就比较耗时。比较简单的方法是将多组随机数复制，选择性粘贴（只粘贴数值）到边上的空白列，如图 2-155 所示。从截图中也可以轻易发现在粘贴的过程中随机数又发生了变化。

E2　fx =RAND()

	A	B	C	D	E	F
1	编号	姓名	考试科目	座位号	随机数(RAND)	随机数(数值)
2	J2015001	赵丽纹	二级C语言		0.548231488	0.150378291
3	J2015002	鲁巧妮	二级JAVA		0.150410324	0.923627104
4	J2015003	周琪	二级OFFICE		0.876058871	0.422437918
5	J2015004	麻江明	二级ACCESS		0.645926477	0.029220122
6	J2015005	种天航	二级C语言		0.40927869	0.77149772
7	J2015006	郑牡丹	二级JAVA		0.239162969	0.804895555
8	J2015007	杨敬	二级OFFICE		0.043095273	0.31030349
9	J2015008	张昊晨	二级ACCESS		0.935767143	0.395167325
10	J2015009	张诗琦	二级OFFICE		0.796011098	0.176914171

图 2-155　利用 RAND 函数求随机数

其次，将粘贴为数值的随机数进行升序排列，再在座位号中依次从 1 开始填充整数。

最后再将表按照编号升序排列，恢复成原始的排列次序，座位号中呈现的就是由随机数得到的无序排列号码，如图 2-156 所示。

编号	姓名	考试科目	座位号
J2015001	赵丽纹	二级C语言	2
J2015002	鲁巧妮	二级JAVA	9
J2015003	周琪	二级OFFICE	6
J2015004	麻江明	二级ACCESS	1
J2015005	种天航	二级C语言	7
J2015006	郑牡丹	二级JAVA	8
J2015007	杨敬	二级OFFICE	4
J2015008	张昊晨	二级ACCESS	5
J2015009	张诗琦	二级OFFICE	3

图 2-156　随机排座位号结果

2.4.4　统计函数

数据的统计操作包含有数量统计、平均值计

算、最大最小值的获取、数据的排名等，这些操作通过 Excel 内置的统计函数均可轻松实现。

常用的统计函数有以下几种：

1．COUNT 函数：统计计数

语法：COUNT(value1, [value2], ...)

功能：计算包含数字的单元格以及参数列表中数字的个数，即只统计数字类型的数据。

说明：

（1）参数 value1 为必需字段，是要计算其中数字的个数的第一个项、单元格引用或区域。

（2）参数 value2, ...为可选字段，是要计算其中数字的个数的其他项、单元格引用或区域，最多可包含 255 个参数。

【例 2-23】有图 2-157 所示的一个学生成绩表，如果成绩记录为“缓考”，表示该生没有参加当门考试。登记为“缓考”，和下一批次的考生一起参加考试；记录为空，表示该生缺考。现要求利用相关函数计算各科实际考生人数。

班级	学号	姓名	语文	数学	英语	总分
K101	K10101	夏欢欢	88	78	86	252
K101	K10102	金奕廷	94	89	96	279
K101	K10103	吴雯	79	96	77	252
K102	K10201	谭晨洁	94	85	74	253
K102	K10202	蔡宇栋	81	78	86	245
K102	K10203	郑辉辉	缓考	92	96	188
K103	K10301	陈梦婷	93	74		167
K103	K10302	唐荣辉	90	82	87	259
K103	K10303	周馨怡	85	93	94	272

图 2-157　学生成绩表

【解题思路】由题目分析可知，凡是有成绩记录的就表明该生参加了考试，那么利用 COUNT 函数统计各科目有数值的单元格个数即可。在图 2-158 所示的表中，C13 单元格中输入函数“=COUNT(D2:D10)”，再将公式填充至 E13 单元格，即可求出语文、数学和英语的实际考试人数。

C13　　fx　=COUNT(D2:D10)

	A	B	C	D	E	F	G
1	班级	学号	姓名	语文	数学	英语	总分
2	K101	K10101	夏欢欢	88	78	86	252
3	K101	K10102	金奕廷	94	89	96	279
4	K101	K10103	吴雯	79	96	77	252
5	K102	K10201	谭晨洁	94	85	74	253
6	K102	K10202	蔡宇栋	81	78	86	245
7	K102	K10203	郑辉辉	缓考	92	96	188
8	K103	K10301	陈梦婷	93	74		167
9	K103	K10302	唐荣辉	90	82	87	259
10	K103	K10303	周馨怡	85	93	94	272
11							
12		科目	语文	数学	英语		
13		实考人数	8	9	8		

图 2-158　利用 COUNT 函数统计各科目实考人数

2．COUNTA 函数：统计非空单元格

语法：COUNTA(value1, [value2], ...)

功能：统计计算区域内非空单元格的个数。

说明：

（1）参数 value1 为必需字段，表示要计数的值的第一个参数。

（2）参数 value2, ...为可选字段，表示要计数的值的其他参数，最多可包含 255 个参数。

【例 2-24】同图 2-157 所示的学生成绩表，要求利用相关函数计算参加语文考试的应考人数。

【解题思路】由学生成绩表可知，语文成绩记录中除了数值之外还有文本，所以对于该列统计其个数的话需要用 COUNTA 函数而不是 COUNT 函数。因此，在图 2-159 所示的表中，用于统计语文应考人数的 C12 的单元中输入函数“=COUNTA(D2: D10)”，即可求出数据。

C12 =COUNTA(D2:D10)

	A	B	C	D	E	F	G
1	班级	学号	姓名	语文	数学	英语	总分
2	K101	K10101	夏欢欢	88	78	86	252
3	K101	K10102	金奕廷	94	89	96	279
4	K101	K10103	吴雯	79	96	77	252
5	K102	K10201	谭晨洁	94	85	74	253
6	K102	K10202	蔡宇栋	81	78	86	245
7	K102	K10203	郑辉辉	缓考	92	96	188
8	K103	K10301	陈梦婷	93	74		167
9	K103	K10302	唐荣辉	90	82	87	259
10	K103	K10303	周馨怡	85	93	94	272
11							
12		语文应考人数	9				

图 2-159　利用 COUNTA 函数统计语文考试应考人数

3. COUNTBLANK 函数：统计空白单元格

语法：COUNTBLANK(range)

功能：统计计算区域内空白单元格的个数。

说明：参数 range 为必需字段，表示需要计算其中空白单元格个数的区域。

【例 2-25】同图 2-157 所示的学生成绩表，要求利用相关函数计算各科目缺考人数。

【解题思路】由题目可知，各科目中成绩项为空的即为缺考，因此此题等于是统计空白单元格个数，用 COUNTBLANK 函数即可完成。在图 2-160 所示的表中，在 C13 单元格中统计语文所在列的空白单元格个数，输入函数“=COUNTBLANK(D2: D10)”，再将函数填充至 E13 单元格，即可统计出各科缺考人数。

C13 =COUNTBLANK(D2:D10)

	A	B	C	D	E	F	G
1	班级	学号	姓名	语文	数学	英语	总分
2	K101	K10101	夏欢欢	88	78	86	252
3	K101	K10102	金奕廷	94	89	96	279
4	K101	K10103	吴雯	79	96	77	252
5	K102	K10201	谭晨洁	94	85	74	253
6	K102	K10202	蔡宇栋	81	78	86	245
7	K102	K10203	郑辉辉	缓考	92	96	188
8	K103	K10301	陈梦婷	93	74		167
9	K103	K10302	唐荣辉	90	82	87	259
10	K103	K10303	周馨怡	85	93	94	272
11							
12		科目	语文	数学	英语		
13		缺考人数	0	0	1		

图 2-160　利用 COUNTBLANK 函数统计各科目缺考人数

4. COUNTIF 函数：条件统计

语法：COUNTIF(range, criteria)

功能：对区域中满足单个指定条件的单元格进行计数。

说明：

（1）参数 range 为必需字段，是要对其进行计数的一个或多个单元格，其中包括数字或名称、数组或包含数字的引用。

（2）参数 criteria 为必需字段，用于定义将对哪些单元格进行计数的数字、表达式、单元格引用或文本字符串，可以使用通配符，不区分大小写。

【例 2-26】同图 2-157 所示的学生成绩表，要求利用相关函数统计总分在 250 分以上的学生总人数。

【解题思路】由题目分析可知，本题在单纯统计人数的基础上加了条件——总分需要大于 250 分，因此用到的函数是 COUNTIF。

根据 COUNTIF 函数的语法，函数需要有 2 个必需字段，一个是需要统计的区域，在此题中统计的区域是总分区域，即 C2:C10，还有一个是条件区域，条件区域可以是单元格，如图 2-161 所示的表中，B13 单元格即可作为条件区域，也可以是表达式，直接输入“">250"”。因此在统计人数的单元格 C13 中，输入函数“=COUNTIF(G2:G10, B13)”或“=COUNTIF(G2:G10,">250")”均可得到总分在 250 分以上的学生总人数。

C13 =COUNTIF(G2:G10,B13)

	A	B	C	D	E	F	G
1	班级	学号	姓名	语文	数学	英语	总分
2	K101	K10101	夏欢欢	88	78	86	252
3	K101	K10102	金奕廷	94	89	96	279
4	K101	K10103	吴零	79	96	77	252
5	K102	K10201	谭晨洁	94	85	74	253
6	K102	K10202	蔡宇栋	81	78	86	245
7	K102	K10203	郑辉辉	缓考	92	96	188
8	K103	K10301	陈梦婷	93	74		167
9	K103	K10302	唐荣辉	90	82	87	259
10	K103	K10303	周馨怡	85	93	94	272
11							
12		总分	人数				
13		>250	6				

图 2-161　利用 COUNTIF 函数统计总分在 250 分以上的学生总人数

5. COUNTIFS 函数：多条件统计

语法：COUNTIFS(criteria_range1, criteria1, [criteria_range2, criteria2]...)

功能：对区域中满足多个指定条件的单元格进行计数。

说明：

（1）参数 criteria_range1 为必需字段，是在其中计算关联条件的第一个区域。

（2）参数 criteria1 为必需字段，是统计的条件。

（3）参数 criteria_range2, criteria2, ...为可选字段，是附加的区域及其关联条件，最多允许 127 个区域/条件对，每一个附加的区域都必须与参数 criteria_range1 具有相同的行数和列数。

【例 2-27】同图 2-157 所示的学生成绩表，要求利用相关函数统计 K101 班级语文成绩在 80 分以上的学生人数。

【解题思路】由题目分析可知，此题是多条件统计，条件一是班级限定为 K101，

条件二是要求语文成绩大于 80，因此需要使用的是函数 COUNTIFS。

根据 COUNTIFS 函数的语法，关联条件的第一个区域为 A2:A10，条件可以选择图 2-162 所示的表中 B13 单元格，其内容是 K101，也可以直接输入表达式“"K101"”；关联条件的第二个区域为 D2:D10 的语文成绩所在单元格区域，条件可以选择 C13 单元格，也可以直接输入表达式“">80"”。因此，在统计 K101 班级语文成绩在 80 分以上的学生人数的 D13 单元格中输入函数“=COUNTIFS(A2:A10,B13,D2:D10,C13)”或“=COUNTIFS(A2:A10,"K101",D2:D10,">80")”即可得到结果。

D13 | fx =COUNTIFS(A2:A10,B13,D2:D10,C13)

	A	B	C	D	E	F	G
1	班级	学号	姓名	语文	数学	英语	总分
2	K101	K10101	夏欢欢	88	78	86	252
3	K101	K10102	金奕廷	94	89	96	279
4	K101	K10103	吴零	79	96	77	252
5	K102	K10201	谭晨洁	94	85	74	253
6	K102	K10202	蔡宇栋	81	78	86	245
7	K102	K10203	郑辉辉	缓考	92	96	188
8	K103	K10301	陈梦婷	93	74		167
9	K103	K10302	唐荣辉	90	82	87	259
10	K103	K10303	周馨怡	85	93	94	272
11							
12		班级	语文	人数			
13		K101	>80	2			

图 2-162 利用 COUNTIFS 函数统计 K101 班语文成绩 80 分以上的学生人数

6. AVERAGE 函数：求算数平均值

语法：AVERAGE(number1, [number2], ...)

功能：返回参数的算术平均值。

说明：

（1）参数 number1 为必需字段，是要计算平均值的第一个数字、单元格引用或单元格区域。

（2）参数 number2, ...为可选字段，是要计算平均值的其他数字、单元格引用或单元格区域，最多可包含 255 个。

（3）如果区域或单元格引用参数包含文本、逻辑值或空单元格，则这些值将被忽略。

【例 2-28】同图 2-157 所示的学生成绩表，要求利用相关函数统计个人平均分（忽略缓考和缺考项，该项成绩不作计算）。

【解题思路】由 AVERAGE 函数说明可知，该函数只统计数值，满足题目文本和空单元格不参加计算平均值的要求，因此可以在图 2-163 所示的表中，选择计算平均分区域中的 H2 单元格，输入函数“=AVERAGE(D2:F2)”，再将公式填充至剩余单元格即可。

H2 | fx =AVERAGE(D2:F2)

	A	B	C	D	E	F	G	H
1	班级	学号	姓名	语文	数学	英语	总分	平均分1
2	K101	K10101	夏欢欢	88	78	86	252	84
3	K101	K10102	金奕廷	94	89	96	279	93
4	K101	K10103	吴零	79	96	77	252	84
5	K102	K10201	谭晨洁	94	85	74	253	84
6	K102	K10202	蔡宇栋	81	78	86	245	82
7	K102	K10203	郑辉辉	缓考	92	96	188	94
8	K103	K10301	陈梦婷	93	74		167	84
9	K103	K10302	唐荣辉	90	82	87	259	86
10	K103	K10303	周馨怡	85	93	94	272	91

图 2-163 利用 AVERAGE 函数统计个人平均分

7. AVERAGEA 函数：求包含文本和逻辑值的平均值

语法：AVERAGEA(value1, [value2], ...)

功能：返回包含文本和逻辑值的算数平均值。

说明：

（1）参数 value1 是必需字段，是要计算平均值的第一个单元格、单元格区域或值。

（2）参数 value2,...是可选字段，是需要计算平均值的 1～255 个单元格、单元格区域或值。

（3）参数中包含的文本、逻辑值均被统计在内，空单元格除外。

【例 2-29】同图 2-157 所示的学生成绩表，要求利用相关函数统计个人平均分（只忽略缺考项）。

【解题思路】由题目说明可知，缺考项的记录为空单元格，不在 AVERAGEA 函数的统计范围内，因此可以在图 2-164 所示的表中，选择计算平均分区域中 I2 单元格，输入函数“=AVERAGE(D2:F2)”，再将公式填充至剩余单元格即可。

对比利用 AVERAGE 函数求的“平均分 1”和利用 AVERAGEA 函数求的“平均分 2”发现，2 种统计方式对有缓考标记的学生计算出了不同的结果，在实际使用中可根据需求判断需要使用哪个函数进行平均值的统计。

I2 =AVERAGEA(D2:F2)

	A	B	C	D	E	F	G	H	I
1	班级	学号	姓名	语文	数学	英语	总分	平均分1	平均分2
2	K101	K10101	夏欢欢	88	78	86	252	84	84
3	K101	K10102	金奕廷	94	89	96	279	93	93
4	K101	K10103	吴零	79	96	77	252	84	84
5	K102	K10201	谭晨洁	94	85	74	253	84	84
6	K102	K10202	蔡宇栋	81	78	86	245	82	82
7	K102	K10203	郑辉辉	缓考	92	96	188	94	63
8	K103	K10301	陈梦婷	93	74		167	84	84
9	K103	K10302	唐荣辉	90	82	87	259	86	86
10	K103	K10303	周馨怡	85	93	94	272	91	91

图 2-164　利用 AVERAGEA 函数统计个人平均分

8. AVERAGEIF 函数：条件求平均值

语法：AVERAGEIF(range, criteria, [average_range])

功能：返回某个区域内满足给定条件的所有单元格的算术平均值。

说明：

（1）参数 range 为必需字段，是要计算平均值的一个或多个单元格，即 IF 的条件所在区域，其中包括数字或包含数字的名称、数组或引用。

（2）参数 criteria 为必需字段，用于定义要对哪些单元格计算平均值的条件，即 IF 的条件，可以是数字、表达式、单元格引用或文本形式。

（3）参数 average_range 为可选字段，是要计算平均值的实际单元格集，即 AVERAGE 的区域，如果忽略，则使用参数 range 的区域。

【例 2-30】同图 2-157 所示的学生成绩表，要求利用相关函数统计 K103 班的数学平均分。

【解题思路】由题目分析可知，本题在单纯统计数学平均分的基础上增加了条件限定——班级要求是 K103 班，因此需要用到的是条件求平均值函数 AVERAGEIF。

根据语法规则，函数需要 2 个必需字段和 1 个可选字段。一个必需字段是判断条件所在的区域,即班级所在区域 A2:A10,还有一个必需字段是判断的条件,班级 K103,可以直接选择图 2-165 所示的表中 B13 单元格，也可以直接输入表达式“"K103"”。一个可选字段即需要求平均值的区域，在本题中，平均值不是对于班级求取的，所以不能省略，需要选择数学分数所在的区域 E2:E10。

综上所述，在 C13 单元格中输入函数“=AVERAGEIF(A2:A10, "K103",E2:E10)”或“=AVERAGEIF(A2:A10,B13,E2:E10)”即可统计出 K103 班级的数学平均分。

C13 =AVERAGEIF(A2:A10,B13,E2:E10)

	A	B	C	D	E	F	G
1	班级	学号	姓名	语文	数学	英语	总分
2	K101	K10101	夏欢欢	88	78	86	252
3	K101	K10102	金奕廷	94	89	96	279
4	K101	K10103	吴零	79	96	77	252
5	K102	K10201	谭晨洁	94	85	74	253
6	K102	K10202	蔡宇栋	81	78	86	245
7	K102	K10203	郑辉辉	缓考	92	96	188
8	K103	K10301	陈梦婷	93	74		167
9	K103	K10302	唐荣辉	90	82	87	259
10	K103	K10303	周馨怡	85	93	94	272
11							
12		班级	数学平均分				
13		K103	83				

图 2-165　利用 AVERAGEIF 函数统计 K103 班数学平均分

9. AVERAGEIFS 函数：多条件求平均值

语法：AVERAGEIFS(average_range, criteria_range1, criteria1, [criteria_range2, criteria2], ...)

功能：返回满足多重条件的所有单元格的算术平均值。

说明：

（1）参数 average_range 为必需字段，是要计算平均值的一个或多个单元格，即 AVERAGE 的平均值区域。

（2）参数 criteria_range1 为必需字段，是在其中计算关联条件的第一个区域，即第一个 IF 的条件所在区域。

（3）参数 criteria1 为必需字段，是用于确定对参数 criteria_range1 中哪些单元格求平均值的条件，即第一个 IF 的条件，用于定义将对哪些单元格求平均值。

（4）参数 criteria_range2, criteria2, ...为可选参数，是附加的区域及其关联条件。最多允许 127 个区域/条件对。

特别需要注意的是，AVERAGEIFS 函数与 AVERAGEIF 函数的参数位置不同，当 AVERAGEIFS 函数的判断依据只有一组时，其功能和 AVERAGEIF 函数一致。

【例 2-31】同图 2-157 所示的学生成绩表，要求利用相关函数统计 K102 班级，总分在 240 分以上同学的数学平均分。

【解题思路】由题目分析可知，对于数学平均分的统计增加了两个限定条件，一是班级限定为 K102，还有就是总分要求大于 240 分，因此需要用到的函数是多条件求平均值函数 AVERAGEIFS。

根据语法规则，第一个参数为求平均值的区域，即数学分数所在区域 E2:E10；第二组参数为第一对判断条件所在区域和判断条件，分别是班级所在区域 A2:A10 和如图 2-166 所示的班级名称 K102 所在的单元格 B13，对于判断条件也可以直接输入表达式“"K102"”；第三组参数为第二对判断条件所在区域和判断条件，分别是总分所在区域 G2:G10 和总分条件所在单元格 C13，同样的，判断条件也可以用“">240"”表达式代替。

综上所述，在 D13 单元格中输入函数“=AVERAGEIFS(E2:E10,A2:A10, "K102", G2:G10,">240")”或“=AVERAGEIFS(E2:E10,A2:A10,B13,G2:G10,C13)”即可统计出 K102 班级，总分在 240 分以上同学的数学平均分。

D13 =AVERAGEIFS(E2:E10, A2:A10, B13, G2:G10, C13)

	A	B	C	D	E	F	G	H
1	班级	学号	姓名	语文	数学	英语	总分	
2	K101	K10101	夏欢欢	88	78	86	252	
3	K101	K10102	金奕廷	94	89	96	279	
4	K101	K10103	吴零	79	96	77	252	
5	K102	K10201	谭晨洁	94	85	74	253	
6	K102	K10202	蔡宇栋	81	78	86	245	
7	K102	K10203	郑辉辉	缓考	92	96	188	
8	K103	K10301	陈梦婷	93	74		167	
9	K103	K10302	唐荣辉	90	82	87	259	
10	K103	K10303	周馨怡	85	93	94	272	
11								
12		班级	总分	数学平均分				
13		K102	>240	81.5				

图 2-166　利用 AVERAGEIFS 函数统计 K102 班总分 240 分以上同学的数学平均分

10．MAX 函数：最大值

语法：MAX(number1, [number2], ...)

功能：返回一组值中的最大值。

说明：参数 number1, number2, ...中，只有参数 number1 是必需字段，后续数值是可选的。

【例 2-32】 同图 2-157 所示的学生成绩表，要求利用相关函数统计各科目的最高分。

【解题思路】 利用 MAX 函数可以得到一组值中的最大值，在如图 2-167 所示的表中，用于存放语文最高分的单元格 C13 中输入函数“=MAX(D2:D10)”，再将公式填充至 E13 单元格，即可得到各科目的最高分。

C13 =MAX(D2:D10)

	A	B	C	D	E	F	G
1	班级	学号	姓名	语文	数学	英语	总分
2	K101	K10101	夏欢欢	88	78	86	252
3	K101	K10102	金奕廷	94	89	96	279
4	K101	K10103	吴零	79	96	77	252
5	K102	K10201	谭晨洁	94	85	74	253
6	K102	K10202	蔡宇栋	81	78	86	245
7	K102	K10203	郑辉辉	缓考	92	96	188
8	K103	K10301	陈梦婷	93	74		167
9	K103	K10302	唐荣辉	90	82	87	259
10	K103	K10303	周馨怡	85	93	94	272
11							
12		科目	语文	数学	英语		
13		最高分	94	96	96		
14		最低分	79	74	74		

图 2-167　利用 MAX 函数统计各科目的最高分

11．MIN 函数：最小值

语法：MIN(number1, [number2], ...)

功能：返回一组值中的最小值。

说明：参数 number1, number2, ...中，只有参数 number1 是必需字段，后续数值是

可选的。

【例 2-33】同图 2-157 所示的学生成绩表，要求利用相关函数统计各科目的最低分。

【解题思路】利用 MIN 函数可以得到一组值中的最小值，在图 2-168 所示的表中，用于存放语文最低分的单元格 C14 中输入函数“=MIN(D2:D10)”，再将公式填充至 E14 单元格，即可得到各科目的最低分。

C14 fx =MIN(D2:D10)

	A	B	C	D	E	F	G
1	班级	学号	姓名	语文	数学	英语	总分
2	K101	K10101	夏欢欢	88	78	86	252
3	K101	K10102	金奕廷	94	89	96	279
4	K101	K10103	吴雯	79	96	77	252
5	K102	K10201	谭晨洁	94	85	74	253
6	K102	K10202	蔡宇栋	81	78	86	245
7	K102	K10203	郑辉辉	缓考	92	96	188
8	K103	K10301	陈梦婷	93	74		167
9	K103	K10302	唐荣辉	90	82	87	259
10	K103	K10303	周馨怡	85	93	94	272
11							
12		科目	语文	数学	英语		
13		最高分	94	96	96		
14		最低分	79	74	74		

图 2-168　利用 MIN 函数统计各科目的最低分

12．RANK.AVG、RANK.EQ 和 RANK 函数：排位

语法：RANK.AVG(number,ref,[order])、RANK.EQ(number,ref,[order])、RANK (number,ref,[order])

功能：返回一个数字在数字列表中的排位。

说明：

（1）参数 number 为必需字段，是要查找其排位的数字。

（2）参数 ref 为必需字段，是数字列表、数组或对数字列表的引用，非数值型值将被忽略。

（3）参数 order 为可选参数，如果参数为 0 或忽略，按照降序排序；参数不为 0 则按照升序排列。

（4）同为排位函数，三者的区别为：在需要排位的数字相同时，RANK.AVG 函数返回平均排位，RANK.EQ 函数则返回该组数值的最高排位。RANK 函数是为了保持与 Excel 早期版本的兼容性才保留的旧函数，如果不需要后向兼容性，可以用 RANK.AVG 函数和 RANK.EQ 函数替代，以便更加准确地描述其功能。

【例 2-34】同图 2-157 所示的学生成绩表，要求利用相关函数统计各学生的排名情况。要求从最高分排至最低分，如分数相同，分两种情况排名：一种是按照平均值排名，还有一种是按照最高排名。

【解题思路】利用 RANK.AVG 函数和 RANK.EQ 函数对总分进行排名。在图 2-169 所示的表中，选择 H2 单元格，输入函数“=RANK.AVG(G2,G2:G10,0)”，由于需要将公式复制到余下的单元格，数值列表即总分区域需要固定不变，因此要将此部分改为混合引用，函数也就变成了“=RANK.AVG(G2,G$2:G$10,0)”，然后将公式复制到余下单元格即可得到按照平均值排名情况。同样的方式，在 I2 单元格中输入函数“=RANK.EQ(G2,G$2:G$10,0)”并将公式填充到余下单元格可以得到按照最高排名的情况。

对排名表进行分析，不难发现 RANK.AVG 函数和 RANK.EQ 函数对同名的处理情况：总分同为 252 分的同学，按照 RANK.AVG 函数取平均值排名，5.5 的平均值被四舍五入取整后排名为并列第 6 名，第 5 名留空；而用 RANK.EQ 函数统计出的排名，按照就高原则，并列第 5，然后第 6 名留空，接下去的就是第 7 名。显然 RANK.EQ 函数的排名方式在日常生活中使用更为频繁些。如果考虑到向下兼容，利用 RANK 函数也可以取得排名，在本例中其排名结果和 RANK.EQ 函数的排名结果一致。

I2 =RANK.EQ(G2,G$2:G$10,0)

	A	B	C	D	E	F	G	H	I	J
1	班级	学号	姓名	语文	数学	英语	总分	排名1 (RANK.AVG)	排名2 (RANK.EQ)	排名3 (RANK)
2	K101	K10101	夏欢欢	88	78	86	252	6	5	5
3	K101	K10102	金奕廷	94	89	96	279	1	1	1
4	K101	K10103	吴零	79	96	77	252	6	5	5
5	K102	K10201	谭晨洁	94	85	74	253	4	4	4
6	K102	K10202	蔡宇栋	81	78	86	245	7	7	7
7	K102	K10203	郑辉辉	缓考	92	96	188	8	8	8
8	K103	K10301	陈梦婷	93	74		167	9	9	9
9	K103	K10302	唐荣辉	90	82	87	259	3	3	3
10	K103	K10303	周馨怡	85	93	94	272	2	2	2

图 2-169　利用 RANK.AVG、RANK.EQ 和 RANK 函数统计总分排名

2.4.5　文本函数

在 Excel 中，除了数值型数据以外，文本字符串是另一种较为常见的数据类型，对表格中的数据处理也起着尤为关键的作用。Excel 中内置的文本函数，可以帮助用户实现对字符串的诸多处理，如对字符串的截取、字符串的合并、文本查找替换等。灵活掌握文本函数的使用，往往可以使用户解决不少困难，达到事半功倍的效果。

常用的文本函数有以下几种：

1. LEFT 函数：从左侧开始截取字符串

语法：LEFT(text, [num_chars])

功能：根据所指定的字符数，返回文本字符串中第一个或前几个字符。

说明：

（1）参数 text 为必需字段，是包含要提取的字符的文本字符串。

（2）参数 num_chars 为可选字段，是要提取的字符的数量，必须大于或等于零。参数 num_chars 如果大于文本长度，则回全部文本，如果省略，则认为截取长度为 1。

【例 2-35】已知学生的 9 位学号由几部分组成：第 1～7 位构成班级号码，如“K160333”，现要求利用相关函数获取班级号。

【解题思路】在图 2-170 所示的表中，由题目说明可知，学号从左边数起的 7 位号码即可得到班级号码，因此在 B2 单元格中输入函数“=LEFT(A2,7)”，再将公式填充至剩余单元格，即可得到各学生对应的班级号码。

B2 =LEFT(A2,7)

	A	B	C	D
1	学号	班级	姓名	籍贯
2	K16033308	K160333	曹学之	上海
3	K16022206	K160222	陈怡	湖南
4	K16033307	K160333	代鑫	上海
5	K16011101	K160111	侯旻洲	上海
6	K16022204	K160222	刘佳颖	江苏
7	K16011103	K160111	沈南	江苏
8	K16033309	K160333	施悦	浙江
9	K16011102	K160111	吴毓希	内蒙
10	K16022205	K160222	朱蕊	安徽

图 2-170　利用 LEFT 函数获取班级号

2. RIGHT 函数：从右侧开始截取字符串

语法：RIGHT(text,[num_chars])

功能：根据所指定的字符数，返回文本字符

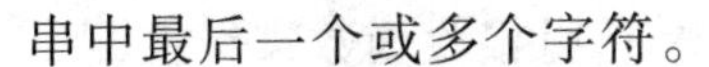

串中最后一个或多个字符。

说明：同 LEFT 函数。

【例 2-36】已知学生的 9 位学号由几部分组成：第 8～9 位代表的是该生在班级中的序号，如“08”。现要求利用相关函数获取学生在班级中的序号。

【解题思路】由题目说明可知，学号的末 2 位数即为该生在班级中的序号，因此在 E2 单元格中输入函数“=RIGHT(A2,2)”，再将公式填充至剩余单元格，即可得到班级中的序号，如图 2-171 所示。

3．MID 函数：从任意位置截取字符串

语法：MID(text, start_num, num_chars)

功能：返回文本字符串中从指定位置开始的特定数目的字符。

说明：

（1）参数 text 为必需字段，是包含要提取字符的文本字符串。

（2）参数 start_num 为必需字段，是文本中要提取的第一个字符的位置。文本中第一个字符的 start_num 为 1，依此类推。

（3）参数 num_chars 为必需字段，是从文本中返回字符的个数。

【例 2-37】已知学生的 9 位学号前 7 位的具体含义为：首字母代表的是学制，如“K”代表是四年制本科；第 2～3 位代表是入学年，如“16”代表的是“2016 年”入学；第 4～6 位代表的是专业代号，不同的专业有不同的代号组成，如“033”代表是“金融系”；第 7 位代表是班级号，如“3”代表的是“三班”。现要求利用相关函数获取学生的专业代号。

【解题思路】由题目说明可知，专业代号是学号的第 4～6 位，也就是需要利用 MID 函数从第 4 位开始截取 3 位，因此在 E2 单元格输入函数“=MID(A2,4,3)”，再将函数填充至剩余单元格，即可得到专业代号，如图 2-172 所示。

根据 MID 函数的功能说明，前面的 LEFT 函数例子和 RIGHT 函数例子同样可以利用 MID 函数来完成，将相应的函数改为“=MID(A2,1,6)”和“=MID(A2,8,2)”也能获取班级号码和班级中的序号。

E2 fx =RIGHT(A2,2)

	A	B	C	D	E
1	学号	班级	姓名	籍贯	班级中的序号
2	K16033308	K160333	曹学之	上海	08
3	K16022206	K160222	陈怡	湖南	06
4	K16033307	K160333	代鑫	上海	07
5	K16011101	K160111	侯旻洲	上海	01
6	K16022204	K160222	刘佳颖	江苏	04
7	K16011103	K160111	沈南	江苏	03
8	K16033309	K160333	施悦	浙江	09
9	K16011102	K160111	吴毓希	内蒙	02
10	K16022205	K160222	朱蕊	安徽	05

图 2-171 利用 RIGHT 函数获取班级中的序号

E2 fx =MID(A2,4,3)

	A	B	C	D	E
1	学号	班级	姓名	籍贯	专业代号
2	K16033308	K160333	曹学之	上海	033
3	K16022206	K160222	陈怡	湖南	022
4	K16033307	K160333	代鑫	上海	033
5	K16011101	K160111	侯旻洲	上海	011
6	K16022204	K160222	刘佳颖	江苏	022
7	K16011103	K160111	沈南	江苏	011
8	K16033309	K160333	施悦	浙江	033
9	K16011102	K160111	吴毓希	内蒙	011
10	K16022205	K160222	朱蕊	安徽	022

图 2-172 利用 MID 函数获取专业代号

4．LEN 函数：字符串长度

语法：LEN(text)

功能：返回文本字符串中的字符数。

说明：参数 text 为必需字段，是要查找其长度的文本。空格将作为字符进行计数。

【例 2-38】某用户注册表要求密码设置为 6 位，现要求利用相关函数进行检测，密码等于 6 位的显示“PASS”，否则显示“无效密码，请更正”。

【解题思路】利用 LEN 函数可以判断字符串的长度，将其作为 IF 函数的判断项，结果为 TRUE 返回“"PASS"”，FALSE 返回“"无效密码，请更正"”，因此可以在图 2-173 所示的表中，在密码有效性检测单元格 D2 中输入公式“=IF(LEN(C2)=6,"PASS","无效密码，请更正")”，再将公式填充至剩余单元格，即可判断成功。

D2　fx　=IF(LEN(C2)=6,"PASS","无效密码，请更正")

	A	B	C	D	E	F
1	序号	用户名	密码	密码有效性检测		
2	1	jiang wei	*****	无效密码，请更正		
3	2	zhong yue	******	PASS		
4	3	zhang kai	******	PASS		
5	4	huang jing	********	无效密码，请更正		
6	5	wang dong	******	PASS		
7	6	cai bei li	****	无效密码，请更正		
8	7	zhang yue	******	PASS		
9	8	jiang wei	******	PASS		
10	9	ren qian	******	PASS		

图 2-173　利用 IF 和 LEN 函数检测密码有效性

5．CONCATENATE 函数：文本合并

语法：CONCATENATE(text1, [text2], ...)

功能：可将最多 255 个文本字符串连接成一个文本字符串。

说明：

（1）参数 text1 为必需字段，是要连接的第一个文本项。

（2）参数 text2, ... 为可选字段，是其他文本项，最多为 255 项。项与项之间必须用逗号隔开。

（3）CONCATENATE 函数的功能和与号（&）计算运算符一致。

【例 2-39】现有一人员信息表，要求根据姓名和性别获取称谓，姓名的首字符为姓氏，性别为“男”显示“先生”，“女”显示显示为“女士”。请利用相关函数进行判断。

【解题思路】根据题目分析可知，姓名左起第一个字符为姓氏，那么利用函数 LEFT 可以求得，而对于性别的判断显示，用 IF 函数即可进行判断，将两个函数获取的信息用 CONCATENATE 函数进行合并即可得到所要的称谓。

在图 2-174 所示的表中，在第一个获取称谓的单元格 D2 中，利用函数对话框输入公式“=CONCATENATE(LEFT(B2,1),IF(C2="男","先生","女士"))”，再将公式填充至剩余单元格，即可获取称谓。

D2　fx　=CONCATENATE(LEFT(B2,1),IF(C2="男","先生","女士"))

	A	B	C	D	E	F	G	H	I
1	序号	姓名	性别	称谓					
2	1	严佳松	男	严先生					
3	2	曹颖婕	女	曹女士					
4	3	朱彦	女	朱女士					
5	4	董茉莉	女	董女士					
6	5	张翔	男	张先生					
7	6	郑源麟	男	郑先生					
8	7	孟李杰	男	孟先生					
9	8	李雪	女	李女士					
10	9	蔡仕杰	男	蔡先生					

图 2-174　利用 CONCATENATE、LEFT 和 IF 函数判断称谓

在本题中，如果题目没有要求必须使用 CONCATENATE 函数的话，利用与号（&）同样可以解题，只需要在 D2 中输入“=LEFT(B2,1)&IF(C2="男","先生","女士")”，再将公式填充即可。

6. TEXT 函数：按特定格式返回文本字符串

语法：TEXT(value, format_text)

功能：可将数值转换为文本，并可使用特殊格式字符串来指定显示格式。

说明：

（1）参数 value 为必需字段，是数值、计算结果为数值的公式，或对包含数值的单元格的引用。

（2）参数 format_text 为必需字段，是使用双引号括起来作为文本字符串的数字格式。

（3）不同的符号在自定义格式中代表不同的含义，常用的符号代表的含义参见表 2-10。

表 2-10 自定义格式中的常用符号

符 号	说 明	示例代码	示例输出
/G 通用格式	以常规数字显示内容	/G 通用格式	“12.3”显示“12.3”；“十二”显示“十二”；“123.450”显示“123.450”
#	数字占位符。只显示有意义的 0	#.##	“45.67”显示“45.67”；“045.67”显示“45.67”；“450.670”显示“450.67”
0	数字占位符。单元格数字位数不足时以 0 补足	000.00	“45.67”显示“045.67”；“345.6”显示“345.60”；“1234.567”显示“1234.567”
?	数字占位符。小数点两侧位数不足时补空格	???.??	“45.67”显示“ 45.67”；“345.6”显示“345.6 ”；“1.2”显示“ 1.2 ”
@	文本占位符。引用或重复原始文本	“021-@@@@@@@@”	“20262626”显示“021-20262626”
*	重复下一个字符直至填充满整个单元格	**	无论输入什么内容，均填充“*”直至单元格填满
,	千位分隔符	#,##0.00	“12”显示“12.00”；“3456.7”显示“3,456.70”

【例 2-40】现有一酒水计费单，要求根据计费价格获取显示价格，如计费价格显示“100”，显示价格显示为“￥100.00 每杯”。请利用相关函数进行操作。

【解题思路】利用 TEXT 函数可以将数字“100”显示为“￥100.00”，再用与号（&）合并上文本“每杯”即可得到题目要求的显示效果。因此在图 2-175 所示的表中，在 D2 单元格中输入公式“=TEXT(C2,"￥0.00")&"每杯"”，并将公

D2 =TEXT(C2,"￥0.00")&"每杯"

	A	B	C	D	E
1	序号	酒水名称	计费价格	显示价格	
2	1	KIR ROYAL	208	¥208.00每杯	
3	2	MARTINE	268	¥268.00每杯	
4	3	Bloody Mary	148	¥148.00每杯	
5	4	FANTASTIC LEMAN	228	¥228.00每杯	
6	5	John Collins	168	¥168.00每杯	
7	6	NIKOLASCHIKA	248	¥248.00每杯	
8	7	Rob Roy	108	¥108.00每杯	
9	8	SCORPION	188	¥188.00每杯	
10	9	Side Car	128	¥128.00每杯	

图 2-175 利用 TEXT 函数显示酒水价格

式填充至剩余单元格即可。

7. SEARCH 函数：文本查找

语法：SEARCH(find_text,within_text,[start_num])

功能：在第二个文本字符串中查找第一个文本字符串，并返回第一个文本字符串的起始位置的编号，该编号从第二个文本字符串的第一个字符算起。

说明：

（1）参数 find_text 为必需字段，是要查找的文本。

（2）参数 within_text 为必需字段，是要在其中搜索参数 find_text 的值的文本。

（3）参数 start_num 为可选字段，是参数 within_text 从其开始搜索的字符编号。

【例 2-41】在兴趣爱好表中，请用相关函数获取书法爱好者的人数。

【解题思路】由题目分析可知，兴趣爱好区域中显示的内容多样且格式不固定，无法通过字符串截取的相关函数获得文本，只能利用 SEARCH 函数对文本查找并返回位置编号。对于无法查找到的内容返回错误代码“#VALUE!”。对于返回的数值，利用 COUNT 函数即可进行统计。

因此，在如图 2-176 所示的表中，在统计书法爱好者人数的单元格 C12 中输入公式“=COUNT(SEARCH("书法",C2:C10))”，再按【Ctrl+Shift+Enter】组合键完成输入即可得到人数。特别提醒的是，此处函数嵌套用到的是数组公式，必须按【Ctrl+Shift+Enter】组合键进行输入或修改，直接按【Enter】键输入会显示错误答案 0。

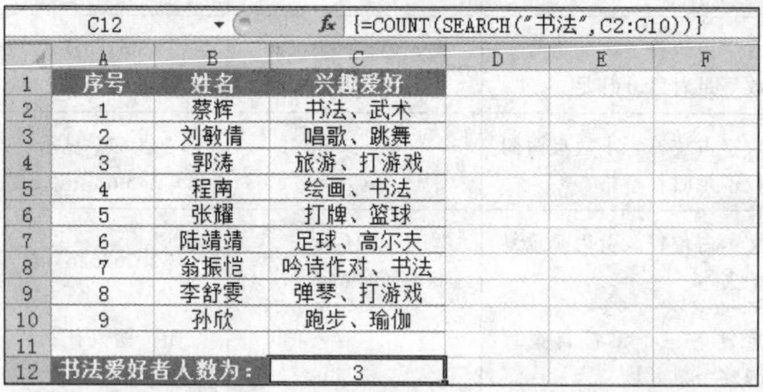

C12　　{=COUNT(SEARCH("书法",C2:C10))}

	A	B	C	D	E	F
1	序号	姓名	兴趣爱好			
2	1	蔡辉	书法、武术			
3	2	刘敏倩	唱歌、跳舞			
4	3	郭涛	旅游、打游戏			
5	4	程南	绘画、书法			
6	5	张耀	打牌、篮球			
7	6	陆靖靖	足球、高尔夫			
8	7	翁振恺	吟诗作对、书法			
9	8	李舒雯	弹琴、打游戏			
10	9	孙欣	跑步、瑜伽			
11						
12	书法爱好者人数为：		3			

图 2-176　利用 COUNT 和 SEARCH 函数统计兴趣爱好

8. REPLACE 函数：字符串替换

语法：REPLACE(old_text, start_num, num_chars, new_text)

功能：使用其他文本字符串并根据所指定的字符数替换某文本字符串中的部分文本

说明：

（1）参数 old_text 为必需字段，是要替换其部分字符的文本。

（2）参数 start_num 为必需字段，是要替换字符的起始的位置。

（3）参数 num_chars 为必需字段，是替换字段的长度，0 表示不替换，从指定位置直接插入。

（4）参数 new_text 为必需字段，是用于替换旧字符的文本。

【例 2-42】现有一型号变更表，A 列中显示的是某款机器的旧型号，现要求在旧型号的第 1 位之后插入文本“-2016-”，如旧型号为“ABC”，那么生成的新型号为“A-2016-BC”。生成新型号放置在 B 列单元格中。请利用函数进行操作。

【解题思路】 REPLACE 函数可以对字符串进行替换，当替换长度为 0 时，表示不替换直接插入，即第 3 位参数 num_chars 输入“0”或者留空。根据题目要求从第 1 位之后插入文本，那么替换字符的起始位置为 2。因此在图 2-177 所示的表中，在 B2 单元格中输入函数“=REPLACE(A2,2,0,"-2016-")”，并将公式填充至剩余单元格即可得到新型号。

9. TRIM 函数：删除空格

语法：TRIM(text)

功能：除了单词之间的单个空格外，清除文本中所有的空格。

说明：参数 text 为必需字段，是需要删除其中空格的文本。

【例 2-43】 利用相关函数删除多余空格。

【解题思路】 在图 2-178 所示的表中，在 B2 单元格中输入函数“=TRIM(A2)”即可得到删除多余空格只保留单词之间的单个空格后的效果。

B2 =REPLACE(A2,2,,"-2016-")

	A	B	C	D	E
1	旧型号	新型号			
2	A123	A-2016-123			
3	BB456	B-2016-B456			
4	CC7	C-2016-C7			
5	DDD890	D-2016-DD890			

图 2-177 利用 REPLACE 函数生成新型号

B2 =TRIM(A2)

	A	B
1	原字符串	去除空格后的字符串
2	MS OFFICE - Excel	MS OFFICE - Excel

图 2-178 利用 TRIM 函数删除空格

2.4.6 引用和查找函数

在 Excel 中，对于数据的引用和查找提供了专门的函数，利用这些函数，用户可以快速地从数据集中提取所要的信息。

常用的引用和查找函数有以下几种：

1. ROW 函数：行号

语法：ROW([reference])

功能：返回引用的行号。

说明：参数 reference 为可选字段，是指需要得到其行号的单元格或单元格区域。如果参数省略，则认为是对函数 ROW 所在单元格的引用。

【例 2-44】 现有一考生信息表，已知第一位考生的准考证号为“201520162001”，请用 ROW 函数通过填充柄自动填充每个考生的准考证号。

【解题思路】 已知超过 12 位的数字在 Excel 中会以科学计数法的形式显示，在本题中准考证号的位数是 12 位，无法采用直接输入数字。而如果在数字前面加单引号（'）将数字强制变成文本型，则无法以使用填充柄自动填充序列的方式获取剩余准考证号。分析信息表，不难发现准考证的末位序号和行数正好相差 1 位，因此可以由“"201520162000"+ROW()-1”获取数字型的准考证号，再利用 TRIM 函数去除多余空格，将其强制变成文本型。

因此，在图 2-179 所示的工作表中，在单元格 A2 中输入公式“=TRIM("201520162000"

+ROW()-1)”，并将公式填充至剩余单元格即可得到准考证号。如果使用的是 TEXT 函数，需要将公式写成“=TEXT(("201520162000"+ROW()-1),"#")”。此外，也可以将 12 位的准考证号进行拆分，使其能够全部显示，比如拆成“="20152016200"&"0"+ROW()- 1”或“="20152016"&"2000"+ROW()-1”也同样可以得到准考证号码。

2．COLUMN 函数：列号

语法：COLUMN([reference])

功能：返回指定单元格引用的列号。

说明：参数 reference 为可选字段，是指需要得到其列号的单元格或单元格区域。如果参数省略，则认为是对函数 COLUMN 所在单元格的引用。

3．LOOKUP 函数：在向量或数组中查找

语法：LOOKUP(lookup_value,lookup_vector,[result_vector])

功能：从单行或单列区域或者从一个数组返回值。

说明：

（1）参数 lookup_value 为必需字段，是 LOOKUP 在第一个向量中搜索的值，可以是数字、文本、逻辑值、名称或对值的引用。

（2）参数 lookup_vector 为必需字段，只包含一行或一列的区域，值可以是文本、数字或逻辑值且必须以升序排列。

（3）参数 result_vector 为可选字段，只包含一行或一列的区域，必须与参数 lookup_vector 大小相同。

【例 2-45】先有一考试信息表，现要求利用相关函数根据输入的准考证号查询出相应的考试场次（准考证号已经按照升序排列）。

【解题思路】利用 LOOKUP 函数可以在向量中查找信息。在图 2-180 所示的考试信息表中，搜索值在 A14 单元格，搜索的向量在 A2:A10 单元格区域的准考证号中，并且此区域已经按照升序排列，结果的向量在 B2:B10 单元格区域。因此根据 LOOKUP 函数的语法，在 B14 单元格中输入函数“=LOOKUP(A14,A2:A10,B2:B10)”即可根据 A14 中输入的准考证号返回考试的场次信息。

A2 =TRIM("201520162000"+ROW()-1)

	A	B	C	D	E
1	准考证号	姓名	性别	籍贯	报考专业
2	201520162001	倪捷	男	江苏	电子商务
3	201520162002	宋丹妮	女	安徽	护理学
4	201520162003	林思东	男	湖南	日语
5	201520162004	曹雨思	女	上海	会计学
6	201520162005	张晓芸	女	上海	日语
7	201520162006	薛雯霞	女	上海	劳动与社会保障
8	201520162007	岑徐羽	男	江苏	法学
9	201520162008	石铭山	男	福建	护理学
10	201520162009	严飞	男	安徽	计算机科学与技术

图 2-179　利用 ROW 函数计算准考证号

B14 =LOOKUP(A14,A2:A10,B2:B10)

	A	B	C	D
1	准考证号	考试场次		
2	201520162001	9110-1 10:30		
3	201520162002	9202-2 13:00		
4	201520162003	9209-1 10:30		
5	201520162004	9215-1 13:00		
6	201520162005	9109-2 10:00		
7	201520162006	9115-1 13:00		
8	201520162007	9110-1 10:30		
9	201520162008	9109-2 13:00		
10	201520162009	9202-2 10:00		
11				
12	根据准考证号查找考试场次			
13	准考证号	考试场次		
14	201520162007	9110-1 10:30		

图 2-180　利用 LOOKUP 函数查找考试场次

4．VLOOKUP 函数：垂直查询

语法：VLOOKUP(lookup_value, table_array, col_index_num, [range_lookup])

功能：搜索某个单元格区域的第一列，然后返回该区域相同行上任何单元格中的值。

说明：

（1）参数 lookup_value 为必需字段，是要在表格或区域的第一列中搜索的值，可以是值或引用。

（2）参数 table_array 为必需字段，是包含数据的单元格区域。可以使用对区域或区域名称的引用，其第一列中的值必须含有参数 lookup_value 搜索的值。

（3）参数 col_index_num 为必需字段，是参数 table_array 中必须返回的匹配值的列号。参数为 1 时，返回参数 table_array 第一列中的值，依此类推。

（4）参数 range_lookup 为可选字段，是一个逻辑值，确定精确匹配值查找还是近似匹配值查找：如果参数为 TRUE，则返回近似匹配值；如果参数为 FALSE 或被省略，则返回精确匹配值，如果找不到，则返回小于该参数的最大值。

【例 2-46】精确匹配。有一出版社信息表，现要求利用相关函数，根据 ISBN 前缀，返回出版社、联系电话、邮编和地址的相关信息。

【解题思路】VLOOKUP 函数的精确匹配查询类似于查字典，提供一个查询的“字”，从“字典”中进行查询并返回对应的结果。在图 2-181 所示的表中，查询的“字”为 ISBN 前缀，处于 A14 单元格中。查询的“字典”需要在第一列就包含查询的“字”，是 A2:E10 单元格区域。根据题目要求，现在需要返回的第一个字段是出版社名称，在“字典”中处于第 2 列，因此参数为 2。题目又要求是精确查找，因此最后一个参数的逻辑值需要为 FALSE 或省略，输入数字 0 即代表逻辑值 FALSE。因此，在 B14 单元格中输入函数“=VLOOKUP(A14,A2:E10,2,0)”即可得到 ISBN 前缀对应的出版社名称。

如果本题只需要求一个出版社名称，那么解题到这里就可以结束了。但是现在题目要求还要返回 ISBN 前缀对应的联系电话、邮编和地址，等于是说，查找的“字”不变，“字典”不变，只变返回的列。观察到返回的列名和所处的单元格在同一列，因此在 VLOOKUP 函数的参数返回列中嵌套一个 COLUMN 函数即可对返回列做动态调整。即将 B14 单元格中的公式修改为“=VLOOKUP($A14,$A2:$E10,COLUMN(),0)”，并将公式填充至剩余单元格即可得到相关信息。

B14 =VLOOKUP($A14,$A2:$E10,COLUMN(),0)

	A	B	C	D	E
1	ISBN前缀	出版社	联系电话	邮编	地址
2	978-7-119	华文出版社	(010)58336262	100055	北京市西城区广外大街305号8区2号楼
3	978-7-228	新疆人民出版社	(0991)2825887	830001	乌鲁木齐解放南路348号
4	978-7-227	宁夏人民出版社	(0951)5065004	750001	宁夏银川兴庆区北京东路139号
5	978-7-80592	远方出版社	(0471)4928168	010010	内蒙古呼和浩特市乌兰察布东路666号
6	978-7-311	兰州大学出版社	(0931)8912613	730000	甘肃兰州市天水南路222号
7	978-7-80587	敦煌文艺出版社	(0931)8773238	730030	甘肃兰州南滨河东路520号
8	978-7-5414	晨光出版社	(0871)4109545	650030	云南昆明市环城西路609号
9	978-7-80573	长春出版社	(0431)8561180	130061	吉林长春市建设街1377号
10	978-7-5441	沈阳出版社	(024)24112678	110011	沈阳市沈河区南翰林路10号
11					
12	根据ISBN前缀查找信息				
13	ISBN前缀	出版社	联系电话	邮编	地址
14	978-7-311	兰州大学出版社	(0931)8912613	730000	甘肃兰州市天水南路222号

图 2-181 利用 VLOOKUP 和 COLUMN 函数查找信息

【例 2-47】模糊匹配。有一学生成绩表，已知评定规则是这样的：60 分（不含 60）以下为不及格，60 分～70 分（不含 70 分）为及格，70 分～80 分（不含 80 分）

为中等，80 分～90 分（不含 90 分）为良好，90 分以上为优秀。现要求利用相关函数对成绩进行等级评定。

【解题思路】根据题目含义，可以在图 2-182 所示的表中，在 F1:G6 单元格区域建立被查询的单元格区域，即“字典”，建立各分数段对应的等级。由于模糊查询返回的是小于该参数的最大值，因此在建立成绩段时只须输入下限而无须输入上限。在本题中，需要在一个单元格中求出结果后填充到剩余的单元格，所以被查询的单元格区域需要作混合引用，即在 D2 单元格中输入函数“=VLOOKUP(C2,F$2: G$6,2,1)”，并填充至剩余单元格即可。

在本题中，利用 LOOKUP 函数也可以评定等级，将函数改为“=LOOKUP(C2,F$2:F$6,G$2:G$6)”即可。

此外，利用 IF 函数的嵌套，即 D2 中的函数改为“=IF(C2<60,"不及格",IF(C2<70,"及格",IF(C2<80,"中等",IF(C2<90,"良好","优秀"))))”或“=IF(C2>=90,"优秀",IF(C2>=80,"良好",IF(C2>=70,"中等",IF(C2>=60,"及格","不及格"))))”也可以得到等级。

D2　　f_x =VLOOKUP(C2,F$2:G$6,2,1)

	A	B	C	D	E	F	G
1	序号	姓名	成绩	等级		成绩段	对应的等级
2	1	姜双宇	88	良好		0	不及格
3	2	沈鋆	92	优秀		60	及格
4	3	陈皓月	75	中等		70	中等
5	4	陶文豪	62	及格		80	良好
6	5	夏毅	50	不及格		90	优秀
7	6	张敏	60	及格			
8	7	郑恩惠	76	中等			
9	8	朱梦捷	83	良好			
10	9	周浩	97	优秀			

图 2-182　利用 VLOOKUP 函数评定等级

5. HLOOKUP 函数：水平查询

语法：HLOOKUP(lookup_value, table_array, row_index_num, [range_lookup])

功能：在表格或数值数组的首行查找指定的数值，并返回同一列中的一个数值。

说明：

（1）参数 lookup_value 为必需字段，是指在表的第一行中进行查找的数值，可以是数值、引用或文本字符串。

（2）参数 table_array 为必需字段，是需要在其中查找数据的信息表。

（3）参数 row_index_num 为必需，是返回的匹配值的行序号。

（4）参数 range_lookup 为可选字段，TRUE 为近似匹配，FALSE 或省略为精确匹配。

【例 2-48】现有一各级别交通补贴表，要求利用相关函数查找交通补贴。

【解题思路】由题目分析可知，此题是水平精确匹配查询，查询返回的行序号是第 2 行。因此，在图 2-183 所示的表中，在需要得到交通补贴具体数额的 B6 单元格输入公式“=HLOOKUP(A6,A1:F2,2,0)”即可。

B6　　f_x =HLOOKUP(A6,A1:F2,2,0)

	A	B	C	D	E	F
1	级别	总经理	副总经理	部门经理	主管	职员
2	交通补贴	2000	1000	800	500	300
3						
4	根据级别查找交通补贴					
5	级别	交通补贴				
6	部门经理	800				

图 2-183　利用 HLOOKUP 函数查找交通补贴

2.4.7 财务函数

财务数据的处理向来是数据处理中的一个难题，各种复杂的算法让外行人员无从下手，而通过财务函数的使用，按照函数语法给出正确的参数，即可轻松完成财务计算和分析。

常用的财务函数有以下几种：

1. PMT 函数：计算每期还贷额

语法：PMT(rate, nper, pv, [fv], [type])

功能：在基于固定利率及等额分期付款方式下，返回贷款的每期付款额，默认按年，也可以转换成按月。

说明：

（1）参数 rate 为必需字段，指的是贷款利率。

（2）参数 nper 为必需字段，指的是贷款期限。

（3）参数 pv 为必需字段，指的是现值，或一系列未来付款的当前值的累积和，即贷款数额。

（4）参数 fv 为可选字段，指的是未来值，或在最后一次付款后希望得到的现金余额，如果省略，则表示这笔贷款的未来值为 0。

（5）参数 type 为可选字段，逻辑值，用以表示各期的付款时间是在期初还是期末。1 表示期初，0 或省略表示期末。

【例 2-49】已知某房屋售价 100 万元，小王在首付 50 万元后，向银行申请商业贷款 50 万元，按等额本息法分期偿还，贷款期限为 10 年，利率为 4.75%，求出每月偿还金额。

【解题思路】贷款每期还款数求解的问题可以通过 PMT 函数来完成。由函数的参数说明可知，利率和贷款期限都是以“年”为单位，因此在计算每月偿还金额时需要将这部分参数转化为“月”，即“年利率/12”的月利率和“贷款期限 × 12”的贷款月数。在图 2-184 所示的表中，在 B5 单元格输入函数“=PMT(B3/12,10*12,A3*10000,0,1)”即可求出期初的每月偿还金额，将最后一个参数改为 0 即可求出期末的每月偿还金额，在 B6 单元格中输入“=PMT(B3/12,10*12,A3*10000,0,1)”即可。

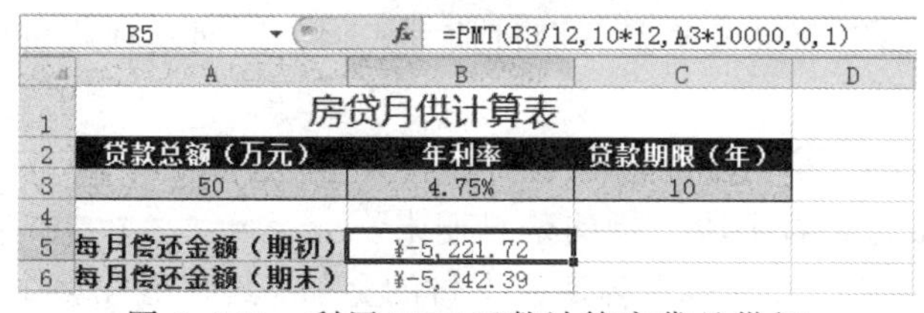
B5 fx =PMT(B3/12,10*12,A3*10000,0,1)

	A	B	C	D
1	房贷月供计算表			
2	贷款总额（万元）	年利率	贷款期限（年）	
3	50	4.75%	10	
4				
5	每月偿还金额（期初）	¥-5,221.72		
6	每月偿还金额（期末）	¥-5,242.39		

图 2-184 利用 PMT 函数计算房贷月供额

2. IPMT 函数：计算每期还款额的利息

语法：IPMT(rate, per, nper, pv, [fv], [type])

功能：在基于固定利率及等额分期付款方式，返回给定期数内对投资的利息偿还额。

说明：

（1）参数 rate 为必需字段，指的是贷款利率。

（2）参数 per 为必需字段，为计算利率的期数。

（3）参数 nper 为必需字段，指的是贷款期限。

（4）参数 pv 为必需字段，指的是现值，或一系列未来付款的当前值的累积和，即贷款数额。

（5）参数 fv 为可选字段，指的是未来值，或在最后一次付款后希望得到的现金余额，如果省略，则表示这笔贷款的未来值为 0。

（6）参数 type 为可选字段，逻辑值，用以表示各期的付款时间是在期初还是期末。1 表示期初，0 或省略表示期末。

【例 2-50】同例 2-49 的已知信息，试计算前三个月和第四年第五个月的期末应还金额、本金和利息数。

【解题思路】通过 PMT 函数计算得出每期还款金额，每期还款额的利息则可以通过 IPMT 函数来计算，而本金则可以通过“还款金额-利息”得到。因此，在图 2-185 所示的表中，在单元格 D1 中输入函数“=IPMT(B3/12,1,C3*12,A3*10000,0)”得到第一个月的利息数，第二、三个月的利息数只需要将 IPMT 函数的第二个参数改为“2”和“3”即可。至于第四年第五个月，即为第 41 个月，需要将函数参数做相应更改：在 D6 单元格中输入函数“=IPMT(B3/12,41,C3*12,A3*10000,0)”即可以得到对应的值。由此可见，采用等额本息的还款方式，随着时间的推移，本金比重增大，利息比重减少，而总的还款金额保持不变。

D6 　 fx =IPMT(B3/12,1,C3*12,A3*10000,0)

	A	B	C	D
1	房贷月供计算表			
2	贷款总额（万元）	年利率	贷款期限（年）	
3	50	4.75%	10	
4				
5	还款月数	还款金额	本金	利息
6	第一月	¥-5,242.39	¥-3,263.22	¥-1,979.17
7	第二月	¥-5,242.39	¥-3,276.14	¥-1,966.25
8	第三月	¥-5,242.39	¥-3,289.11	¥-1,953.28
9	第四年第五个月	¥-5,242.39	¥-3,821.85	¥-1,420.53

图 2-185　利用 IPMT 函数计算每月还贷本金和利息

3. FV 函数：预测投资收益

语法：FV(rate,nper,pmt,[pv],[type])

功能：在基于固定利率及等额分期付款方式下，返回某项投资的未来值。

说明：

（1）参数 rate 为必需字段，指的是利率。

（2）参数 nper 为必需字段，指的是总期限。

（3）参数 pmt 为必需字段，为各期应支付的金额，其数值在整个投资期限内不变。

（4）参数 pv 为必需字段，指的是现值，或一系列未来付款的当前值的累积和。如果省略 pv，则假设其值为 0，并且必须包括 pmt 参数。

（5）参数 type 为可选字段，逻辑值，用以表示各期的付款时间是在期初还是期末。1 表示期初，0 或省略表示期末。

需要注意参数 rate 和 nper 单位的一致性。例如，同样是四年期年利率为 12%的贷款，如果按月支付，rate 应为 12%/12，nper 应为 4*12；如果按年支付，rate 应为

12%，nper 为 4。对于所有参数，支出的款项，如银行存款，表示为负数；收入的款项，如股息收入，表示为正数。

【例 2-51】现有一零存整取理财计划，现行年利率为 8.80%，存款期数为 10 年，在每月计划存入金额 1000 元的情况下，求到期后得到的本息和。

【解题思路】预测投资收益可以通过 FV 函数计算。由于每月存入的金额属于支出款项，因此对函数的第 3 个参数 pmt 记为负数。在图 2-186 所示的表中，按照 FV 函数的参数说明，在 D3 单元格中输入函数“=FV(A3/12,B3*12,-C3,0,0)”。

D3 =FV(A3/12,B3*12,-C3,0,0)

	A	B	C	D
1	零存整取理财计划			
2	年利率	存款期数（年）	每月计划存入金额	到期本息和（元）
3	8.80%	10	¥1,000.00	¥191,341.47

图 2-186 利用 FV 函数预测投资收益

4. PV 函数：计算投资现值

语法：PV(rate, nper, pmt, [fv], [type])

功能：返回投资的现值。现值为一系列未来付款的当前值的累积和。

说明：参数说明同 FV 函数。计算投资现值是财务投资决策中非常重要的一个环节，只有当计算得到的投资现值大于实际投资成本时，该项投资才是有价值的。

【例 2-52】小王想要购买保险，已知有 4 个保险，其购买成本、合约年收益率、返还年限和每月返还额如图 2-187 所示，请判断哪些保险值得购买，哪些保险不值得购买？

保险名称	购买成本（元）	合约年收益率	返还年限（年）	每月返还金额（元）
保险1	¥20,000.00	5.00%	15	¥200.00
保险2	¥30,000.00	6.00%	10	¥300.00
保险3	¥40,000.00	7.00%	10	¥400.00
保险4	¥50,000.00	8.00%	15	¥500.00

图 2-187 各保险相关数据

【解题思路】判断保险是否值得购买，主要是通过 PV 函数计算出该项投资的现值，再和购买成本进行比较，如果现值大于成本，则说明该项目是有收益的，反之则说明无收益，不值得购买。因此，在图 2-188 所示的表中，在 F3 单元格中输入公式“=IF(PV(C3/12,D3*12,-E3,0,0)>B3,"可以购买","不可购买")”，再将公式填充至余下的单元格，即可判断项目的投资价值。

F3 =IF(PV(C3/12,D3*12,-E3,0,0)>B3,"可以购买","不可购买")

	A	B	C	D	E	F	G
1	保险购买计划						
2	保险名称	购买成本（元）	合约年收益率	返还年限（年）	每月返还金额（元）	是否值得购买	
3	保险1	¥20,000.00	5.00%	15	¥200.00	可以购买	
4	保险2	¥30,000.00	6.00%	10	¥300.00	不可购买	
5	保险3	¥40,000.00	7.00%	10	¥400.00	不可购买	
6	保险4	¥50,000.00	8.00%	15	¥500.00	可以购买	

图 2-188 利用 PV 函数计算投资现值

5. SLN 函数：求资产线性折旧值

语法：SLN(cost, salvage, life)

功能：返回某项资产在一个期间中的线性折旧值。线性折旧法也称直线折旧法或平均年限法，是使用较为普遍又简单的一种折旧计算方法。

说明：

（1）参数 cost 为必需字段，指的是资产原值。

（2）参数 salvage 为必需字段，是资产在折旧期末的价值，即资产残值。

（3）参数 life 为必需字段，是资产的折旧期数，即资产的使用寿命。

【例 2-53】小李在 3 年前购买了一台价值为 1.3 万元的笔记本电脑，在使用了 3 年后，残值为 2000 元，试求出每年、每月和每天的折旧值。

【解题思路】资产的折旧值可以通过 SLN 函数来计算得到。在图 2-189 所示的表中，在 B5 单元格中输入函数“=SLN(A3,B3,C3)”即可得到每年的折旧值，然后将折旧期数换算成月和日，在相应的单元格输入函数“=SLN(A3,B3,C3*12)”和“=SLN(A3,B3,C3*365)”即可得出每月和每天的资产折旧值。

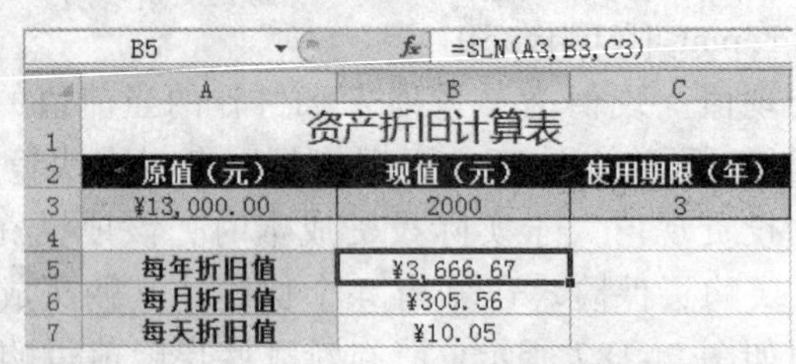

图 2-189　利用 SLN 函数计算折旧值

【范例】员工统计表

本例主要练习日期和时间函数、逻辑与信息函数、数学与三角函数的用法。

小钱是 JSJ 公司的一名员工，要求根据已有的信息，在“范例 4-1.xlsx”中完成以下操作（注：不得修改原始表结构，也不允许修改原始数据。），完成后的效果如图 2-190 和图 2-191 所示。

JSJ公司员工表

员工编号	姓名	性别	部门	职务	学历	入职时间	是否周末	工龄	实际工龄1	实际工龄2	基本工资	工龄工资	基础工资	档案完整性	进修地点
JSJ001	柳夏宸	男	管理	总经理	博士	2001年2月1日	否	15	15	15	¥40,000.00	¥1,200.00	¥41,200.00	完整	欧洲
JSJ002	王佳俊	女	行政	文秘	大专	2014年3月1日	是	2	2	2	¥3,500.00	¥160.00	¥3,660.00	完整	上海
JSJ003	王鑫	男	管理	研发经理	硕士	2003年7月1日	否	13	12	12	¥12,000.00	¥1,040.00	¥13,040.00	完整	日韩
JSJ004	顾圣洁	男	研发	员工	本科	2003年7月2日	否	13	12	12	¥5,600.00	¥1,040.00	¥6,640.00	完整	日韩
JSJ005	陈思杰	男	人事	员工	本科	2005年6月1日	否	11	10	10	¥5,600.00	¥880.00	¥6,480.00	完整	日韩
JSJ006	张怡诚	男	人事	员工	本科	2005年9月1日	否	11	10	10	¥6,000.00	¥880.00	¥6,880.00	完整	日韩
JSJ007	许小燕	男	管理	部门经理	硕士	2005年3月1日	否	11	11	11	¥10,000.00	¥880.00	¥10,880.00	完整	日韩
JSJ008	杜鸿伟	女	管理	销售经理	硕士	2005年10月1日	是	11	10	10	¥15,000.00	¥880.00	¥15,880.00	完整	日韩
JSJ009	万虹艳	女	行政	员工	本科	2012年5月1日	否	4	3	3	¥4,000.00	¥320.00	¥4,320.00	完整	上海
JSJ010	范志燕	男	研发	员工	本科	2006年5月1日	否	10	9	9	¥5,500.00	¥800.00	¥6,300.00	完整	日韩
JSJ011	马琳	男	研发	员工	本科	2013年4月1日	否	3	3	3	¥5,000.00	¥240.00	¥5,240.00	完整	上海
JSJ012	阮佳安	女	销售	员工	大专	2015年12月1日	否	1	0	0	¥3,000.00	¥80.00	¥3,080.00	完整	上海
JSJ013	陈海	男	研发	项目经理	硕士	2003年8月1日	否	13	12	12	¥12,000.00	¥1,040.00	¥13,040.00	完整	日韩
JSJ014	赵林玲	男	行政	员工	本科	2011年5月1日	是	5	4	4	¥4,700.00	¥400.00	¥5,100.00	完整	深圳
JSJ015	孙颖颖	男	管理	人事行政经理	硕士	2006年12月1日	否	10	9	9	¥9,500.00	¥800.00	¥10,300.00	完整	日韩
JSJ016	朱江威	男	研发	员工	本科	2012年2月1日	否	4	4	4	¥5,500.00	¥320.00	¥5,820.00	完整	上海
JSJ017	马骏龙	男	研发	项目经理	博士	2005年6月1日	否	11	10	10	¥18,000.00	¥880.00	¥18,880.00	完整	日韩
JSJ018	钟源	女	销售	员工	中专	2010年12月28日	否	6	5	5	¥3,500.00	¥480.00	¥3,980.00	完整	深圳
JSJ019	张静	男	行政	员工	本科	2007年1月1日	否	9	9	9	¥4,500.00	¥720.00	¥5,220.00	完整	深圳
JSJ020	张艳	男	研发	员工	硕士	2012年3月1日	否	4	4	4	¥8,500.00	¥320.00	¥8,820.00	完整	上海
JSJ021	诸家豪	男	研发	员工		2012年3月2日	否	4	4	4	¥7,500.00	¥320.00	¥7,820.00	档案缺失	上海
JSJ022	程世超	女	行政	员工	高中	2012年3月3日	是	4	4	4	¥2,500.00	¥320.00	¥2,820.00	完整	上海
JSJ023	徐顺	男	研发	员工		2012年3月4日	是	4	4	4	¥5,000.00	¥320.00	¥5,320.00	档案缺失	上海
JSJ024	夏兆鹏	男	销售	员工	本科	2012年3月5日	否	4	4	4	¥5,200.00	¥320.00	¥5,520.00	完整	上海
JSJ025	张文萍	男	研发	员工	本科	2013年1月1日	否	3	3	3	¥5,000.00	¥240.00	¥5,240.00	完整	上海
JSJ026	庄莉泳	男	研发	员工	本科	2013年1月2日	否	3	3	3	¥4,500.00	¥240.00	¥4,740.00	完整	上海
JSJ027	陈亚燕		人事	员工	本科	2013年1月3日	否	3	3	3	¥3,800.00	¥240.00	¥4,040.00	档案缺失	上海
JSJ028	周颖妍		人事	员工	本科	2013年1月4日	否	3	3	3	¥4,500.00	¥240.00	¥4,740.00	档案缺失	上海
JSJ029	徐燕	男	研发	员工	本科	2013年1月5日	是	3	3	3	¥6,000.00	¥240.00	¥6,240.00	完整	上海
JSJ030	陆佳丽	女	研发	员工	本科	2013年1月6日	是	3	3	3	¥6,500.00	¥240.00	¥6,740.00	完整	上海
JSJ031	邢素萍	女	研发	员工	本科	2013年1月7日	否	3	3	3	¥8,000.00	¥240.00	¥8,240.00	完整	上海
JSJ032	刘佳琦	女	研发	员工	本科	2013年1月8日	否	3	3	3	¥7,500.00	¥240.00	¥7,740.00	完整	上海
JSJ033	张瑜沁	男	研发	员工	硕士	2013年1月9日	否	3	3	3	¥9,000.00	¥240.00	¥9,240.00	完整	上海
JSJ034	张晓波	女	研发	员工	本科	2013年1月10日	否	3	3	3	¥4,500.00	¥240.00	¥4,740.00	完整	上海
JSJ035	谢梦	男	研发	员工	本科	2013年1月11日	否	3	3	3	¥5,000.00	¥240.00	¥5,240.00	完整	上海

图 2-190　JSJ 公司员工表

JSJ公司员工表

员工编号	姓名	性别	部门	职务	学历	入职时间	是否周末	工龄	实际工龄1	实际工龄2	基本工资	工龄工资	基础工资	档案完整性	进修地点
JSJ001	柳夏宸	男	管理	总经理	博士	2001年2月1日	否	15	15	15	¥40,000.00	¥1,200.00	¥41,200.00	完整	欧洲
JSJ002	王佳俊	女	行政	文秘	大专	2014年3月1日	是	2	2	2	¥3,500.00	¥160.00	¥3,660.00	完整	上海
JSJ003	王鑫	男	管理	研发经理	硕士	2003年7月1日	否	13	12	12	¥12,000.00	¥1,040.00	¥13,040.00	完整	日韩
JSJ004	顾圣洁	男	研发	员工	本科	2003年7月2日	否	13	12	12	¥5,600.00	¥1,040.00	¥6,640.00	完整	日韩
JSJ005	陈思杰	男	人事	员工	本科	2005年6月1日	否	11	10	10	¥5,600.00	¥880.00	¥6,480.00	完整	日韩
JSJ006	张怡诚	男	人事	员工	本科	2005年9月1日	否	11	10	10	¥6,000.00	¥880.00	¥6,880.00	完整	日韩
JSJ007	许小燕	男	管理	部门经理	硕士	2005年3月1日	否	11	11	11	¥10,000.00	¥880.00	¥10,880.00	完整	日韩
JSJ008	杜鸡伟	女	管理	销售经理	硕士	2005年10月1日	是	11	10	10	¥15,000.00	¥880.00	¥15,880.00	完整	日韩
JSJ009	万虹艳	女	行政	员工	本科	2012年5月1日	否	4	3	3	¥4,000.00	¥320.00	¥4,320.00	完整	上海
JSJ010	范志燕	男	研发	员工	本科	2006年5月1日	否	10	9	9	¥5,500.00	¥800.00	¥6,300.00	完整	日韩
JSJ011	马琳	男	研发	员工	本科	2013年4月1日	否	3	2	2	¥5,000.00	¥240.00	¥5,240.00	完整	上海
JSJ012	阮佳安	女	销售	员工	大专	2015年12月1日	否	1	0	0	¥3,000.00	¥80.00	¥3,080.00	完整	上海
JSJ013	陈海	男	研发	项目经理	硕士	2003年8月1日	是	13	12	12	¥12,000.00	¥1,040.00	¥13,040.00	完整	日韩
JSJ014	赵林玲	男	行政	员工	本科	2011年5月1日	否	5	4	4	¥4,700.00	¥400.00	¥5,100.00	完整	深圳
JSJ015	孙颖颖	男	管理	人事行政经理	硕士	2006年12月1日	是	10	9	9	¥9,500.00	¥800.00	¥10,300.00	完整	日韩
JSJ016	朱江威	男	研发	员工	本科	2012年2月1日	否	4	4	4	¥5,500.00	¥320.00	¥5,820.00	完整	上海
JSJ017	马骏龙	男	研发	项目经理	博士	2005年6月1日	否	11	10	10	¥18,000.00	¥880.00	¥18,880.00	完整	日韩
JSJ018	钟源	女	销售	员工	中专	2010年12月28日	否	6	5	5	¥3,500.00	¥480.00	¥3,980.00	完整	深圳
JSJ019	张静	男	行政	员工	本科	2007年1月1日	否	9	9	9	¥4,500.00	¥720.00	¥5,220.00	完整	深圳
JSJ020	张艳	男	研发	员工	硕士	2012年3月1日	否	4	4	4	¥8,500.00	¥320.00	¥8,820.00	完整	上海
JSJ021	诸家豪	男	研发	员工		2012年3月2日	是	4	4	4	¥7,500.00	¥320.00	¥7,820.00	档案缺失	上海
JSJ022	程世超	女	行政	员工	高中	2012年3月3日	是	4	4	4	¥2,500.00	¥320.00	¥2,820.00	完整	上海
JSJ023	徐顺	男	研发	员工		2012年3月4日	否	4	4	4	¥5,000.00	¥320.00	¥5,320.00	档案缺失	上海
JSJ024	夏兆鹏	男	销售	员工	本科	2012年3月5日	否	4	4	4	¥5,200.00	¥320.00	¥5,520.00	完整	上海
JSJ025	张文萍	男	研发	员工	本科	2013年1月1日	否	3	3	3	¥5,000.00	¥240.00	¥5,240.00	完整	上海
JSJ026	庄莉泳	男	研发	员工	本科	2013年1月2日	否	3	3	3	¥4,500.00	¥240.00	¥4,740.00	完整	上海
JSJ027	陈亚燕		人事	员工	本科	2013年1月3日	否	3	3	3	¥3,800.00	¥240.00	¥4,040.00	档案缺失	上海
JSJ028	周颖妍		人事	员工	本科	2013年1月4日	是	3	3	3	¥4,500.00	¥240.00	¥4,740.00	档案缺失	上海
JSJ029	徐燕	男	研发	员工	本科	2013年1月5日	是	3	3	3	¥6,000.00	¥240.00	¥6,240.00	完整	上海
JSJ030	陆佳丽	女	研发	员工	本科	2013年1月6日	否	3	3	3	¥6,500.00	¥240.00	¥6,740.00	完整	上海
JSJ031	邢素萍	女	研发	员工	本科	2013年1月7日	否	3	3	3	¥8,000.00	¥240.00	¥8,240.00	完整	上海
JSJ032	刘佳琦	女	研发	员工	本科	2013年1月8日	否	3	3	3	¥7,500.00	¥240.00	¥7,740.00	完整	上海
JSJ033	张瑜沁	男	研发	员工	硕士	2013年1月9日	否	3	3	3	¥9,000.00	¥240.00	¥9,240.00	完整	上海
JSJ034	张晓波	女	研发	员工	本科	2013年1月10日	否	3	3	3	¥4,500.00	¥240.00	¥4,740.00	完整	上海
JSJ035	谢梦	男	研发	员工	本科	2013年1月11日	是	3	3	3	¥5,000.00	¥240.00	¥5,240.00	完整	上海

图 2-190　JSJ 公司员工表（续）

JSJ公司统计表

所有人的基础工资总额	¥283,180.00
项目经理的基础工资总额	¥31,920.00
行政部门员工的基础工资总额	¥17,460.00

图 2-191　JSJ 公司统计表

（1）已知在“档案”工作表中，记录着每个员工的入职时间，利用相关函数判断入职时间是否是周末，填入到 H 列相关单元格中（注：周六、周日算周末）。

提示：利用 WEEKDAY 函数可以判断出入职时间的星期，当星期返回值为 6 和 7 即周六和周日时，在相应单元格中显示“是”。因此在 H3 单元格中输入公式“=IF(WEEKDAY(G3,2)>5,"是","否")”。双击填充柄可以将公式填充至该列数据区域末尾（下同）。

（2）工龄的粗略计算方式为“当前年-入职年”，利用相关函数在 I 列相关单元格中计算工龄。

提示：在 I3 单元格中输入公式“=YEAR(TODAY())-YEAR(G3)”，设置单元格格式为“数值”，小数位数为 0。

（3）在实际工龄计算中，要求精确到天，不足 1 年的不计算在内。用 2 种不同的方法，通过相关函数在 J 列和 K 列相关单元格中计算实际工龄。

提示：在 J3 单元格中输入公式“=INT((TODAY()-G3)/365)”，在 K3 单元格中输入公式“=DATEDIF(G3,TODAY(),"y")”。

（4）已知工龄工资会随着工资的增加而增加，增幅数据放置在工作表“工龄”中，计算工龄工资（工龄使用I列中相关数据）。

提示：本题涉及单元格的混合引用，因此在M3单元格中输入公式“=I3*工龄!B$3”。

（5）已知“基础工资=基本工资+工龄工资”，用数组公式在N列相关单元格中计算出基本工资。

提示：选择N3:N37单元格区域，输入公式“=L3:L37+M3:M37”，再按快捷键【Ctrl+Shift+Enter】执行。

（6）由于之前工作人员数据录入时的失误，造成部分性别和学历信息缺失，现要求利用IF、OR和ISBLANK函数在O列相关单元格判断档案完整性，如果有性别或学历任意一项信息缺失，显示文字“档案缺失”，否则显示“完整”。

提示：用ISBLANK函数可以判断单元格是否为空，因此根据题目含义，在O3单元格输入公式“=IF(OR(ISBLANK(C3),ISBLANK(F3)),"档案缺失","完整")”。

（7）公司提供员工进修培训，其进修资格根据工龄来判断，工龄小于5年的，进修地点为上海；5年以上10年（不含）以下的，进修地点为深圳；10年以上15年（不含）以下的，进修地点为日韩；15年以上的，进修地点为欧洲。试用IF函数在P列相关单元格计算进修地点（工龄使用I列中相关数据）。

提示：在P3单元格输入函数“=IF(I3<5,"上海",IF(I3<10,"深圳",IF(I3<15,"日韩","欧洲")))”。

（8）在“统计”工作表的B2单元格统计出所有人的基础工资总额。

提示：在“统计”工作表的B2单元格中输入函数“=SUM(档案!N3:N37)”。

（9）在“统计”工作表的B3单元格统计出项目经理的基础工资总额。

提示：在“统计”工作表的B3单元格中输入函数“=SUMIF(档案!E3:E37,"项目经理",档案!N3:N37)”。

（10）在“统计”工作表的B4单元格统计出行政部门员工的基础工资总额。

提示：在“统计”工作表的B4单元格中输入函数“=SUMIFS(档案!N3:N37,档案!D3:D37,"行政",档案!E3:E37,"员工")”。

【范例】配件销量表

本例主要练习统计函数、文本函数、引用和查找函数的用法。

小孙是JSJ公司的一名员工，要求根据已有的信息，在“范例4-2.xlsx”中完成以下的操作（注：不得修改原始表结构，也不允许修改原始数据。），完成后的效果如图2-192和图2-193所示。

JSJ公司电脑配件全年销量统计表									
编号	店铺	新店铺名称	所属行政区	季度	商品名称	销售里	备注	销售额	销售排名
JSJ-1	静安一店	新静安一店	新静安区	1季度	主板	118	明星店铺，推荐	¥153,282.00	70
JSJ-2	静安一店	新静安一店	新静安区	2季度	主板	772	服务不错	¥1,002,828.00	22
JSJ-3	静安一店	新静安一店	新静安区	3季度	主板	471	还行	¥611,829.00	31
JSJ-4	静安一店	新静安一店	新静安区	4季度	主板	270	不错	¥350,730.00	53
JSJ-5	黄埔二店	黄埔二店	黄埔区	1季度	主板	218	还行	¥283,182.00	63
JSJ-6	黄埔二店	黄埔二店	黄埔区	2季度	主板	831	推荐	¥1,079,469.00	19
JSJ-7	黄埔二店	黄埔二店	黄埔区	3季度	主板	967	一般般	¥1,256,133.00	14
JSJ-8	黄埔二店	黄埔二店	黄埔区	4季度	主板	413	还行	¥536,487.00	35
JSJ-9	徐汇三店	徐汇三店	徐汇区	1季度	主板	313	推荐，明星店铺	¥406,587.00	49
JSJ-10	徐汇三店	徐汇三店	徐汇区	2季度	主板	103	不错	¥133,797.00	75
JSJ-11	徐汇三店	徐汇三店	徐汇区	3季度	主板	228	还行	¥296,172.00	61
JSJ-12	徐汇三店	徐汇三店	徐汇区	4季度	主板	341	不错	¥442,959.00	45
JSJ-13	闸北四店	新静安四店	新静安区	1季度	主板	509	一般般	¥661,191.00	30
JSJ-14	闸北四店	新静安四店	新静安区	2季度	主板	830	推荐，明星店铺	¥1,078,170.00	20
JSJ-15	闸北四店	新静安四店	新静安区	3季度	主板	599	不错	¥778,101.00	27
JSJ-16	闸北四店	新静安四店	新静安区	4季度	主板	197	服务好，推荐，赞	¥255,903.00	64
JSJ-17	静安一店	新静安一店	新静安区	1季度	显卡	275	还行	¥684,200.00	29
JSJ-18	静安一店	新静安一店	新静安区	2季度	显卡	510	一般般	¥1,268,880.00	13
JSJ-19	静安一店	新静安一店	新静安区	3季度	显卡	326	不错	¥811,088.00	26
JSJ-20	静安一店	新静安一店	新静安区	4季度	显卡	898		¥2,234,224.00	6
JSJ-21	黄埔二店	黄埔二店	黄埔区	1季度	显卡	511	还行	¥1,271,368.00	12
JSJ-22	黄埔二店	黄埔二店	黄埔区	2季度	显卡	869		¥2,162,072.00	7
JSJ-23	黄埔二店	黄埔二店	黄埔区	3季度	显卡	997	不错	¥2,480,536.00	3
JSJ-24	黄埔二店	黄埔二店	黄埔区	4季度	显卡	282	一般般	¥701,616.00	28
JSJ-25	徐汇三店	徐汇三店	徐汇区	1季度	显卡	957	还行	¥2,381,016.00	4
JSJ-26	徐汇三店	徐汇三店	徐汇区	2季度	显卡	200		¥497,600.00	42
JSJ-27	徐汇三店	徐汇三店	徐汇区	3季度	显卡	496	一般般	¥1,234,048.00	16
JSJ-28	徐汇三店	徐汇三店	徐汇区	4季度	显卡	684	不错	¥1,701,792.00	10
JSJ-29	闸北四店	新静安四店	新静安区	1季度	显卡	453	不错	¥1,127,064.00	17
JSJ-30	闸北四店	新静安四店	新静安区	2季度	显卡	335	不错	¥833,480.00	25
JSJ-31	闸北四店	新静安四店	新静安区	3季度	显卡	688		¥1,711,744.00	9
JSJ-32	闸北四店	新静安四店	新静安区	4季度	显卡	404	还行	¥1,005,152.00	21
JSJ-33	静安一店	新静安一店	新静安区	1季度	内存	366	还行	¥142,374.00	73
JSJ-34	静安一店	新静安一店	新静安区	2季度	内存	491		¥190,999.00	68
JSJ-35	静安一店	新静安一店	新静安区	3季度	内存	415	差强人意	¥161,435.00	69
JSJ-36	静安一店	新静安一店	新静安区	4季度	内存	802	差强人意	¥311,978.00	57
JSJ-37	黄埔二店	黄埔二店	黄埔区	1季度	内存	949	一般般	¥369,161.00	52
JSJ-38	黄埔二店	黄埔二店	黄埔区	2季度	内存	294	还行	¥114,366.00	76
JSJ-39	黄埔二店	黄埔二店	黄埔区	3季度	内存	865	不错	¥336,485.00	54
JSJ-40	黄埔二店	黄埔二店	黄埔区	4季度	内存	158		¥61,462.00	78
JSJ-41	徐汇三店	徐汇三店	徐汇区	1季度	内存	142	一般般	¥55,238.00	80
JSJ-42	徐汇三店	徐汇三店	徐汇区	2季度	内存	837	强烈推荐	¥325,593.00	56
JSJ-43	徐汇三店	徐汇三店	徐汇区	3季度	显示器	475		¥1,234,525.00	15
JSJ-44	徐汇三店	徐汇三店	徐汇区	4季度	显示器	417	一般般	¥1,083,783.00	18
JSJ-45	闸北四店	新静安四店	新静安区	1季度	显示器	202	不错	¥524,998.00	36
JSJ-46	闸北四店	新静安四店	新静安区	2季度	显示器	227	不错	¥589,973.00	33
JSJ-47	闸北四店	新静安四店	新静安区	3季度	显示器	882	一般般	¥2,292,318.00	5
JSJ-48	闸北四店	新静安四店	新静安区	4季度	显示器	597		¥1,551,603.00	11
JSJ-49	静安一店	新静安一店	新静安区	1季度	显示器	747		¥1,941,453.00	8
JSJ-50	静安一店	新静安一店	新静安区	2季度	鼠标	145		¥57,855.00	79
JSJ-51	静安一店	新静安一店	新静安区	3季度	鼠标	349		¥139,251.00	74
JSJ-52	静安一店	新静安一店	新静安区	4季度	鼠标	199	一般般	¥79,401.00	77
JSJ-53	黄埔二店	黄埔二店	黄埔区	1季度	鼠标	722		¥288,078.00	62
JSJ-54	黄埔二店	黄埔二店	黄埔区	2季度	鼠标	362	强烈推荐	¥144,438.00	71
JSJ-55	黄埔二店	黄埔二店	黄埔区	3季度	鼠标	988		¥394,212.00	50
JSJ-56	黄埔二店	黄埔二店	黄埔区	4季度	键盘	873	不错	¥522,927.00	37
JSJ-57	徐汇三店	徐汇三店	徐汇区	1季度	键盘	873	不错	¥522,927.00	37
JSJ-58	徐汇三店	徐汇三店	徐汇区	2季度	键盘	625	不错	¥374,375.00	51
JSJ-59	徐汇三店	徐汇三店	徐汇区	3季度	键盘	506		¥303,094.00	60
JSJ-60	徐汇三店	徐汇三店	徐汇区	4季度	键盘	321		¥192,279.00	67
JSJ-61	闸北四店	新静安四店	新静安区	1季度	键盘	833		¥498,967.00	41
JSJ-62	闸北四店	新静安四店	新静安区	2季度	键盘	397	一般般	¥237,803.00	65
JSJ-63	闸北四店	新静安四店	新静安区	3季度	键盘	722		¥432,478.00	46
JSJ-64	闸北四店	新静安四店	新静安区	4季度	键盘	240	强烈推荐	¥143,760.00	72
JSJ-65	静安一店	新静安一店	新静安区	1季度	固态硬盘	517	不错	¥464,783.00	43
JSJ-66	静安一店	新静安一店	新静安区	2季度	固态硬盘	937		¥842,363.00	24
JSJ-67	静安一店	新静安一店	新静安区	3季度	固态硬盘	514	不错	¥462,086.00	44
JSJ-68	静安一店	新静安一店	新静安区	4季度	固态硬盘	650		¥584,350.00	34
JSJ-69	黄埔二店	黄埔二店	黄埔区	1季度	固态硬盘	672		¥604,128.00	32
JSJ-70	黄埔二店	黄埔二店	黄埔区	2季度	固态硬盘	460	强烈推荐	¥413,540.00	47
JSJ-71	黄埔二店	黄埔二店	黄埔区	3季度	固态硬盘	339	一般般	¥304,761.00	59
JSJ-72	黄埔二店	黄埔二店	黄埔区	4季度	固态硬盘	558		¥501,642.00	40
JSJ-73	徐汇三店	徐汇三店	徐汇区	1季度	声卡	557		¥305,793.00	58
JSJ-74	徐汇三店	徐汇三店	徐汇区	2季度	声卡	915	不错	¥502,335.00	39
JSJ-75	徐汇三店	徐汇三店	徐汇区	3季度	声卡	398		¥218,502.00	66
JSJ-76	徐汇三店	徐汇三店	徐汇区	4季度	声卡	597		¥327,753.00	55
JSJ-77	闸北四店	新静安四店	新静安区	1季度	打印机	813		¥2,845,500.00	2
JSJ-78	闸北四店	新静安四店	新静安区	2季度	打印机	117	一般般	¥409,500.00	48
JSJ-79	闸北四店	新静安四店	新静安区	3季度	打印机	952	强烈推荐	¥3,332,000.00	1
JSJ-80	闸北四店	新静安四店	新静安区	4季度	打印机	244		¥854,000.00	23

图 2-192 JSJ 公司销量表

（1）在工作表“销售”中，已知编号的编写规则为“JSJ-数字”，第1条记录的编号为“JSJ-1”，依此类推。要求在表中无论删除数据还是插入数据，编号自动变化，始终连续。试用CONCATENATE和ROW函数在A列相关区域为统计表编号。

JSJ公司统计表	
最大销售额	¥3,332,000.00
统计1季度平均销售额	¥776,564.50
统计2季度主板平均销售量	634
统计“黄埔二店”店铺数量	20
统计在备注中标明“推荐”的店铺数量	10

图2-193　JSJ公司统计表

提示：在A3单元格输入公式“=CONCATENATE("JSJ-",(ROW()-2))”。双击填充柄可以将公式填充至区域末尾（下同）。

（2）由于静安区和闸北区合并为“新静安区”，因此需要对店铺的名字重新命名，凡是出现“静安”或者“闸北”文字的，统一改为“新静安”，否则保持不变，在C列相关区域填入新店铺名称。

提示：由题目可知，对于出现“静安”或者“闸北”文字的店铺，新店铺的名字等于是由“新静安”和原本店铺名称的右边2个字符构成，因此在C3单元格输入公式“=IF(OR(LEFT(B3,2)="静安",LEFT(B3,2)="闸北"),"新静安"&RIGHT(B3,2),B3)”。

（3）已知新店铺名称中除了文字“×店”之外就是店铺所属行政区，要求显示为“××区”，如新店铺名称为“新静安一店”的，显示所属行政区为“新静安区”。在D列相关区域填入所属行政区。

提示：由于区域名字不是固定的左边2位，所以在D3单元格中输入公式“=LEFT(C3,LEN(C3)-2)&"区"”。

（4）已知“销售额=销售量×平均单价”，其中平均单价在工作表“均价”中，在I列相关区域计算出销售额。

提示：在I3单元格中输入公式“=G3*VLOOKUP(F3,均价!A$3:B$11,2,0)”。

（5）根据销售额，利用函数在J列相关区域统计销售排名。

提示：在I3单元格中输入公式“=RANK(I3,I$3:I$82,0)”。

（6）在“统计”工作表的B2单元格中求出“销售”工作表中的最大销售额。

提示：在B2单元格中输入函数“=MAX(销售!I3:I82)”。

（7）在B3单元格中统计出1季度平均销售额。

提示：在B3单元格中输入函数“=AVERAGEIF(销售!E3:E82,"1季度",销售!I3:I82)”。

（8）在B4单元格中统计出2季度主板平均销售量。

提示：在B4单元格中输入函数“=AVERAGEIFS(销售!G3:G82,销售!E3:E82,"2季度",销售!F3:F82,"主板")”。

（9）在B5单元格中统计出“黄埔二店”店铺数量。

提示：在B5单元格中输入函数“=COUNTIF(销售!B3:B82,"黄埔二店")”。

（10）在 B6 单元格中统计在备注中标明“推荐”的店铺数量。

提示： 在 B6 单元格中输入公式“=COUNT(SEARCH("推荐",销售!H3:H82))”，并按快捷键【Ctrl+Shift+Enter】执行。

【范例】学生成绩表

本例主要练习日期和时间函数、逻辑与信息函数、数学与三角函数、统计函数、文本函数、引用和查找函数。

小王是一名在学校教务处勤工俭学的学生，李老师交给他一份学生信息表，让他根据已有的信息，在“范例 4-3.xlsx”中完成以下的操作（注：不得修改原始表结构，也不允许修改原始数据。），完成后的效果如图 2-194 所示。

学生信息表

学号	姓名	班级	身份证号	籍贯	性别	年龄	语文	数学	英语	平均分	排名	档次1	档次2
f15011501	李慧	f150115	310101××××××191020	上海	女	23	63	53	63	59.7	48	不及格	不及格
f15011503	洋若南	f150115	310102××××××251222	安徽	女	22	69	64	48	60.3	47	及格	及格
f15011105	陈雪蛟	f150111	310103××××××104012	山东	男	22	88	43	89	73.3	19	中等	中等
f15011330	刘小琴	f150113	310105××××××133620	安徽	女	24	77	41	99	72.3	22	中等	中等
f15011437	罗彦兵	f150114	310105××××××271620	上海	女	22	55	41	100	65.3	32	及格	及格
f15011321	刘顺丽	f150113	310107××××××143467	上海	女	23	66	51	100	72.3	22	中等	中等
f15011109	马进春	f150111	310107××××××091323	河北	女	23	88	22	73	61	46	及格	及格
f15011618	陈健	f150116	310109××××××193514	浙江	男	24	21	90	85	65.3	32	及格	及格
f15011212	林冥颖	f150112	310109××××××211530	浙江	男	22	缺席	53	38	45.5	66	不及格	不及格
f15011435	强月霞	f150114	310110××××××105139	安徽	男	22	86	73	61	73.3	19	中等	中等
f15011438	曾敏	f150114	310112××××××260313	上海	男	23	72	33	缺席	52.5	57	不及格	不及格
f15011323	陈俊旭	f150113	310112××××××255224	福建	女	22	75	86	78	79.7	7	中等	中等
f15011510	谢蒙伟	f150115	310113××××××124117	江苏	男	23	89	57	49	65	34	及格	及格
f15011101	王小丽	f150111	310113××××××011715	上海	男	22	59	36	96	63.7	39	及格	及格
f15011729	林万子	f150117	310114××××××051248	安徽	女	24	缺席	57	91	74	17	中等	中等
f15011730	胡潇立	f150117	310114××××××283814	上海	男	23	75	57	46	59.3	49	不及格	不及格
f15011727	余旭杰	f150117	310114××××××160027	浙江	女	23	98	53	84	78.3	12	中等	中等
f15011617	余苗苗	f150116	310115××××××035025	江苏	女	23	88	61	78	75.7	16	中等	中等
f15011220	王红萍	f150112	310115××××××282522	浙江	女	23	80	86	73	79.7	7	中等	中等
f15011431	田奥国	f150114	310115××××××212911	浙江	男	22	29	64	59	50.7	59	不及格	不及格
f15011325	刘倩	f150113	310115××××××051929	江苏	女	22	88	78	71	79	9	中等	中等
f15011433	赵亚宁	f150114	310225××××××193012	上海	男	25	44	缺席	50	47	64	不及格	不及格
f15011723	戴必正	f150117	310225××××××286027	上海	女	23	88	24	93	68.3	28	及格	及格
f15011507	叶龙跃	f150115	310228××××××250036	上海	男	23	90	24	90	68	29	及格	及格
f15011620	项建格	f150116	310226××××××150311	上海	男	23	90	39	缺席	64.5	37	及格	及格
f15011104	田东会	f150111	310227××××××062436	浙江	男	25	85	80	92	85.7	2	良好	良好
f15011619	裘晓缘	f150116	310227××××××313614	湖南	男	22	32	24	62	39.3	69	不及格	不及格
f15011616	项伟航	f150116	310228××××××071626	上海	女	24	57	98	65	73.3	19	中等	中等
f15011615	陈远	f150116	310228××××××096426	湖北	女	24	21	77	缺席	49	61	不及格	不及格
f15011724	林婷婷	f150117	310230××××××270655	安徽	男	24	63	46	75	61.3	45	及格	及格
f15011216	谢小乐	f150112	320121××××××042129	安徽	女	23	82	91	63	78.7	10	中等	中等
f15011219	田春晖	f150112	320583××××××031027	安徽	女	22	69	99	23	63.7	39	及格	及格
f15011211	王冰妍	f150112	320602××××××200063	浙江	女	24	28	50	94	57.3	52	不及格	不及格
f15011439	谢炜	f150114	320721××××××180047	上海	女	23	97	33	41	57	53	不及格	不及格
f15011434	刘雁	f150114	320682××××××225221	上海	女	23	73	40	72	61.7	43	及格	及格
f15011432	宋添慧	f150114	321084××××××092428	山西	女	24	42	76	45	54.3	54	不及格	不及格
f15011725	吴晓丹	f150117	321281××××××126020	江苏	女	24	77	88	66	77	13	中等	中等
f15011214	吴晓敏	f150112	321282××××××202623	上海	女	23	缺席	46	72	59	50	不及格	不及格
f15011218	赵文丽	f150112	330103××××××100720	江苏	女	23	41	39	77	52.3	58	不及格	不及格
f15011505	周茹	f150115	330106××××××134019	陕西	男	22	47	48	94	63	42	及格	及格
f15011611	黄永懿	f150116	330211××××××120042	上海	女	23	26	27	73	42	67	不及格	不及格
f15011324	尹亚玉	f150113	330282××××××070025	浙江	女	23	89	39	83	70.3	24	中等	中等
f15011509	傅晓君	f150115	330324××××××080047	上海	女	22	64	缺席	88	76	15	中等	中等
f15011436	李培平	f150114	330327××××××257721	上海	女	23	71	20	49	46.7	65	不及格	不及格
f15011614	郑俊杰	f150116	330381××××××263420	江苏	女	23	89	22	96	69	27	及格	及格
f15011722	张姗姗	f150117	330382××××××091760	安徽	女	23	64	88	92	81.3	5	良好	良好
f15011504	金晓桦	f150115	330402××××××221221	上海	女	22	28	74	92	64.7	36	及格	及格
f15011502	薛芳芳	f150115	330411××××××105215	浙江	男	24	66	33	64	54.3	54	不及格	不及格
f15011215	阮缪清	f150112	330411××××××024417	上海	男	22	89	45	88	74	17	中等	中等
f15011106	杨建丰	f150111	330621××××××076922	浙江	女	24	63	53	45	53.7	56	不及格	不及格
f15011508	何梦蝶	f150115	330681××××××091729	浙江	女	23	缺席	54	26	40	68	不及格	不及格
f15011612	朱冬冬	f150116	330781××××××140074	安徽	男	24	89	74	37	66.7	31	及格	及格
f15011721	陈民伟	f150117	330781××××××116325	上海	女	24	62	94	53	69.7	26	及格	及格
f15011329	陈东霞	f150113	330802××××××164487	浙江	女	22	36	37	22	31.7	70	不及格	不及格
f15011107	黎梅桂	f150111	330821××××××243228	浙江	女	23	59	78	56	64.3	38	及格	及格
f15011217	郑亦杨	f150112	330921××××××200010	上海	男	23	58	62	31	50.3	60	不及格	不及格
f15011103	杨玉萍	f150111	340421××××××185844	上海	女	24	92	87	80	86.3	1	良好	良好
f15011326	孙玉晶	f150113	340803××××××122210	上海	男	22	90	30	91	70.3	24	中等	中等
f15011328	韩小文	f150113	341102××××××080025	安徽	女	24	31	53	59	47.7	63	不及格	不及格
f15011108	张兴	f150111	341181××××××310025	浙江	女	21	80	82	缺席	81	6	良好	良好
f15011102	王宝勤	f150111	341222××××××102120	河南	女	21	85	74	87	82	4	良好	良好
f15011506	陈亮亮	f150115	341622××××××082325	山东	女	23	86	85	58	76.3	14	中等	中等
f15011440	王佩佩	f150114	341622××××××180222	河北	女	22	75	98	63	78.7	10	中等	中等
f15011213	蔡钦帆	f150112	342401××××××026927	湖南	女	21	60	75	55	63.3	41	及格	及格
f15011327	王燕玉	f150113	342425××××××317421	湖北	女	21	24	45	75	48	62	不及格	不及格
f15011110	魏改娟	f150111	350821××××××253618	山西	男	24	67	62	66	65	34	及格	及格
f15011726	薛蓉蓉	f150117	362322××××××243921	陕西	女	21	88	89	76	84.3	3	良好	良好
f15011613	陈蕊蕊	f150116	410105××××××130088	上海	女	24	89	26	88	67.7	30	及格	及格
f15011728	黄亮亮	f150117	411481××××××262747	安徽	女	25	45	93	38	58.7	51	不及格	不及格
f15011322	焦学虎	f150113	620502××××××210467	河北	女	23	43	缺席	80	61.5	44	及格	及格

考生人数	语文参考人数
70	66

班级	班级语文平均分（条件求平均函数）
f150111	76.60
f150112	63.38
f150113	61.90
f150114	64.40
f150115	66.89
f150116	60.20
f150117	73.33

班级	籍贯	英语平均分（多条件求平均）
f150116	上海	75.33
f150117	浙江	84.00

学号	姓名	身份证号	排名
f15011722	张姗姗	330382199302091760	5

分数段	档次
0	不及格
60	及格
70	中等
80	良好
90	优秀

学号	新学号（第3位改为4）
f15011801	f14011801

图 2-194　学生成绩表

（1）已知学号左边数起的 7 位是班级号码，如学号为“f15011501”的学生，其班级号码为“f150115”，请用函数求出各学号对应的班级。

提示：函数求单元格左边数起的若干位数可以利用 Left 函数。因此在 C3 单元格中输入函数“=LEFT(A3,7)”。双击填充柄可以将公式填充至区域末尾（下同）。

（2）已知身份证号的第 17 位标示的是性别，如果是奇数，则为“男”，偶数则为“女”。身份证号的第 7～10 位显示的是出生日期。要求利用函数求出各学生的性别和年龄，填入相应的单元格中。

提示：利用 Mid 函数可以取单元格中指定位数的数值，如 MID(D3,17,1)即为 D3 单元格的第 17 位数值，MID(D3,7,4)即为 D3 单元格从第 7 位开始的 4 位数值。

Mod 函数可以通过对数值取余来判断奇偶数，因此性别的求取可以在 F3 单元格输入公式“=IF(MOD(MID(D3,17,1),2)=1,"男","女")”。

通过公式 YEAR(TODAY())可以得到当前年，因此年龄的求取可以在 G3 单元格输入公式“=YEAR(TODAY())-MID(D3,7,4)”。

（3）利用函数求平均分，保留小数点后面 1 位，填入相应的单元格中。

提示：在 K3 单元格中输入函数“=AVERAGE(H3:J3)”即可得到平均分，要求保留小数点后面 1 位，因此需要在求平均值函数外面再套用一个 ROUND 函数，即“=ROUND(AVERAGE(H3:J3),1)”。

（4）利用函数求排名，填入相应的单元格中。

提示：在 L3 单元格中输入函数“=RANK(K3,K$3:K$72)”。

（5）利用函数求考生人数和语文参加考试人数，分别填入 P3 和 Q3 单元格中。

提示：考生人数和语文参加考试人数的求取差别就在于语文考试中还存在缺席人员，因此统计考生人数需要统计有多少个学号即在 P3 单元格中输入函数“=COUNTA(A3:A72)”即可。而统计语文参加考试的人生则需要统计有语文成绩的人数，也就是数字单元格个数，因此需要在 Q3 单元格中输入函数“=COUNT(H3:H72)”。

（6）利用条件求平均函数，在 Q7～Q13 区域求出班级语文平均分，通过格式设置保留 2 位小数。

提示：在 Q7 单元格中输入函数“=AVERAGEIF(C$3:C$72,P7,H$3:H$72)”。要求保留小数点后面 2 位，而第一个单元格 Q7 中的数据是只有 1 位小数，因此在选择 Q7～Q13 单元格后，单击“开始”选项“数字”组中的“增加小数位数”按钮，完成保留 2 位小数的操作。

（7）利用多条件求平均函数，求出 f150116 班籍贯为上海的学生和 f150117 班籍贯为浙江的学生的英语平均分，保留 2 位小数，分别填入 R17、R18 单元格中。

提示：在 R17 单元格中输入函数“=AVERAGEIFS(J$3:J$72,C$3:C$72,P17,E$3:E$72, Q17)”，再点击“开始”选项卡“数字”组中的“减少小数位数”按钮，完成保留 2 位小数的操作。

（8）利用 VLOOKUP 函数，在 Q21、R21、S21 单元格求出学号为 f15011722 的学生的姓名、身份证号和排名。

提示：利用 VLOOKUP 函数的精确查找，可以得到 f15011722 学生的姓名、身份证号和排名，由于只是返回列的参数不同，因此可以在 Q21 单元格中输入函数“=VLOOKUP(P21,A2:N72,2,0)”后将函数复制、粘贴到 R21 单元格和 S21 单元格中，将函数改为“=VLOOKUP(P21,A2:N72,4,0)”和“=VLOOKUP(P21,A2:N72,12,0)”即可。

（9）已知档次的划分如下：60 分以下档次为“不及格”，60～70 分档次为“及格”，70～80 分档次为“中等”，80～90 分档次为“良好”，90 分以上档次为“优秀”，分别利用 VLOOKUP 函数和 LOOKUP 函数，在档次 1 和档次 2 相应的单元格填入结果（函数查找的条件区域请填入 P24:Q28）。

提示：根据已知内容，在 P24:Q28 区域填入函数查找的条件，如图 2-195 所示。

在 M3 单元格中输入函数“=VLOOKUP(K3,P$24:Q$28,2,1)”做模糊查询。

在 N3 单元格中输入函数“=LOOKUP(K$3:K$72,P$24:Q$28)”。

分数段	档次
0	不及格
60	及格
70	中等
80	良好
90	优秀

图 2-195　函数查找条件

（10）利用函数，在 Q31 单元格填入 P31 中的学号第 3 位改为 4 后的新学号。

提示：在 Q31 单元格中输入函数“=REPLACE(P31,3,1,4)”。

2.5 图　表

一般而言，人的大脑对于图形的记忆强度及识别能力远大于数据本身。在日常生活中，人们要记住一长串数字或者通过分析数字找寻规律都不是轻而易举的事，而通过一系列的图形来展示这些数据则很容易从中发现规律，并进行分析处理。

相较于数据的抽象变化，图表可以直观地显示数据的动态变化，包括其发展趋势、优劣对比、数据分布等，为数据的分析和决策提供了有力依据。比如销售人员可以通过对产品销售的曲线分析，了解各时间段的销售情况，从而分析出销售旺季和淡季的具体结点；教师可以通过分析学生的成绩分布状态，知晓各成绩段的占比，以便及时调整教学。

在 Excel 中，图表的基本功能就是帮助用户对数据进行分析，以便用户决策。除基本图表外，Excel 2010 还新增了迷你图功能。这个存放在单元格中的图形可以简单地列出数据的发展趋势，对数据进行补充说明。

2.5.1 图表结构

图表包含了诸多元素，但是有些元素之间互相冲突，无法同时在一个图表中体现，因此在一个图表中将所有元素列出是不现实的。大致而言，一个图表通常是由图 2-196 所示的几个部分构成。

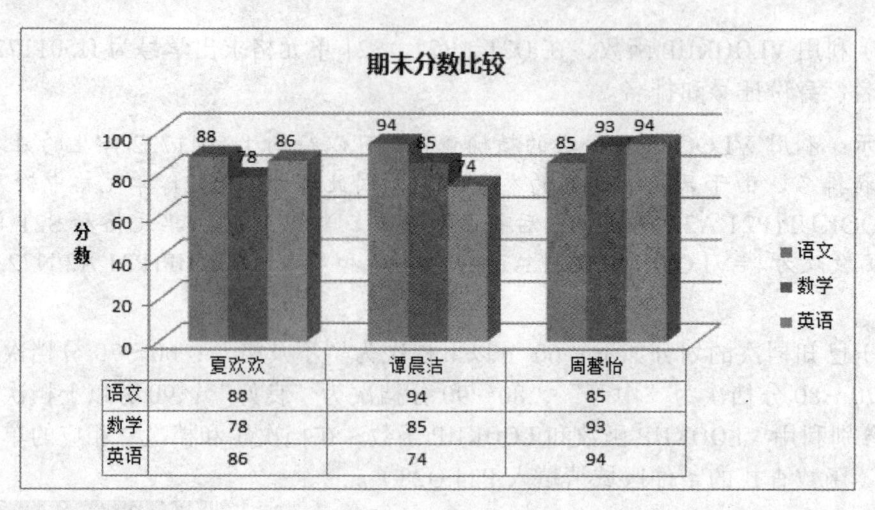

图 2-196 常见图表结构

1．图表标题

图表标题用于描述整个图表的名称或作用，通常放置在图表的顶部，可以显示也可以不显示。

2．坐标轴与坐标轴标题

坐标轴是用作度量的参照框架。X 轴通常为水平轴并包含分类。Y 轴通常为垂直坐标轴并包含数据。坐标轴标题是 X 轴和 Y 轴的名称，可以显示也可以不显示。

3．网格线

网格线是界定数据系列的数值分布边界，对应于坐标轴的刻度，调整坐标轴的刻度可以改变网格线的疏密程度，可以显示也可以不显示。

4．数据系列

数据系列是图表的核心部分，对应工作表中的数据源。图表主要通过数据系列来展现数据的变化和趋势。一个数据系列对应数据源中的一行或一列数据。

5．图例

图例是用于补充说明数据系列与该系列对应的关系，包含图表中相应的数据系列名称和颜色。当只有一个数据系列时，可以忽略显示图例。

6．数据标签

数据标签用于显示数据系列的值，每个标签对应唯一一个系列点。

7．模拟运算表

在 Excel 中，模拟运算表被称为数据表，用于对应数据系列显示在图表的底部。

8．绘图区

绘图区是以坐标轴为界的区域。

9．背景墙、基底、背面墙和侧面墙

背景墙、基底、背面墙和侧面墙只有在三维图表中才有，用于构建三维空间。

2.5.2 图表类型

在 Excel 中，在“插入”选项卡“图表”组中可以看到各种图表类型，如图 2-197 所示。各图表类型的外形和常见用途说明如下：

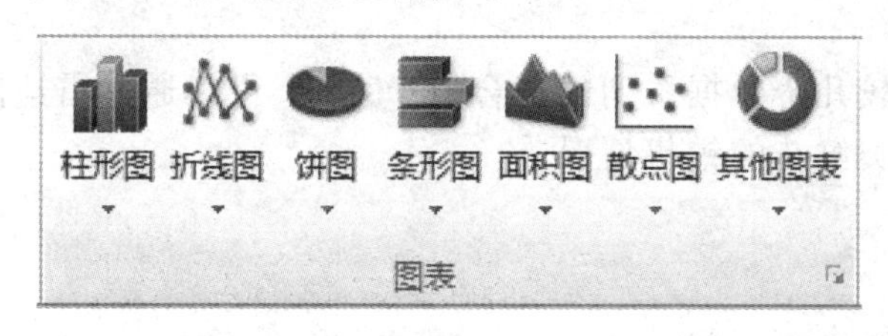

图 2-197 “图表”组

1．柱形图

柱形图一般用于展示一段时间内数据的变化情况，或者说明各项之间的关系，是 Excel 中使用频率较高的一种图表类型，通常用 X 轴代表类别，Y 轴代表数值刻度。

2．折线图

折线图主要用于描述一个连续数据的变化情况，突出显示其随着时间而变化的特性，有助于查看分析一段时间内数据的波动情况。在折线图中，类别数据沿水平轴均匀分布，所有的数据沿垂直轴均匀分布。

3．饼图

饼图用于描述一个数据系列中各项数值的大小和占比情况，只能将排列在一行或一列中的数据用于饼图显示。

4．条形图

条形图一般用于显示各项之间的比较情况，其数据通常呈现持续性变化。

5．面积图

面积图用于强调数量随时间而变化的程度，也可以用于引起人们对总值趋势的注意。例如，表示随时间而变化的利润的数据可以绘制到面积图中以强调总利润。

6．散点图

散点图用以显示若干数据系列中各数值之间的关系，或者将两组数字绘制为 XY 坐标的一个系列。

7．股价图

股价图通常用来显示股价的波动。此外，这种图表也可用于科学数据。例如，可以使用股价图来说明每天或每年温度的波动。

8．曲面图

使用曲面图可以帮助用户找到两组数据之间的最佳组合，用颜色和图案表示处于相同数据范围内的区域。

9．圆环图

像饼图一样，圆环图用以显示各部分与整体时间的关系，但是可以包含多个数据系列。

10．气泡图

排列在工作表的列中的数据可以通过气泡图来呈现。例如，可以通过气泡图来表现某项产品在整个市场份额中所占的比例。

11．雷达图

雷达图用以比较几个数据系列的聚合值。例如，可以通过雷达图直观地显示出某鲜花店中各月份各类鲜花的销售情况。

2.5.3 图表操作

1．图表创建

创建图表的方式大致分为以下几个步骤：

（1）打开数据源：打开需要创建图表的工作簿，光标停留在某一工作表中。

（2）选择数据：选择工作表中需要创建图表的数据，按住【Shift】键可以选择连续的单元格，按住【Ctrl】键可以选择不连续的单元格。

（3）插入图表：单击“插入”选项“图表”组中需要的图表类型，或者单击该组右下角的对话框启动器按钮，在弹出的“插入图表”对话框中选择相应的图表类型，如图 2-198 所示。

（4）移动图表：由于图表是以对象的方式插入到工作表中的，所以可以将光标指向图表的空表区域，按住鼠标左键不放，将其移动到指定区域。

（5）改变大小：通过拖动图表边框的四边或者四角的尺寸控制点，可以改变图表的大小。

默认情况下，图表插入的位置是当前工作表，如果需要将图表放在单独的图表工作表中，只需要单击“图表工具”|“设计”选项卡“位置”组中的“移动图表”按钮，在弹出的“移动图表”对话框中，选择新工作表并输入名称即可，如图 2-199 所示。

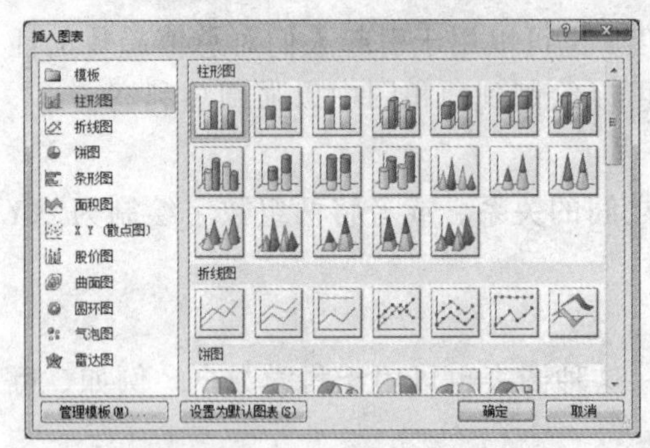

图 2-198 “插入图表”对话框

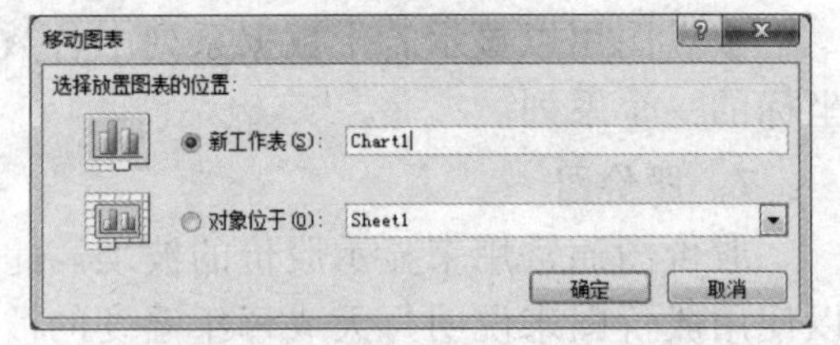

图 2-199 “移动图表”对话框

2．图表编辑

对于已经创建好的图表，主要通过以下几个方面对其进行编辑，使得图表呈现出的信息更加美观和丰富。

1）图表背景效果设置

图表背景效果的设置分为图表区的格式设置和绘图区的格式设置。

图表区是整个图表中所占比重最大的一个区域，也是存放所有图表元素的载体。

图表区作为一个烘托图表元素的存在，对图表数据的可读性有着较大的影响，因此，一般而言，对于图表区的设置主要集中在对其背景色、边框颜色及样式等属性上。

对于图表区格式的设置可以采用以下方法：

在选中图表的情况下，在“图表工具”|“布局”选项卡“当前所选内容”组中单击“设置所选内容格式”按钮，如图 2-200 所示。

图 2-200 “当前所选内容”组

以设置图表区的渐变填充为例，在弹出的“设置图表区格式”对话框中，选择“填充”类中的“渐变填充”。Excel 提供了多种预设颜色，可以根据需求进行不同选择，还可以对其类型、方向、角度等进行调整，如图 2-201 所示。

此外，还可以对图表区进行边框颜色、边框样式、阴影等设置。如将图表设置为圆角边框样式就是在“边框样式”类中，勾选边框样式为“圆角”。

绘图区是存放图表数据系列的区域，在已经创建好的图表中，单击“图表工具”|“布局”选项卡“当前所选内容”组中的“设置所选内容格式”按钮即可完成对绘图区的设置，如图 2-202 所示。

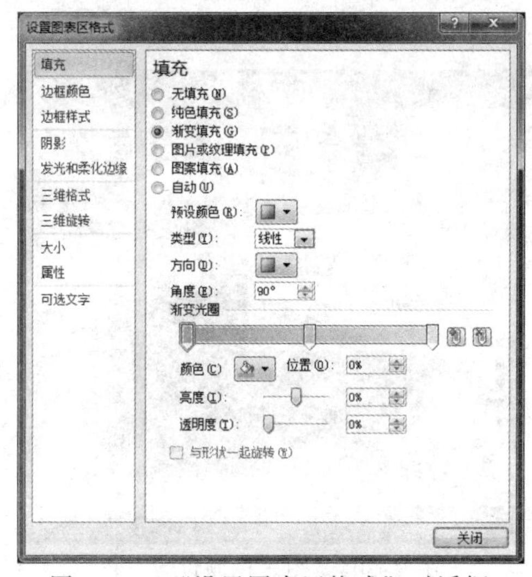

图 2-201 “设置图表区格式”对话框

图 2-202 绘图区设置

2）数据系列格式设置

数据系列是整个图表的核心，也是数据图形化的表现。一张完整的图表中，至少包含一个数据系列。一般而言，建议用户先选择数据再插入图表，因为数据系列的设置会对图表数据的可读性造成很大的影响，增加或删除数据系列都会使图表发生改变。

增加数据系列的方法主要有以下三种：

方法一：借助快捷键。

在已经创建好图表的工作表中，按照现有图表的系列分布方式，按快捷键【Ctrl+C】复制需要新增的数据，再在图表上按快捷键【Ctrl+V】进行粘贴，新的数据系列即被加入到图表中。

方法二：调整数据源。

在选择图表区或绘图区时，图表的数据系列所在的区域会在数据源中以蓝色边框的状态显示，拖动该区域的顶点，增加数据源选择区域，即可将新的数据系列添加到图表中。

方法三：利用对话框。

在图表的任意位置右击，在弹出的快捷菜单中选择“选择数据”命令，在“选择数据源”对话框中单击“图例项（系列）”栏中的“添加”按钮，在弹出的“编辑数据系列”对话框中输入需要新增的“系列名称”和“系列值”，完成后单击“确定”按钮即可，如图 2-203 所示。

与增加数据系列对应的删除数据系列的方法也有 3 种，在此不作赘述。

3）图表标题设置

图表标题是对整个图表功能和数据的简单描述，可以在“图表工具”|“布局”选项卡“标签”组的“图表标题”中选择“无”、“居中覆盖标题”和“图表上方”，如图 2-204 所示。此外，还可以将图表标题设置为艺术字效果。方法也很简单：在图表中选择图表标题后，在“图表工具”|“格式”选项卡“艺术字样式”组中选择内置的样式即可。

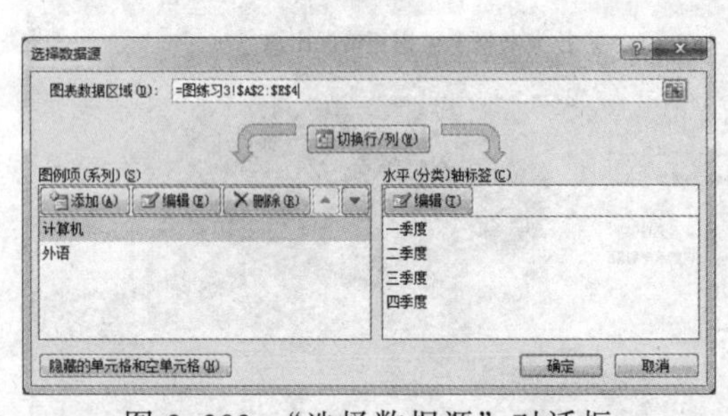

图 2-203 “选择数据源”对话框

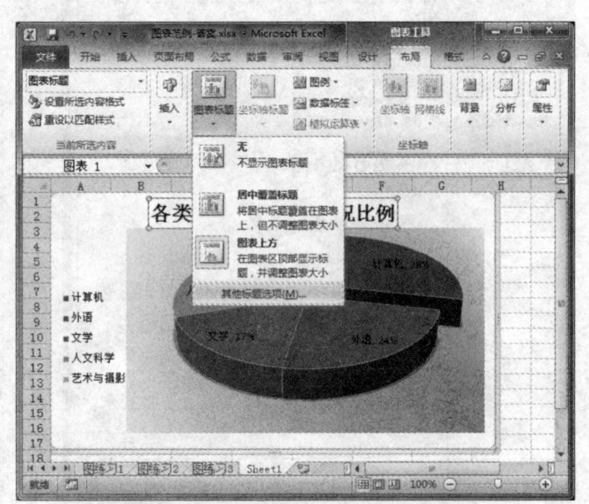

图 2-204 图表标题设置

4）图例格式设置

在图表中，图例的作用是用于区分各数据系列。默认情况下，Excel 会自动给具有多个数据系列的图表创建图例。图例格式的设置可以在“图表工具”|“布局”选项卡“标签”组的“图例”中选择需要的项，如图 2-205 所示。

5）数据标签设置

图表的数据标签用于标示某个数据点的具体值，默认情况下，图表的数据标签是

不显示的。在“图表工具”|“布局”选项卡“标签”组中选择需要设置的“数据标签”项即可添加，如图 2-206 所示。

6）模拟运算表设置

模拟运算表的设置可以将图表中所选用的数据系列以表格的形式显示在图表下方，用数据对图表进行辅助说明，在“图表工具”|“布局”选项卡“标签”组中单击“模拟运算表”按钮进行相应设置即可，如图 2-207 所示。

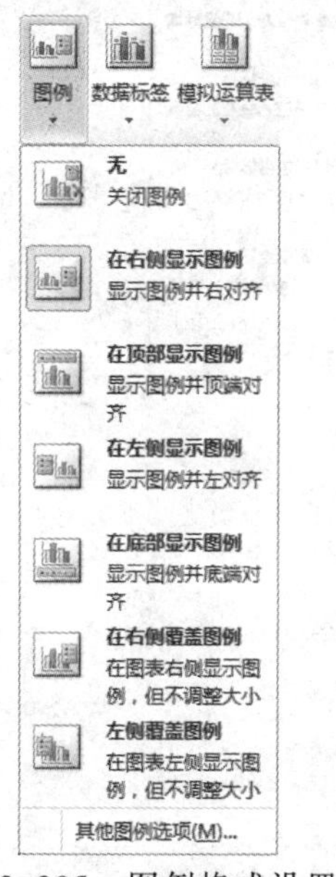

图 2-205　图例格式设置

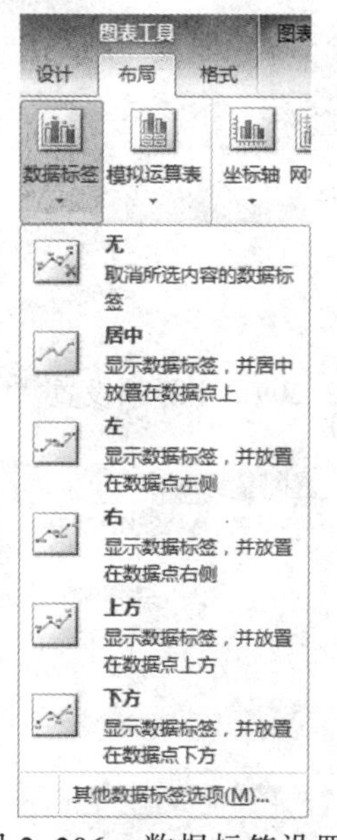

图 2-206　数据标签设置

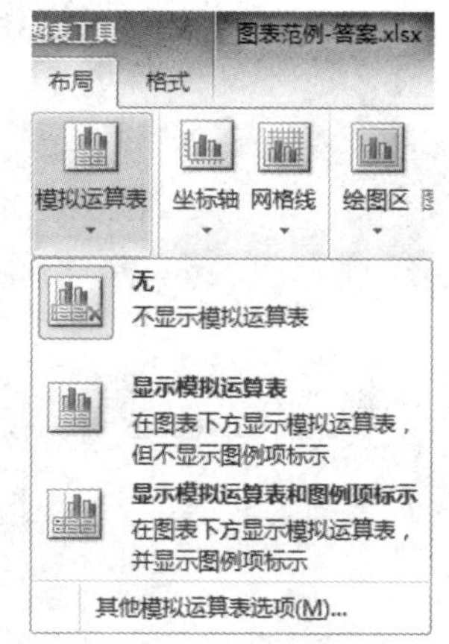

图 2-207　模拟运算表设置

7）坐标轴及网格线设置

坐标轴及网格线的设置主要包含其标题和选项的设置。

默认情况下，Excel 创建的图表是没有坐标轴标题的，如果需要添加坐标轴的横纵标题，可以在“图表工具”|“布局”选项卡“标签”组单击“坐标轴标题”中的相应项进行设置，如图 2-208 所示。

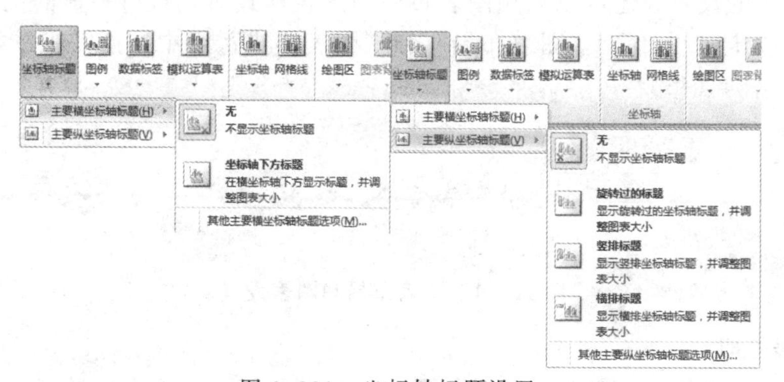

图 2-208　坐标轴标题设置

而对横纵坐标轴的诸如刻度之类选项的更改，则可以通过“图表工具”|“布局”选项卡“坐标轴”组中的相应项进行设置，网格线也是如此，如图 2-209 和图 2-210 所示。

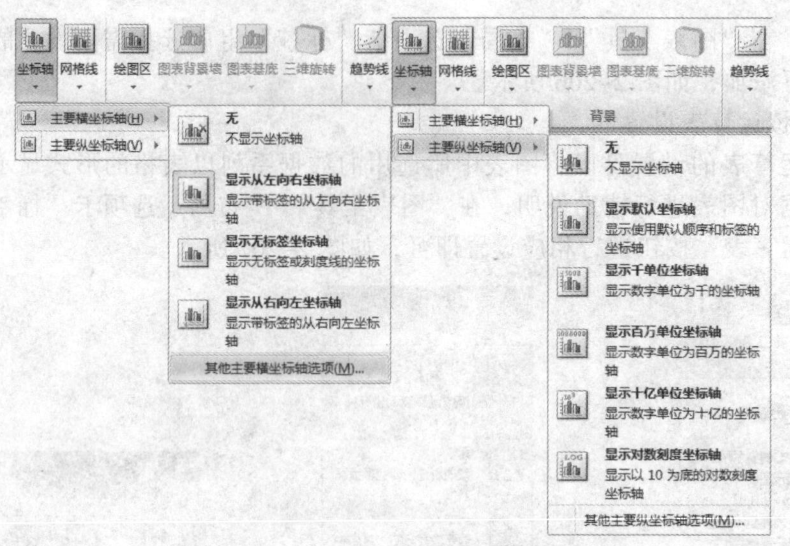

图 2-209　坐标轴设置

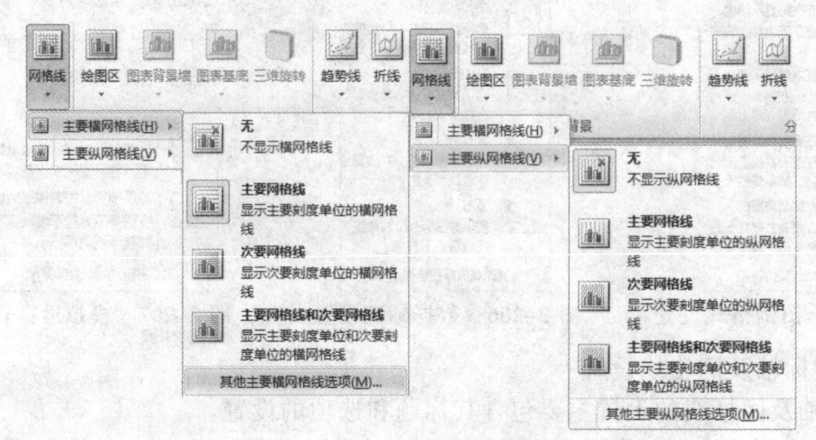

图 2-210　网格线设置

8）应用布局和样式

对于图表的设置，还可以采用图表布局和图表样式对其进行整体的调整，在“图表工具”选项卡“设计”|“图表布局”和“图表样式”组中按照需求进行选择，如图 2-211 所示。

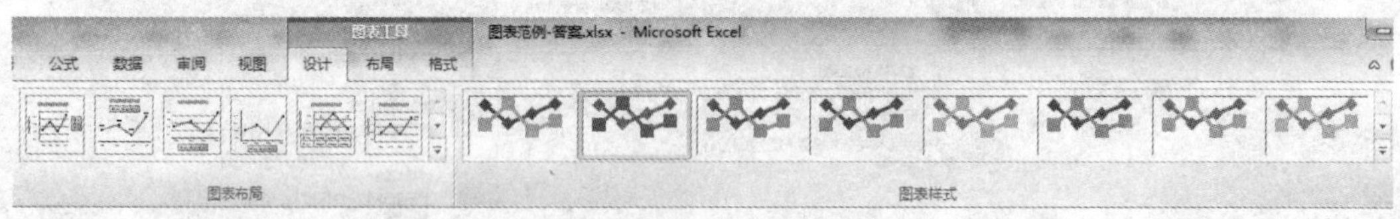

图 2-211　图表布局和图表设置

3. 图表打印

和 Excel 中的图片、剪贴画等对象不同，图表的打印与否可以进行单独的设置。

1）只打印图表

如果图表处于单独的工作表中，打印该工作表即可将图表打印；如果图表和数据

在同一个工作表中，选中图表，使图表处于活动状态，再单击“文件”|“打印”按钮进行打印，即可达到只打印图表的目的。

2）打印数据和图表

当需要同时打印数据和图表时，首先选择该工作表，将光标停留在除图表外的任意位置，再单击“文件”|“打印”按钮即可将当前工作表中的数据和图表同时打印。

3）不打印工作表中的图表

不打印工作表中的图表方法有两种：

方法一：设置打印区域。

将需要打印的数据区域通过对“页面布局”选项卡“页面设置”组“打印区域”进行设置，选择不包括图表的区域，打印时图表将不进行打印。

方法二：设置隐藏对象。

单击“文件”|“选项”按钮，弹出“Excel 选项”对话框，单击“高级”|“此工作簿的显示选项”中的“对于对象，显示：”的“无内容（隐藏对象）”，如图 2-212 所示，再进行打印时，Excel 将自动隐藏该工作簿中的对象，包括图表、图片、剪贴画等。

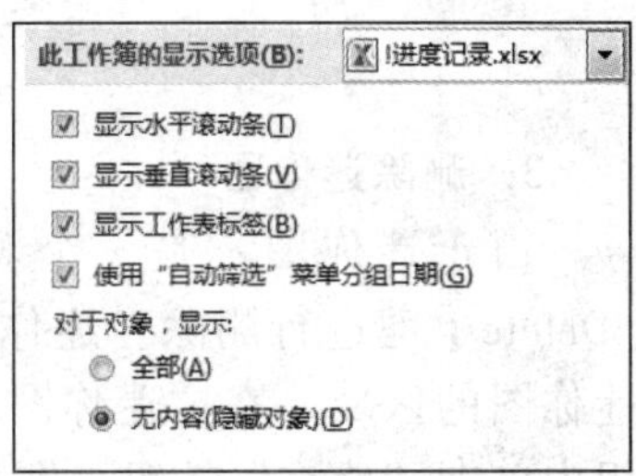

图 2-212　设置隐藏对象

2.5.4　迷你图

迷你图是 Excel 2010 中新增的功能，用于直观显示数据的变化，可以标示出一组数据中的最大值、最小值以及正负点。和标准图表不同的是，迷你图不是一个对象，而是一个嵌入在单元格中的微型图表，可以作为一个单元格的背景存在。

迷你图的类型有 3 种：折线图、柱形图和盈亏图。其数据源只能是一行或者一列，并且不允许数据源为空。

1. 创建迷你图

创建迷你图的方法如下：

（1）选中需要创建迷你图的单元格或者单元格区域。

（2）在“插入”选项卡“迷你图”组中选择需要插入的迷你图类型，如图 2-213 所示。

（3）在弹出的“创建迷你图”对话框中选择所需的数据，如图 2-214 所示，完成后单击“确定”按钮。

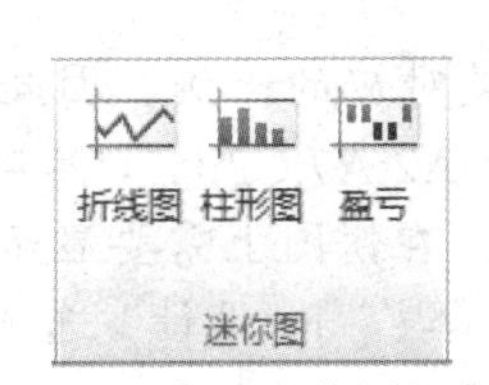

图 2-213　“迷你图”组

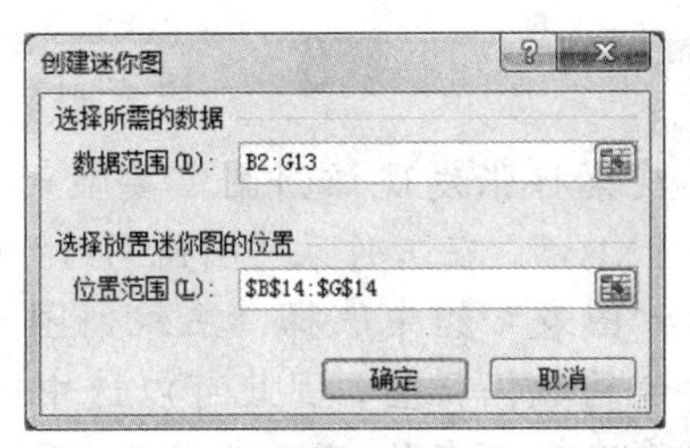

图 2-214　“创建迷你图”对话框

（4）返回工作表中，迷你图即被插入到相应的位置中。

2. 编辑迷你图

对于已经创建好的迷你图，可以对其进行编辑，使其能够更好的显示出数据的变化，帮助用户对数据进行分析。在“迷你图工具”|“设计”选项卡中，可以对迷你图的显示，如高点、低点等进行设置，也可以对迷你图的样式，或者迷你图的颜色、标记颜色进行更改，如图 2-215 所示。

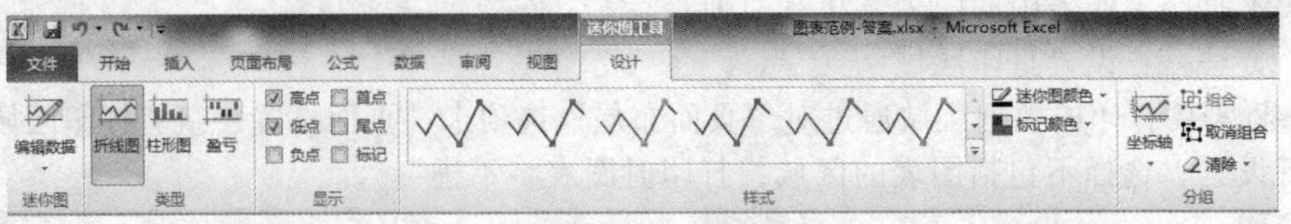

图 2-215　迷你图设计

3. 删除迷你图

由于迷你图不是一个对象，不能像图表那样选中后按【Delete】键进行删除。迷你图的删除方法为：选择需要删除迷你图的区域，在“迷你图工具”|“设计”选项卡“分组”组中单击“清除”按钮，即可删除迷你图，如图 2-216 所示。

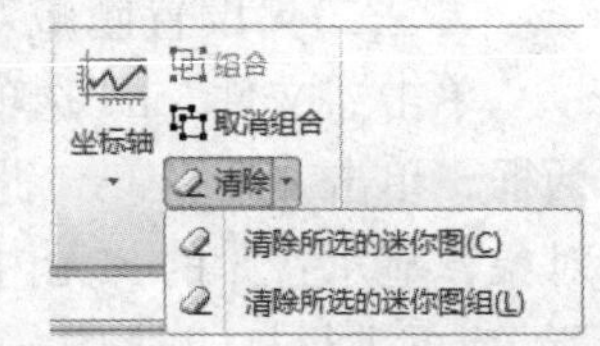

图 2-216　清除迷你图

【范例】书籍销售图表

本例主要练习图表的设置。

请按如下要求完成对“范例 5-1.xlsx”的操作，并以原文件名保存。

（1）在工作表“图练习 1”中，参考样张图 2-217 所示在 A10:G26 区域插入饼图。

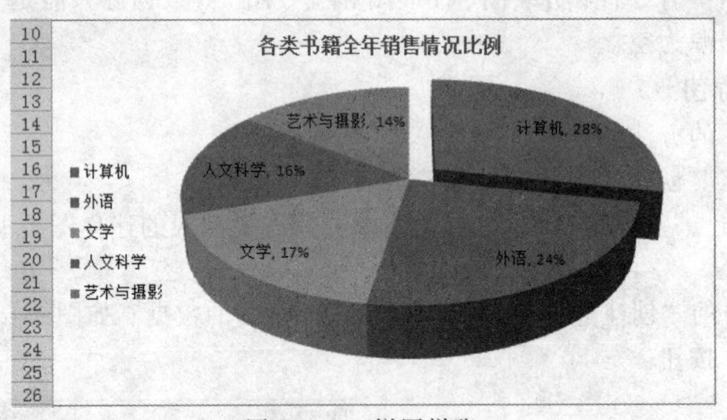

图 2-217　饼图样张

提示：观察样张发现该饼图需要显示的是各书籍种类对应的比例，因此首先打开“范例 5-1.xlsx”，在工作表“图练习 1”中，选择数据源 A2:A7,G2:G7，然后在“插入”选项卡“图表”组中选择“三维饼图”。由样张可知，在饼图上需要显示各书籍种类所占比例的数据标签，因此可以选中图表，在“图表工具”|“设计”选项卡“图表布局”组中选择“布局 4”，完成后如图 2-218 所示。

然后单击“布局”选项卡“标签”组中的“图例”|“在左侧显示图例”按钮，并单击“布局”选项卡“标签”组中的“图表标题”|“图表上方”按钮，将标题重命名为“各类书籍全年销售情况比例”，宋体，12 磅，完成后如图 2-219 所示。

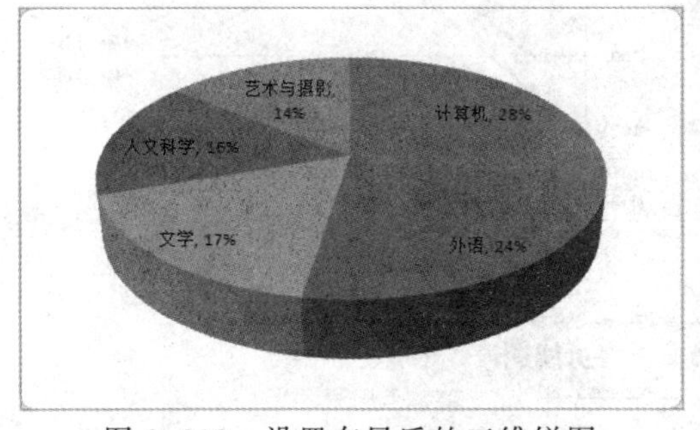

图 2-218 设置布局后的三维饼图

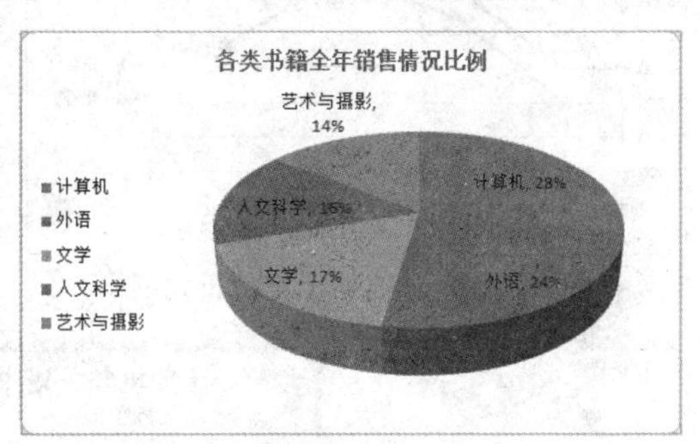

图 2-219 增加图例和标题后的三维饼图

先选中“计算机”类所处的分区，向外拖动，使其从饼图整体中分离，接着选择绘图区，将饼图整体放大，使数据标签全部显示在饼图之上，完成后如图 2-220 所示。

最后将该饼图拖动到 A10:G26 区域，缩放至该区域相同的大小。

（2）在工作表“图练习 1”中，参考样张图 2-221 所示在 I2:P18 区域插入带数据标记的折线图。

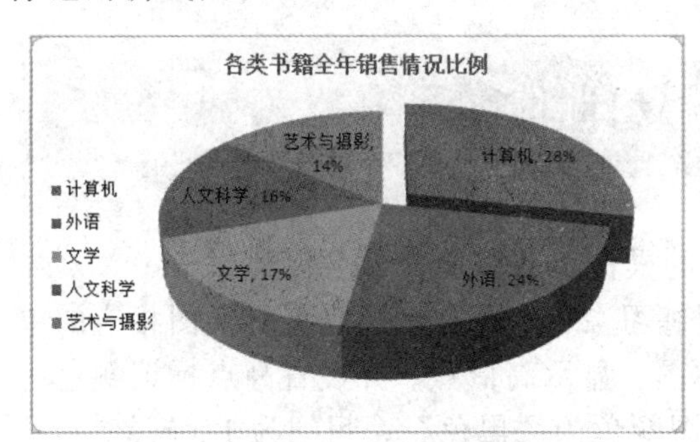

图 2-220 分离三维饼图

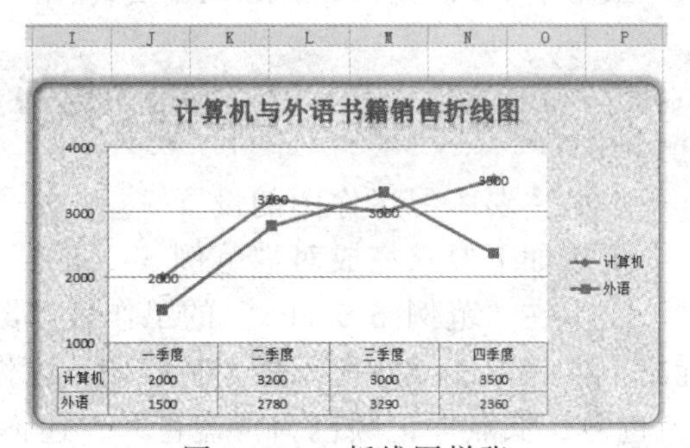

图 2-221 折线图样张

提示：选择数据源 A2:E4，单击“插入”选项卡“图表”组中的“折线图”|“带数据标记的折线图”按钮。显示图表标题，重命名为“计算机与外语书籍销售折线图”，在“图表工具”|“格式”选项卡“艺术字样式”组中单击“渐变填充—紫色，强调文字颜色 4，映像”按钮，完成后如图 2-222 所示。

在“布局”选项卡“标签”组中单击“模拟运算表”|“显示模拟运算表”按钮；单击“计算机”标识的折线，选择“数据标签”|“居中”；双击纵坐标，在弹出的“设置坐标轴格式”对话框中，对坐标轴选项的最小值由自动改为固定的“1000”，主要刻度单位也为“1000”，完成后如图 2-223 所示。

接着对折线图的图表区进行设置。在图表区空白位置双击，弹出“设置图表区格式”对话框，填充为“图片或纹理填充”中的“新闻纸”纹理，边框颜色为紫色实线，边框样式为圆角，阴影为预设的内部左上角，发光和柔滑边缘选择预设的“紫色，8pt 发光，强调文字颜色 4”，完成后如图 2-224 所示。

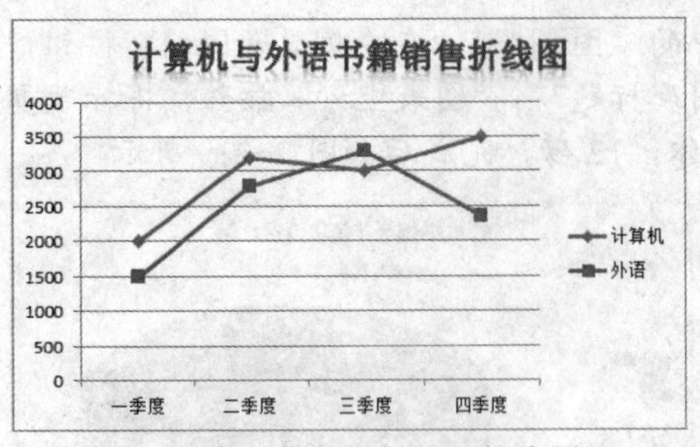

计算机与外语书籍销售折线图
4000
3500
3000
2500
2000
1500
1000
500
0
一季度
二季度
三季度
四季度
计算机
外语

图 2-222　带数据标记的折线图

计算机与外语书籍销售折线图
4000
3000
2000
1000
3200
3000
3500
2000
计算机
外语
一季度 二季度 三季度 四季度
计算机 2000 3200 3000 3500
外语 1500 2780 3290 2360

图 2-223　折线图设置

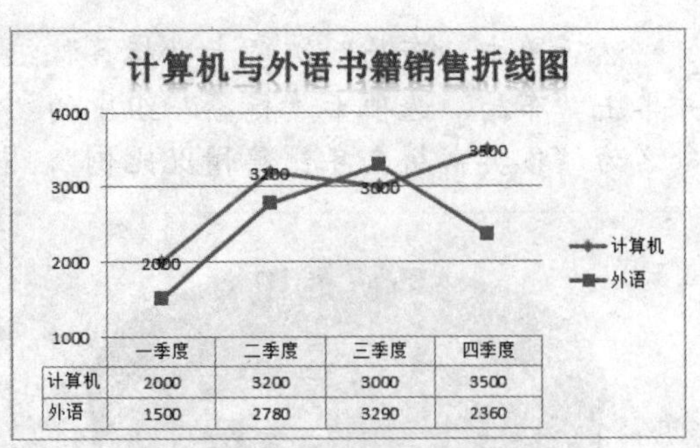

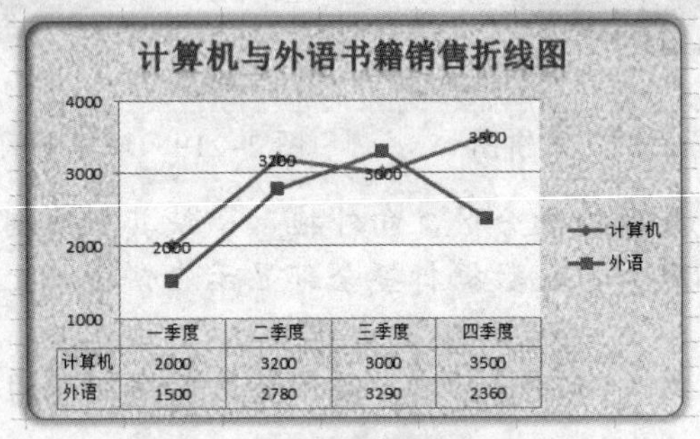

计算机与外语书籍销售折线图
4000
3000
2000
1000
3200
3000
3500
2000
计算机
外语
一季度 二季度 三季度 四季度
计算机 2000 3200 3000 3500
外语 1500 2780 3290 2360

图 2-224　设置图表区格式

最后将折线图移动至 I2:P18 区域。

【范例】变化趋势迷你图

本例主要练习迷你图的设置。

请按如下要求完成对“范例 5-2.xlsx”的操作，并以原文件名保存。

（1）在“范例 5-2.xlsx”的工作表“图练习 2”中，在变化趋势折线图相应的单元格中插入图 2-225 所示的“折线图”迷你图，显示高低点，并设置高点标记颜色为“红色”，低点标记颜色为“蓝色”，迷你图颜色为“黑色”，粗细为 1.5 磅。

变化趋势折线图

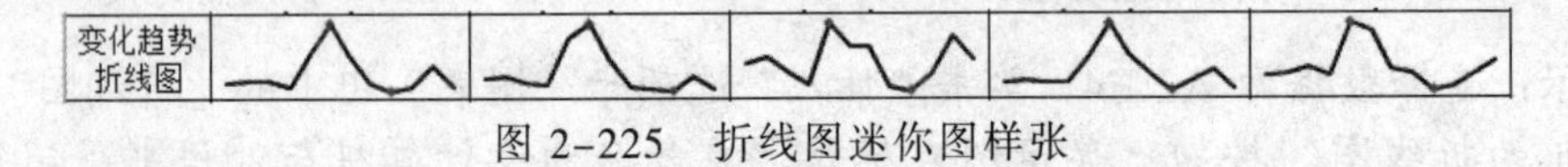

图 2-225　折线图迷你图样张

提示：打开工作表“图练习 2”，选择 B14:F14 区域，在“插入”选项卡“迷你图”组中单击“折线图”，在弹出的“创建迷你图”对话框中选择数据源 B2:F13，如图 2-226 所示，完成对折线图迷你图的插入。

创建迷你图
选择所需的数据
数据范围(D): B2:F13
选择放置迷你图的位置
位置范围(L): $B$14:$F$14
确定
取消

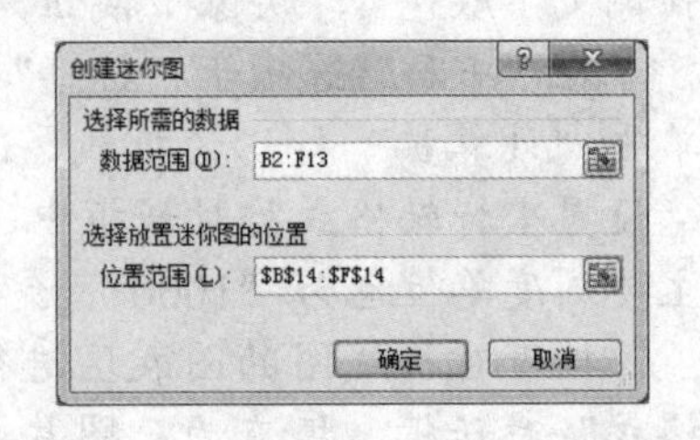

图 2-226　“创建迷你图”对话框

接着对迷你图进行设计：在“迷你图工具”|“设计”选项卡“显示”组中勾选“高点”和“低点”，然后在“样式”组里选择“标记颜色”，设置高点标记颜色为“红色”，低点标记颜色为“蓝色”。最后，在“迷你图颜色”里选择颜色为“黑色，文字 1”，粗细为 1.5 磅。

（2）在工作表“图练习 2”中，变化趋势柱形图相应的单元格中插入“柱形图”迷你图，显示首尾点，并设置迷你图样式为“迷你图样式彩色#4”，完成后清除 D15 单元格的迷你图，如图 2-227 所示。

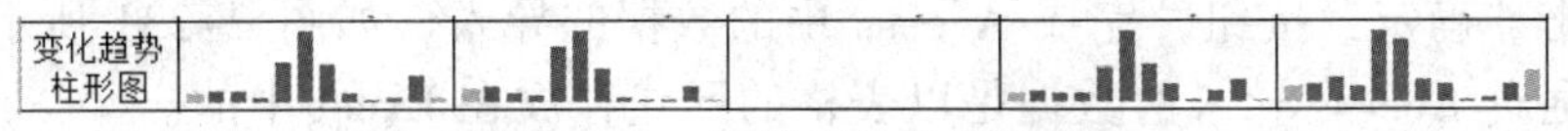

图 2-227 柱形图迷你图样张

提示：在工作表“图练习 2”上选择 B15:F15 区域，在“插入”选项卡“迷你图”组中单击“柱形图”按钮。在“迷你图工具”|“设计”选项卡“显示”组中勾选“首点”和“尾点”，然后在“样式”组中选择“迷你图样式彩色#4”。最后单击 D15 单元格，在“设计”选项卡“分组”组中单击“清除”按钮，将该单元格里的迷你图清空。

全部完成后按原文件名保存。

2.6 数据分析与处理

在 Excel 中，可以通过数据导入、合并、排序、筛选等方法对数据进行处理，还通过对数据进行模拟分析提取深层信息。

2.6.1 数据导入

在 Excel 中，数据导入的功能主要通过“数据”选项卡中的“获取外部数据”组完成，如图 2-228 所示。

在常用的数据导入类型中，主要有以下几种：

1. 导入 Access 中的数据

Access 中的数据是以二维表的形式存储在数据库中的，其本身和 Excel 的表非常接近，因此导入也非常简单，操作步骤如下：

（1）在“数据”选项卡“获取外部数据”组中单击“自 Access”按钮，在弹出的“选择数据源”对话框中，选择需要导入数据的 Access 文件，再单击“打开”按钮，如图 2-229 所示。

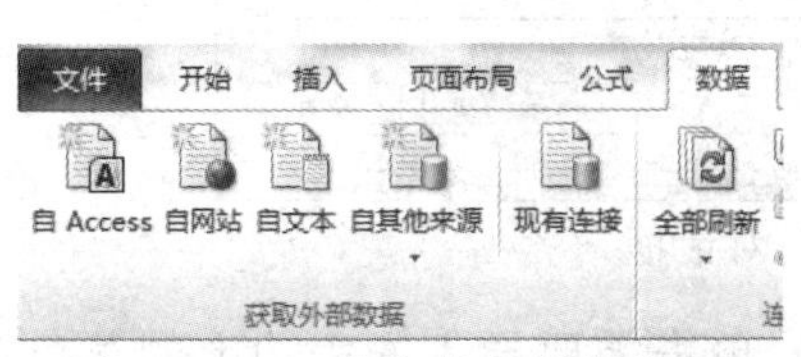

图 2-228 “获取外部数据”组

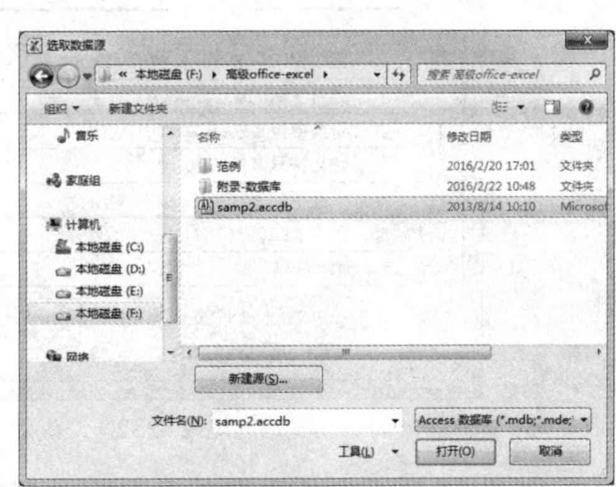

图 2-229 “选取数据源”对话框

（2）当导入的 Access 文件中有多张表格时，Excel 会弹出“选择表格”对话框，单击需要导入的表格，再单击“确定”按钮，如图 2-230 所示。

（3）在弹出的“导入数据”对话框中，选择数据在工作簿中的显示方式和放置位置，再单击“确定”按钮，完成 Access 中的数据的导入，如图 2-231 所示。值得一提的是，通过 Access 导入的数据是以表格的形式存放在 Excel 中的。

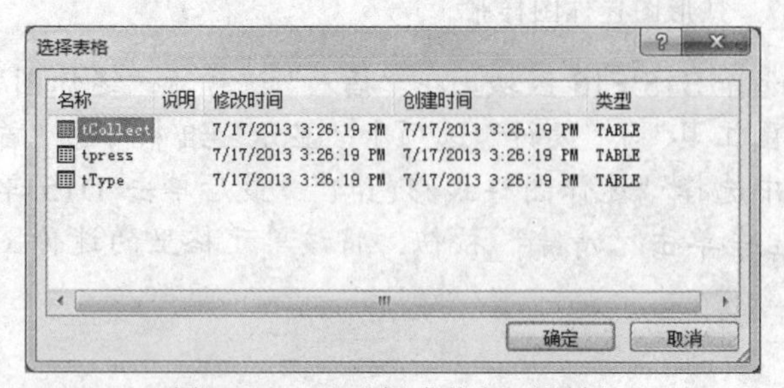

图 2-230 “选择表格”对话框

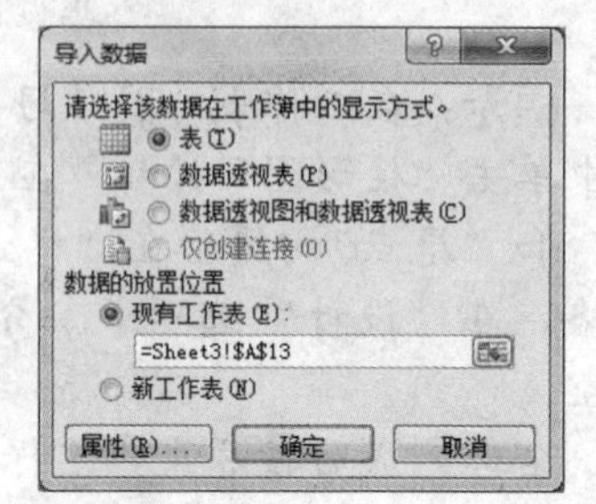

图 2-231 “导入数据”对话框

2. 导入网站中的数据

网站中的数据如果需要放到 Excel 中进行处理，除了可以通过复制粘贴外，还可以对其进行导入，操作步骤如下：

（1）在“数据”选项卡“获取外部数据”组中单击“自网站”按钮，在弹出的“新建 Web 查询”对话框中，在“地址”文本框中输入包含数据的网址，再单击“转到”按钮，如图 2-232 所示。图中输入的网址是来自国家统计局（http://www.stats.gov.cn）中的“流通领域重要生产资料市场价格变动情况（http://www.stats.gov.cn/tjsj/zxfb/201602/ t20160204_1315690.html）”

新建 Web 查询

地址(D): http://www.stats.gov.cn/tjsj/zxfb/201602/t20160204_1315690 转到(G) 选项(O)...

单击要选择的表旁边的，然后单击“导入”(C)。

流通领域重要生产资料市场价格变动情况（2016年1月21—30日）

产品名称	单位	本期价格（元）	比上期价格涨跌（元）	涨跌幅（%）
一、黑色金属				
螺纹钢（Φ16-25mm, HRB400）	吨	1900.3	-4.3	-0.2
线材（Φ6.5mm, HPB300）	吨	1965.8	-5.0	-0.3
普通中板（20mm, Q235）	吨	1980.2	9.7	0.5
热轧普通薄板（3mm, Q235）	吨	2081.0	12.8	0.6
无缝钢管（219*6, 20#）	吨	2595.4	-15.9	-0.6
角钢（5#）	吨	2157.9	-8.7	-0.4
二、有色金属				

导入(I) 取消

图 2-232 “新建 Web 查询”对话框

（2）在每个可选择的表旁边有一个黄色箭头，单击需要导入的表边上的黄色箭头，使之变为绿色的选中状态，再单击“导入”按钮。

（3）在弹出的“导入数据”对话框中选择数据的放置位置，再单击“确定”按钮，完成网站中数据的导入，如图 2-233 所示。

3. 导入文本文档中的数据

对于文本文档中的数据，如果需要通过 Excel 导入功能完成，其操作步骤如下：

（1）在“数据”选项卡“获取外部数据”组中单击“自文本”按钮，在弹出的“导入文本文件”对话框中选择文本文件，再单击“导入”按钮，如图 2-234 所示。

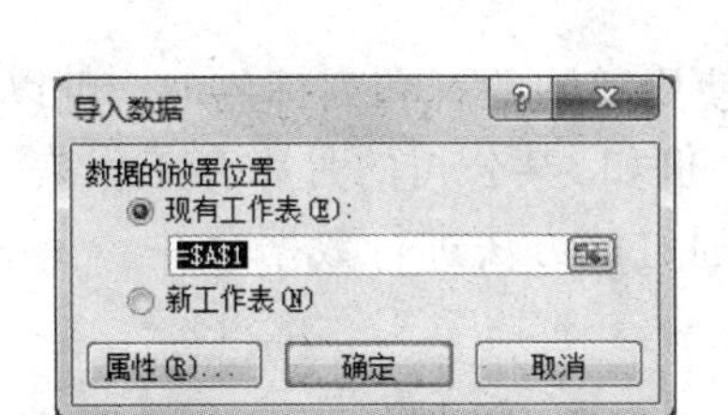

图 2-233　导入网站中的数据时的“导入数据”对话框

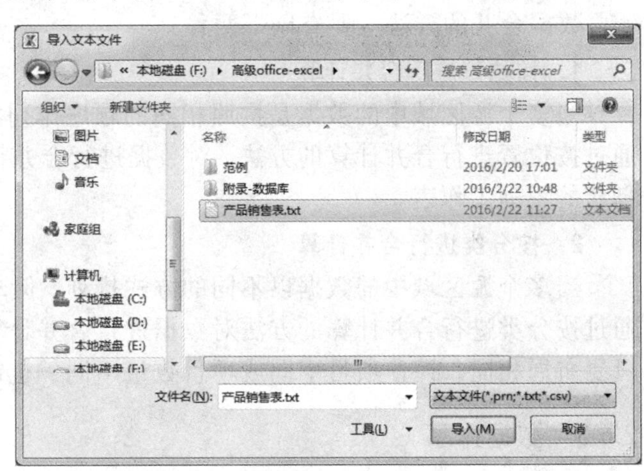

图 2-234　“导入文本文件“对话框

（2）根据文本导入向导的提示，选择文本类型、分隔符和列数据格式，然后单击“完成”按钮，如图 2-235 所示。

（3）在弹出的“导入数据”对话框中选择数据的放置位置，再单击“确定“按钮，完成文本数据的导入，如图 2-236 所示。

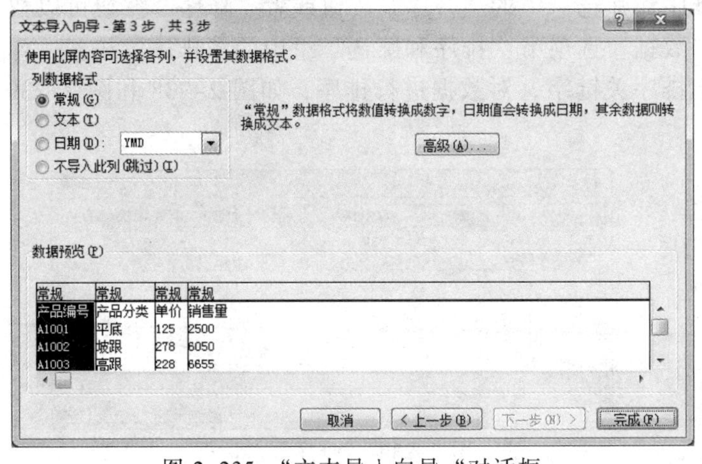

图 2-235　“文本导入向导“对话框

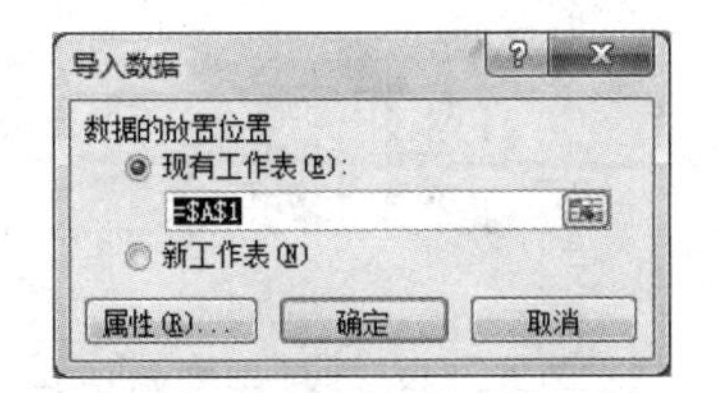

图 2-236　导入文本文档时的“导入数据”对话框

2.6.2　数据合并

所谓数据合并，是指当需要汇总多个单独工作表中数据的结果时，将来自不同数据源的数据进行合并到一个工作表（或主工作表）中的操作。被合并的工作表可以与主工作表位于同一工作簿中，也可以位于其他工作簿中。通过数据合并，可以更加轻松地对数据进行定期或不定期的更新和汇总。通过“数据”选项卡“数据工具”组“合并计算”中的相关命令，可以完成数据合并，如图 2-237 所示。

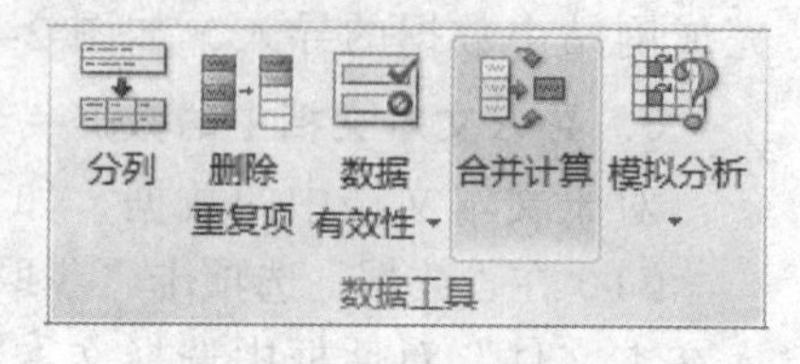

图 2-237　数据合并

数据合并的方法主要有以下两种：

1. 按位置进行合并计算

当多个源区域中的数据是按照相同的顺序排列并使用相同的行和列标签时，可以通过按位置进行合并计算的方法，对数据进行合并计算。此方法通常用于用同一模板创建的系列工作表。

2. 按分类进行合并计算

当多个源区域中的数据以不同的方式排列，但却使用相同的行和列标签时，可以通过按分类进行合并计算的方法对数据进行合并计算。例如，某公司的月库存工作表，只要布局相同，即使项目不同或项目数量不同，也能通过此方法进行数据合并。

2.6.3　数据排序

在数据分析与处理过程中，对区域或表中的数据进行排序操作是不可缺少的一部分，有时数据排序是为下一步的数据处理做准备，如分类汇总。通过数据排序，可以快速而有效地组织数据，并对数据进行定位。

数据排序依据有多种，除了可以对一列或多列中的数据按文本、数字以及日期和时间进行排序外，还可以按自定义序列或格式进行排序。大多数排序操作都是列排序，当然，也可以按行进行排序。

单击“数据”选项卡“排序和筛选”中的“升序”按钮或者“降序”按钮可以快速地对数据进行排序。单击“数据”选项卡“排序和筛选”组中的“排序”按钮，弹出“排序”对话框，也可设定排序关键字，对数据进行排序，如图 2-238 和图 2-239 所示。

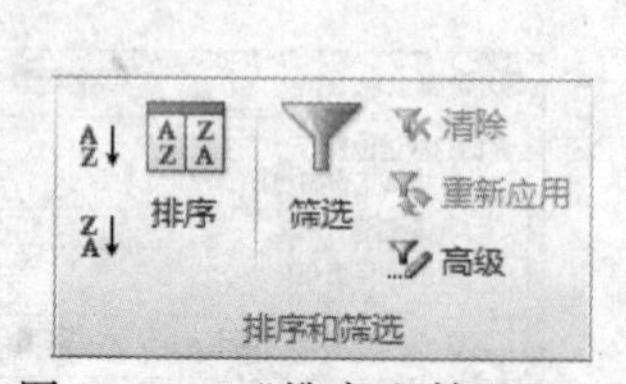

图 2-238　“排序和筛选”组

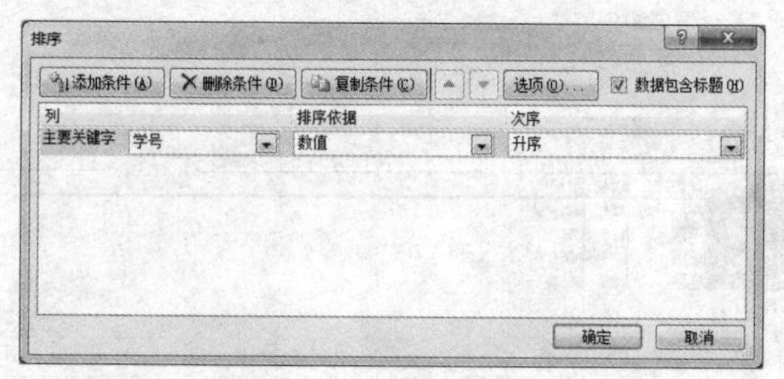

图 2-239　“排序”对话框

2.6.4　数据筛选

通过对数据进行筛选，可以快速查找并显示出满足条件的记录，并将不满足条件的记录进行隐藏。

1. 自动筛选

单击“数据”选项卡“排序和筛选”组中的“筛选”按钮，可以对单元格区域或列表应用自动筛选。自动筛选可以创建 3 种筛选类型：按值列表、按格式或按条件。值得注意的是，这 3 种筛选类型是互斥的。在对单元格区域或列表应用自动筛选时，只能选择 3 种类型中的一种。

通过观察列标题中的图标可以判断是否应用了筛选，如显示下拉箭头表示该列已启用但未应用筛选；如出现“筛选”按钮则表示该列已应用筛选。当对多列进行筛选时，其筛选器是累积的，即筛选条件之间是并列的关系。一般情况下，每添加一个筛选器，都会减少所显示的记录。

单击“数据”选项卡“排序和筛选”组中的“清除”按钮，清除工作表中的所有筛选器并重新显示所有行，如图 2-240 所示。

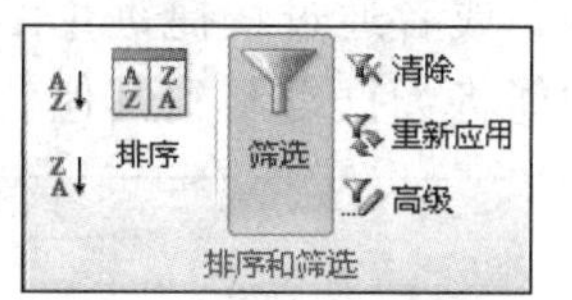

图 2-240 “筛选”和“清除”按钮

2. 高级筛选

如果要筛选的数据条件复杂，则可以单击“数据”选项卡“排序和筛选”组中的“高级”按钮，使用“高级筛选”对话框，对数据进行筛选。

在设置高级筛选条件时，需要注意以下几点：

（1）条件区域必须有列标题，且名称必须包含在被筛选的数据列表的列标题中，不允许有错字、多余的空格等。

（2）逻辑“与”的条件写在同一行，即这些条件必须同时满足方可被筛选出来。

（3）逻辑“或”的条件写在不同行，表示只要满足其中一个条件即可被筛选出来。

（4）列标题与条件行之间不允许有多余的空行。

2.6.5 分类汇总

分类汇总是对数据进行分析与处理的一种方法，通过对数据区域中的数据进行分组，然后对同组数据进行相关统计，如求平均值、计数等，对于得到的结果可以分级显示，按需求显示或隐藏分类汇总的明细。

分类汇总只能应用于带标题行的数据区域，即数据清单。如果需要在表格中添加分类汇总，则必须先将该表格转换为常规数据区域，然后再做分类汇总的操作。

1. 分类汇总方法

在数据区域已经按照分类字段进行排序操作后，单击“数据”选项卡“分级显示”组中的“分类汇总”按钮，可以创建分类汇总。在“分类汇总”对话框中，按照需求设置“分类字段”“汇总方式”“选定汇总项”后，即可创建分类汇总。如若需要在当前分类汇总的基础之上再创建一个分类汇总，则需要在创建时不勾选“替换当前分类汇总”复选框，如图 2-241 所示。

2. 删除分类汇总

删除分类汇总的方式很简单，光标停留在创建了分类汇总的任意单元格位置，单击“数据”选项卡“分级显示”组中的“分类汇总”按钮，弹出“分类汇总”对话框，单击“全部删除”按钮即可。

3．分级显示

对于分类汇总的数据，可以通过单击数据区域左侧的分级显示符号进行显示和隐藏。上方的数字 1 2 3 表示分级的级数和级别，数字越大，级别越低。单击 + 符号，用以显示该组中的明细； - 符号，则用于隐藏该组中的明细。

在进行分类汇总后，可以根据需要自行决定显示和隐藏的数据。如果只复制显示的数据，则可用在选择好需要复制的数据区域后，单击“开始”选项卡“编辑”组中的“定位条件”按钮，在“定位条件”对话框中选择“可见单元格”，如图 2-242 所示，或者通过快捷键【Alt+；】实现可见单元格的选取，再通过“复制”和“粘贴”功能将数据复制到其他位置中。

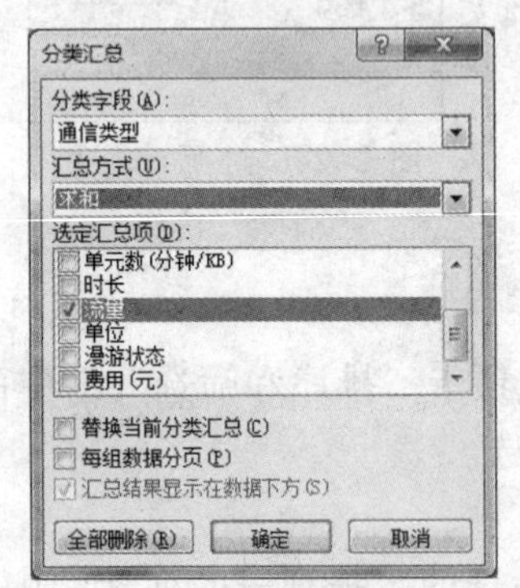

图 2-241 “分类汇总”对话框

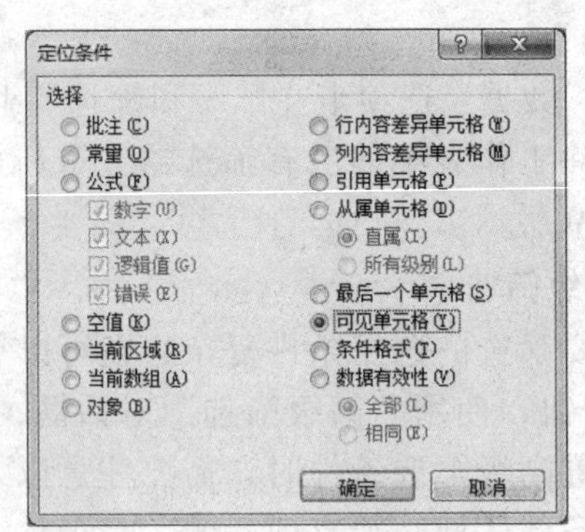

图 2-242 “定位条件”对话框

2.6.6 数据透视表及数据透视图

数据透视表是一种可以快速汇总大量数据的交互式表格，对于汇总、分析、浏览和呈现汇总数据非常有用。通过建立数据透视表，可以对数据清单进行重新布局和分类汇总，以达到深入分析数据的目的。

数据透视图是以图形方式呈现数据透视表中的汇总数据，其作用类似于标准图表，只是数据透视图提供了交互功能，可以更加形象和方便的对数据进行比较。与标准图表一样，数据透视图报表默认显示数据系列、类别、数据标记和坐标轴。通过更改图表类型及其他选项，如标题、图例位置、数据标签和图表位置，使数据透视图的表现形式更加丰富。

1．创建数据透视表及数据透视图

创建数据透视表及数据透视图的方法如下：

（1）选择数据源区域，该区域需带有标题行，即列标题，且标题行与数据之间没有空行。

（2）在“插入”选项卡“表格”组中单击“数据透视表”或“数据透视图”按钮，打开相应的对话框，选择要分析的数据区域和放置的位置，如图 2-243 所示。

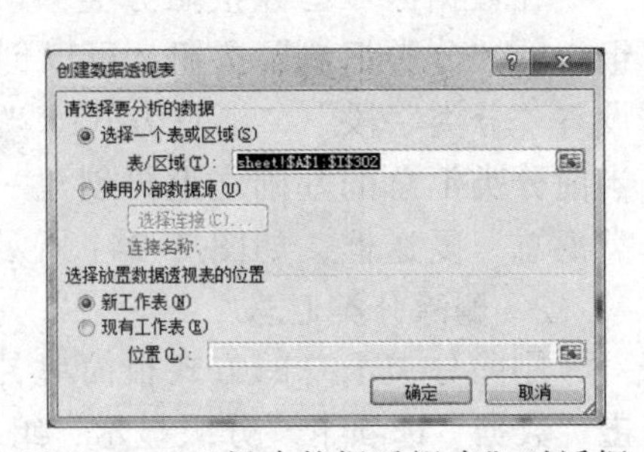

图 2-243 “创建数据透视表”对话框

（3）将需要分析的字段拖动到相应的区域。以数据透视表为例，在数据透视表字段列表上半部分

的字段列表区，将需要的报表筛选、列标签、行标签和数值字段拖动到下半部分的布局区域，如图 2-244 所示。其中，报表筛选是可选项。在“数值”区域中，可以通过单击下拉列表中的“值字段设置”按钮，在弹出的“值字段设置”对话框中设置值汇总方式，如图 2-245 所示。

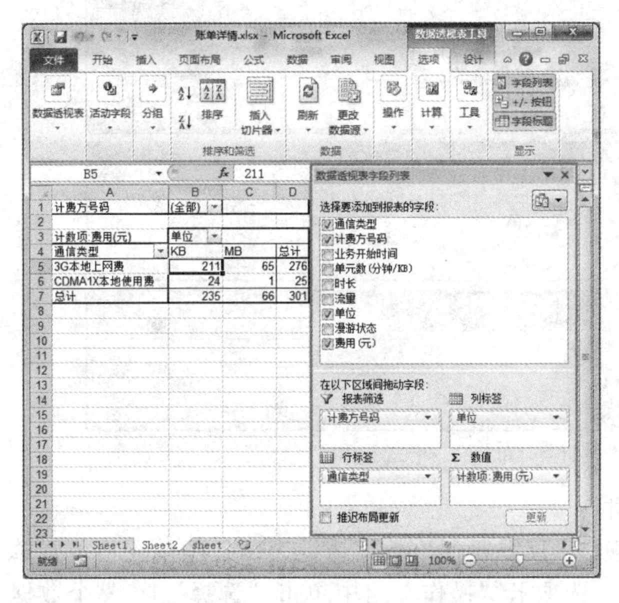

图 2-244 数据透视表字段列表窗口

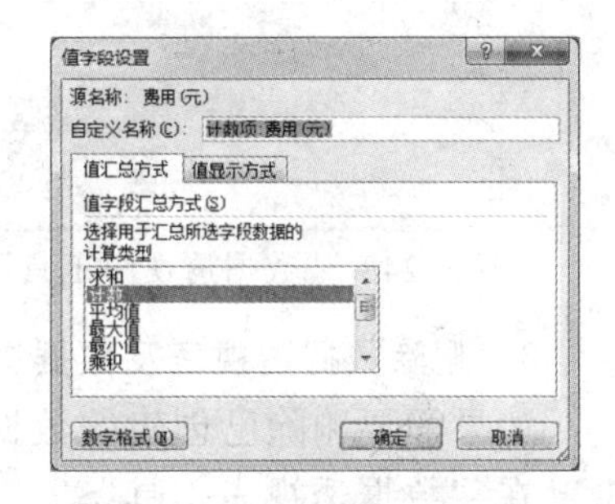

图 2-245 “值字段设置”对话框

2. 数据透视表及数据透视图设置

在数据透视表的任意单元格上单击，即会出现“数据透视表工具”的“选项”和“设计”上下文选项卡，如图 2-246 和图 2-247 所示。在“选项”选项卡中，可以设置数据透视表的数据、操作、计算等，而在“设计”选项卡中，则可以设置数据透视表的布局、样式选项和样式。

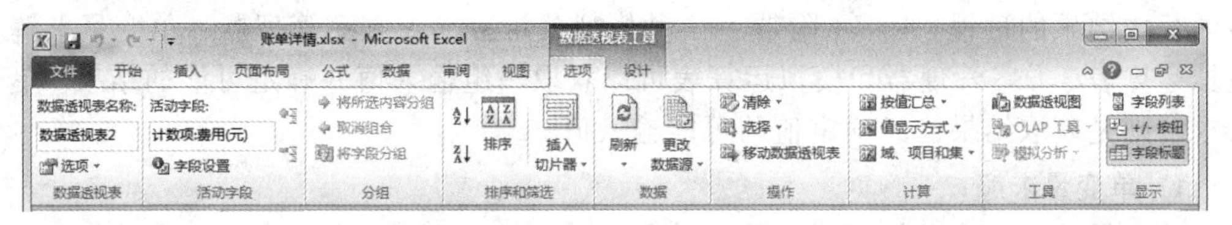

图 2-246 “数据透视表工具”之“选项”上下文选项卡

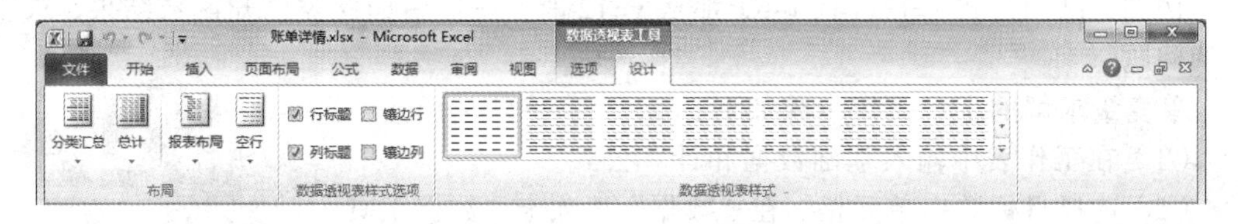

图 2-247 “数据透视表工具”之“设计”上下文选项卡

在数据透视图中，通过在图上任意位置单击，会出现“数据透视图工具”的“设计”“布局”“格式”和“分析”上下文选项卡，可以进行相关设置，如图 2-248 所示。

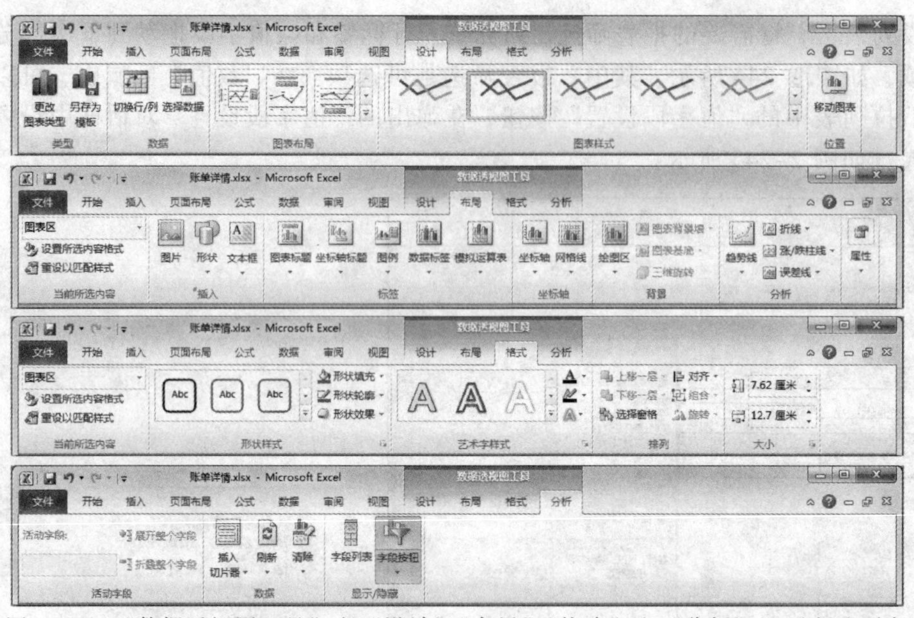

图 2-248 “数据透视图工具”之“设计”“布局”“格式”和“分析”上下文选项卡

3. 删除数据透视表及数据透视图

如果需要删除已创建的数据透视表，只需要在该数据透视表的任意单元格位置单击，在“数据透视表工具”|“选项”选项卡“操作”组中单击“选择”|“整个数据透视表”按钮，选中整个数据透视表，按【Delete】键进行删除。

而对于数据透视图的删除则更为简单，单击需要被删除的数据透视图的任意空白位置，按【Delete】键进行删除即可。

2.6.7 模拟分析

模拟分析是在单元格中更改值以查看这些更改将如何影响工作表中引用该单元格的公式结果的过程。Excel 附带了 3 种模拟分析工具：方案管理器、单变量求解和模拟运算表。方案管理器和模拟运算表可以获取一组输入值并确定可能的结果。单变量求解则是获取结果已经确定值的可能输入值。

1. 单变量求解

单变量求解用于已知公式计算的结果，计算出引用单元格的值。

例如，已知公式 $y=(3x+4)/5-6$，那么 $y=12$ 时，$x=?$ 诸如此类已知函数结果，求变量的问题。

单变量求解的主要操作步骤如下：

（1）在工作表中输入基础数据和计算公式。

（2）选择目标数据单元格，在“数据”选项卡“数据工具”组单击“模拟分析”|“单变量求解”按钮，如图 2-249 所示。

（3）在弹出的“单变量求解”对话框中输入目标值，选择可变单元格，单击“确定”按钮，如图 2-250 所示。

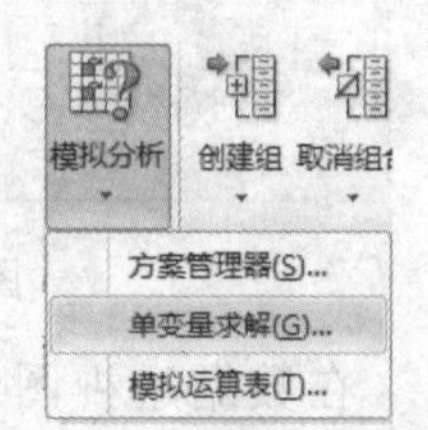

图 2-249 单击“单变量求解”按钮

（4）在弹出的“单变量求解状态”对话框中会显示求解状

态，单击“确定”按钮后，工作表中的目标数据单元格中的数据就会变成之前设定的目标值，可变单元格中的数据即为单变量求解后的结果，如图 2-251 所示。

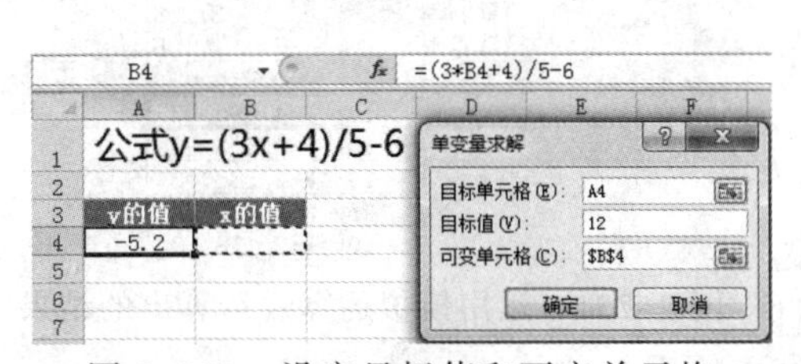

图 2-250 设定目标值和可变单元格

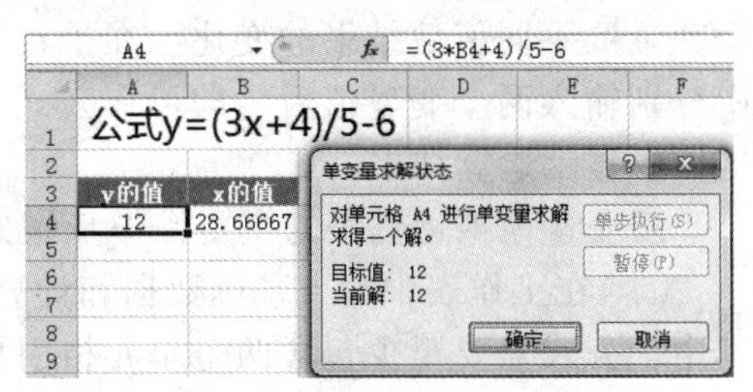

图 2-251 单变量求解状态

（5）重复步骤（2）～（4），可以重新测试其他结果。

2. 模拟运算表

模拟运算表是一个单元格区域，用于显示在一个或多个公式中替换不同值所得到的结果。即当给定公式的一个或两个自变量发生变化时，公式结果的变化。

例如，已知公式 y=(3x+4)/5-6，那么分析变量 x 在不同具体数值下，y 的数值变化。或者当变量有两个时，如已知公式 z=(3x+4y)/5-6，分析变量 x 和 y 在不同数值下，z 的数值变化。在实际使用中，还可以利用模拟运算表求解计算不同年限、不同贷款总额的月还款额。

模拟运算表根据处理变量个数的不同，分为单变量模拟运算表和双变量模拟运算表。

1）单变量模拟运算表

单变量模拟运算表可以用来测试公式中一个变量取不同值后结果的变化。在单行或单列中输入变量值后，不同的计算结果就会出现在公式所在的列或行中。

单变量模拟运算表的主要操作步骤如下：

（1）在工作表中输入基础数据和计算公式，其中，需要创建模拟运算表的区域的第 1 行或第 1 列必须包含变量单元格和公式单元格，如图 2-252 所示。

（2）选择需要创建模拟运算表的区域，在“数据”选项卡“数据工具”组中单击“模拟分析”|“模拟运算表”按钮，在弹出的“模拟运算表”对话框中，根据基础数据变量值的输入方向，选择引用的行或列的单元格。被引用的单元格即为第一个变量值所在的位置，如图 2-253 所示。

C5 =PMT(C3/12,C4*12,C2,0,0)

	A	B	C	D	E
1		不同年限下的月还款额			
2		贷款金额	500000		
3		贷款利率	3.25%		
4		贷款年限	5		
5			¥-9,040.00		
6		10			
7		15			
8		20			
9		25			
10		30			

图 2-252 单变量模拟运算表的基础数据和计算公式

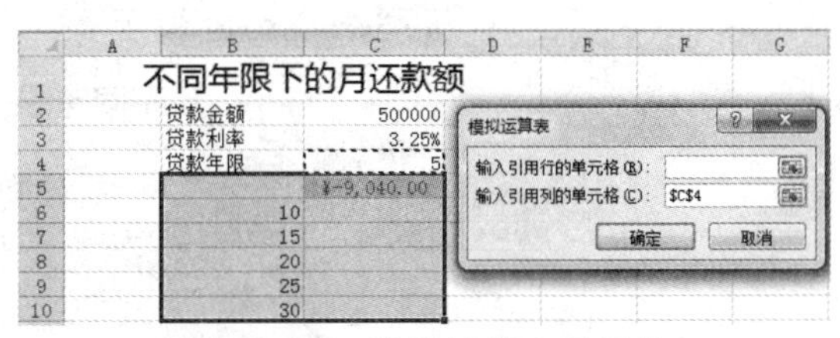

图 2-253 模拟运算表引用的单元格

（3）单击“确定”按钮后，选定区域即会显示模拟运算后的结果，如图 2-254 所示。

2）双变量模拟运算表

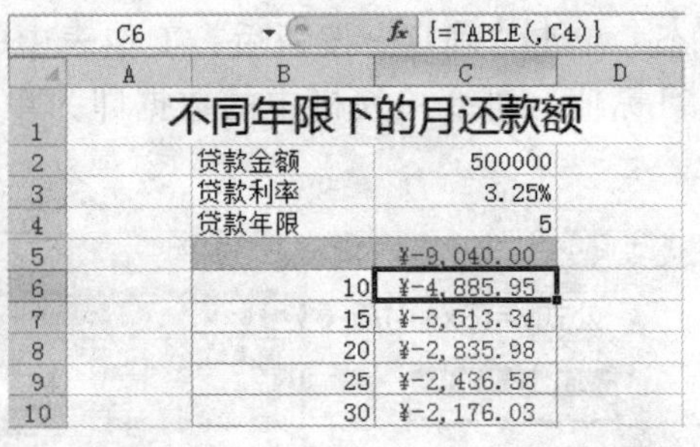

	A	B	C	D
1		不同年限下的月还款额		
2		贷款金额	500000	
3		贷款利率	3.25%	
4		贷款年限	5	
5			¥-9,040.00	
6		10	¥-4,885.95	
7		15	¥-3,513.34	
8		20	¥-2,835.98	
9		25	¥-2,436.58	
10		30	¥-2,176.03	

C6 {=TABLE(,C4)}

图 2-254 运用模拟运算表运算出的结果

双变量模拟运算表可以用来测试公式中两个变量取不同值后结果的变化。在单行和单列中分别输入两个变量值后，即可在公式所在的区域中显示运算结果。

双变量模拟运算表的主要操作步骤如下：

（1）在工作表中输入基础数据和计算公式，其中，公式需要至少包含两个单元格引用，且输入在需要创建模拟运算表的区域的第 1 行第 1 列，如图 2-255 所示。

D3 =PMT(B5/12,B6*12,B4,0,0)

	A	B	C	D	E	F	G	H	I
1				不同年限、不同利率下的月还款额					
2				贷款年限					
3				¥-8,928.91	10	15	20	25	30
4	贷款金额	500000	贷	3.25%					
5	贷款利率	2.75%	款	3.75%					
6	贷款年限	5	利	4.25%					
7			率	4.75%					
8				5.25%					
9				5.75%					

图 2-255 双变量模拟运算表的基础数据和计算公式

（2）选择需要创建模拟运算表的区域，在“数据”选项卡“数据工具”组中单击“模拟分析”|“模拟运算表”按钮，在弹出的“模拟运算表”对话框中，输入引用行和列的单元格，如图 2-256 所示。其中，引用行的单元格即为原本公式中产生行数据变化的单元格，引用列的单元格即为原本公式中产生列数据变化的单元格。

D3 =PMT(B5/12,B6*12,B4,0,0)

模拟运算表
输入引用行的单元格(R)：$B$6
输入引用列的单元格(C)：$B$5
确定 取消

图 2-256 模拟运算表引用行和列的单元格

（3）单击“确定”按钮，在选定区域会自动创建模拟运算表，如图 2-257 所示。

I9 {=TABLE(B6,B5)}

	A	B	C	D	E	F	G	H	I
1				不同年限、不同利率下的月还款额					
2				贷款年限					
3				¥-8,928.91	10	15	20	25	30
4	贷款金额	500000	贷	3.25%	¥-4,885.95	¥-3,513.34	¥-2,835.98	¥-2,436.58	¥-2,176.03
5	贷款利率	2.75%	款	3.75%	¥-5,003.06	¥-3,636.11	¥-2,964.44	¥-2,570.66	¥-2,315.58
6	贷款年限	5	利	4.25%	¥-5,121.88	¥-3,761.39	¥-3,096.17	¥-2,708.69	¥-2,459.70
7			率	4.75%	¥-5,242.39	¥-3,889.16	¥-3,231.12	¥-2,850.59	¥-2,608.24
8				5.25%	¥-5,364.59	¥-4,019.39	¥-3,369.22	¥-2,996.24	¥-2,761.02
9				5.75%	¥-5,488.46	¥-4,152.05	¥-3,510.42	¥-3,145.53	¥-2,917.86

图 2-257 双变量模拟运算表结果

3. 方案管理器

由于模拟运算表最多只能有两个变量，因此如果需要分析两个以上的变量时，需

要使用方案管理器。一个方案最多可以获取 32 个不同的值，但却可以创建任意数量的方案。

例如，对于产品销售有 3 个预算方案——最坏情况、一般情况和最好情况，在方案管理中可以创建这 3 个方案，在各方案切换时，结果单元格会反映出相对应的值。

方案管理器作为一种分析工具，每个方案支持建立一组假设条件，自动产生多种结果，并可以直观地看到每个结果的显示过程。

方案管理器的主要操作步骤如下：

（1）建立分析方案。以产品销售为例，将 3 种方案建立表 2-11 所示的方案汇总表。

表 2-11　建立方案汇总表

汇总	最坏	一般	最好
单价	¥11.00	¥12.00	¥15.00
成本	¥10.00	¥10.00	¥10.00
销量	1000	800	500

（2）建立计算公式。不同的方案有不同的公式进行计算，需要根据实际情况建立公式，如图 2-258 所示。

（3）添加方案。在“数据”选项卡“数据工具”组中单击“模拟分析”|“方案管理器”按钮，弹出图 2-259 所示的“方案管理器”对话框，单击“添加”按钮。

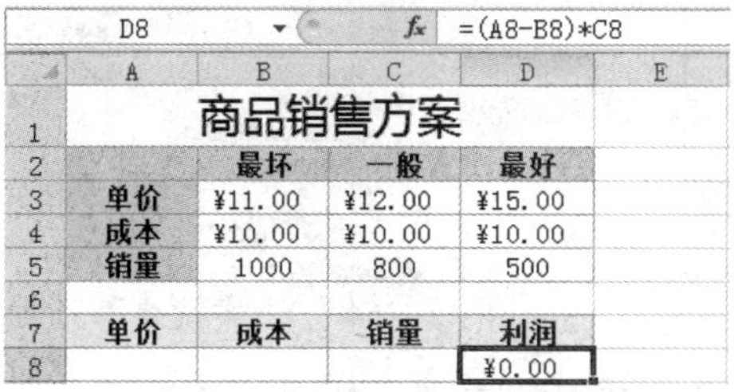

D8　=(A8-B8)*C8

	A	B	C	D
1	商品销售方案			
2		最坏	一般	最好
3	单价	¥11.00	¥12.00	¥15.00
4	成本	¥10.00	¥10.00	¥10.00
5	销量	1000	800	500
6				
7	单价	成本	销量	利润
8				¥0.00

图 2-258　建立计算公式

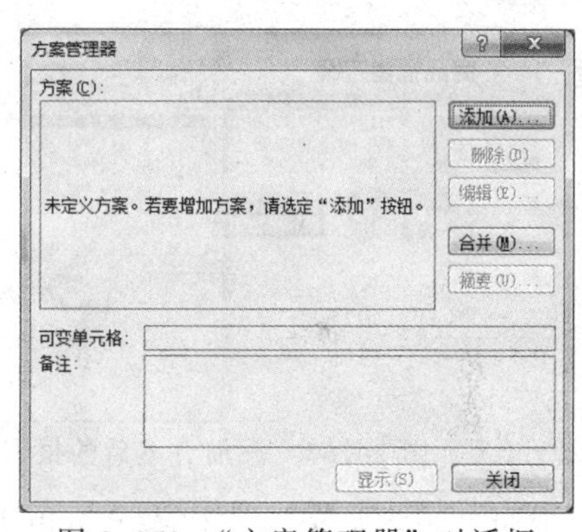

图 2-259　“方案管理器”对话框

弹出“添加方案”对话框，输入方案名和可变单元格，如图 2-260 所示。

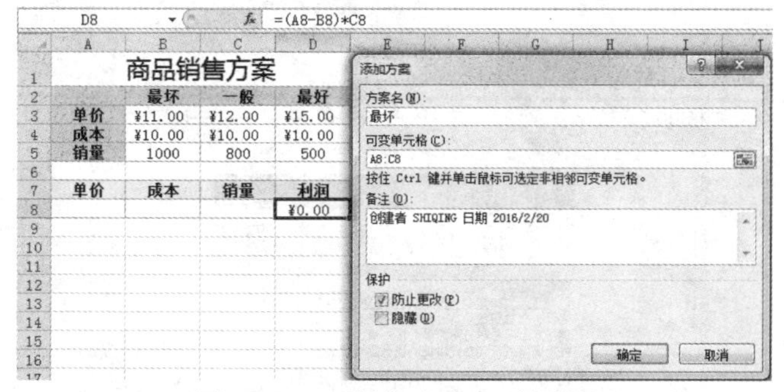

图 2-260　“添加方案”对话框

单击“确定”按钮，在弹出的“方案变量值”对话框中对当前的方案进行赋值，如图 2-261 所示。

重复上述步骤，依次添加余下的方案，如图 2-262 所示。

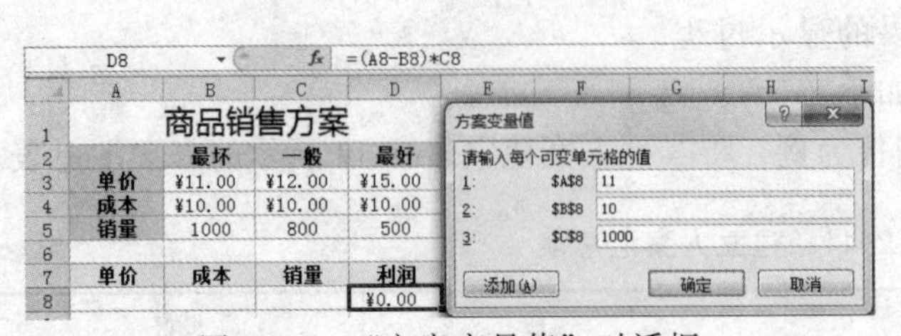

图 2-261 “方案变量值”对话框

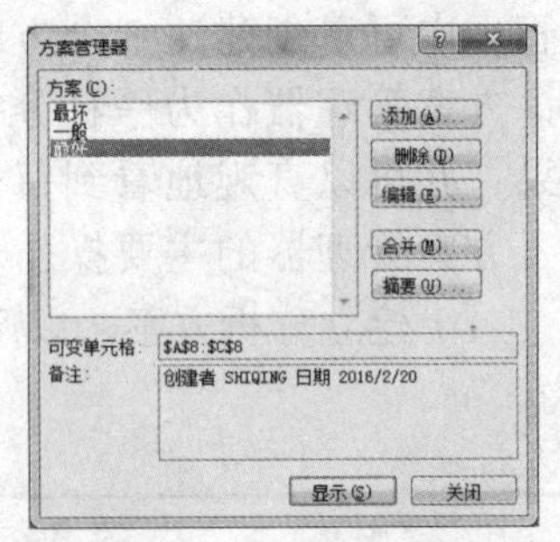

图 2-262 添加方案后的“方案管理器”对话框

（4）选择“方案管理器”对话框中的方案，再单击“显示”按钮即可将不同的方案内容显示在表中，如图 2-263 所示。

如果需要生成报表，单击“方案管理器”对话框中的“摘要”按钮，在弹出的图 2-264 所示的“方案摘要”对话框中对报表类型进行选择，即可在当前工作表之前生成一个“方案摘要”工作表或“方案数据透视表”。

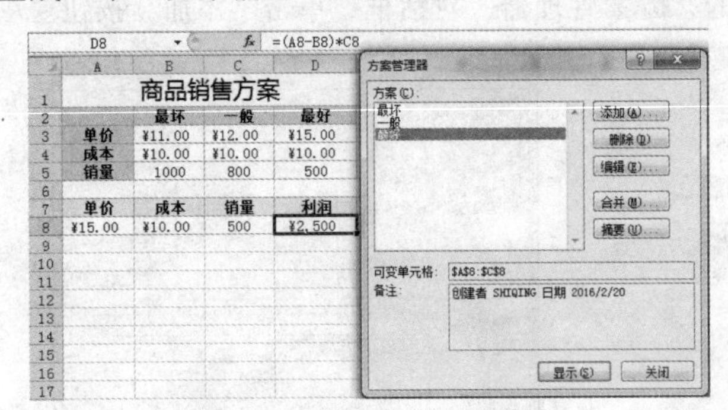

图 2-263 添加方案后的报表

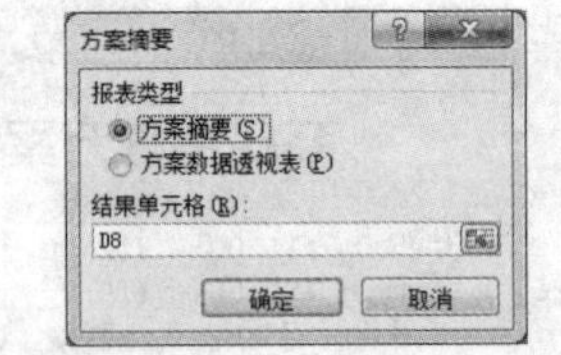

图 2-264 “方案摘要”对话框

通过“方案摘要”工作表，可以立即比较出各方案的差别，如图 2-265 所示。

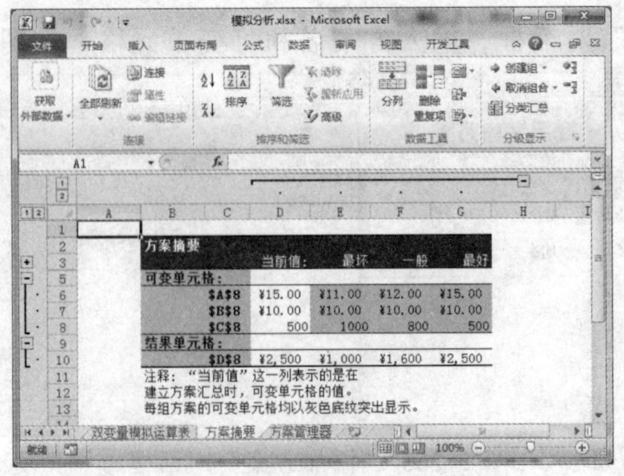

图 2-265 “方案摘要”工作表

【范例】排序与分类汇总

打开“范例 6-1.xlsx”，按照如下要求完成操作：

（1）在工作表“案例 1”中，将区域内的数据按照姓名笔画排序。

提示：打开工作表“案例 1”，单击需要排序的数据区域的任意单元格，在“数据”选项卡“排序和筛选”组中单击“排序”按钮，在弹出的“排序”对话框中设置主要关键字为“姓名”，排序依据为“数值”，次序为“升序”，如图 2-266 所示。

单击“排序”对话框中的“选项“按钮，在弹出的“排序选项”对话框中选择排序方法为“笔画排序”，如图 2-267 所示。

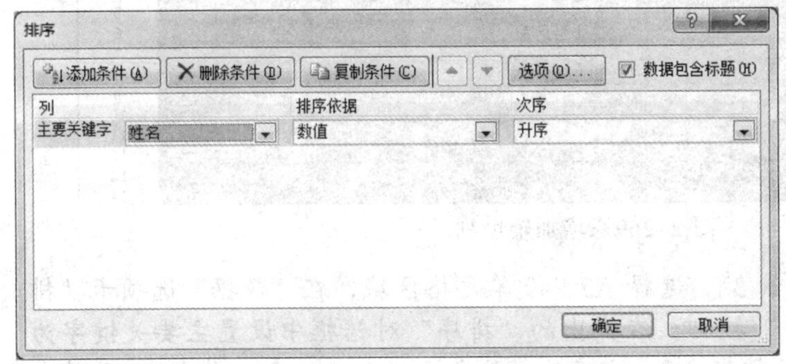

图 2-266 “排序”对话框

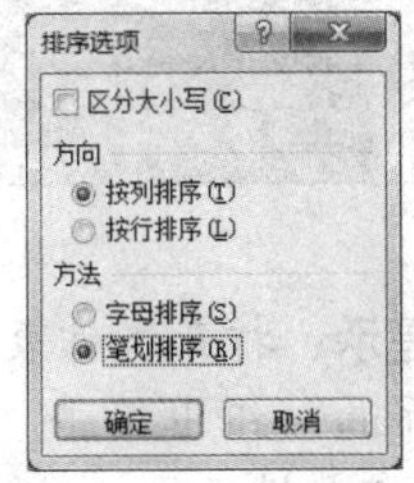

图 2-267 “排序选项”对话框

单击“确定”按钮，完成按照笔画进行排序。

（2）在工作表“案例 2”中，利用排序制作图 2-268 所示的工资条。

职工编号	基本工资	职务补贴	其它津贴	奖金	住房公积金	养老保险	其它扣款	应发工资	个人所得税	实发工资
N01	3000	300	180	10000	300	450	50	12680	2001	10679
职工编号	基本工资	职务补贴	其它津贴	奖金	住房公积金	养老保险	其它扣款	应发工资	个人所得税	实发工资
N02	2000	220	180	5000	200	300	50	6850	835	6015
职工编号	基本工资	职务补贴	其它津贴	奖金	住房公积金	养老保险	其它扣款	应发工资	个人所得税	实发工资
N03	1500	180	180	2000	150	225	50	3435	270.25	3164.75
职工编号	基本工资	职务补贴	其它津贴	奖金	住房公积金	养老保险	其它扣款	应发工资	个人所得税	实发工资
N04	1000	100	180	1500	100	150	50	2480	143	2337
职工编号	基本工资	职务补贴	其它津贴	奖金	住房公积金	养老保险	其它扣款	应发工资	个人所得税	实发工资
N05	800	100	180	1000	80	120	50	1830	78	1752

图 2-268 利用排序制作的工资条

提示：打开工作表“案例 2”，在 L 列新增辅助列，从 1 开始标注序号至 15。再复制 A2:K2 单元格区域的内容至 A18:K31。在 L18:L31 的辅助列填充序号 1～14，如图 2-269 所示。

选择 A2:L31 区域，在“数据”选项卡“排序和筛选”组中单击“排序”按钮，在弹出的“排序”对话框中设置主要关键字为“辅助列”，排序依据为“数值”，次序为“升序”，单击“确定”按钮。

最后删除辅助列，即可得到如样张所示的工资条。

（3）在工作表“案例 3”中，将区域内的数据按照总分的单元格颜色进行排序。排序依据为“粉色、绿色、橙色、紫色”。

	A	B	C	D	E	F	G	H	I	J	K	L
1	利用排序制作工资条											
2	职工编号	基本工资	职务补贴	其它津贴	奖金	住房公积金	养老保险	其它扣款	应发工资	个人所得税	实发工资	辅助列
3	N01	3000	300	180	10000	300	450	50	12680	2001	10679	1
4	N02	2000	220	180	5000	200	300	50	6850	835	6015	2
5	N03	1500	180	180	2000	150	225	50	3435	270.25	3164.75	3
6	N04	1000	100	180	1500	100	150	50	2480	143	2337	4
7	N05	800	100	180	1000	80	120	50	1830	78	1752	5
8	N06	2500	200	180	5000	250	375	50	7205	906	6299	6
9	N07	2000	180	180	2500	200	300	50	4310	401.5	3908.5	7
10	N08	1500	150	180	2500	150	225	50	3905	340.75	3564.25	8
11	N09	1500	150	180	2500	150	225	50	3905	340.75	3564.25	9
12	N10	1000	100	180	2500	100	150	50	3480	277	3203	10
13	N11	2000	200	180	2500	200	300	50	4330	404.5	3925.5	11
14	N12	1800	150	180	2500	180	270	50	4130	374.5	3755.5	12
15	N13	1500	100	180	2500	150	225	50	3855	333.25	3521.75	13
16	N14	1300	100	180	2500	130	195	50	3705	310.75	3394.25	14
17	N15	1500	100	180	2500	150	225	50	3855	333.25	3521.75	15
18	职工编号	基本工资	职务补贴	其它津贴	奖金	住房公积金	养老保险	其它扣款	应发工资	个人所得税	实发工资	1
19	职工编号	基本工资	职务补贴	其它津贴	奖金	住房公积金	养老保险	其它扣款	应发工资	个人所得税	实发工资	2
20	职工编号	基本工资	职务补贴	其它津贴	奖金	住房公积金	养老保险	其它扣款	应发工资	个人所得税	实发工资	3
21	职工编号	基本工资	职务补贴	其它津贴	奖金	住房公积金	养老保险	其它扣款	应发工资	个人所得税	实发工资	4
22	职工编号	基本工资	职务补贴	其它津贴	奖金	住房公积金	养老保险	其它扣款	应发工资	个人所得税	实发工资	5
23	职工编号	基本工资	职务补贴	其它津贴	奖金	住房公积金	养老保险	其它扣款	应发工资	个人所得税	实发工资	6
24	职工编号	基本工资	职务补贴	其它津贴	奖金	住房公积金	养老保险	其它扣款	应发工资	个人所得税	实发工资	7
25	职工编号	基本工资	职务补贴	其它津贴	奖金	住房公积金	养老保险	其它扣款	应发工资	个人所得税	实发工资	8
26	职工编号	基本工资	职务补贴	其它津贴	奖金	住房公积金	养老保险	其它扣款	应发工资	个人所得税	实发工资	9
27	职工编号	基本工资	职务补贴	其它津贴	奖金	住房公积金	养老保险	其它扣款	应发工资	个人所得税	实发工资	10
28	职工编号	基本工资	职务补贴	其它津贴	奖金	住房公积金	养老保险	其它扣款	应发工资	个人所得税	实发工资	11
29	职工编号	基本工资	职务补贴	其它津贴	奖金	住房公积金	养老保险	其它扣款	应发工资	个人所得税	实发工资	12
30	职工编号	基本工资	职务补贴	其它津贴	奖金	住房公积金	养老保险	其它扣款	应发工资	个人所得税	实发工资	13
31	职工编号	基本工资	职务补贴	其它津贴	奖金	住房公积金	养老保险	其它扣款	应发工资	个人所得税	实发工资	14

图 2-269　增加辅助列

提示：打开工作表“案例 3”，选择 A2:F49 单元格区域，在“数据”选项卡“排序和筛选”组中单击“排序”按钮，在弹出的“排序”对话框中设置主要关键字为“总分”，排序依据为“单元格颜色”，次序为“粉色、绿色、橙色、紫色”，再单击“确定”按钮，如图 2-270 所示。

（4）在工作表“案例 4”中，要求对区域内的数据按照职务“销售总裁、销售副总裁、销售经理、销售助理、销售代表”的次序进行排列。

提示：打开工作表“案例 4”，选择 A2:E37 单元格区域，在“数据”选项卡“排序和筛选”组中单击“排序”按钮，在弹出的“排序”对话框中设置主要关键字为“职务”，排序依据为“数值”，次序为“自定义”，在弹出的“自定义序列”对话框中输入排序序列，单击“添加”按钮，如图 2-271 所示。自定义排序次序就会变成之前定义好的序列进行排序，单击“确定”按钮，完成排序。

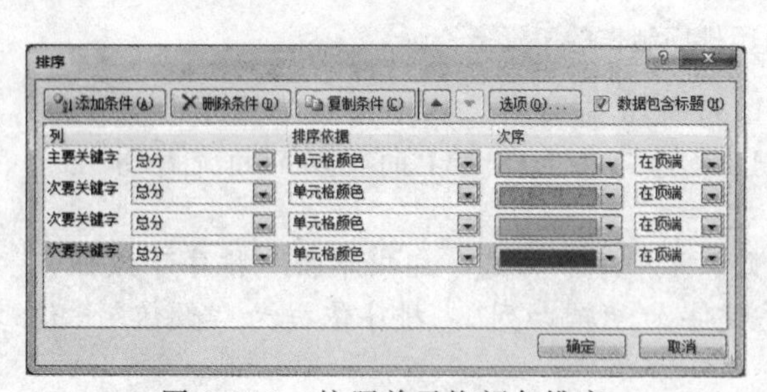

图 2-270　按照单元格颜色排序

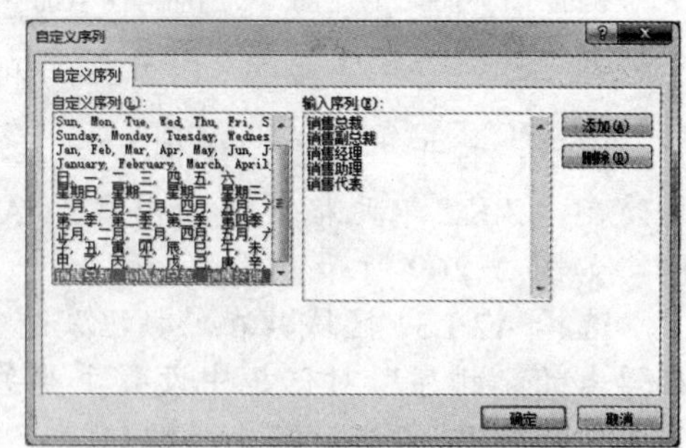

图 2-271　“自定义序列”对话框

（5）在工作表“案例 5”中，要求对区域内的数据按照每个类别产品的本期价格的平均值进行分类汇总，并对产品名称进行计数汇总，如图 2-272 所示。

	A	B	C	D	E	F
1	分类汇总					
2	类别	产品名称	单位	本期价格（元）	比上期价格涨跌(元)	涨跌幅（%）
3	非金属建材	浮法平板玻璃（4.8-5mm）	吨	1159.4	-12.8	-1.1
4	非金属建材	复合硅酸盐水泥（P.C 32.5袋装）	吨	223.6	0	0
5	非金属建材	普通硅酸盐水泥（P.O 42.5散装）	吨	230	0	0
6	非金属建材 计数	3				
7	非金属建材 平均值			537.6666667		
8	黑色金属	角钢（5#）	吨	2157.9	-8.7	-0.4
9	黑色金属	螺纹钢（Φ16-25mm,HRB400）	吨	1900.3	-4.3	-0.2
10	黑色金属	普通中板（20mm,Q235）	吨	1980.2	9.7	0.5
11	黑色金属	热轧普通薄板（3mm,Q235）	吨	2081	12.8	0.6
12	黑色金属	无缝钢管（219*6,20#）	吨	2595.4	-15.9	-0.6
13	黑色金属	线材（Φ6.5mm,HPB300）	吨	1965.8	-5	-0.3
14	黑色金属 计数	6				
15	黑色金属 平均值			2113.433333		

图 2-272 分类汇总样张

提示：打开工作表“案例 5”，再对数据区域进行分类汇总前需要对其进行按照“类别”排序。选择 A2:F52 单元格区域，在“数据”选项卡“分级显示”组里单击“分类汇总”按钮，在弹出的“分类汇总”对话框中选择分类字段为“类别”，汇总方式为“平均值”，选定汇总项为“本期价格（元）”，勾选“汇总结果显示在数据下方”复选框，再单击“确定”按钮，如图 2-273 所示。

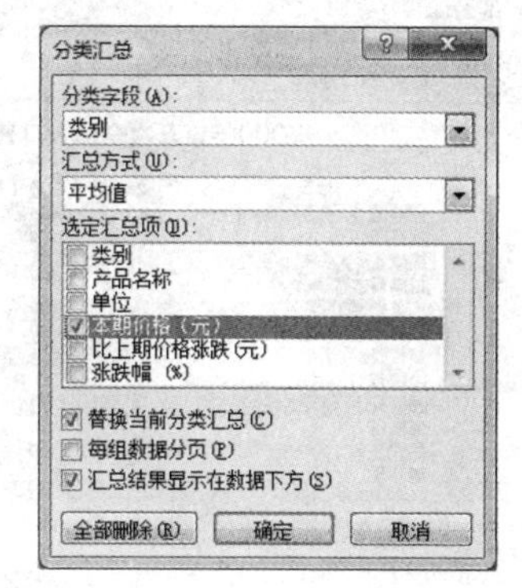

图 2-273 对本期价格进行平均值汇总

按照之前的步骤再次打开“分类汇总”对话框，对产品名称进行计数的分类汇总。在有分类汇总的情况下，再次对数据进行分类汇总需要取消勾选“替换当前分类汇总”复选框。单击“确定”按钮后即可完成分类汇总。

【范例】人口普查数据

本例主要练习数据导入、合并、排序、筛选及数据透视表的建立。

为了能够更好地掌握全国人口的增长速度及规模，国家统计局每 10 年进行一次全国人口普查（不含港澳台）。试按照以下要求在“范例 6-2.xlsx”中完成对第五次、第六次人口普查数据的统计分析：

（1）打开“范例 6-2.xlsx”，将素材“第五次全国人口普查公报.htm”中的“2000 年第五次全国人口普查主要数据”表格导入到工作表“第五次普查数据”中；素材“第六次全国人口普查公报.htm”中的“2010 年第六次全国人口普查主要数据”表格导入到工作表“第六次普查数据”中，导入的起始单元格均为 A1。

提示：打开“范例 6-2.xlsx”，在工作表“第五次普查数据”中，在“数据”选项卡“获取外部数据”组中单击“自网站”按钮，弹出“新建 Web”对话框，在“地址”文本框中输入“第五次全国人口普查公报.htm”的网址，即素材所在的位置再单击“转到”按钮，如图 2-274 所示。

单击“2000 年第五次全国人口普查主要数据”表边上的黄色箭头，使之变为绿色的选中状态，再单击“导入”按钮。

在弹出的“导入数据”对话框中选择数据的放置位置“=$A$1”，再单击“确定”按钮，完成“第五次普查数据”的导入。同样的操作方法完成“第六次普查数据”的导入。

（2）将两个工作表内容合并，合并后的工作表放置在工作表“比较数据”中（自A1单元格开始），且保持最左列仍为地区名称、A1单元格中的列标题为“地区”。

提示：在工作表“比较数据”中，单击“数据”选项卡“数据工具”组中的“合并计算”按钮，在弹出的“合并计算”对话框中选择函数为“求和”，引用位置为工作表“第五次普查数据”，单击“添加”按钮后再添加工作表“第六次普查数据”为引用位置，勾选标签位置“首行”和“最左列”，如图2-275所示。完成合并后在A1单元格输入文字“地区”。

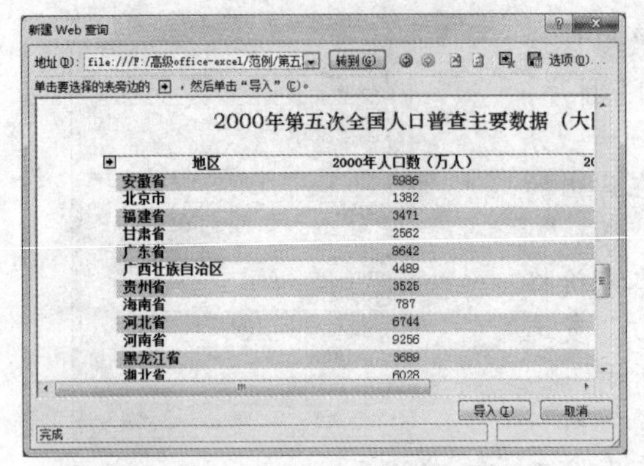

图2-274 “新建Web查询”对话框

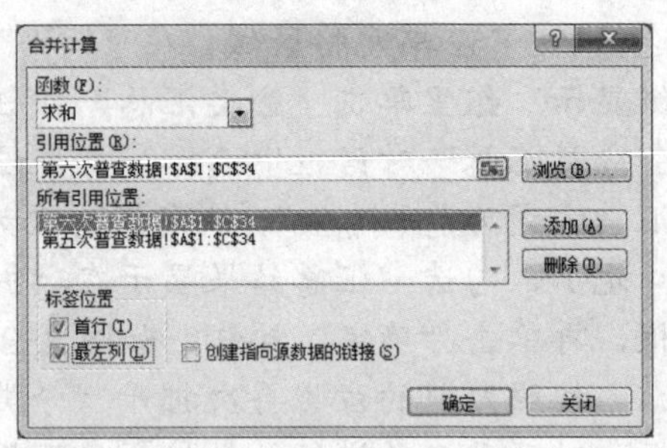

图2-275 “合并计算”对话框

（3）以“地区”为关键字对工作表“比较数据”进行按笔画升序排列。

提示：单击工作表“比较数据”数据区域的任意位置，在“数据”选项卡“排序和筛选”组中单击“排序”按钮，在弹出的“排序”对话框中选择排序的主要关键字为“地区”，排序依据为“数值”，次序为“升序”。再单击“选项”按钮，在弹出的“排序选项”对话框中选择排序方法为“笔画排序”，如图2-276所示。

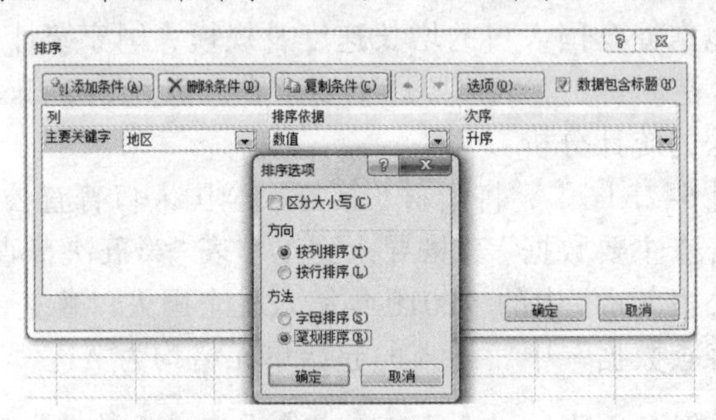

图2-276 “排序”对话框

（4）在合并后的工作表“比较数据”中的数据区域最右边依次增加“人口增长数（万人）”和“比重变化”两列，计算这两列的值，并设置最合适列宽。其中：人口增长数=2010年人口数-2000年人口数；比重变化=2010年比重-2000年比重。

提示：在工作表“比较数据”中的数据区域最右边增加“人口增长数（万人）”和“比重变化”两列。已知人口增长数=2010年人口数-2000年人口数；比重变化=2010年比重-2000年比重。在F2单元格输入公式“=B2-D2”，G2单元格输入公式“=C2-E2”，并将公式填充至数据列末尾。双击数据列，调整至最合适列宽。

（5）在 A40 开始的单元格中，筛选出人口增长数小于-200 万人，或者比重变化大于 0.3%的地区。请将条件设置在 J1 开始的单元格。

提示：在 J1:K3 区域内输入高级筛选条件，如图 2-277 所示。

在“数据”选项卡“排序和筛选”组中单击“高级”按钮，在弹出的“高级筛选”对话框中选择筛选的方式为“将筛选结果复制到其他位置”，依次选择列表区域“比较数据!$A$1:$G$34”、条件区域“比较数据!$J$1:$K$3”和复制到位置“比较数据!$A$40”，如图 2-278 所示。

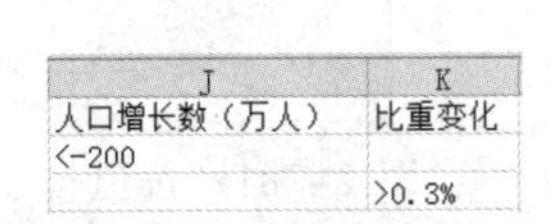

J	K
人口增长数（万人）	比重变化
<-200	
	>0.3%

图 2-277 高级筛选条件

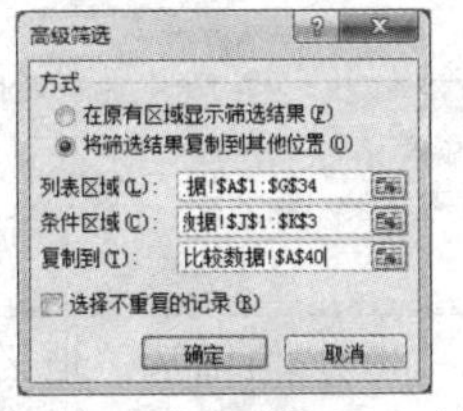

图 2-278 “高级筛选”对话框

（6）基于工作表“比较数据”创建一个数据透视表，将其单独存放在一个名为“透视分析”的工作表中。数据透视表中要求筛选出 2010 年人口数超过 7000 万的地区及其人口数、2010 年所占比重，按人口数从少到多排序，并将行标签改名为“地区”。（行标签为“地区”，数值项依次为 2010 年人口数、2010 年比重）。

提示：新建一个工作表，命名为“透视分析”。在“比较数据”工作表中，单击“插入”选项卡“表格”组中的“数据透视表”按钮，在弹出的“创建数据透视表”中选择需要分析的数据所在的区域为“比较数据!$A$1:$G$34”，放置的位置为“透视分析!$A$1”。

然后，在“数据透视表字段列表”中，将“地区”字段拖动到“行标签”中，将“2010 年人口数（万人）”字段和“2010 年比重”字段拖动到“数值”中，如图 2-279 所示。

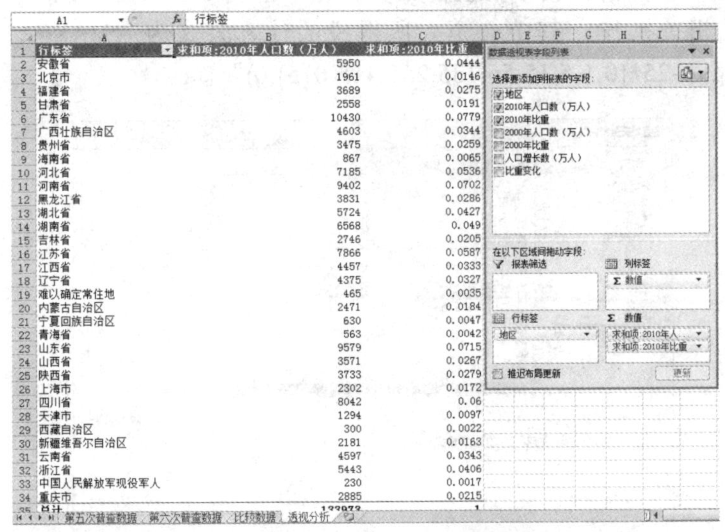

	A	B	C
1	行标签	求和项:2010年人口数（万人）	求和项:2010年比重
2	安徽省	5950	0.0444
3	北京市	1961	0.0146
4	福建省	3689	0.0275
5	甘肃省	2558	0.0191
6	广东省	10430	0.0779
7	广西壮族自治区	4603	0.0344
8	贵州省	3475	0.0259
9	海南省	867	0.0065
10	河北省	7185	0.0536
11	河南省	9402	0.0702
12	黑龙江省	3831	0.0286
13	湖北省	5724	0.0427
14	湖南省	6568	0.049
15	吉林省	2746	0.0205
16	江苏省	7866	0.0587
17	江西省	4457	0.0333
18	辽宁省	4375	0.0327
19	难以确定常住地	465	0.0035
20	内蒙古自治区	2471	0.0184
21	宁夏回族自治区	630	0.0047
22	青海省	563	0.0042
23	山东省	9579	0.0715
24	山西省	3571	0.0267
25	陕西省	3733	0.0279
26	上海市	2302	0.0172
27	四川省	8042	0.06
28	天津市	1294	0.0097
29	西藏自治区	300	0.0022
30	新疆维吾尔自治区	2181	0.0163
31	云南省	4597	0.0343
32	浙江省	5443	0.0406
33	中国人民解放军现役军人	230	0.0017
34	重庆市	2885	0.0215
35	总计	133973	1

图 2-279 在“数据透视表字段列表”中拖动字段

接着，在“行标签”下拉列表中选择“值筛选”|“大于”选项，在弹出的“值筛选（地区）”对话框中设置显示符合条件的项目为2010年人口数大于7000万人，再单击“确定”按钮，如图2-280所示。

选择数据透视表中B列中除总计外的任意数值所在单元格，在“数据”选项卡“排序和筛选”组中单击“排序”按钮，在弹出的“按值排序”对话框中选择排序选项为“升序”，再单击“确定”按钮，如图2-281所示。

图2-280 “值筛选（地区）”对话框

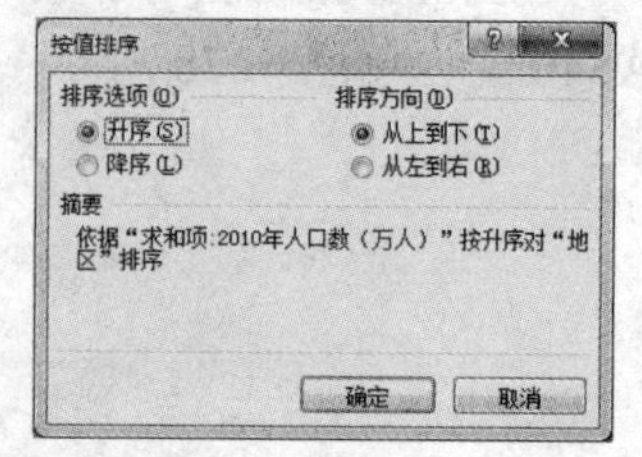

图2-281“按值排序”对话框

最后将行标签重命名为“地区”，完成后的数据透视表如图2-282所示。

	A	B	C
1	地区	求和项:2010年人口数（万人）	求和项:2010年比重
2	河北省	7185	0.0536
3	江苏省	7866	0.0587
4	四川省	8042	0.06
5	河南省	9402	0.0702
6	山东省	9579	0.0715
7	广东省	10430	0.0779
8	**总计**	**52504**	**0.3919**

图2-282 数据透视表

【范例】模拟分析

（1）已知员工拿到的实际工资是扣除个人所得税后的金额，假设小张税后收入为8 000元，试用数据分析工具求取税前工资，在“范例6-3.xlsx”中的“单变量求解”工作表中完成相关操作。其中，个人所得税的计算公式为“MAX((A3-3500)*0.05*{1,2,3,4,5,6,7,8,9}-25*{0,1,5,15,55,135,255,415,615},0)”。

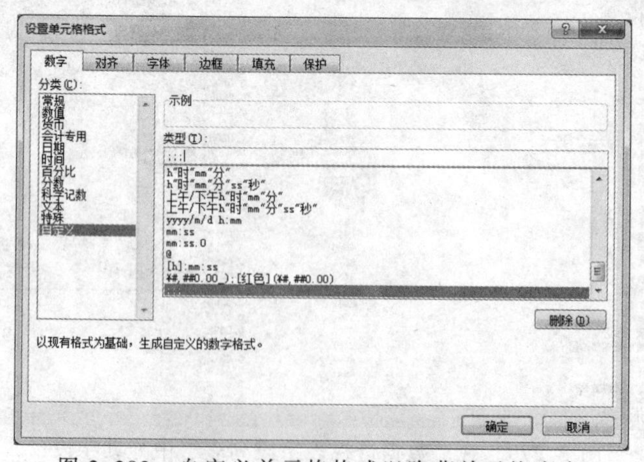

图2-283 自定义单元格格式以隐藏单元格内容

提示：

① 打开素材“范例 6-3.xlsx”，在工作表“单变量求解”的 B3 单元格中输入个人所得税的计算公式为“=MAX((A3-3500)*0.05*{1,2,3,4,5,6,7,8,9}-25*{0,1,5,15,55,135,255,415,615},0)”，再在 C3 单元格中输入公式“=A3-B3”完成准备工作。

② 选择 C3 单元格，在“数据”选项卡“数据工具”组中单击“模拟分析”|“单变量求解”按钮。

③ 在弹出的“单变量求解”对话框中输入相关数值。在本题中，目标值是“8 000”，可变单元格是“A3”，即税后收入 8 000 对应的税前收入的单元格，单击“确定”按钮，如图 2-284 所示。

④ 在弹出的“单变量求解状态”对话框中会显示具体求解状态，单击“确定”按钮后即在 A3 单元格中显示税后收入 8 000 对应的税前收入，如图 2-285 所示。

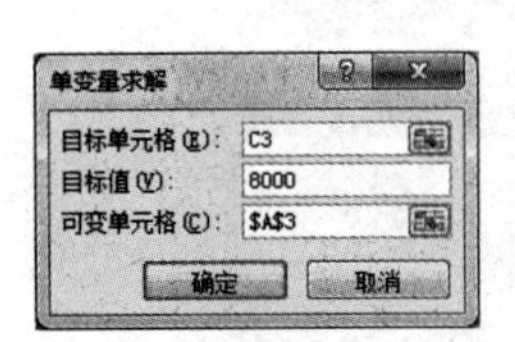

图 2-284 “单变量求解”对话框

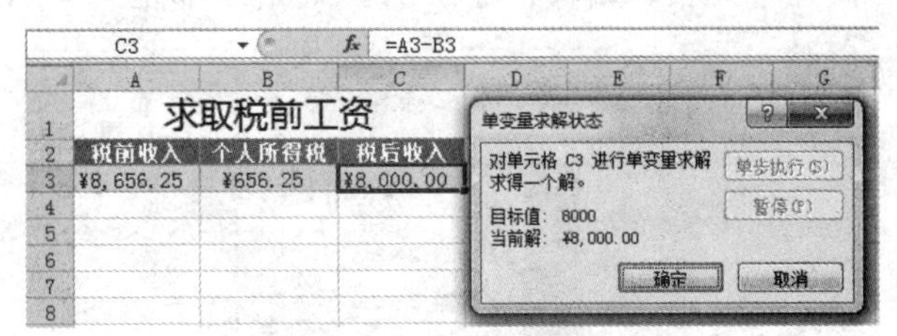

图 2-285 单变量求解结果

⑤ 如果需要再测试其他税后收入对应的税前收入，只需要重复步骤②～④即可。

（2）在“范例 6-3.xlsx”的“模拟运算表”工作表中创建图 2-286 所示的九九乘法表。

九九乘法表

	1	2	3	4	5	6	7	8	9
1	1×1=1								
2	1×2=2	2×2=4							
3	1×3=3	2×3=6	3×3=9						
4	1×4=4	2×4=8	3×4=12	4×4=16					
5	1×5=5	2×5=10	3×5=15	4×5=20	5×5=25				
6	1×6=6	2×6=12	3×6=18	4×6=24	5×6=30	6×6=36			
7	1×7=7	2×7=14	3×7=21	4×7=28	5×7=35	6×7=42	7×7=49		
8	1×8=8	2×8=16	3×8=24	4×8=32	5×8=40	6×8=48	7×8=56	8×8=64	
9	1×9=9	2×9=18	3×9=27	4×9=36	5×9=45	6×9=54	7×9=63	8×9=72	9×9=81

图 2-286 九九乘法表

提示：由样张可知，九九乘法表呈三角形显示，除了需要显示计算结果，还需要将计算公式以文本的方式显示。

① 打开“范例 6-3.xlsx”中的工作表“模拟运算表”，已知在 B2:J2 和 A3:A11 单元格区域输入了数字 1～9，用于单元格的引用。因此在需要创建模拟运算表区域的第 1 行第 1 列即 A2 单元格中输入公式“=IF(A12>A13,"",A12&"×"&A13&"="&A12*A13)”，如图 2-287 所示。其中，A12 为“引用行的单元格”，即 B2:J2 单元格；A13 为“引用列的单元格”，即 A3:A11 单元格。

图 2-287　输入公式

② 选择需要创建模拟运算表的区域 A2:J11，在“数据”选项卡“数据工具”组中单击“模拟分析”|“模拟运算表”按钮，在弹出的“模拟运算表”对话框中，输入引用行和列的单元格“A12”和“A13”，如图 2-288 所示。

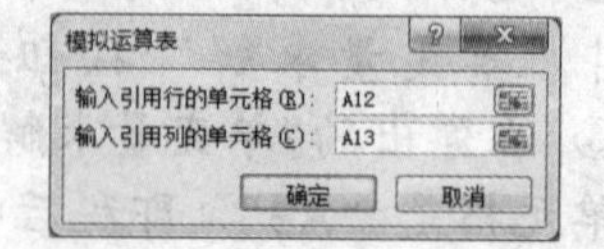

图 2-288　输入引用的行和列的单元格

③ 单击“确定”按钮，在 A2:J11 区域即会自动创建出九九乘法表，单击区域中的任意单元格，编辑栏显示的公式始终都是“{=TABLE(A12,A13)}”，如图 2-289 所示。

J11　{=TABLE(A12, A13)}

	A	B	C	D	E	F	G	H	I	J
1	九九乘法表									
2	×=0	1	2	3	4	5	6	7	8	9
3	1	1×1=1								
4	2	1×2=2	2×2=4							
5	3	1×3=3	2×3=6	3×3=9						
6	4	1×4=4	2×4=8	3×4=12	4×4=16					
7	5	1×5=5	2×5=10	3×5=15	4×5=20	5×5=25				
8	6	1×6=6	2×6=12	3×6=18	4×6=24	5×6=30	6×6=36			
9	7	1×7=7	2×7=14	3×7=21	4×7=28	5×7=35	6×7=42	7×7=49		
10	8	1×8=8	2×8=16	3×8=24	4×8=32	5×8=40	6×8=48	7×8=56	8×8=64	
11	9	1×9=9	2×9=18	3×9=27	4×9=36	5×9=45	6×9=54	7×9=63	8×9=72	9×9=81

图 2-289　运算结果

④ 为了和样张保持一致，需要将 A2 单元格中的公式显示的结果隐藏。右击 A2 单元格，选择“设置单元格格式”命令，在弹出的“设置单元格格式”对话框中，选择“数字”选项卡，在“分类”中选择“自定义”，在“类型”中输入 3 个半角分号“;;;”，再单击“确定”按钮，完成对单元格内容的隐藏，如图 2-287 所示。

（3）已知某学校计划工资调整教师工资，预计每月工资发放从 300 万元增加至 350 万元，人事部门制作了表 2-12 所示的 3 套方案供领导抉择。

表 2-12　各方案调整系数

职　　称	方案一系数	方案二系数	方案三系数
教授	6	5	4
副教授	5	4	3
讲师	3	2.5	2
助教	1	1	1

各职称目前人数为：

教授：40 人，副教授：80 人，讲师：120 人，助教：90 人。

试在“范例 6-3.xlsx”中的“方案管理器”工作表中完成该工资调整方案的分析，并生成图 2-290 所示的方案摘要。

方案摘要		当前值:	方案一	方案二	方案三
可变单元格:					
	教授	6	6	5	4
	副教授	5	5	4	3
	讲师	3	3	2.5	2
	助教	1	1	1	1
结果单元格:					
	$D$3	¥19,266.06	¥19,266.06	¥19,230.77	¥19,178.08
	$D$4	¥16,055.05	¥16,055.05	¥15,384.62	¥14,383.56
	$D$5	¥9,633.03	¥9,633.03	¥9,615.38	¥9,589.04
	$D$6	¥3,211.01	¥3,211.01	¥3,846.15	¥4,794.52

图 2-290　工资调整方案报表

提示：

① 填充系数。打开“范例 6-3.xlsx”中的工作表“方案管理器”，选取 3 个方案中的一个调整系数，如方案一，填入到工资调整方案的系数中，即 B3:B6 区域。

② 计算人均工资。在 D3 单元格中输入公式“=3500000/SUMPRODUCT($B$3:$B$6,$C$3:$C$6)*B3”，并拖动填充柄至 D6 单元格，取得各职称对应的人均工资，如图 2-291 所示。

D3　fx　=3500000/SUMPRODUCT($B$3:$B$6,$C$3:$C$6)*B3

	A	B	C	D	E	F	G	H	I
1	工资调整方案					各方案调整系数			
2	职称	系数	人数	人均工资		职称	方案一系数	方案二系数	方案三系数
3	教授	6	40	¥19,266.06		教授	6	5	4
4	副教授	5	80	¥16,055.05		副教授	5	4	3
5	讲师	3	120	¥9,633.03		讲师	3	2.5	2
6	助教	1	90	¥3,211.01		助教	1	1	1

图 2-291 计算人均工资

③ 定义名称。选择 A3:B6 单元格区域，在“公式”选项卡“定义的名称”组中单击“根据所选内容创建”按钮，在弹出的“以选定区域创建名称”对话框中勾选“最左列”复选框。

通过名称的定义，使系数和各职称相匹配，在后续为方案变量值赋值时，单元格显示定义的名称而不是单元格编号。定义好的名称可以在“公式”选项卡“定义的名称”组的“名称管理器”中查看，如图 2-292 所示。

④ 添加方案。在“数据”选项卡“数据工具”组中单击“模拟分析”|“方案管理器”按钮，在弹出的图 2-293 所示的“方案管理器”对话框中单击“添加”按钮。

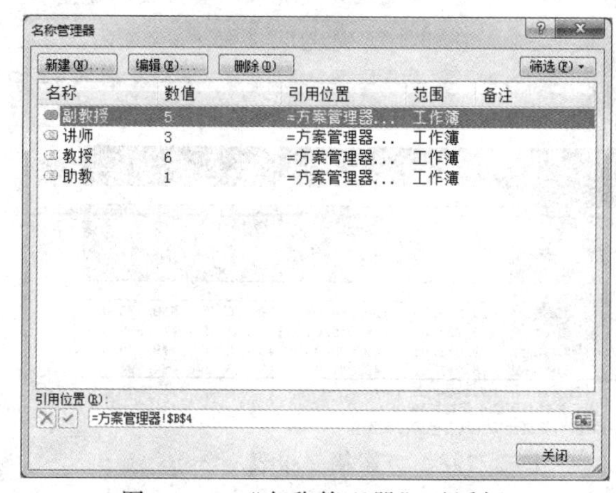

图 2-292　“名称管理器”对话框

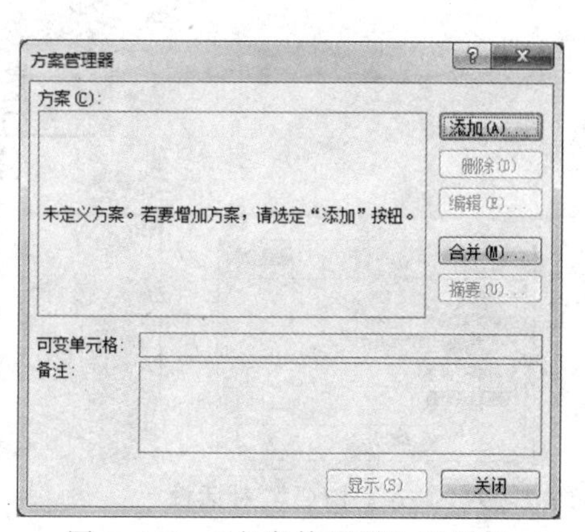

图 2-293　“方案管理器”对话框

⑤ 编辑方案。在弹出的“添加方案”对话框中输入方案名“方案一”，可变单元格为系数所在的单元格，即 B3:B6，然后单击“确定”按钮。如果可变单元格是通过鼠标选取的，则对话框名字会显示为“编辑方案”，且单元格自动变成绝对引用，如图 2-294 所示。

⑥ 为方案变量赋值。在弹出的“方案变量值”对话框中，根据题目给出的方案系数，为可变单元格赋值，如图 2-295 所示。

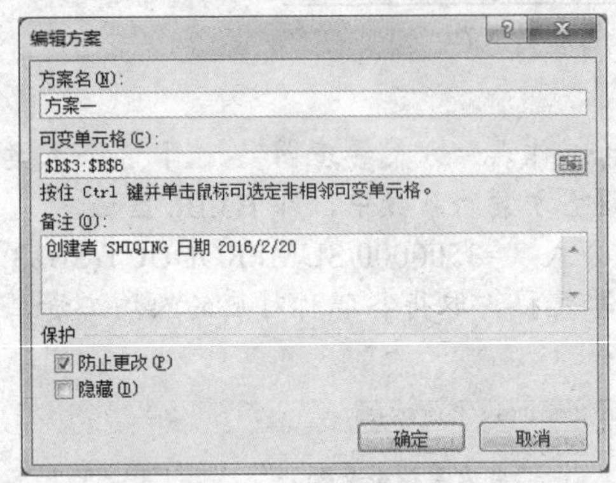

图 2-294 “编辑方案”对话框

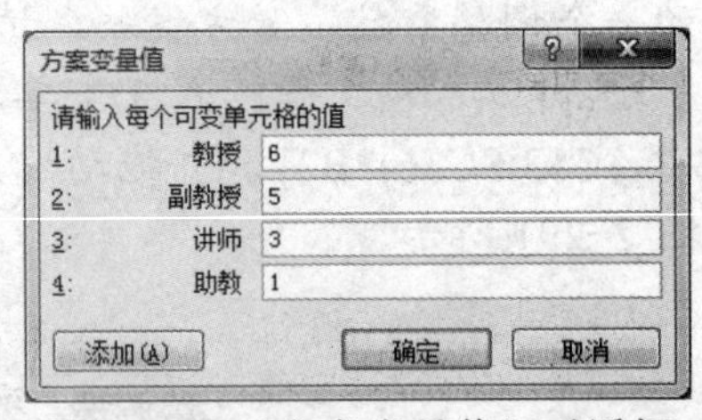

图 2-295 “方案变量值”对话框

⑦ 重复步骤④～⑥，建立方案二和方案三，如图 2-296 所示。

⑧ 显示。单击“方案管理器”对话框中的方案，然后单击“显示”按钮，在工资调整方案中就会出现各方案下各职称的平均工资变化。

⑨ 生成方案摘要。在“方案管理器”对话框中单击“摘要”按钮，在弹出的“方案摘要”对话框中选择报表类型和结果单元格，如图 2-297 所示。

单击“确定”按钮后，Excel 会在当前工作表之前自动插入“方案摘要”工作表，显示各方案下的比较结果，如图 2-298 所示。

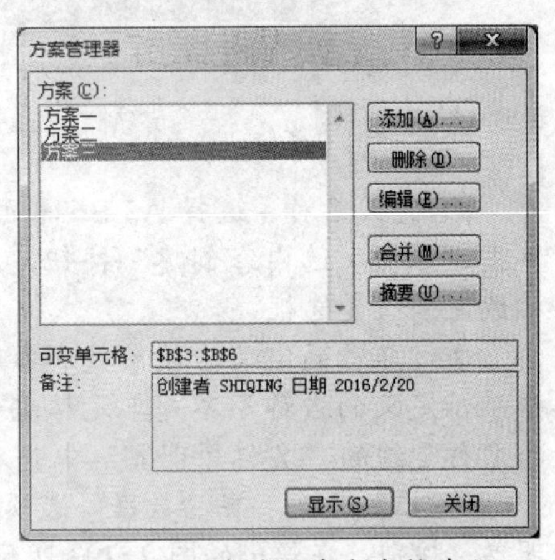

图 2-296 完成三套方案的建立

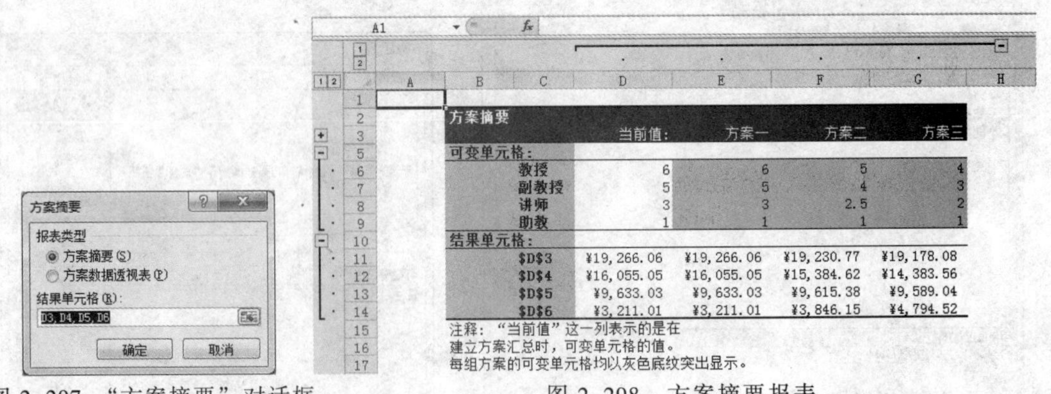

方案摘要	当前值:	方案一	方案二	方案三
可变单元格:				
教授	6	6	5	4
副教授	5	5	4	3
讲师	3	3	2.5	2
助教	1	1	1	1
结果单元格:				
$D$3	¥19,266.06	¥19,266.06	¥19,230.77	¥19,178.08
$D$4	¥16,055.05	¥16,055.05	¥15,384.62	¥14,383.56
$D$5	¥9,633.03	¥9,633.03	¥9,615.38	¥9,589.04
$D$6	¥3,211.01	¥3,211.01	¥3,846.15	¥4,794.52

注释：“当前值”这一列表示的是在
建立方案汇总时，可变单元格的值。
每组方案的可变单元格均以灰色底纹突出显示。

图 2-297 “方案摘要”对话框

图 2-298 方案摘要报表

2.7 宏的简单应用

当需要进行重复操作时，使用宏是最为快捷的方式。所谓宏，指的是一系列可执行的 Visual Basic for Application（VBA）程序的集合，通常用来帮助用户执行一项或多项操作。在实际使用过程中，人们可以利用 VBA 提升数据的处理速度，还可以根据需求开发各类程序或插件。对于 VBA 初学者而言，学习宏的使用是一个很好的切入点，本书只介绍如何在 Excel 中录制并运行宏，不涉及通过 VBA 编程语言录制宏的相关内容。

在宏的简单应用中，可以解决如下几种问题：

（1）设定一个每个工作表中都需要的固定形式的表头。

（2）将单元格设置成一种统一的自定义的格式。

（3）创建格式化表格。

（4）每次打印都固定的页面设置。

（5）频繁或是重复地输入某些固定的内容，如排好格式的公司地址、人员名单等。

2.7.1 录制宏

在进行宏的录制之前，需要做一个准备工作——显示“开发工具”选项卡。在默认情况下，“开发工具”选项卡是隐藏的，而宏的录制离不开“开发工具”选项卡中诸多便捷的功能按钮，因此需要将该选项卡显示出来。

单击“文件”|“选项”按钮，弹出“Excel 选项”对话框，单击左侧的“自定义功能区”标签，在右侧的“主选项卡”列表中勾选“开发工具”复选框，再单击“确定”按钮，如图 2-299 所示。

图 2-299 “Execl 选项”对话框

由于运行某些宏可能会引发潜在的安全风险，因此在默认情况下，Excel禁用所有宏。为了能够录制并运行宏，可以在“开发工具”选项卡“代码”组中单击“宏安全性”按钮（见图2-300），在弹出的“信任中心”对话框中选择“宏设置”选项，选择“启用所有宏（不推荐；可能会运行有潜在危险的代码）”选项，如图2-301所示。需要注意的是，由于宏的潜在风险性，建议在不需要时恢复“禁用所有宏”的设置。

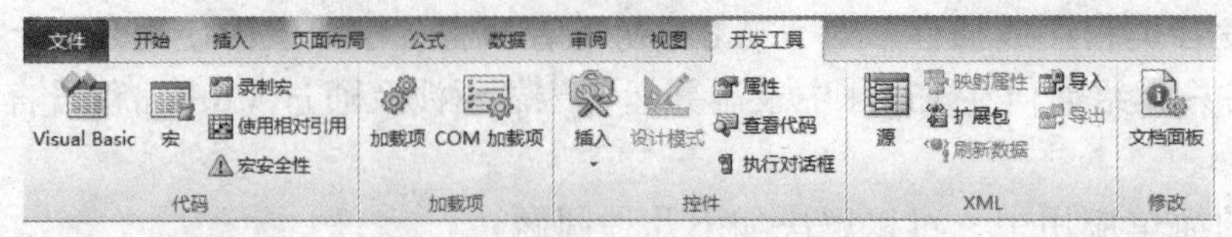

图2-300 “开发工具”选项卡

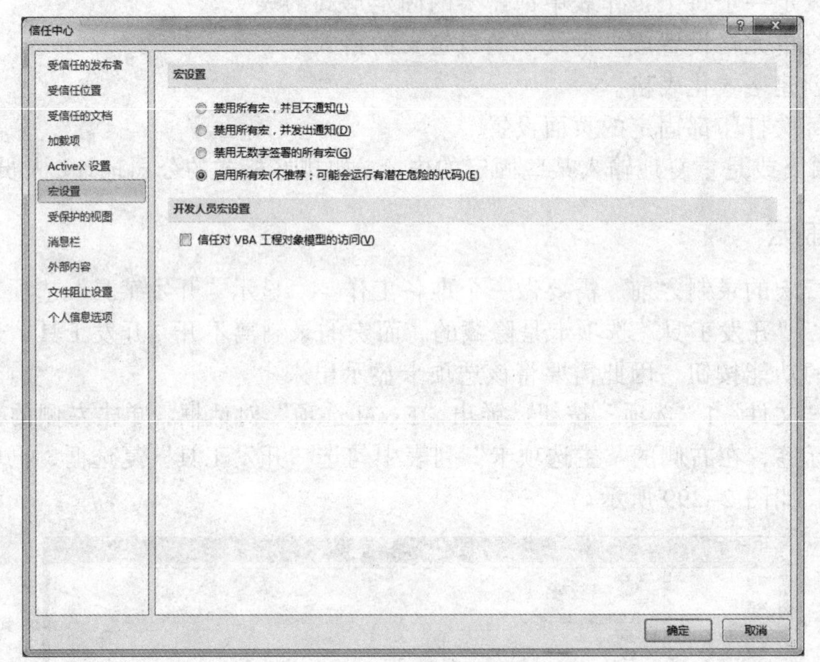

图2-301 启用所有宏设置

宏的录制就是一个记录鼠标和键盘操作的过程，将动作记录保存在宏里面，当需要重复做相同的动作时，只要执行该宏即可。录制宏的方法如下：

（1）打开需要录制宏的工作簿，在“开发工具”选项卡“代码”组中单击“录制宏”按钮。

（2）在弹出的“录制新宏”对话框中，输入宏名，设置快捷键，保存的位置和对宏的简单说明，如图2-302所示。其中，宏名必须以字母或下画线开头，不能包含空格等无效字符，也不能使用单元格地址等工作簿内部名称。

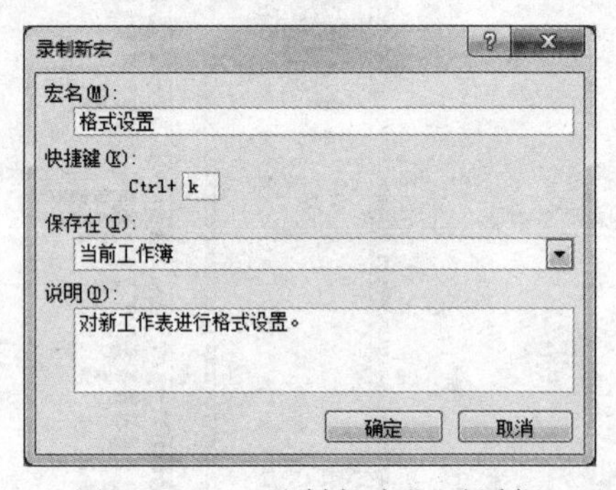

图2-302 “录制新宏”对话框

（3）开始宏的录制。接下来所做的鼠标和键盘操作都会被保留下来。

（4）完成操作后，在“开发工具”选项卡“代码”组中单击“停止录制”按钮，完成对当前宏的录制过程。

2.7.2 执行宏

在完成宏的录制后，即可以执行宏。宏的执行方法如下：

（1）选择需要执行宏的单元格区域。

（2）单击“开发工具”选项卡“代码”组中的“宏”按钮。

（3）在弹出的“宏”对话框中选择需要执行的宏名，单击“执行”按钮，如图 2-303 所示。或者通过在录制宏过程中设置的快捷键也可以完成执行的过程。

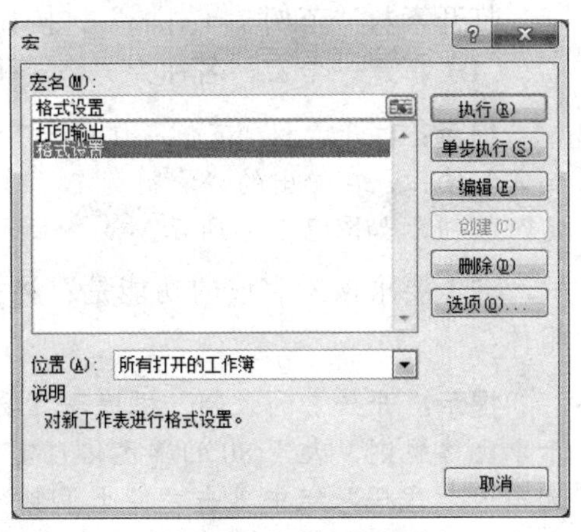

图 2-303 “宏”对话框

对于宏的执行方式，还可以将宏指定给工作表中的某个对象，如图片、形状、控件等，单击该对象即可完成宏操作。

给对象指定宏的方法很简单，右击该对象，在弹出的菜单中选择“指定宏”命令，将宏指定给当前对象，如图 2-304 和图 2-305 所示。

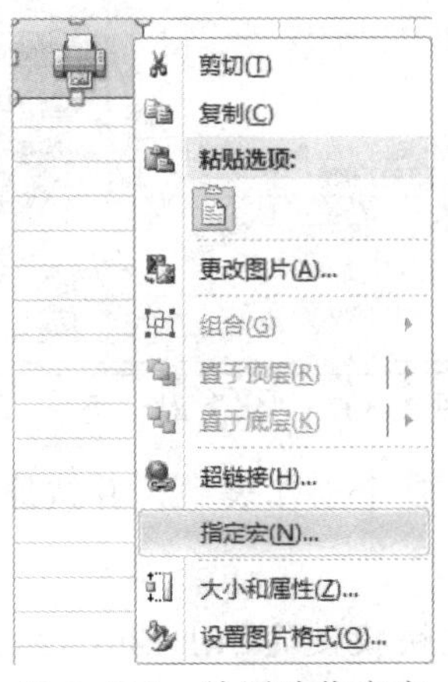

图 2-304 给图片指定宏

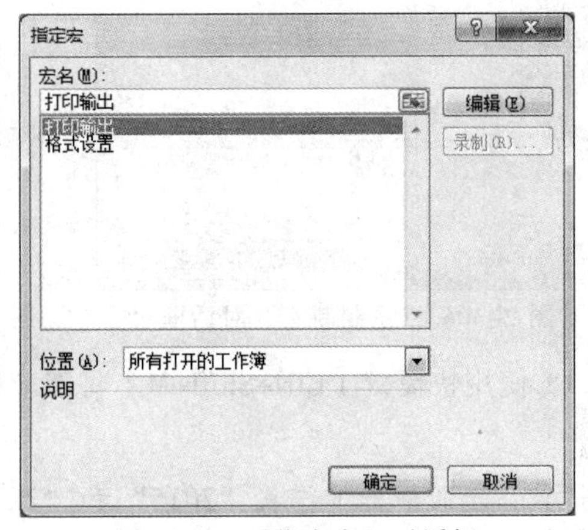

图 2-305 “指定宏”对话框

2.7.3 删除宏

对于不需要的或者错误宏，可以进行删除操作，方法如下：

（1）打开包含需要删除宏的工作簿。

（2）单击“开发工具”选项卡“代码”组中的“宏”按钮，弹出“宏”对话框。

（3）选择需要删除的宏名，单击“删除”按钮。

（4）在弹出的删除提示对话框中单击“是”按钮，完成指定宏的删除。

【范例】格式化宏设置

本例主要练习宏的录制。

打开素材“范例 7-1.xlsm”，按如下要求完成宏的录制：

（1）新建一个宏，名称为“格式化设置”，指定快捷键为【Ctrl+Shift+M】。

提示：打开素材“范例 7-1.xlsm”，单击“开发工具”选项卡“代码”组中的“录制宏”按钮，在弹出的“录制新宏”对话框中输入宏名，并设置快捷键，再单击“确定”按钮，如图 2-306 所示。

（2）要求该宏完成的功能是：将平均分分数高于 80 的单元格内容设为蓝色、粗体。

提示：开始宏的录制。根据题目要求，选择 C3:F12 区域，设置条件格式突出显示单元格规则，大于 80 的单元格自定义格式为蓝色、粗体，完成后在“开发工具”选项卡“代码”组中单击“停止录制”按钮，完成宏的录制。录制完成的宏可以在“开发工具”选项卡“代码”组的“宏”中查看，如图 2-307 所示。

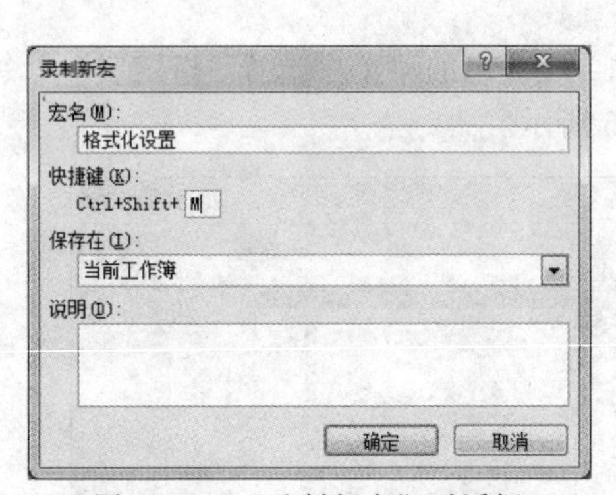

图 2-306 “录制新宏”对话框

图 2-307 “宏”对话框

（3）使用快捷键【Ctrl+Shift+M】将宏应用与其他 2 个工作表中，并按原文件名保存。

提示：分别单击工作表“2015”和“2016”，通过快捷键【Ctrl+Shift+M】完成工作表中的单元格格式设置。完成后按原文件名保存。

【范例】打印宏设置

本例主要练习将宏指定给对象。

打开素材“范例 7-2.xlsm”，完成将宏指定到按钮的操作，要求如下：

（1）在工作表“销售订单”的 B1 单元格插入“按钮(窗体控件)”，并将按钮指定到“打印”宏。

提示：在“开发工具”选项卡“控件”组中单击“插入”|“表单控件”|“按钮（窗体控件）”按钮，如图 2-308 所示，再在 B1 单元格中画出该按钮。

完成后在弹出的“指定宏”对话框中指定按钮对应的宏名是“打印”，如图 2-309 所示。在完成指定后，鼠标指针悬浮至该按钮，会出现手形符号。单击该按钮，会

执行按钮指定的宏命令，在本例中单击按钮即可完成打印的功能。

（2）将按钮显示名字更改为“Print”，完成后按原文件名保存。

提示：右击按钮，选择“编辑文字”命令，如图 2-310 所示，输入新的按钮名字“Print”。完成操作后以原文件名保存。

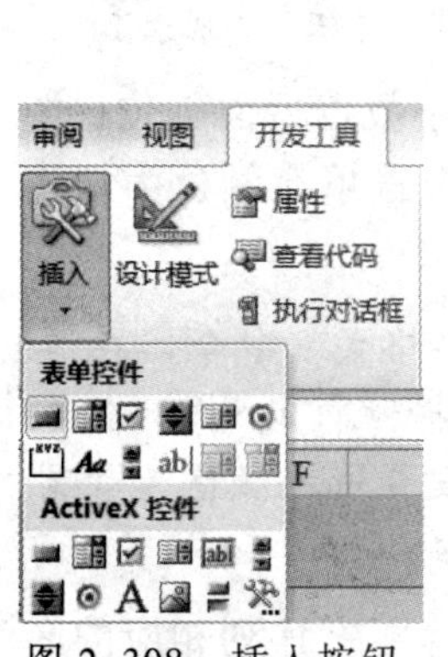

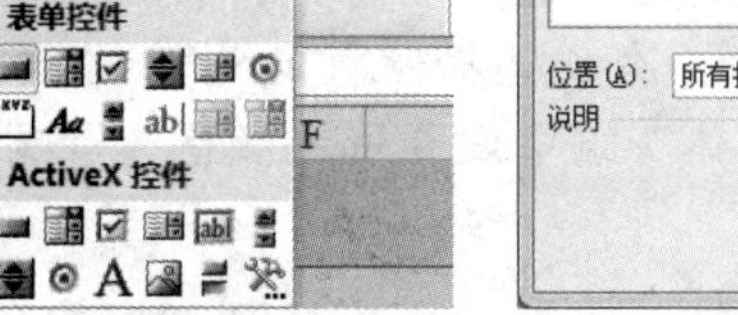

图 2-308 插入按钮

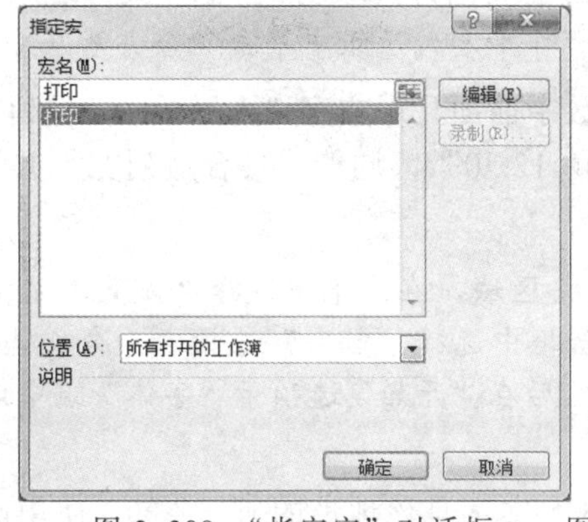

图 2-309 “指定宏”对话框

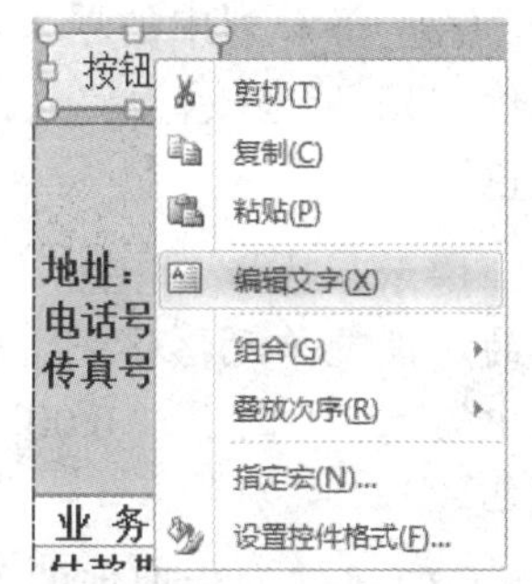

图 2-310 选择“编辑文字”命令

2.8 综合应用：订单统计

小陈是 JSJ 公司的一名员工，主要负责公司的各项统计工作，现有一个 Excel 工作簿，里面包含了公司在某一阶段的订单明细和汇总信息，要求在“综合练习素材.xlsx”文件中完成以下操作，将结果以“综合练习.xlsx”文件名保存。完成后的效果如图 2-311 所示。

注意：禁止修改原始表结构，违者后果自负！

JSJ公司销售订单明细表

订单编号	日期	[illegible]	图书名称	单价	销量	发货地址	所属省市	所属区域	销售额	销售排名	销售等级
BTW-08001	2016年1月2日	繁荣书店	《计算机基础及MS Office应用》	人民币 41.30	12	福建省厦门市思明区莲岳路118号702室	福建省	南区	⇩ ¥495.60	19	不合格
BTW-08002	2016年1月4日	昌盛书店	《嵌入式系统开发技术》	人民币 43.90	20	广东省深圳市南山区蛇口港湾大道2号	广东省	南区	⇩ ¥878.00	14	合格
BTW-08003	2016年1月4日	昌盛书店	《软件工程》	人民币 39.30	41	上海市闵行区浦星路699号	上海市	东区	⇧ ¥1,611.30	6	优良
BTW-08004	2016年1月5日	昌盛书店	《MySQL数据库程序设计》	人民币 39.20	21	上海市浦东新区世纪大道100号环球金融中心	上海市	东区	⇩ ¥823.20	15	合格
BTW-08005	2016年1月6日	繁荣书店	《MS Office高级应用》	人民币 36.30	32	海南省海口市琼山区红城湖路22号	海南省	南区	⇨ ¥1,161.60	12	中等
BTW-08006	2016年1月9日	国泰书店	《网络技术》	人民币 34.90	22	云南省昆明市官渡区拓东路6号	云南省	西区	⇩ ¥767.80	17	合格
BTW-08007	2016年7月13日	繁荣书店	《数据库原理》	人民币 43.20	49	北京市石河子市石河子信息办公室	北京市	北区	⇧ ¥2,116.80	1	优良
BTW-08008	2016年7月14日	昌盛书店	《VB语言程序设计》	人民币 39.80	20	重庆市渝中区中山三路155号	重庆市	西区	⇩ ¥796.00	16	合格
BTW-08009	2016年1月9日	昌盛书店	《数据库技术》	人民币 40.50	12	广东省深圳市龙岗区坂田	广东省	南区	⇩ ¥486.00	20	不合格
BTW-08010	2016年1月10日	国泰书店	《软件测试技术》	人民币 44.50	32	江西省南昌市西湖区洪城路289号	江西省	东区	⇨ ¥1,424.00	9	中等
BTW-08011	2016年1月10日	昌盛书店	《软件工程》	人民币 39.30	43	北京市海淀区东北旺西路8号	北京市	北区	⇧ ¥1,689.90	4	优良
BTW-08012	2016年1月11日	国泰书店	《计算机基础及Photoshop应用》	人民币 42.50	22	北京市西城区西绒线胡同51号中国会	北京市	北区	⇩ ¥935.00	13	合格
BTW-08013	2016年1月11日	繁荣书店	《C语言程序设计》	人民币 39.40	31	贵州省贵阳市云岩区中山西路51号	贵州省	西区	⇨ ¥1,221.40	10	中等
BTW-08014	2016年1月12日	国泰书店	《网络技术》	人民币 34.90	19	贵州省贵阳市中山西路51号	贵州省	西区	⇩ ¥663.10	18	合格
BTW-08015	2016年1月12日	繁荣书店	《数据库原理》	人民币 43.20	43	辽宁省大连中山区长江路123号大连日航酒店	辽宁省	北区	⇧ ¥1,857.60	2	优良
BTW-08016	2016年1月13日	国泰书店	《VB语言程序设计》	人民币 39.80	39	四川省成都市城市名人酒店	四川省	西区	⇧ ¥1,552.20	8	优良
BTW-08017	2016年1月15日	繁荣书店	《Java语言程序设计》	人民币 40.60	30	山西省大同市南城墙永泰西门	山西省	北区	⇨ ¥1,218.00	11	中等
BTW-08018	2016年1月16日	繁荣书店	《Access数据库程序设计》	人民币 38.60	43	浙江省杭州市西湖区北山路78号香格里拉饭店	浙江省	东区	⇧ ¥1,659.80	5	优良
BTW-08019	2016年1月16日	繁荣书店	《软件工程》	人民币 39.30	40	浙江省杭州市西湖区紫金港路21号	浙江省	东区	⇧ ¥1,572.00	7	优良
BTW-08020	2016年1月17日	国泰书店	《计算机基础及MS Office应用》	人民币 41.30	44	北京市西城区阜成门外大街29号	北京市	北区	⇧ ¥1,817.20	3	优良

销售量区间	等级判定
0	不合格
500	合格
1000	中等
1500	优良

统计项目	结果
繁荣书店在南区的平均销售额	¥828.60
《数据库原理》图书的平均销量	46
《网络技术》图书总销售额	¥1,430.90

统计项目	结果
单价在40元以上的图书数量	9
单价在40元以上且销量超过30本的订单数量	4
《软件工程》图书在东区的总销售量	81

图 2-311 JSJ 公司销售明细表

（1）在“订单明细”工作表中将 A2 单元格中的标题“JSJ 公司 2015 年度销售订单明细表”设置为蓝色、微软雅黑、14 磅，填充图案颜色为浅绿色、图案样式为 25%

灰色，并将 A2:L2 单元格合并后居中。

提示：打开“综合练习素材.xlsx”，另存为“综合练习.xlsx”。单击 A2 单元格，在“开始”选项卡“字体”组中设置字体为蓝色、微软雅黑、14 磅。在 A2 单元格中右击，选择“设置单元格格式”命令，在弹出的“设置单元格格式”对话框中选择“填充”选项卡，选择填充图案颜色为浅绿色、图案样式为 25%灰色。再单击 A2:L2 单元格，在“开始”选项卡“对齐方式”组中单击“合并后居中”按钮。

（2）将 E 列中的单价的数字前面显示文字“人民币”，保留小数点后面 2 位，如单价“12.3”显示为“人民币 12.30”，调整至最合适列宽，并设置填充颜色为“浅蓝色”。

提示：选择 E4:E23 单元格区域，在右单中选择“设置单元格格式”命令，在弹出的“设置单元格格式”对话框中选择“数字”选项卡，分类选择“自定义”，在类型中输入“"人民币" 0.00”。然后在“开始”选项卡“字体”组中设置填充颜色为“浅蓝色”。

（3）已知发货地址的前 3 个文字是该地址的所属省市，使用函数在 H 列相应的区域中求出所属省市。

提示：在 H4 单元格输入函数“=LEFT(G4,3)”。双击填充柄可将公式填充至区域末尾，在自动填充选项中选择“不带格式填充”（下同）。

（4）根据“城市对照”工作表中提供的信息，利用 VLOOKUP 函数在 I 列相应的区域中求出地址所属省市对应的所属区域。

提示：利用 VLOOKUP 函数的精确查找，可以得到所属区域。在 I4 单元格中输入函数“=VLOOKUP(H4,城市对照!A$3:B$25,2,0)”。

（5）已知“销售额=单价×销量”，利用数组公式在 J 列相应的区域求出销售额。

提示：选择 J4:J23 区域，输入公式“= E4:E23*F4:F23”，再按【Ctrl+Shift+Enter】组合键执行。

（6）在 J 列相应的区域对销售额设置图标集样式为三向箭头（彩色）规则，规则如下：当值大于等于 1 500 时，用绿色箭头表示，当值小于 1 500 且大于等于 1 000 时，用黄色箭头表示；当值小于 1 000 时，用红色箭头表示。

提示：利用条件格式完成图表显示。选择 J4:J23 区域，在“开始”选项卡“样式”组中单击“条件格式”|“新建规则”按钮，弹出“新建格式规则”对话框，选择格式样式为图标集，图标样式为三向箭头（彩色）。接着根据题目要求设置规则：当值大于等于 1 500 时，用绿色箭头表示；当值小于 1 500 且大于等于 1 000 时，用黄色箭头表示；当值小于 1 000 时，用红色箭头表示，如图 2-312 所示。

（7）根据销售额在 K 列相应的区域中计算销售排名情况。

提示：在 K4 单元格输入函数“=RANK(J4,J$4:J$23,0)”。

（8）根据销售额判定销售的等级，500（不含 500）以下为不合格，500～1 000（不含 1 000）为合格，1 000～1 500（不含 1 500）为中等，1 500 以上为优良，请在

A25:B29 区域设置等级判断表，然后使用 VLOOKUP 函数在 L 列相应的区域求出对应的等级。

提示：首先在 A25:B29 区域设置等级判断表，如图 2-313 所示。再在 L4 单元格输入函数 “=VLOOKUP(J4,A$26:B$29,2,1)”。

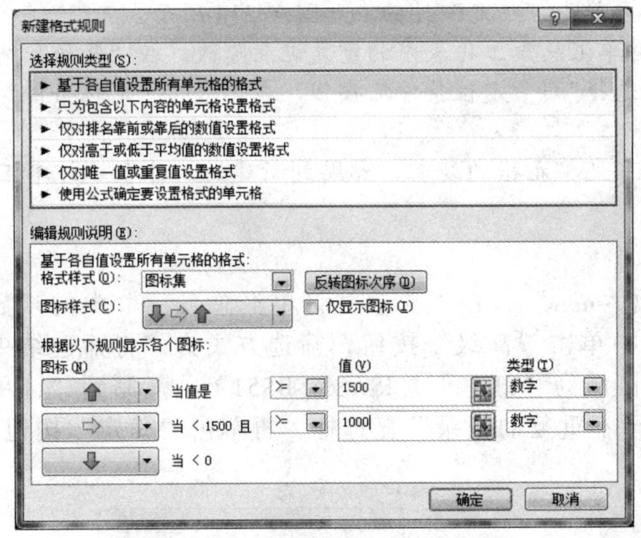

图 2-312 “新建格式规则”对话框

销售量区间	等级判定
0	不合格
500	合格
1000	中等
1500	优良

图 2-313 等级判断表

（9）利用函数在 E26 单元格求出繁荣书店在南区的平均销售额。

提示：在 E26 单元格中输入函数 “=AVERAGEIFS(J4:J23,C4:C23,"繁荣书店",I4:I23,"南区")”。

（10）利用函数在 E29 单元格求出《数据库原理》图书的平均销量。

提示：在 E29 单元格中输入函数 “=AVERAGEIF(D4:D23,"《数据库原理》",F4:F23)”。

（11）利用函数在 E32 单元格求出《网络技术》图书总销售额。

提示：在 E32 单元格中输入函数 “=SUMIF(D4:D23,"《网络技术》",J4:J23)”。

（12）利用函数在 H26 单元格求出单价在 40 元以上的图书数量。

提示：在 H26 单元格中输入函数 “=COUNTIF(E4:E23,">40")”。

（13）利用函数在 H29 单元格求出单价在 40 元以上且销量超过 30 本的订单数量。

提示：在 H29 单元格中输入函数 “=COUNTIFS(E4:E23,">40",F4:F23,">30")”。

（14）利用函数在 H32 单元格求出《软件工程》图书在东区的总销售量。

提示：在 H32 单元格中输入函数“=SUMIFS(F4:F23,D4:D23,"《软件工程》",I4:I23,"东区")”。

（15）由于工作人员的疏忽，在“订单汇总”工作表中存在大量的重复订单记录，现要求将去除重复项后的记录复制到新工作表“订单汇总-new”中（“订单汇总”工作表中的原始记录不允许删除）。

提示：在“订单汇总”工作表中选择A3:B51单元格区域，在“数据”选项卡“排序和筛选”组中单击“高级”按钮，筛选方式为“在原有区域显示筛选结果”，勾选“选择不重复的记录”复选框，再单击“确定”按钮，如图2-314所示。

在经过筛选后，Excel将“订单汇总”工作表中的重复记录隐藏，在“开始”选项卡“编辑”组中单击“查找和选择”|“定位条件”按钮，在弹出的“定位条件”对话框中选择“可见单元格”。

再按【Ctrl+C】组合键进行可见单元格的复制，粘贴到新建的工作表“订单汇总-new”中。

本小题还有另外一种做法：

首先新建工作表“订单汇总-new”，在工作表“订单汇总-new”中的“数据”选项卡“排序和筛选”组中单击“高级”按钮，筛选方式为“将筛选结果复制到其他位置”，设置列表区域为“订单汇总!$A$3:$B$51”，复制到“订单汇总-new'!$A$1”，勾选“选择不重复的记录”复选框，再单击“确定”按钮，如图2-315所示。

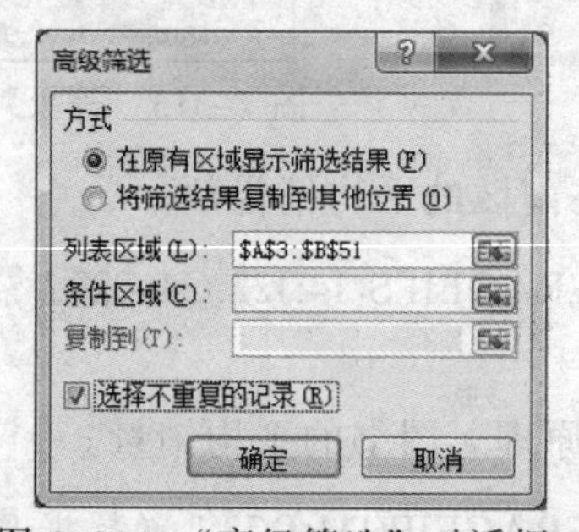

图2-314 “高级筛选”对话框1

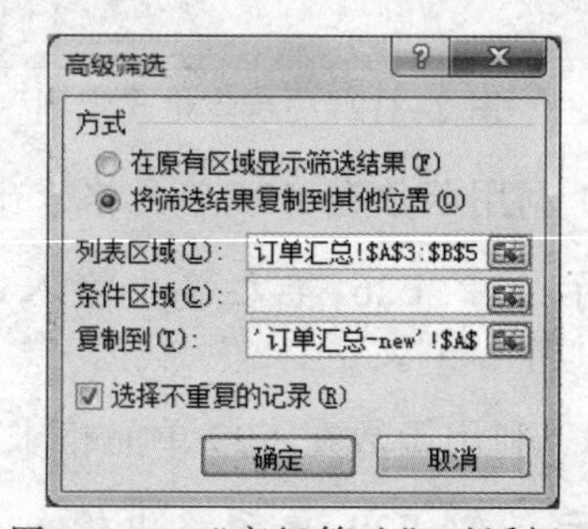

图2-315 “高级筛选”对话框2

（16）在“分类汇总”工作表中，根据书店名称分类，汇总各书店的图书销量总数和平均单价。

提示：在“分类汇总”工作表中，选择A3:G23单元格区域，在“数据”选项卡“排序和筛选”组中单击“排序”按钮，在弹出的“排序”对话框中设置按照书店名称升序排列。

在“数据”选项卡“分级显示”组中单击“分类汇总”按钮，对书店名称进行分类，汇总方式为“求和”，汇总项为“销量”，单击“确定”按钮。再次对数据区域进行分类汇总时，选择汇总方式为“平均值”，汇总项为“单价”，取消勾选“替换当前分类汇总”复选框，再单击“确定”按钮。

（17）在“图表”工作表中，对比“繁荣书店”黄色底纹标出的《计算机基础及MS Office应用》《MS Office高级应用》和《数据库原理》单价情况，用三维簇状柱形图表示，在底部显示图例，图表标题为“繁荣书店三种图书价格比较”，字体为楷体、红色、12磅。图表区填充“金色年华中心辐射矩形”的渐变，圆角边框样式。图表放置在A25:E38区域，如图2-316所示。

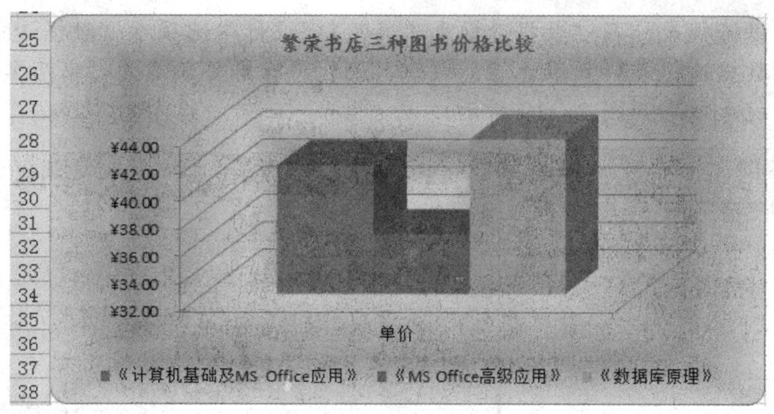

图 2-316 图表样张

提示：在“图表”工作表中，选择 D3:E4,D8:E8,D10:E10 单元格区域，在“插入”选项卡“图表”组中单击“三维簇状柱形图”按钮，完成图表的初步插入。

选中图表后，在“图表工具”|“设计”选项卡“数据”组中单击“切换行/列”按钮。在“图表工具”|“布局”选项卡“标签”组中单击“图例”|“在底部显示图例”和“图表标题”|“图表上方”按钮。修改图表标题为“繁荣书店三种图书价格比较”，字体为楷体、红色、12 磅。

选择图表区后，在右键菜单中选择“设计图表区格式”命令，在弹出的“设置图表区格式”对话框中设置填充为“渐变填充”，预设颜色为“金色年华”，类型为“矩形”，方向为“中心辐射”。再在边框样式里勾选“圆角”，完成圆角边框样式设置。

最后将图表移动到 A25:E38 区域。

（18）为“图表”工作表中的数据区域建立数据透视表，放置在“数据透视表”工作表的 A1 单元格起始的位置。数据透视表中要求显示各书店的图书销量总计和平均单价（单价数据用货币型显示），并套用“数据透视表样式深色 2”，最后将行标签改名为“书店名称”。

提示：选择“图表”工作表中的 A2:G23 工作表区域，在“插入”选项卡“表格”组中单击“数据透视表”按钮，在弹出的“创建数据透视表”对话框中设置数据透视表的位置为“数据透视表!$A$1”。

根据题目要求，设置数据透视表的字段，将“书店名称”字段拖动到“行标签”，再将“销量”和“单价”拖动到“数值”。由于默认对数值进行求和运算，因此需要将“单价”的数值设为平均值值项。单击“单价”数值的下拉按钮，选择“值字段设置”选项，在“值字段设置”对话框中选择值字段汇总方式为平均值，值显示方式的数字格式为货币型，如图 2-317 所示。

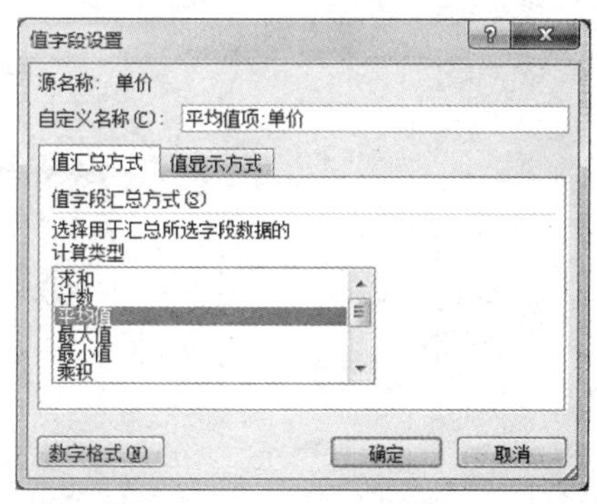

图 2-317 “值字段设置”对话框

设置完成的“数据透视表字段列表”任务窗格如图 2-318 所示。

单击数据透视表，在“数据透视表工具”|“设计”选项卡“数据透视表样式”组中单击“数据透视表样式深色 2”按钮，最后将行标签改名为“书店名称”，完成后的数据透视表效果如图 2-319 所示。

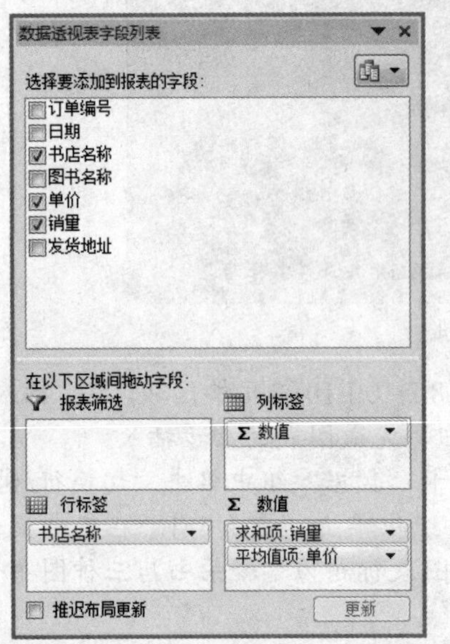

图 2-318 “数据透视表字段列表”面板

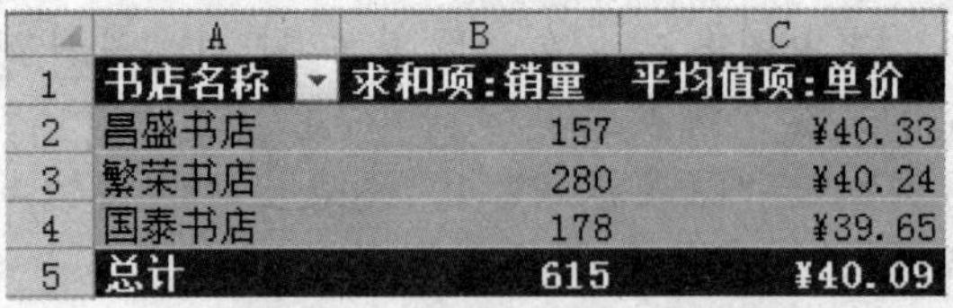

	A	B	C
1	书店名称	求和项:销量	平均值项:单价
2	昌盛书店	157	¥40.33
3	繁荣书店	280	¥40.24
4	国泰书店	178	¥39.65
5	总计	615	¥40.09

图 2-319 最终数据透视表效果

第 3 章

演示文稿制作软件 PowerPoint 2010

本章概要

PowerPoint 2010 是 Microsoft 开发的 Office 2010 办公软件中的演示文稿制作软件。通过 PowerPoint 2010，可以使用文本、图形、图像、声音、视频、动画和更多元素来设计具有视觉震撼力的演示文稿。

本章将向读者介绍如何使用 PowerPoint 演示文稿制作软件。

学习目标

(1) 熟练掌握演示文稿制作的基本操作；

(2) 熟练掌握幻灯片中对象的插入和编辑；

(3) 熟练掌握演示文稿的美化与修饰方法；

(4) 熟练掌握幻灯片中交互效果的设置；

(5) 熟练掌握演示文稿的放映设置。

PowerPoint 是 Microsoft 开发的 Office 办公软件中的演示文稿软件。它具有简单的可视化界面和强大的功能，可以帮助用户创建出非常精美以及具有震撼力的演示文稿，被广泛应用于教育和商业领域，如课件制作、学术交流、论文答辩、产品展示和会议培训等。

演示文稿是由一张张幻灯片组成的，而每一张幻灯片上又可以增加文本、图形、图像、声音、视频、动画等多媒体信息，再结合丰富的动画效果和多样的切换方式就可以创作出绚丽多彩的演示文稿。本书主要介绍使用 PowerPoint 2010 设计和创作演示文稿。

3.1 PowerPoint 2010 概述

由 PowerPoint 2010 制作的演示文稿的扩展名是.pptx，是由若干张幻灯片组成的，每张幻灯片都有编号，编号由小到大排列。如果把演示文稿比作一本书，则每张幻灯片就是书中的一页。本节主要介绍 PowerPoint 的启动和退出、工作界面的认识以及各种视图模式。

3.1.1 PowerPoint 的启动和退出

1. PowerPoint 的启动

PowerPoint 的启动方法有多种，常用的启动方法有：

（1）双击桌面上的 PowerPoint 快捷方式图标。

（2）单击“开始”|“所有程序”|“Microsoft Office”|“Microsoft PowerPoint 2010”命令。

（3）双击打开已有的演示文稿文件（扩展名为.pptx）。

通过前两种方法，系统将启动 PowerPoint 2010，并自动生成一个名为“演示文稿1”的空白演示文稿，如图 3-1 所示；通过第三种方法，系统将启动 PowerPoint 2010，并打开该演示文稿文件。

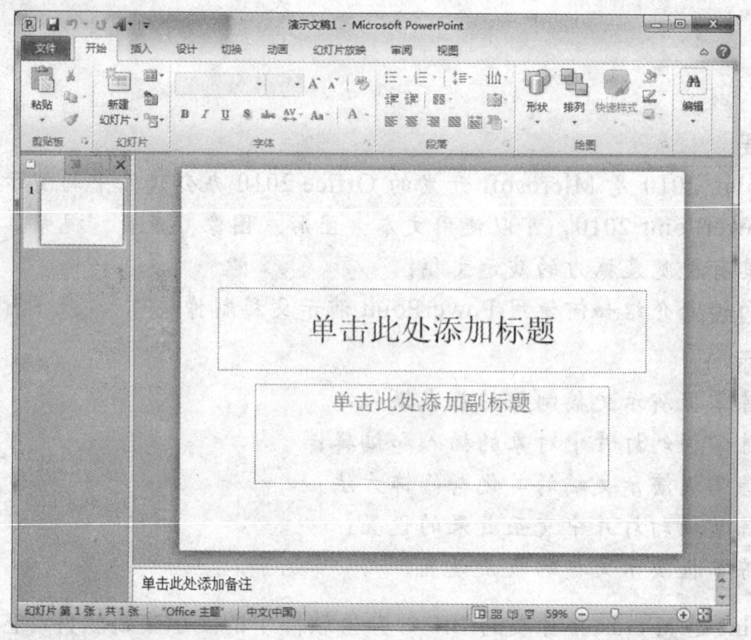

图 3-1　空白的演示文稿

2. PowerPoint 的退出

PowerPoint 常用的退出方法有：

（1）单击 PowerPoint 窗口右上角的“关闭”按钮。

（2）单击“文件”选项卡中的“退出”命令。

（3）右击“标题栏”，选择“关闭”命令。

（4）使用【Alt+F4】组合键。

3.1.2　工作界面

PowerPoint 2010 的工作界面跟 Word 2010 以及 Excel 2010 的界面结构非常相似，如图 3-2 所示。其工作界面主要由快速访问工具栏、标题栏、选项卡、功能区、幻灯片/大纲缩览窗口、幻灯片编辑窗口、备注窗口、状态栏、视图按钮和显示比例等组成。

1. 快速访问工具栏

快速访问工具栏位于工作界面的左上角，提供演示文稿在编辑过程中常用的按钮，默认有“保存”“撤销”“恢复”3 个按钮。还可以通过“自定义快速访问工具栏”按钮进行增加或更改。

图 3-2 PowerPoint 2010 工作界面

2. 标题栏

标题栏位于工作界面的顶部中间，显示演示文稿的文件名和应用程序的名称，右侧有“最小化”“最大化/向下还原”“关闭”3 个按钮。

3. 选项卡

PowerPoint 2010 功能区中的操作功能被归纳为多个选项卡，每个选项卡里的操作功能进一步分成多个命令组，每个组的右下角设置有对话框启动器按钮，单击后可显示包含更多功能的对话框或者任务窗格。

选项卡分为两种：标准选项卡和上下文选项卡。

标准选项卡是启动 PowerPoint 后自动会出现的选项卡，主要有“文件”“开始”“插入”“设计”“切换”“动画”“幻灯片放映”“审阅”“视图”选项卡，如图 3-3 所示。也可以根据需要自定义选项卡。

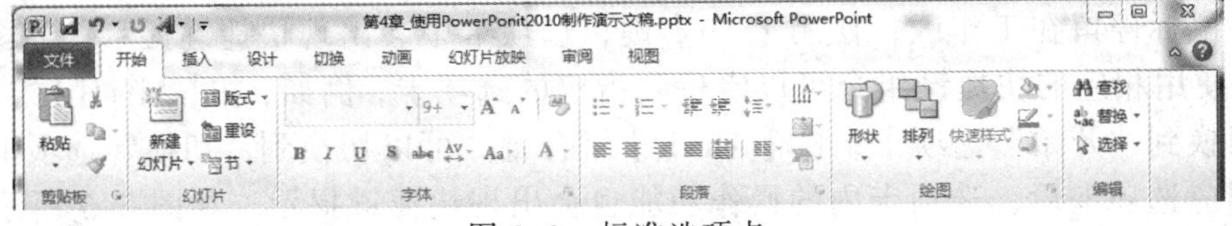

图 3-3 标准选项卡

自定义选项卡可以单击“文件”|“选项”按钮，在弹出的对话框中选择“自定义功能区”选项，如图 3-4 所示，根据需要选择相应的选项。在这里选择的选项卡将

会作为标准选项卡出现在 PowerPoint 2010 的功能区。

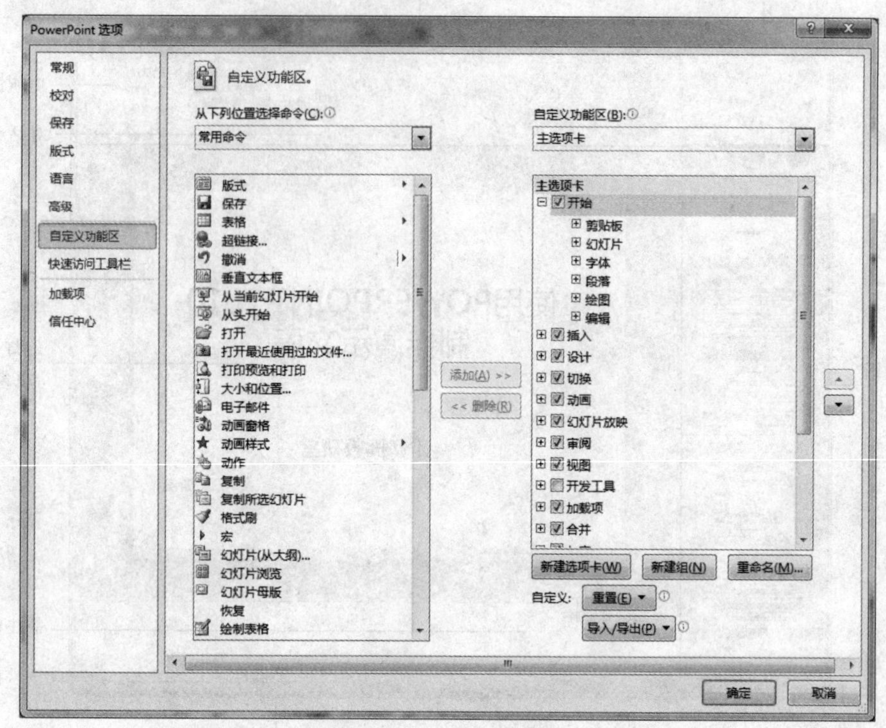

图 3-4 自定义选项卡

上下文选项卡是只有选择了相应操作对象才会自动出现的选项卡，如图 3-5 所示，是“绘图工具”|“格式”选项卡和“图片工具”|“格式”选项卡，当选择了形状和图片才会显示该选项卡。选择不同的对象就会显示不同的选项卡，如选择表格显示的是“表格工具”选项卡，选择图表显示的是“图表工具”选项卡。

图 3-5 上下文选项卡

PowerPoint 中的大部分功能都能在选项卡中找到，所以，熟练快速地使用选项卡是高效使用 PowerPoint 的必备途径。每个选项卡以及选项卡中的操作功能都有相应的快捷键。

将鼠标停留在工作区，使用【Alt】键，选项卡中会出现快捷键提示，如图 3-6 所示，使用相应的快捷键组合可以定位到指定的选项卡，例如，按【Alt+H】组合键，可以切换到“开始”选项卡；按【Alt+K】组合键，可以切换到“切换”选项卡。切换到相应选项卡后，选项卡内的操作功能也会出现快捷键提示，如图 3-7 所示，按【Alt+1】组合键，可以将文字设置为加粗。再次按【Alt】键或者在工作区内单击，快捷键提示就会隐藏。

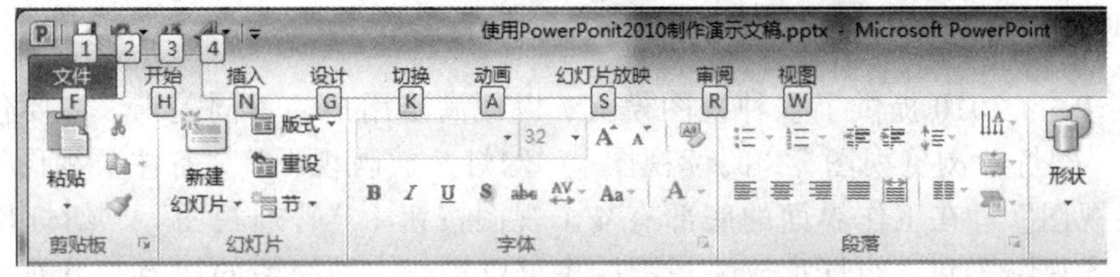

图 3-6　选项卡快捷键 1

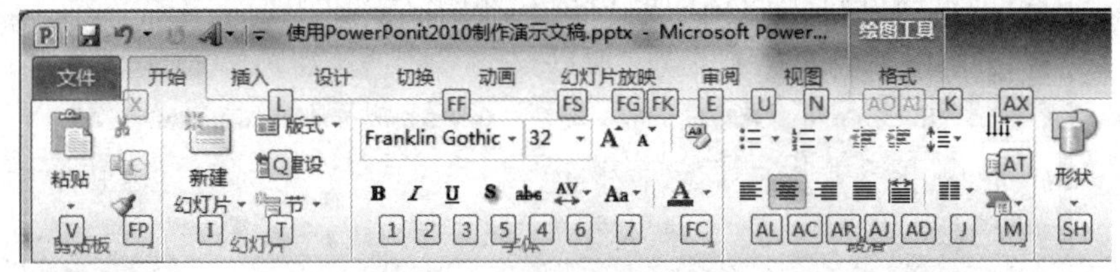

图 3-7　选项卡快捷键 2

4．功能区

功能区位于选项卡的下面，随着选项卡的不同，会显示不同的内容。例如，单击“设计”选项卡，功能区显示“页面设置”“主题”“背景”等组；单击“动画”选项卡，功能区显示“预览”“动画”“高级动画”“计时”等组。

5．幻灯片/大纲缩览窗口

幻灯片/大纲缩览窗口位于功能区下方靠左，包含“幻灯片”和“大纲”两个选项卡。“幻灯片”选项卡中显示的是各幻灯片的缩览图，单击某个缩览图即可在幻灯片编辑窗口中显示该幻灯片；“大纲”选项卡中显示的是标题和文本信息。在“幻灯片”选项卡中对幻灯片编辑时要先选中缩览图，然后在编辑窗口进行。而在“大纲”选项卡中，既可以在“大纲”窗口中进行编辑，也可以在编辑窗口中进行编辑。

6．幻灯片编辑窗口

幻灯片编辑窗口位于功能区下方靠右，主要用于显示和编辑幻灯片内容，包括添加文本、插入图形、剪贴画、表格、SmartArt 图形、图表、视频等对象。

7．备注窗口

备注窗口位于幻灯片编辑窗口的下方，主要用于输入对幻灯片的一些解释和说明的文字。在幻灯片放映时可以将备注打印出来参考。

8．状态栏

状态栏位于工作窗口的最底部左侧，主要显示当前幻灯片的序号和所有幻灯片的总数、幻灯片的主题和输入法等信息。不同的视图模式状态栏稍有不同。

9．视图按钮

视图按钮位于工作窗口最底部中间，提供了演示文稿的不同显示方式，有“普通视图”“幻灯片浏览视图”“阅读视图”和“幻灯片放映视图”4 个按钮。

10．显示比例

显示比例位于视图按钮的右侧，用于显示幻灯片编辑窗口的比例大小，可以设置固定的比例值，也可以通过拖动旁边的滑块进行放大或缩小的调整。

3.1.3 视图模式

PowerPoint 2010 提供了多种视图模式，以便满足用户的不同需求。主要包括“普通视图”“幻灯片浏览视图”“阅读视图”“幻灯片放映视图”“备注页视图”和“幻灯片母版视图”。在工作界面的底部有 4 个视图按钮（“普通视图”“幻灯片浏览视图”“阅读视图”和“幻灯片放映视图”）可以进行 4 种视图的切换。另外，在“视图”选项卡中，也可以进行不同视图的切换，如图 3-8 所示。

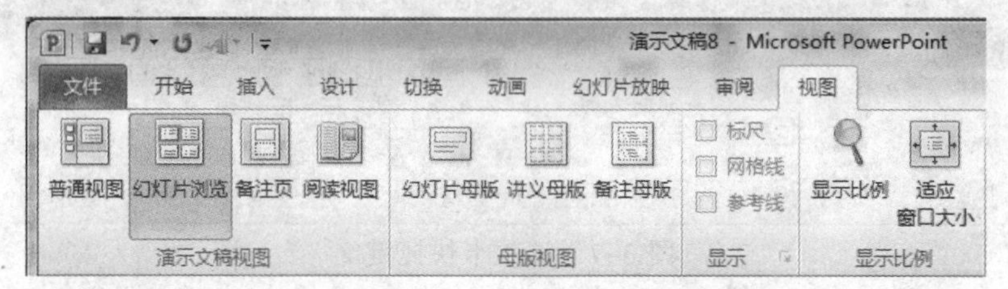

图 3-8 “视图”选项卡中的不同视图模式

1. 普通视图

普通视图主要用于幻灯片的编辑，用于撰写和设计演示文稿。普通视图主要由 3 个工作区域构成，左侧的“幻灯片/大纲缩览窗口”、中间的“幻灯片编辑窗口”和靠下的“备注窗口”见图 3-2。

2. 幻灯片浏览视图

幻灯片浏览视图主要用于查看缩览图形式的幻灯片。在该视图模式中，可以对演示文稿进行整体把握，方便对演示文稿中的幻灯片顺序进行排列和组织，如图 3-9 所示。

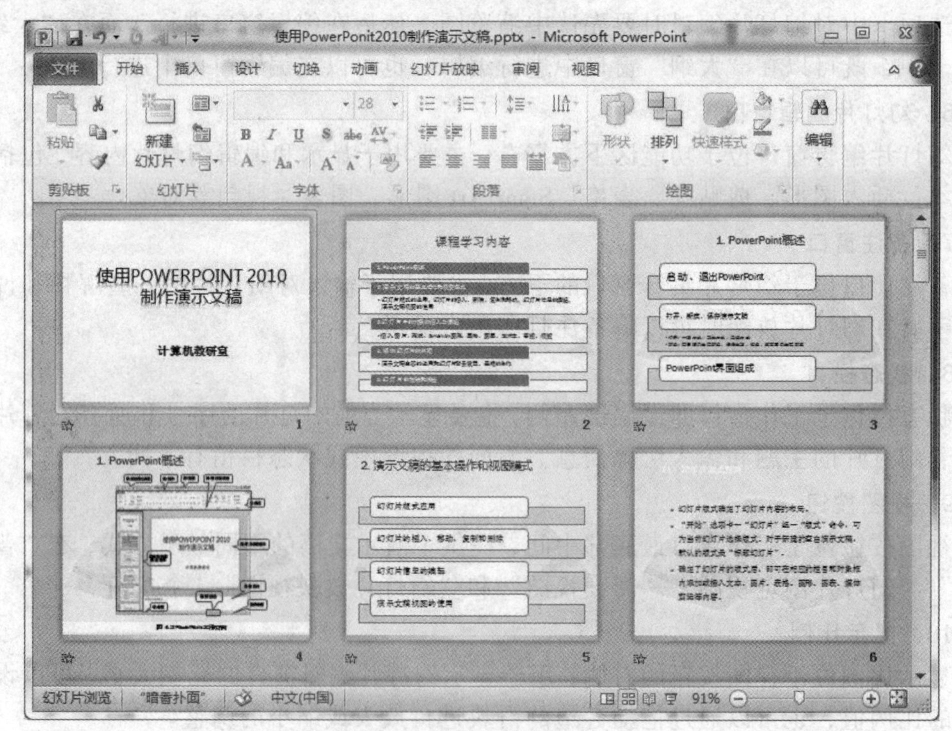

图 3-9 幻灯片浏览视图

3．阅读视图

阅读视图主要用于演示文稿在窗口中放映观看。在该视图模式中，只保留了标题栏、放映窗口、状态栏和简单的控件，方便用户在窗口中放映演示文稿，而不是在全屏状态下放映，如图 3-10 所示。在阅读过程中可以通过“上一张”按钮和“下一张”按钮进行幻灯片的切换。若要退出阅读视图，可以单击状态栏右下角的其他视图按钮，也可按【Esc】键。

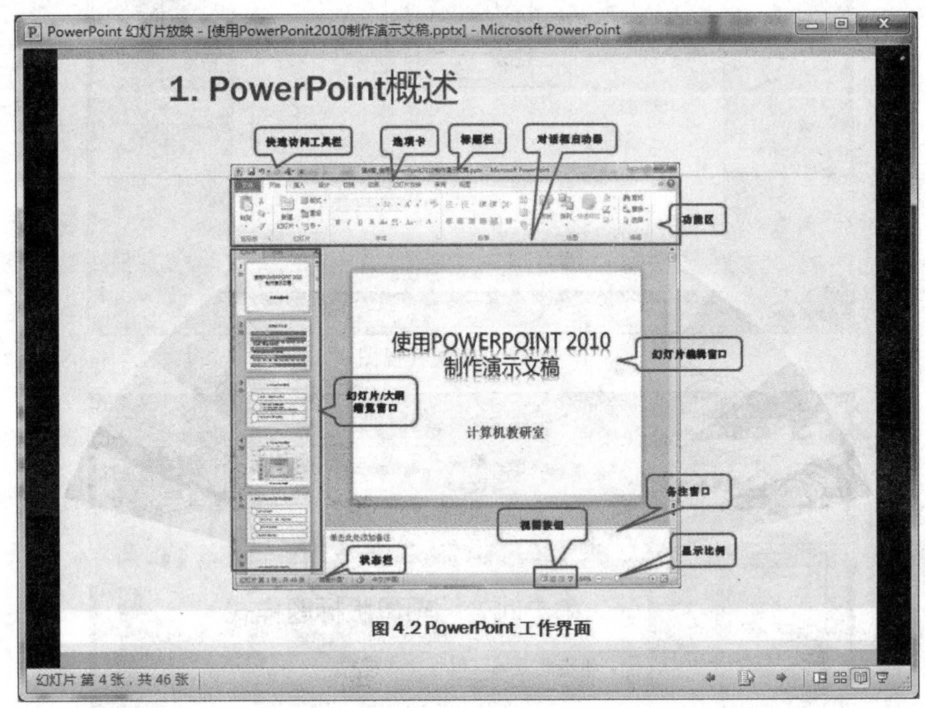

图 3-10　阅读视图

4．幻灯片放映视图

幻灯片放映视图主要用于演示文稿在全屏中放映观看。在该视图模式中，演示文稿占据了整个计算机屏幕，通过键盘上的“←”和“→”进行幻灯片上一张和下一张的切换，在切换中只能观看幻灯片，不能编辑和修改，如果要进行编辑和修改，必须切换到“普通视图”模式下。在放映的过程中，可以通过按【Esc】键结束放映，也可以右击，在弹出的快捷菜单中选择“结束放映”命令。

5．备注页视图

备注页视图主要用于输入与幻灯片有关的解释和说明的文字。在该视图模式下，分为上下两部分，其中上部分显示幻灯片的缩览图，下部分显示备注页的占位符，用户可以向占位符中输入与该幻灯片有关的备注信息，如图 3-11 所示。

6．幻灯片母版视图

幻灯片母版视图主要用于演示文稿的外观和风格进行统一设置，如图 3-12 所示。例如将所有幻灯片的标题设为同一种颜色、自定义新的幻灯片版式、页眉和页脚的设置等。相关内容将在后面进行介绍。

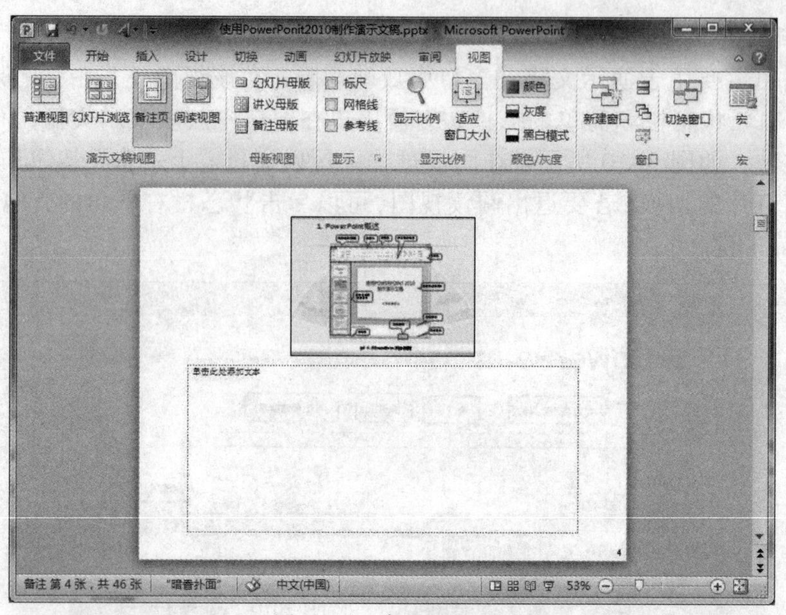

图 3-11　备注页视图

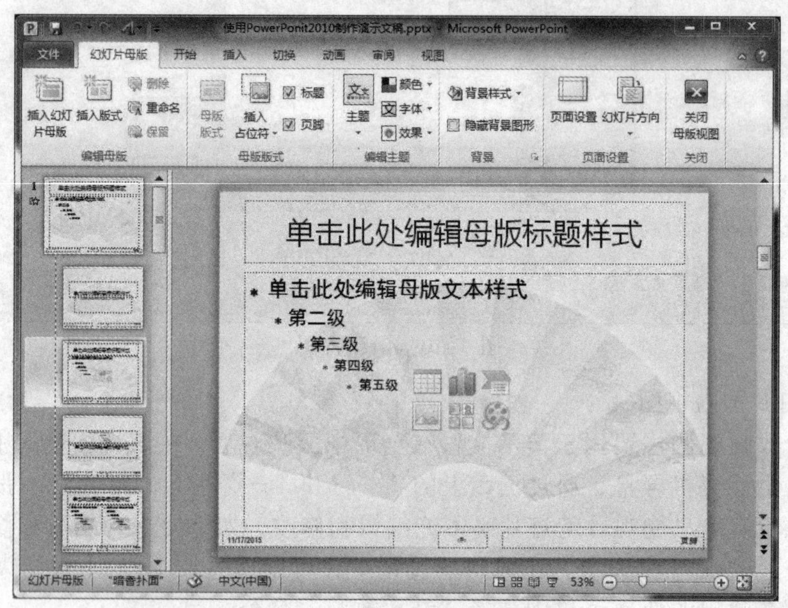

图 3-12　幻灯片母版视图

3.2　演示文稿的基本操作

演示文稿的基本操作包括如何新建演示文稿，如何插入、删除、复制和移动幻灯片，如何更改幻灯片的版式等。本节主要从这几个方面讲解。

3.2.1　新建演示文稿

新建演示文稿可以新建空白演示文稿，也可以根据主题、根据模板新建。新建空

白演示文稿指的是建立一个没有任何设计方案、颜色和样式的空白演示文稿；根据主题新建演示文稿可以建立一个具有统一外观风格和样式的演示文稿；根据模板新建演示文稿可以建立一个具有统一外观风格和样式以及包含相应内容的演示文稿。

1. 新建空白演示文稿

新建空白演示文稿的方法有两种，第一种是启动 PowerPoint 2010 后，系统会自动建立一个空白的演示文稿。第二种是在已打开的演示文稿软件的界面中，单击“文件”|“新建”按钮，在中间“可用的模板和主题”中选择“空白演示文稿”后，单击右侧的“创建”按钮，如图 3-13 所示，或者直接双击“空白演示文稿”。

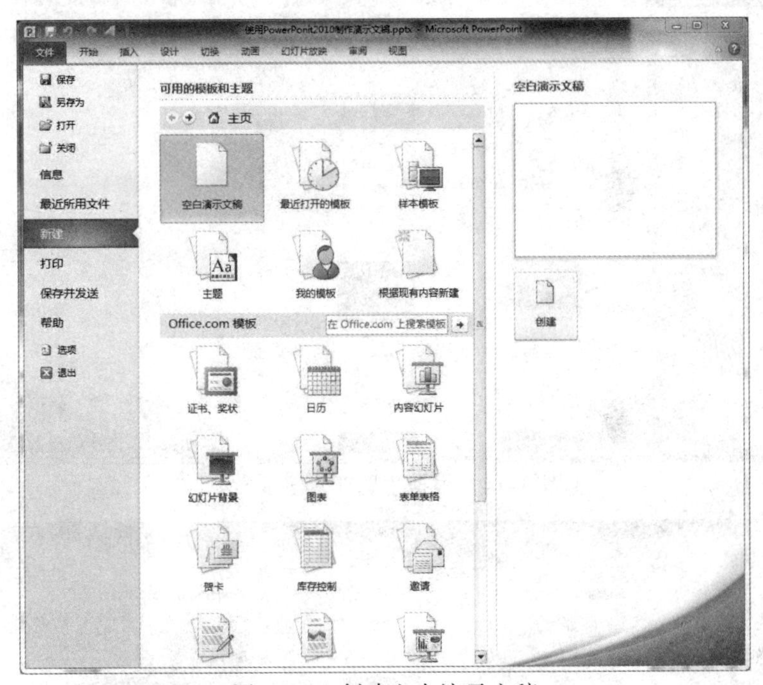

图 3-13 创建空白演示文稿

2. 根据主题新建演示文稿

主题是 PowerPoint 提供的具有统一风格的样式框架，规定了演示文稿的颜色、字体和效果等外观。应用主题，可以简化演示文稿的创建过程。根据主题新建演示文稿的方法是：在已打开的演示文稿软件的界面中，单击“文件”|“新建”按钮，在中间“可用的模板和主题”中选择“主题”后，将打开所有的内置主题，从中选一个适合的主题，再单击右侧的“创建”按钮，如图 3-14 所示，或者直接双击所选的主题名。

3. 根据模板新建演示文稿

模板是预先设计好的，具有一定内容的演示文稿样本。模板中包含精心编排的内容和颜色、字体、效果、样式以及版式。应用模板，可以简化演示文稿的创建过程。根据模板新建演示文稿的方法是：在已打开的演示文稿软件的界面中，单击“文件”|“新建”按钮，在中间“可用的模板和主题”中选择“样本模板”后，将打开所有的内置模板，从中选一个适合的模板，再单击右侧的“创建”按钮，如图 3-15 所示，或

者直接双击所选的模板名。

除了使用内置的模板外，还可以根据需要从 office.com 下载模板。

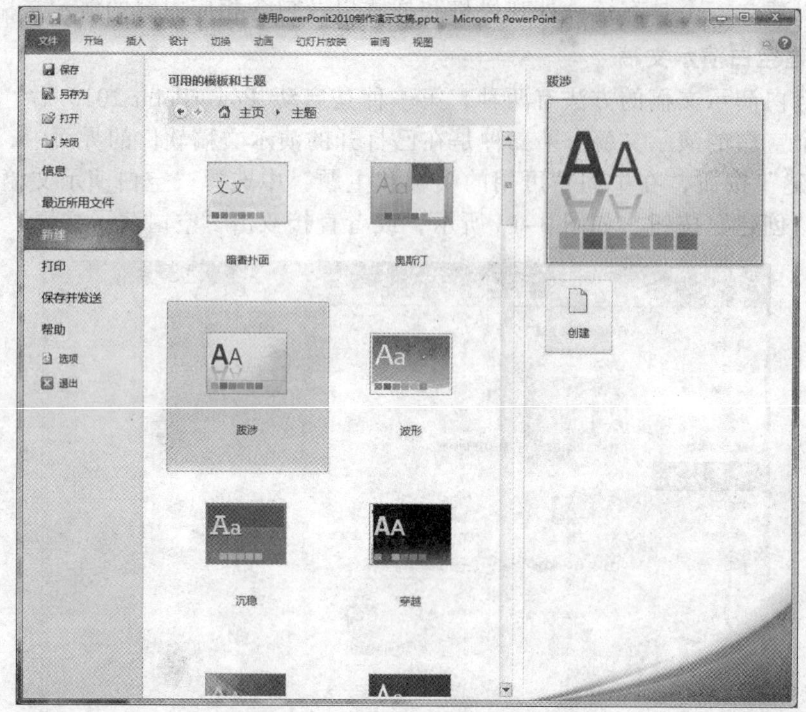

图 3-14　根据主题新建演示文稿

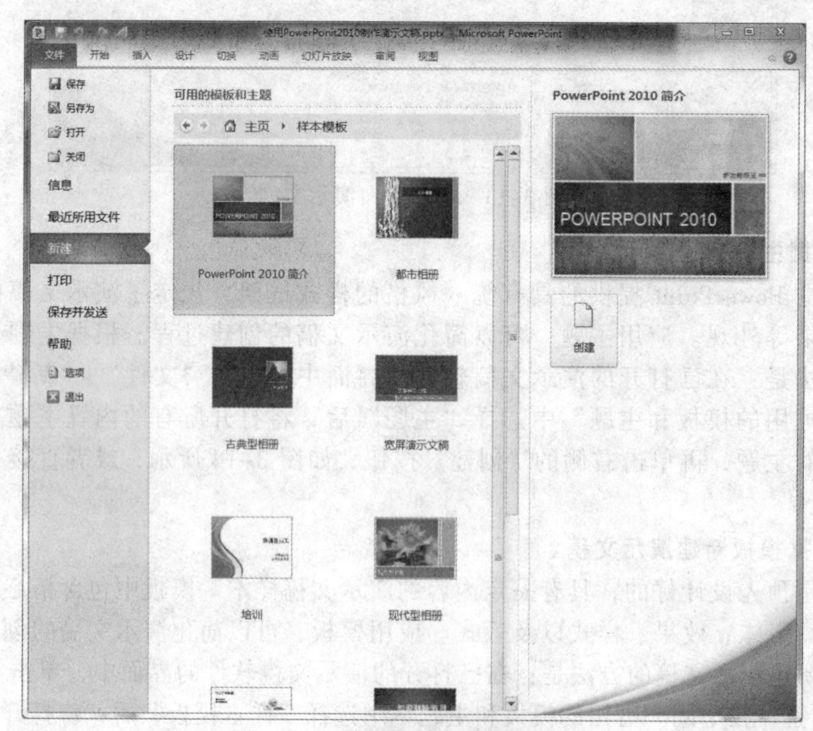

图 3-15　根据模板新建演示文稿

3.2.2 幻灯片版式应用

幻灯片版式是指幻灯片上标题和副标题文本、列表、图片、表格、图表、自选图形和视频等元素的排列方式。在版式中最重要的一个内容是占位符，它可以容纳文本（包括正文文本、项目符号、项目符号列表和标题）、表格、图表、SmartArt 图形、影片、声音、图片等内容。PowerPoint 2010 提供了多个版式供用户选择，如图 3-16 所示，主要有“标题幻灯片”“标题和内容”“节标题”“两栏内容”“比较”“仅标题”“空白”“标题和竖排文字”“垂直排列标题和文本”等版式。除此之外，还可以通过幻灯片母版自定义新的版式，在后续使用母版中会讲解。通常情况下，新建空白演示文稿时，第一张幻灯片默认的版式是“标题幻灯片”。

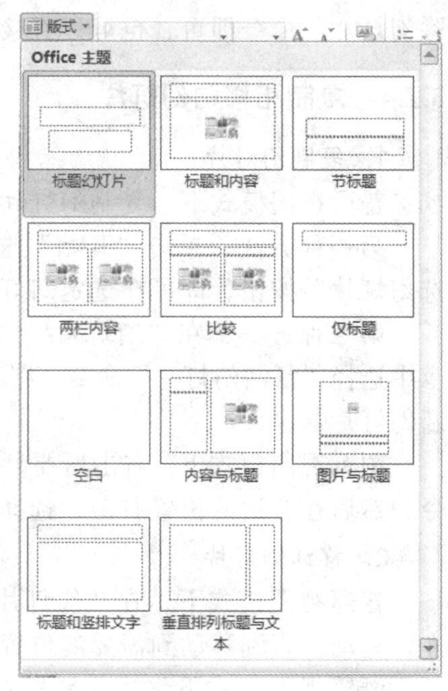

图 3-16　幻灯片版式

3.2.3 插入和删除幻灯片

当新建演示文稿后需要插入多张幻灯片来表述用户的内容时，在插入幻灯片前需要先确定要插入的幻灯片的位置，这就需要先选中幻灯片。对于一些不需要的幻灯片要删除，也需要先选中。因此，如何选定一张或多张幻灯片就显示非常重要。

1. 选定幻灯片

普通视图模式下，在“幻灯片/大纲”窗口中单击某幻灯片即可选定一张幻灯片。选定多张连续的幻灯片时，需要先选定起始幻灯片后，按住【Shift】键单击结束幻灯片，则起始幻灯片与结束幻灯片之间的所有幻灯片都会被选中。选定多张不连续的幻灯片时，按住【Ctrl】键依次单击需要选中的幻灯片即可。

2. 插入幻灯片

普通视图模式下和浏览视图模式下插入幻灯片的操作是相同的。插入幻灯片前，需要先选定幻灯片，即确定所插入幻灯片的位置。当插入新幻灯片的位置确定后即可通过以下方法插入新幻灯片。

第一种方法，单击“开始”选项卡“幻灯片”组中的“新建幻灯片”下拉按钮，选择一种幻灯片的版式，则在选定的幻灯片后面即插入一个新的幻灯片。如果没有选定插入的版式，直接单击“新建幻灯片”按钮，则插入的新幻灯片的版式和选定的相同。

第二种方法，在选定的幻灯片上右击，在弹出的快捷菜单中选择“新建幻灯片”命令，则在选定的幻灯片后面插入一个和选定幻灯片版式相同的新幻灯片。

3. 删除幻灯片

普通视图模式下和浏览视图模式下删除幻灯片操作是相同的。首先选定要删除的幻灯片，可以是连续的，也可是不连续的，然后右击，在弹出的快捷菜单中选择“删除幻灯片”命令即可，也可以直接按【Delete】键。

3.2.4　复制和移动幻灯片

1. 复制幻灯片

普通视图模式下，复制幻灯片的方法有以下两种：

第一种方法，单击“开始”选项卡“幻灯片”组中的“新建幻灯片”|“复制所选幻灯片”按钮，即可在选定幻灯片之后插入一个与选定幻灯片相同的新幻灯片。

第二种方法，在“幻灯片/大纲”窗口中，右击所要复制的幻灯片，在弹出的命令中选择“复制幻灯片”命令，则在选定的幻灯片后面插入一个和选定幻灯片相同的新幻灯片。

浏览视图模式下，右击所要复制的幻灯片，在弹出的快捷菜单中选择“复制”命令，然后在合适的位置右击，选择“粘贴”命令。

2. 移动幻灯片

普通视图模式下，在“幻灯片/大纲”窗口中，选中要移动的幻灯片，按住鼠标左键拖动，直到移动到需要的位置后释放鼠标左键。

浏览视图模式下，按住鼠标左键拖动要移动的幻灯片到需要的位置后释放左键即可。

3.2.5　编辑幻灯片中的文本信息

演示文稿是由若干张幻灯片组成的，每张幻灯片又是由文本、图形、表格、视频等不同元素构成的。虽然图形、表格可以直观的呈现内容，但是文本作为最基本的元素是必不可少的。在幻灯片普通视图下，可以通过占位符添加文本，也可以通过文本框添加文本。

1. 占位符

占位符是一种带有虚线边缘的框，绝大部分幻灯片版式中都有这种框。在这些框内可以放置标题及正文、表格、图表、SmartArt 图形、图片、剪贴画和媒体剪辑等对象，如图 3-17 所示。通过占位符添加的文本是具有固定格式的。选中“占位符”的虚线框，就激活了“绘图工具”功能区，通过该功能区的命令可以对“占位符”进行编辑，例如更改“占位符”的形状，设置形状样式，设置艺术字样式，更改“占位符”的高度和宽度等。

在图 3-17 中，通过“单击此处添加标题”和“单击此处添加文本”即可输入文本内容。输入的文本可以通过“开始”选项卡中的“字体”和“段落”组进行设置，具体操作参考 Word 操作方式，这里不再赘述。

2. 文本框

通过占位符添加的文本，是包含了预设格式的，并且位置是相对固定的。除了使用占位符添加文本，还可以使用文本框。通过文本框添加的文本位置是随意的，不固定的。

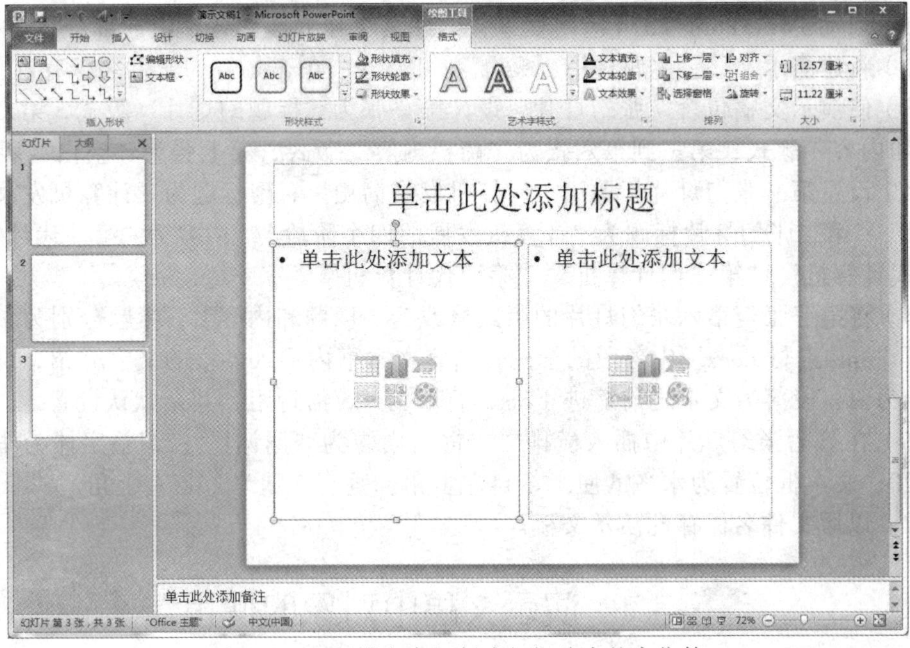

图 3-17 “两栏内容”版式幻灯片中的占位符

插入文本框的方法为：单击“插入”选项卡“文本”组中的“文本框”按钮，可以插入横排文本框和垂直文本框两种，然后在插入的文本框中输入文本即可。同样，选中“文本框”边框，就激活了“绘图工具”功能区，通过该功能区的命令可以对“文本框”进行编辑，例如更改“文本框”的形状，设置形状样式，设置艺术字样式，更改“文本框”的高度和宽度以及位置等。

【范例】计算机培训讲义

本范例要求制作图 3-18 所示的演示文稿，所涉及的素材均保存在“范例 1 素材”文件夹下。

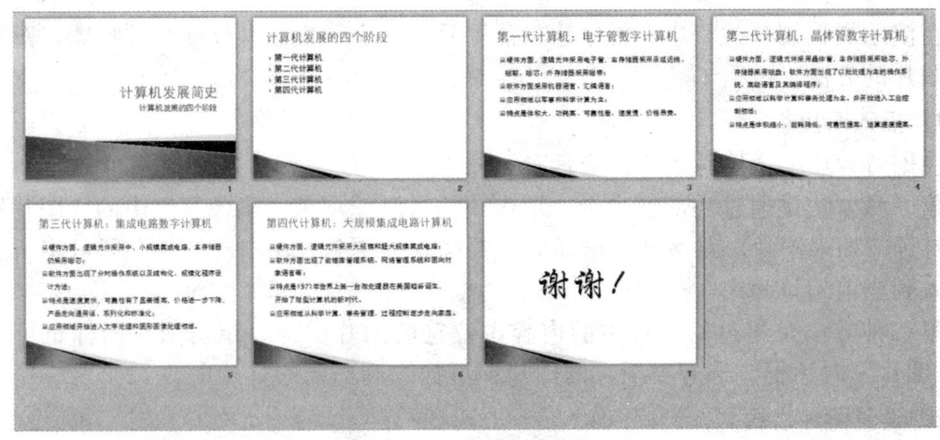

图 3-18 范例 1 样张

（1）启动 PowerPoint 2010 应用程序，熟悉其工作界面和各个组成部分。

（2）新建演示文稿，主题选用“聚合”，以“PPT01.pptx”为文件名保存在 D 盘。

（3）使演示文稿包含 7 张幻灯片，设计第一张为“标题幻灯片”版式，第二张为“标题和内容”版式，第三到第六张为“两栏内容”版式，第七张为“空白”版式。

（4）设置第一张幻灯片标题为“计算机发展简史”，副标题为“计算机发展的四个阶段”；第二张幻灯片标题为“计算机发展的四个阶段”，内容为“第一代计算机”“第二代计算机”“第三代计算机”“第四代计算机”。

（5）将第三张至第六张幻灯片的版式修改为“标题和内容”，标题分别为素材文件夹下“ppt-素材.docx”中各段的标题；内容文本框内输入各段的文字介绍，设置项目符号为□，段落为文本之前缩进 1 cm，行距为 1.5 倍行距，其余默认设置。

（6）在第七张幻灯片中插入横排文本框，内容为“谢谢!”；调整字体为华文行楷，120；文本框位置为水平 6 厘米、自左上角，垂直 7 厘米、自左上角。

（7）以原文件名保存此演示文稿。

3.3 演示文稿中对象的使用

用 PowerPoint 制作演示文稿时会插入一些多媒体元素来增强演示文稿的美观性和吸引力。通常可以插入图片、剪贴画、形状、SmartArt 图形、表格、图表、艺术字、音频和视频等元素，在“插入”选项卡中可以插入相应的内容，如图 3-19 所示。下面依次讲解如何插入不同的内容。

图 3-19 “插入”选项卡中的各种对象

3.3.1 图片

在演示文稿制作过程中，图片是非常重要的一个元素，本节重点讲解插入图片和编辑图片的方法。

1．插入图片

在幻灯片中插入图片的方法有两种：

第一种方法是通过功能区命令，单击“插入”选项卡“图像”组中的“图片”按钮，打开“插入图片”对话框，选择一张要插入的图片，单击“插入”即可将所选图片插入到当前幻灯片中。

第二种方法是通过幻灯片中的内容占位符的图片图标，单击图片图标也可弹出“插入图片”对话框，选择要插入的图片即可插入到当前幻灯片中。

2．设置图片格式

对于新插入的图片，在实际中需要对其格式进行设置。一般包括更改图片的大小、

旋转角度和位置、删除背景、更改图片的亮度和对比度、更改图片的饱和度、色调和重新着色、为图片应用艺术效果、设置图片样式和裁剪图片等操作。在选中图片后即激活“图片工具”选项卡及功能区，如图 3-20 所示。

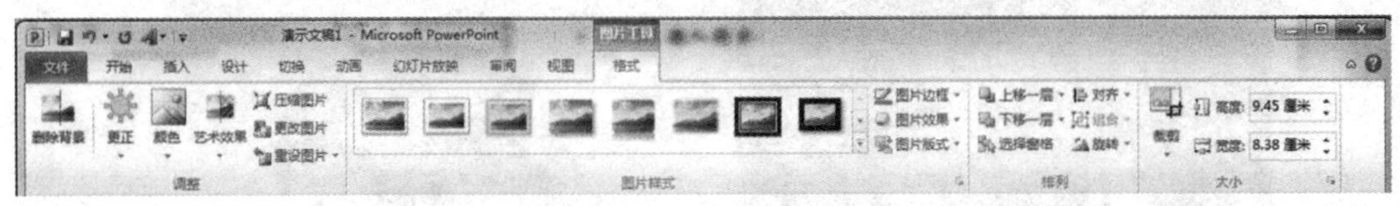

图 3-20 “图片工具”选项卡

1）更改图片的大小、旋转角度和位置

调整图片大小、旋转角度和位置可以是大致调整，也可以是准确调整。

大致调整图片大小的方法是选中图片，然后拖动图片四周的控制点。大致旋转图片角度是拖动绿色的控制点向左或向右。精确调整图片大小和旋转角度的方法是选中图片，右击，选择“设置图片格式”命令，在弹出的对话框左侧选择“大小”，设置高度和宽度以及旋转的具体数值，或者设置高度和宽度的缩放比例，如图 3-21 所示。

大致调整图片位置的方法是选中图片，然后拖动图片。精确调整图片位置的方法是选中图片，右击，选择“设置图片格式”命令，在弹出的对话框左侧选择“位置”，设置水平和垂直的具体数值，如图 3-22 所示。

图 3-21 设置图片的大小

图 3-22 设置图片的位置

2）删除背景

对图片进行删除背景操作，可以强调或突出图片的主题，或消除杂乱的内容，如图 3-23 所示为原始图片和经过删除背景后的对比。在删除背景时，可以使用自动背景删除，也可以在此基础上用点或线条标记出哪些区域要保留，哪些要删除，如图 3-24 所示。使用“背景消除”选项卡中的“标记要保留的区域”和“标记要删除的区域”对背景进行优化处理，如图 3-25 所示。如果对点或线条标出的区域不满意，则可以单击“删除标记”按钮，然后重新标记新的区域。最后单击“保留更改”按钮得到最终的效果，反之，如果不想对背景进行更改，单击“放弃所有更改”按钮，恢复到原始图片效果。

图 3-23　左图为原始图片，右图为“删除背景”后的效果

图 3-24　“删除背景”过程中的图片

图 3-25　“背景消除”选项卡

另外，对已经做过背景消除的图片想要恢复到原始效果，可以单击“图片工具”选项卡中的“重设图片”按钮。使用“重设图片”还可以去掉对图片所做的任何格式的更改，恢复到原始图片效果。

3）更改图片亮度和对比度

亮度是描述颜色明暗变化强弱的一个物理量，它和发射光的强度有关。光的强度越大，亮度就越大，物体也就越明亮；反之，光的强度越小，亮度就越小，物体也就越暗淡。对比度是图片最暗区域与最亮区域间的差别。通过设置图片的亮度和对比度，可以调整图片的明暗度，使图片看起来更美观。而通过设置图片的锐化和柔化，可以调整图片的清晰度和模糊度。

更改图片亮度和对比度的具体设置方法是选中图片，单击“图片工具”选项卡中的“更正”按钮，如图 3-26 所示。将鼠标指针移动至任何缩略图上，使用“实时预览”可以查看图片所呈现的外观效果，如果满意再单击所需的效果。也可以单击“图片更正选项”按钮，在弹出的对话框进行具体的设置。

4）更改图片的饱和度、色调和重新着色

饱和度是颜色的浓度，饱和度越高，图片色彩越鲜艳；饱和度越低，图片越黯淡。通过设置图片的饱和度，可以使图片看起来鲜亮。色调是描述不同类别颜色的物理量，当相机未正确测量色温时，图片会出现色偏，即图片看上去偏蓝或偏橙。通过设置图片的色调，可以调整这一现象。重新着色是将内置的风格效果应用于所选图片，使图片具有某一种颜色。

更改图片的饱和度、色调和重新着色的具体设置方法是选中图片，单击“图片工具”选项卡中的“颜色”按钮，如图 3-27 所示。将鼠标指针移动至任何缩略图上，使用“实时预览”可以查看图片所呈现的外观效果，如果满意再单击所需的效果。也可以单击“图片颜色选项”按钮，在弹出的对话框中进行具体的设置。

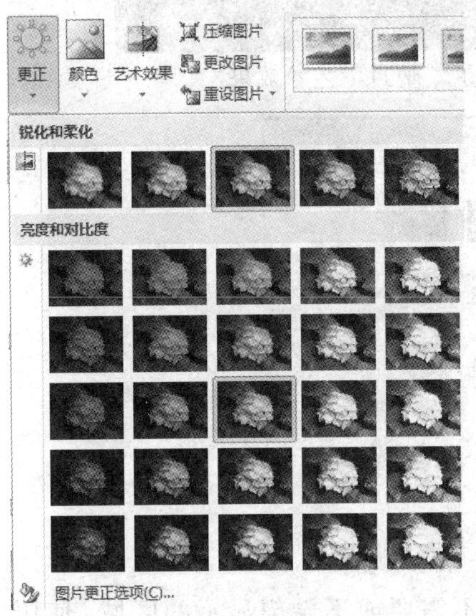

图 3-26 “更正”命令设置图片的亮度和对比度

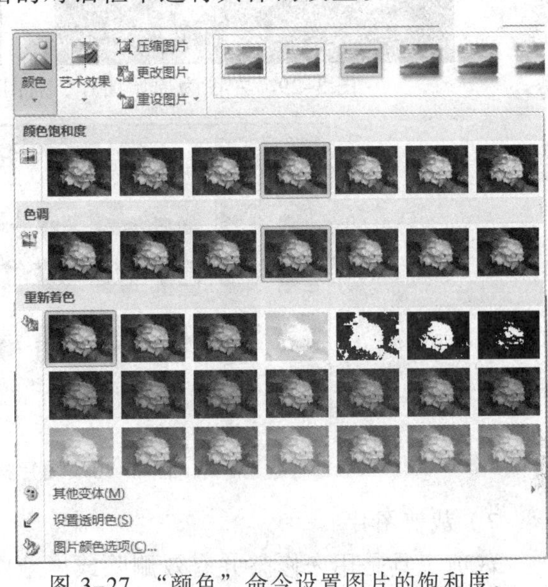

图 3-27 “颜色”命令设置图片的饱和度、色调和重新着色

5）为图片应用艺术效果

将艺术效果应用于图片，可以使图片看起来更像草图或者油画。

为图片应用艺术效果的具体设置方法是选中图片，单击“图片工具”选项卡中的“艺术效果”按钮，如图 3-28 所示。将鼠标指针移动至任何缩略图上，使用“实时预览”可以查看图片所呈现的外观效果，如果满意再单击所需的效果。也可以单击“艺术效果选项”按钮，在弹出的对话框中进行具体的设置。如图 3-29 所示，是原始图片和应用了“塑封”艺术效果的对比。

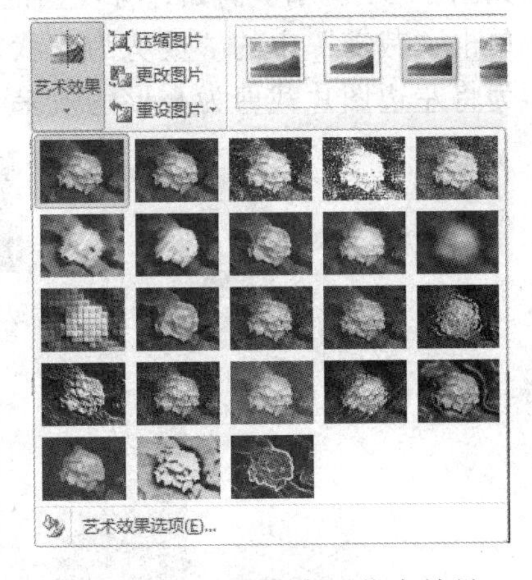

图 3-28 为图片应用艺术效果

6）设置图片样式

图片样式是图片边框和图片效果的组合，在图片样式库中预设了一些样式效果，当鼠标指针移到预设的效果图上就显示了该样式的名称，同时也可以看到图片的外观效果，单击相应样式即应用了该样式。如果已有的样式不能满足需求，则可以通过右边“图片边框”和“图片效果”进行单独调整和设置，如图 3-30 所示。

图 3-29　左图为原始图片，右图为应用了“塑封”艺术效果

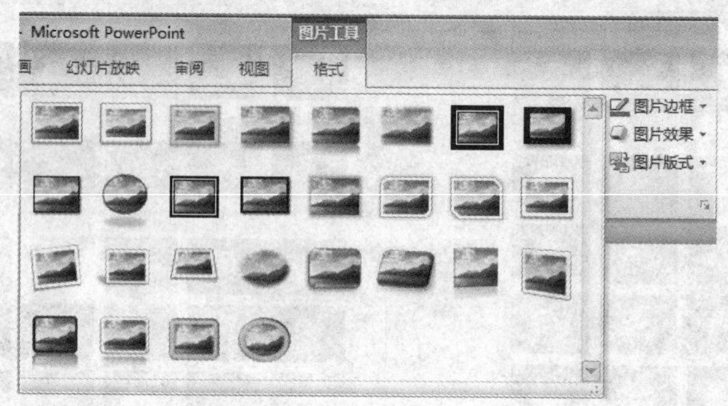

图 3-30　图片样式的设置

7）裁剪图片

裁剪工具是用来修整并有效删除或屏蔽图片中不需要或不希望显示的区域。使用该命令可以将图片裁剪为特定形状、或通用的纵横比、或通过裁剪来适应或填充形状，如图 3-31 所示。例如，将规则的图片可以裁剪为不规则的图形，其方法为选中图片，单击“裁剪”中的“裁剪为形状”按钮，然后选择其中一种形状即可。图 3-32 所示为将左边图片裁剪为心形的效果。

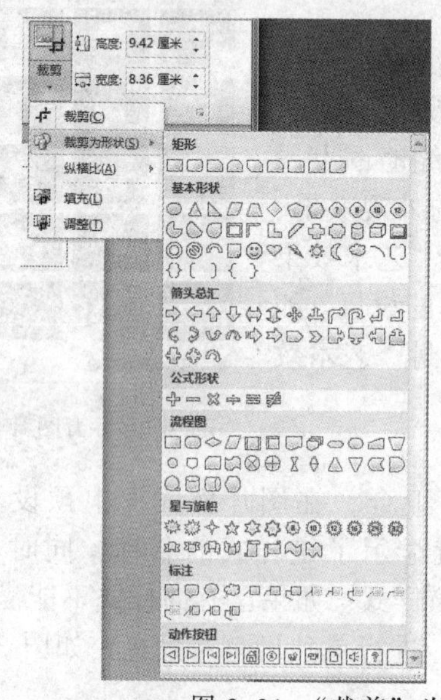

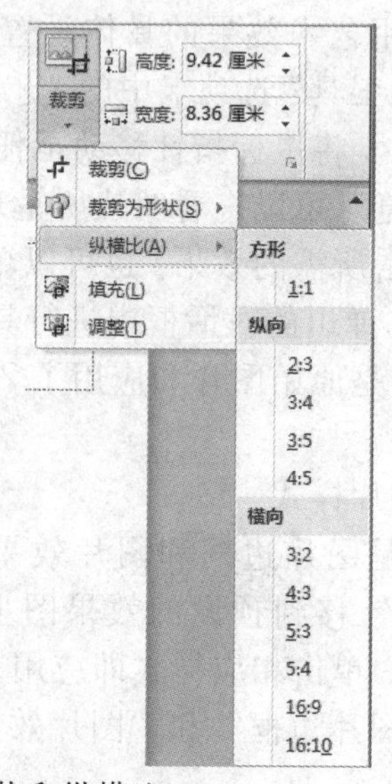

图 3-31　“裁剪”为形状和纵横比

图 3-32　左图为原始图片，右图为“裁剪”为“心形”的效果

3.3.2　剪贴画

剪贴画是 Office 系统自带的图片，单击“插入”选项卡“图像”组中的“剪贴画”按钮，或者通过幻灯片中内容占位符的剪贴画图标，都可以打开“剪贴画”任务窗格，点击“搜索”按钮即看到所有的剪贴画，单击某一个即可将其插入到当前的幻灯片中，如图 3-33 所示。也可以在“搜索文字”文本框中输入文字提示，再单击“搜索”按钮，即可找到与文字相关的剪贴画。

图 3-33　左图为“剪贴画”任务窗格，右图为搜索文字“计算机”

有关“剪贴画”的格式设置请参照上一节中关于图片的格式设置，在此不再赘述。

3.3.3　新建相册

使用新建相册功能，可以根据一组图片创建或编辑演示文稿，也就是说一次性将多张图片插入到演示文稿中，同时可以调整图片版式、相册形状和主题，比如一张幻灯片放置一张图片，或者一张幻灯片放置两张图片，也可以设置是否显示图片标题；还可以将图片以黑白方式显示等。

具体设置方法为，在“插入”选项卡的“图像”组中单击“相册”|“新建相册”按钮，弹出“相册”的对话框，如图 3-34 所示。在对话框中单击“文件/磁盘”按钮可以添加多张图片，已添加好的图片名称将显示在“相册中的图片”的下方，单击图片名称，即可以在右侧“预览”窗口中显示该图片。单击“新建文本框”按钮可以在新建好的相册中单击输入文字。在相册版式中，选择一种图片版式和相框形状，然后单击“创建”即自动生成一个新的演示文稿，内容为创建的相册。

图 3-34 “相册”对话框

不同的图片版式和相框形状得到的效果是不一样的，如图 3-35 所示，图片版式选择的是“4 张图片”，相框形状选择的是“矩形”，还有选中了“标题在所有图片下面”这个选项。

如果新建好的相册还需要更改，则单击“插入”选项卡“图像”组中的“相册”|“编辑相册”按钮，弹出“编辑相册”对话框，在需要更改的地方进行相应设置即可。

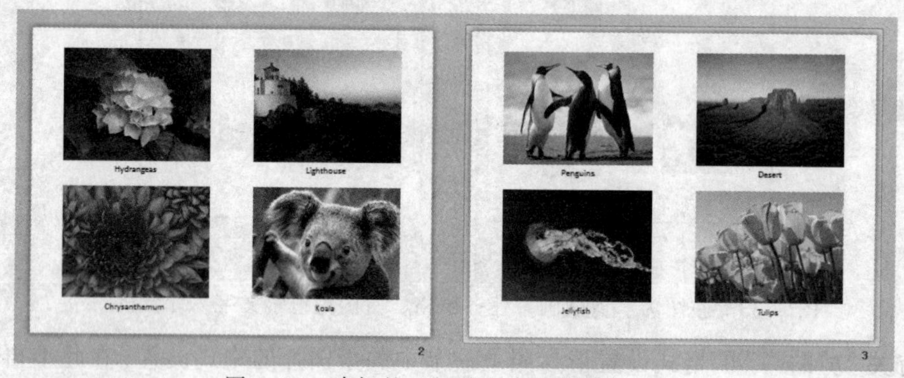

图 3-35 建好的“相册”中的部分幻灯片

3.3.4 形状

演示文稿提供的形状包括线条、基本形状、箭头总汇、公式形状、流程图形状、星与旗帜、标注和动作按钮。通过简单形状的组合可以制作成一个复杂的形状。并且在添加一个或多个形状后，可以在其中添加文字、项目符号、编号和快速样式。

1．插入形状

在幻灯片中插入形状的方法有两种：

第一种方法：单击“插入”选项卡“插图”组中的“形状”按钮，从中选择一种形状，然后在幻灯片中单击或拖动鼠标即可以插入该形状。

第二种方法：单击“开始”选项卡“绘图”组中的形状列表右下角的“其他”按钮。

一般在插入形状之后，可根据需要在形状中添加文本，其方法是选中形状，右击，在弹出的快捷菜单中选择“编辑文字”命令。

2．设置形状格式

设置形状格式的方法有两种，一种是功能区的“绘图工具/格式”选项卡，另一种是设置形状格式的对话框。

第一种方法：选中要设置格式的形状，激活功能区的“绘图工具”|“格式”选项卡，如图 3-36 所示。此选项卡中的命令包括 5 个部分，插入形状、形状样式、艺术字样式、排列和大小。在“插入形状”组中可以更改形状、编辑形状等；在“形状样式”组中可以使用预设的形状样式，也可以进行形状填充、形状轮廓和形状效果的单独设置；在“艺术字样式”组中，可以将形状中添加的文字设置为预设的艺术字样式，也可以进行文本填充、文本轮廓和文本效果的单独设置；在“排列”组中可以调整形状的对齐位置、组合和旋转；在“大小”组中可以设置形状的宽度和高度。

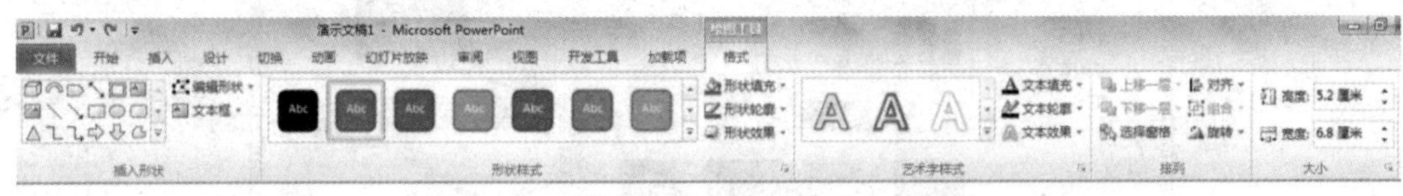

图 3-36 “绘图工具”|“格式”选项卡

第二种方法是：选中要设置格式的形状并右击，在弹出的快捷菜单中选择“设置形状格式”命令，即可打开形状设置的对话框，同样也可以进行格式设置，如图 3-37 所示。

图 3-38 所示是运用了不同的形状样式和艺术字样式，请读者自行设置。

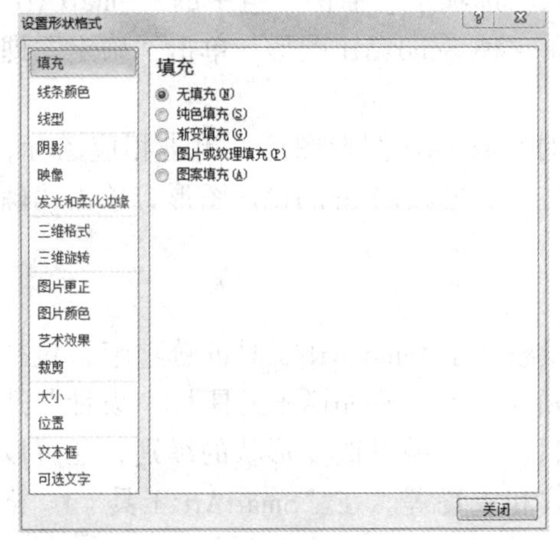

图 3-37 “设置形状格式”对话框

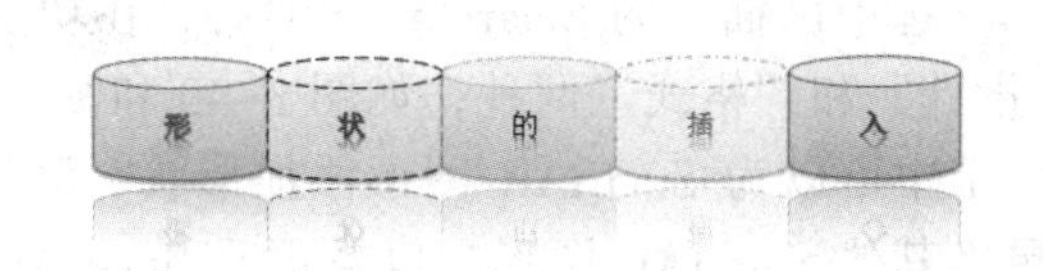

图 3-38 不同形状格式的设置效果

3．形状的组合

在幻灯片中有时会插入多个简单形状以组成一个复杂形状，这时对复杂形状进行移动或复制时最好将其组合为一个整体。组合方法为：按住【Shift】键依次单击要组合的每个形状，使每个形状周围都出现控点，然后单击“绘图工具”|“格式”选项卡“排列”组中的“组合”|“组合”按钮，所选的形状即可成为一个整体。如果不需要组合，则单击“绘图工具”|“格式”选项卡“排列”组中的“组合”|“取消组合”按钮，即可恢复成原来的单个形状。

3.3.5 SmartArt 图形

SmartArt 图形是信息和观点的视觉表示形式。它将不同的形状和文本框以及线条以不同的形式组合到一起。每个 SmartArt 图形中的各个形状大小相对统一，结构清晰，层次明确，可以帮助用户创建出具有设计师水准的图形。PowerPoint 2010 提供了 8 种类型的 SmartArt 图形，包括列表、流程、循环、层次结构、关系、矩阵、棱椎图和图片，如图 3-39 所示。

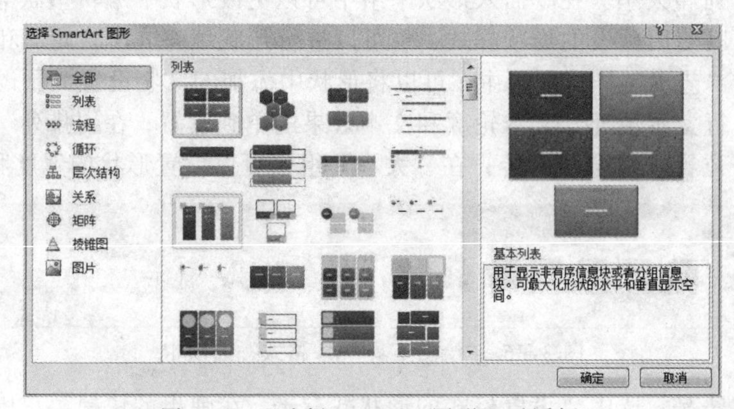

图 3-39 “选择 SmartArt 图形”对话框

1．插入 SmartArt 图形

在幻灯片中插入 SmartArt 图形的方法有两种：

第一种方法是通过功能区命令，单击“插入”选项卡“插图”组中的“SmartArt”按钮，弹出“选择 SmartArt 图形”对话框，选择一种 SmartArt 图形，单击“确定”即可插入所选的 SmartArt 图形。

第二种方法是通过幻灯片中的内容占位符的 SmartArt 图形图标，单击相应图标，也可打开“选择 SmartArt 图形”对话框，然后选择要插入的 SmartArt 图形，单击“确定”按钮即可插入到当前幻灯片中。

2．编辑 SmartArt 图形

选中已插入的 SmartArt 图形后，在功能区即激活了 SmartArt 工具的选项卡，包括“设计”和“格式”两种，如图 3-40 和图 3-41 所示。在“SmartArt 工具”|“设计”选项卡中可以为 SmartArt 图形添加形状、添加项目符号，并且改变形状的级别；还可以更换其他 SmartArt 图形，以及更改 SmartArt 样式和重置等。在“SmartArt 工具”|“格式”选项卡中可以设置形状样式、艺术字样式以及形状的大小和位置等。

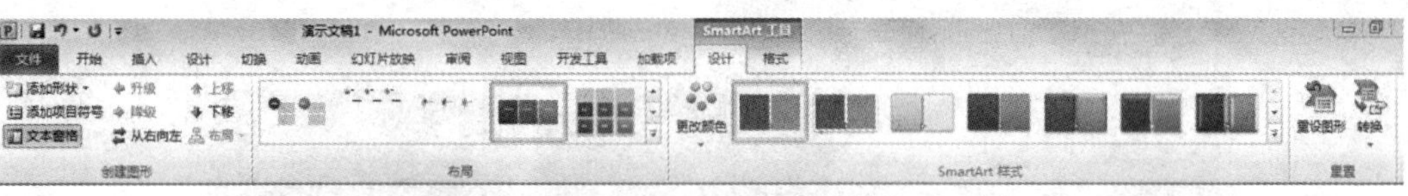

图 3-40 “SmartArt 工具”|“设计”选项卡

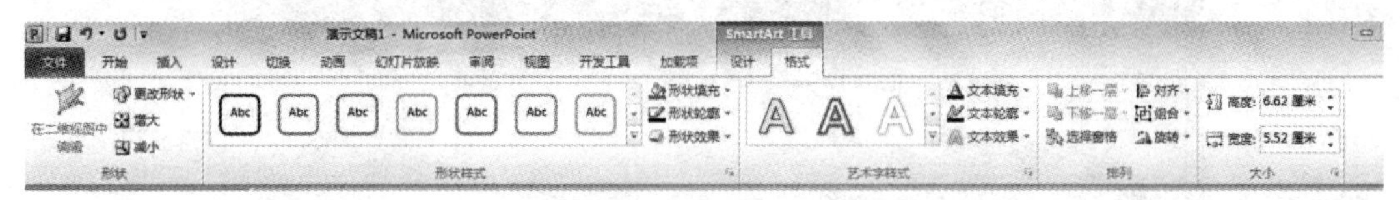

图 3-41 “SmartArt 工具”|“格式”选项卡

1）添加或删除形状

形状是 SmartArt 图形中的构成元素，在插入 SmartArt 图形以后可以根据实际需要添加或删除形状。首先插入一个“图片题注列表”的 SmartArt 图形，默认包含 4 个元素，如图 3-42 所示。但在实际中需要 5 个元素，这时就需要单击“SmartArt 工具”|“设计”选项卡“创建图形”组中的“添加形状”按钮，即可在所选的形状后面添加一个相同的形状；也可以按【Enter】键添加形状。反之，如果在实际中只需要两个元素，这时就要在原有的基础上删除一个，单击文本框，按【Delete】键即可，如图 3-43 所示。

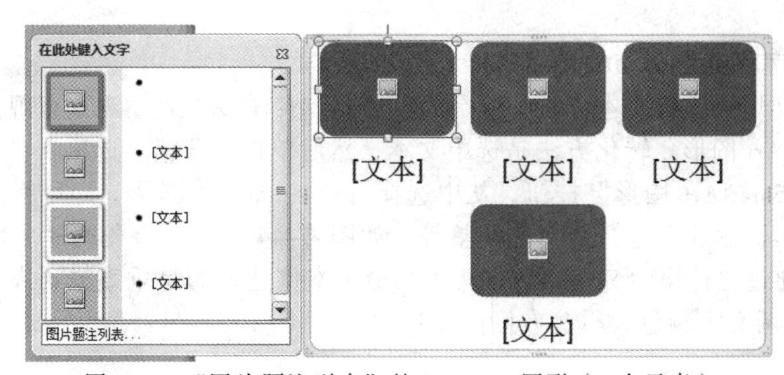

图 3-42 “图片题注列表”的 SmartArt 图形（4 个元素）

2）添加项目符号

添加项目符号是指为文本添加下一级内容。选中文本，单击“SmartArt 工具”|“设计”选项卡“创建图形”组中的“添加项目符号”按钮，即可在该文本后添加下一级内容。若下一级内容有并列的多项，则再次单击“添加项目符号”按钮，如图 3-43 所示。

3）编辑文本或图片

文本的添加方法：选中 SmartArt 图形，单击图形最左侧的小三角，在左侧出现的“在此外键入文字”的位置即可为对应的形状添加文本，也可以在右侧形状对应的文本位置添加。

图片的添加方法：选中 SmartArt 图形，单击图形最左侧的小三角，在左侧出现的“在此外键入文字”的位置单击“图片”图标，也可以单击右侧形状上面的“图片”图标。

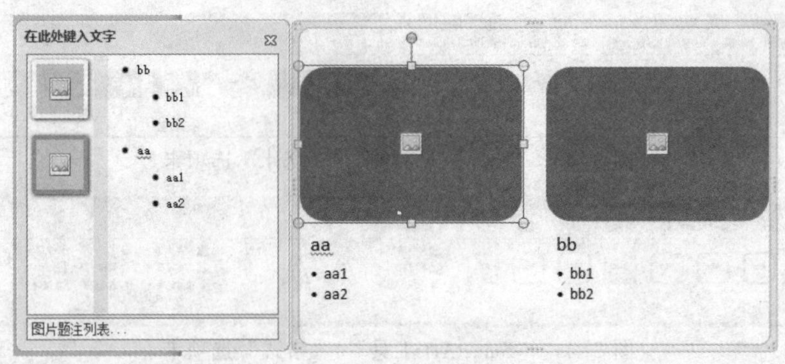

图 3-43 “图片题注列表”的 SmartArt 图形（两个元素）以及添加了项目符号

4）更改 SmartArt 样式

单击“SmartArt 工具”|“设计”选项卡“SmartArt 样式”组中的“更改颜色”按钮，可以为 SmartArt 图形设置颜色，单击“样式”按钮可以为 SmartArt 图形选择一种预设样式。

5）重设 SmartArt 样式

如果觉得设置预设颜色和预设样式不能满足需要，也可以单独设置 SmartArt 图形中的形状填充、形状轮廓和形状效果。具体设置方法请参照形状格式的设置一节，在此不再赘述。

3. 将文字转换为 SmartArt 图形

如果幻灯片中已有文本存在，但是为了使幻灯片美观，表述观点直观，最好将其转化为 SmartArt 图形。转化方法是选中文本，然后单击“开始”选项卡“段落”组中的“转换为 SmartArt 图形”按钮，从中选择一种 SmartArt 图形，即可将文本转换为 SmartArt 图形，然后再进行适当的调整等。如图 3-44 所示，在幻灯片中输入左侧的文本，然后通过“转换为 SmartArt 图形”命令（本例选取的是垂直框列表）更改其颜色为彩色-强调文字颜色，得到右侧的图形。

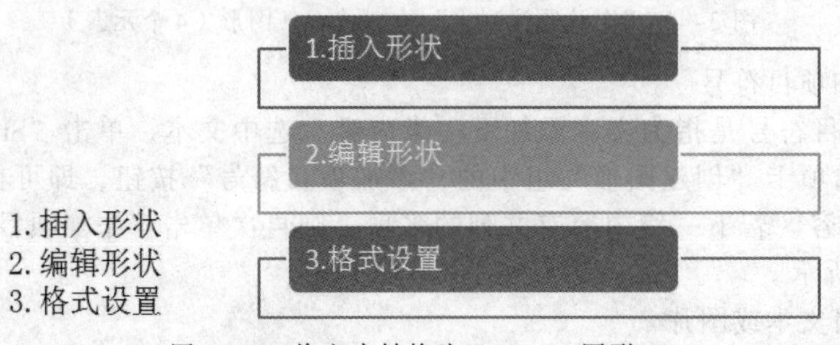

图 3-44 将文本转换为 SmartArt 图形

4. 将图片转换为 SmartArt 图形

不仅可以将文本转换为 SmartArt 图形，而且还可以把图片转换成 SmartArt 图形，转成 SmartArt 图形后，可以轻松排列图片、添加标题或调整图片大小。具体方法是选中图片，然后单击“图片工具”|“格式”选项卡“图片样式”组中的“图片版式”按钮，从中选择一种 SmartArt 图形，即可将图片转换为 SmartArt 图形，然后再进行适

当的调整等。如图 3-45 和图 3-46 所示，在幻灯片中插入两张图片，然后通过转换为 SmartArt 图形命令（本例选取的是蛇形图片题注列表），再调整其大小即得到最终的效果图形，还可以在文本中输入合适的内容对图片进行解释说明。

图 3-45　原始图片

图 3-46　将图片转换为 SmartArt 图形

3.3.6　表格

1. 插入表格

在幻灯片中插入表格的方法有两种：

第一种方法是通过功能区命令，单击“插入”选项卡“表格”组中的“表格”|“插入表格”按钮，弹出“插入表格”对话框，然后输入行数和列数即可创建出表格。

第二种方法是通过幻灯片中的内容占位符的表格图标，单击相应图标，弹出“插入表格”对话框，然后输入行数和列数就可以创建出表格。

除了上述两种方法，还可以快速生成表格、绘制表格和使用 Excel 电子表格，如图 3-47 所示。

2. 编辑表格

表格在建立好以后还可以根据需要进行编辑和修改，主要是通过“表格工具”|“设计”选项卡和“布局”选项卡实现。选中表格后在功能区即激活“表格工具”选项卡。在“表格工具”|“设计”选项卡中，可以设计表格样式和艺术字样式以及绘图边框，如图 3-48 所示。在“表格工具”|“布局”选项卡中，可以设置表格属性、

插入行或列、合并或拆分单元格、设置文字的对齐方式和方向以及表格尺寸等，如图 3-49 所示。以上所有的设置方法请参照 Word 章节，在此不再赘述。

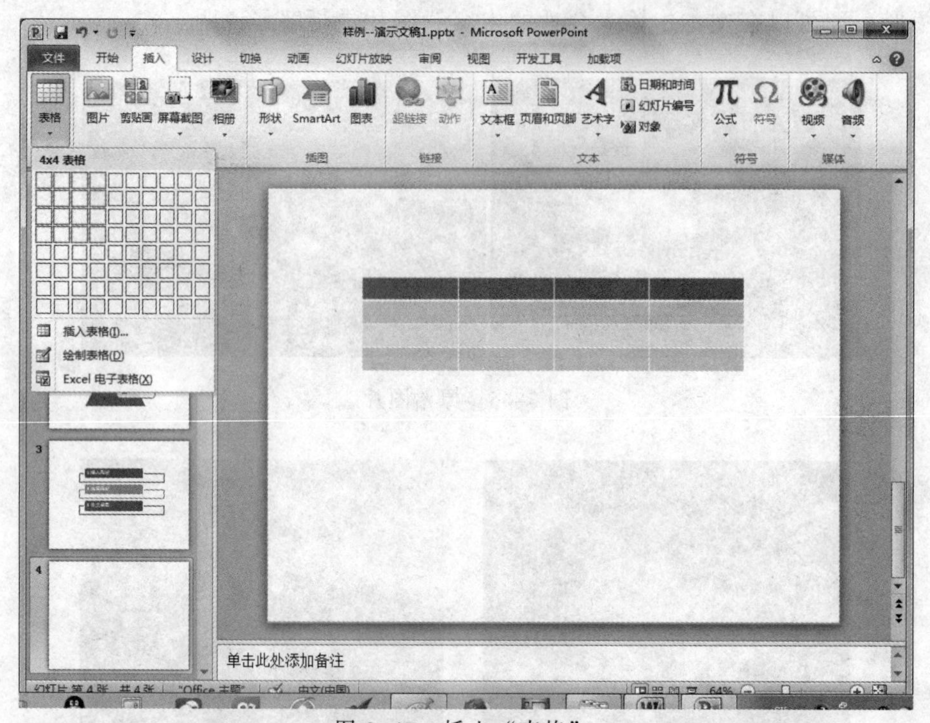

图 3-47　插入“表格”

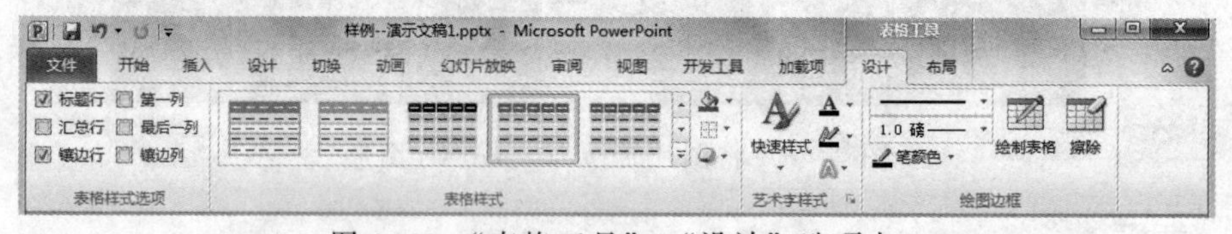

图 3-48　“表格工具”|“设计”选项卡

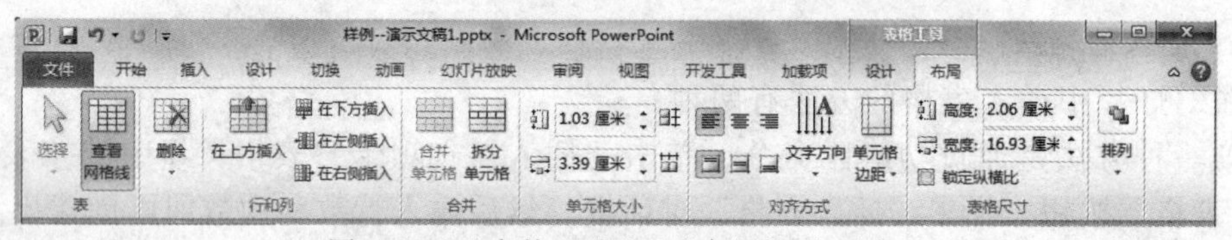

图 3-49　“表格工具”|“布局”选项卡

3.3.7　图表

1. 插入图表

在幻灯片中插入图表的方法有两种：

第一种方法是通过功能区命令，单击“插入”选项卡“插图”组中的“图表”按钮，弹出“插入图表”对话框，如图 3-50 所示，然后选择一种图表类型，单击“确定”就可以插入图表，同时打开了 Excel 文件，里面显示的是和图表相关的数据。

第二种方法是通过幻灯片中的内容占位符的图表图标，单击相应图标，弹出“插入图表”对话框，然后选择一种图表类型，单击“确定”按钮即可。

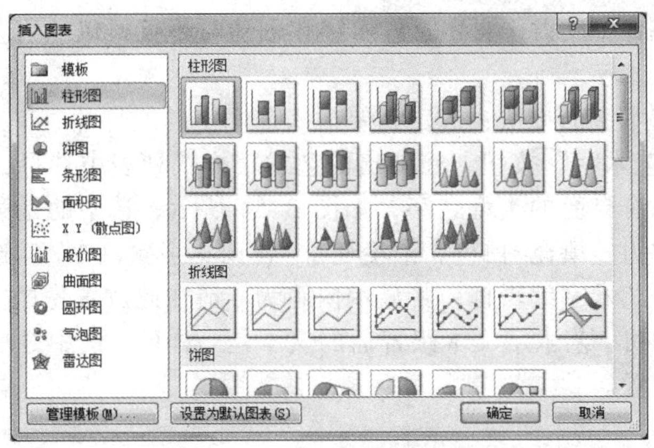

图 3-50 “插入图表”对话框

2. 编辑图表

图表的编辑和修改，主要是通过“图表工具”|“设计”选项卡、“布局”选项卡和“格式”选项卡来实现。选中图表后在功能区就激活了“图表工具”选项卡。在“图表工具”|“设计”选项卡中，可以更改图表类型、选择或编辑数据、更改图表布局和图表样式等，如图 3-51 所示。在“图表工具”|“布局”选项卡中，可以插入图片、形状或文本框，还可以设置图表标题、坐标轴标题、图例、数据标签以及坐标轴和背景的设置等，如图 3-52 所示。在“图表工具”|“格式”选项卡中，可以设置形状格式、艺术字样式以及排列和大小等，如图 3-53 所示。以上所有的设置方法请参照 Excel 章节，在此不再赘述。

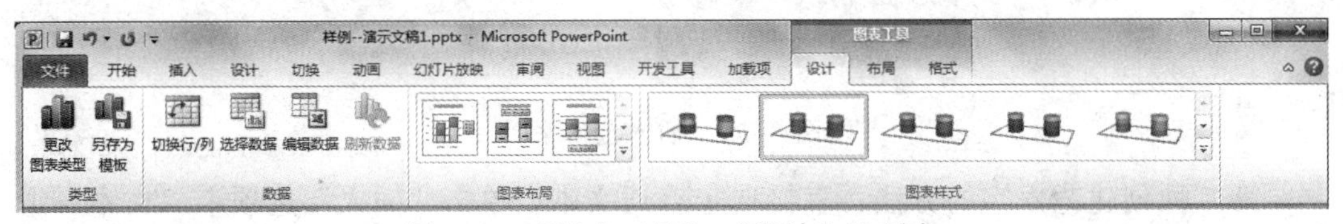

图 3-51 “图表工具”|“设计”选项卡

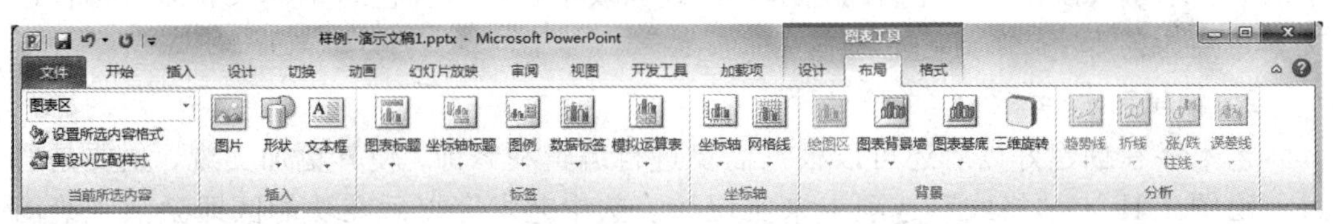

图 3-52 “图表工具”|“布局”选项卡

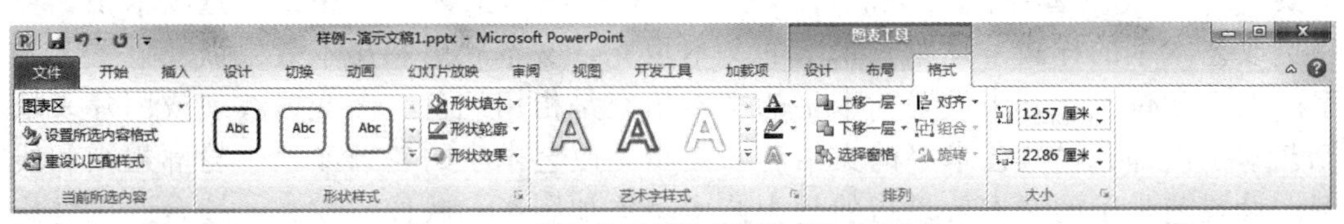

图 3-53 “图表工具”|“格式”选项卡

3.3.8 艺术字

1. 创建艺术字

艺术字是一个文字样式库，可以将艺术字添加到演示文稿中制作出装饰性效果，如变形的文字或镜像（反射）文字。艺术字在创建时不仅可以插入艺术字，还可以将现有文字转换为艺术字。

第一种创建艺术字的方法：选定到要插入艺术字的幻灯片，单击“插入”选项卡“文本”组中的“艺术字”按钮，在弹出的艺术字样式列表中选择一种艺术字样式，每种艺术字样式都有自己的类型名字，如图 3-54 所示，选中的是第三行第一列的艺术字样式，其名称为“填充-白色，渐变轮廓-强调文字颜色 1”。选好样式之后，在幻灯片中就出现了艺术字编辑框，其显示内容为“请在此放置您的文字”，然后在此输入艺术字文本即可。艺术字文本跟普通的文本是一样的，选中之后可以进行字体样式和字体大小的设置。

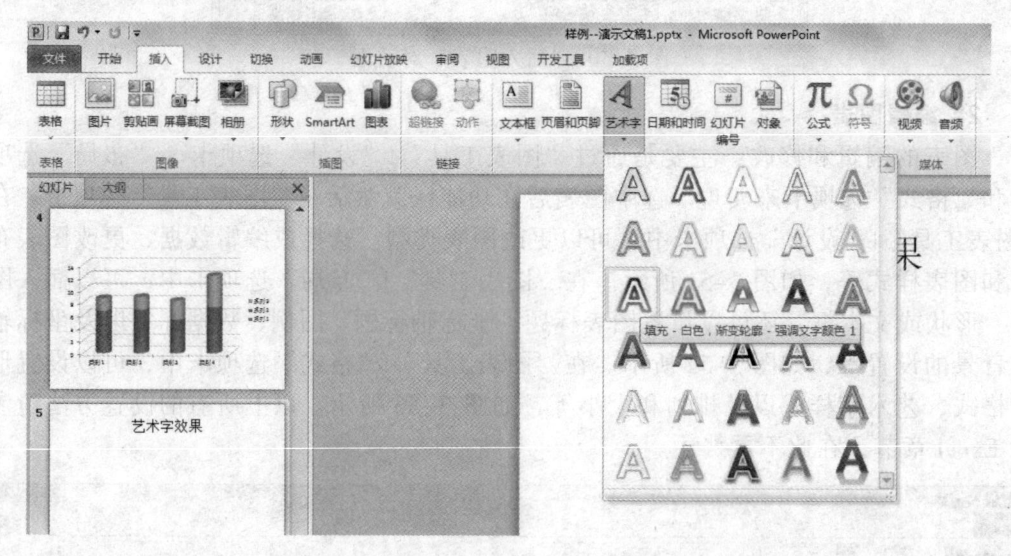

图 3-54　插入艺术字

第二种创建艺术字的方法：直接选定普通文本，单击“插入”选项卡“文本”组中的“艺术字”按钮，在弹出的艺术字样式列表中选择一种艺术字样式，即可将普通文本转换为艺术字。

2. 编辑艺术字

艺术字在创建好以后还可以根据需要进行编辑和修饰，使其更加美观，主要是通过“绘图工具”|“格式”选项卡来实现的。选中艺术字以后在功能区即激活“绘图工具”|“格式”选项卡，如图 3-55 所示。在“绘图工具”|“格式”选项卡中，可以更改艺术字的样式、设置艺术字的文本填充、文本轮廓和文本效果以及设置艺术字的大小和位置。其中设置艺术字的文本填充是指用纯色、渐变、纹理或图片来填充艺术字内部；设置艺术字的文本轮廓是指更改艺术字的轮廓颜色、轮廓粗细和线型。设置艺术字的文本效果指的是为艺术字添加阴影、映像、发光、棱台、三维旋转以及转换的效果，这些不同的效果选项中还有具体的设置类型，请读者自行尝试。最后，设置艺术字的大小和位置，可以通过“设置形状格式”对话框精确设置，也可以通过鼠标拖动进行大致设置。

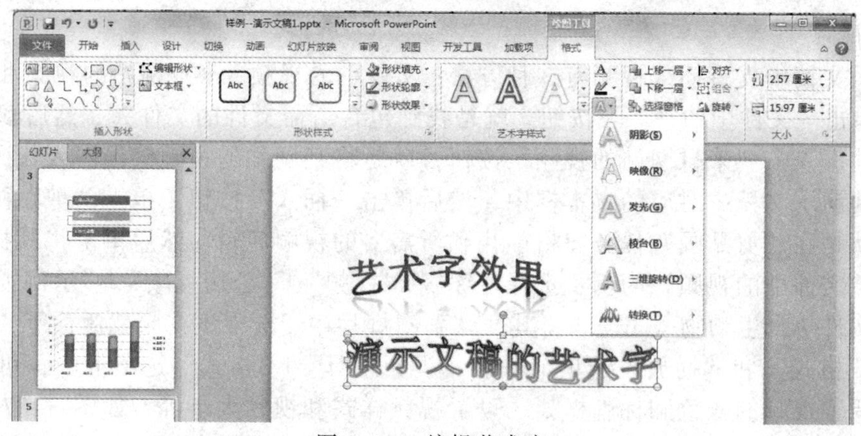

图 3-55　编辑艺术字

3．删除艺术字样式

删除艺术字样式就是将艺术字转换为普通文本。选中要删除样式的艺术字，单击“绘图工具”|“格式”选项卡“艺术字样式”组中的“其他”|“清除艺术字”按钮，即可将艺术字的样式去掉，只留下文本。

3.3.9　音频和视频

在演示文稿中除了插入图片、剪贴画、图形、表格和图表元素外，还可以插入音频和视频。具体插入方法为：选定到要插入音频或视频的幻灯片，单击“插入”选项卡“媒体”组中的“音频”和“视频”按钮。下面分别介绍。

1．音频

演示文稿中支持插入音频有 3 种方法：来自文件中的音频、剪贴画音频和录制音频。单击“来自文件中的音频”按钮，就是找到包含所需文件的文件夹，然后双击要添加的文件。单击“剪贴画音频”按钮，就是在“剪贴画”任务窗格中找到所需要的音频剪辑，然后单击将其插入。单击“录制音频”按钮，就是将幻灯片的旁白直接录制并插入到演示文稿。

用以上方法在幻灯片插入音频之后，就出现了一个🔈的图形，选中该声音图形即可激活“音频工具”的“格式”和“播放”选项卡，如图 3-56 所示。在“音频工具”|“格式”选项卡中可以调整该声音图形的颜色、艺术效果等，还可以设置图形的样式、排列和大小。在“音频工具”|“播放”选项卡中可以预览播放声音、添加书签、编辑或剪裁音频、设置音频的播放选项等。一般来讲，如果要设置一个背景音乐，需要将其选项设置为“跨幻灯片播放”，循环播放，这样在幻灯片切换时声音一直继续播放。如果只要播放音频中的某一段，则采用剪裁音频去设置其开始播放时间和结束播放时间。

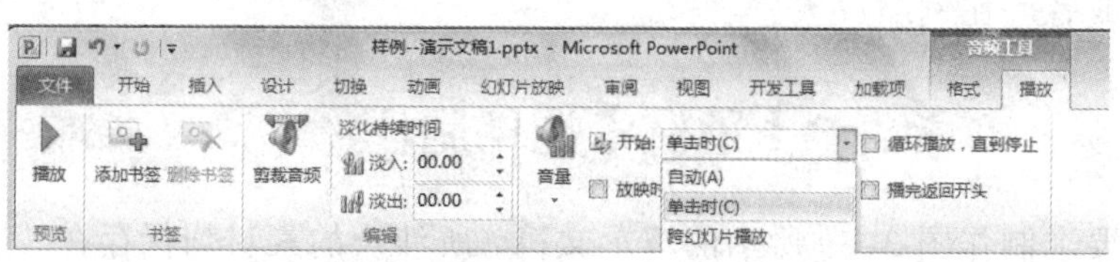

图 3-56　“音频工具”|“播放”选项卡

2．视频

演示文稿中支持插入视频有 3 种方法：文件中的视频、来自网站的视频和剪贴画视频。单击“文件中的视频”按钮，就是找到包含所需文件的文件夹，然后双击要添加的文件。单击“来自网站的视频”按钮，就是将某网站的视频链接嵌入代码复制，并粘贴到演示文稿中对应的文本框中，然后单击“插入”按钮。单击“剪贴画视频”按钮，就是在“剪贴画”任务窗格中找到所需要的视频剪辑，然后单击将其插入。

以“文件中的视频”为例，选择“库”|“视频”|“公用视频”|“示例视频”中的视频文件“野生动物.wmv”，将其插入到幻灯片中，选中该视频就激活了“视频工具”的“格式”和“播放”选项卡。在“视频工具”|“格式”选项卡中，可以预览视频、调整视频的颜色和标牌框架、设置视频样式和视频大小等，如图 3-57 所示；而在“视频工具”|“播放”选项卡中，可以编辑或剪裁视频、设置视频的播放选项等，如图 3-58 所示。对于其中的一些设置与音频的设置是相同的，在此不做详细介绍，下面重点介绍设置标牌框架和视频样式。

图 3-57 “视频工具”|“格式”选项卡

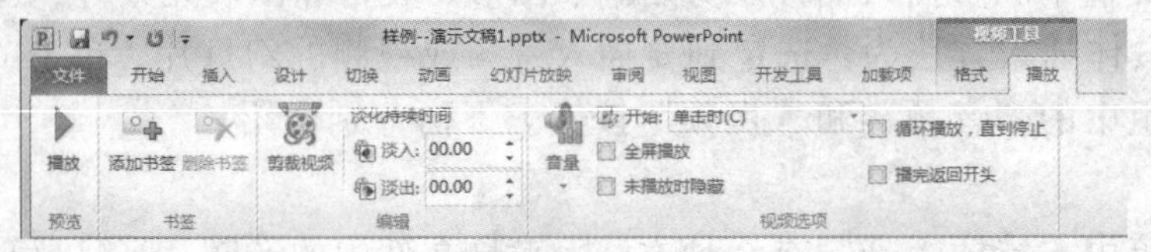

图 3-58 “视频工具”|“播放”选项卡

设置标牌框架指的是为视频添加一个预览图像。因为默认插入的视频显示的是黑色图像，所以为了美观可以通过设置标牌框架取代其黑色，标牌框架的设置可以是文件中的其他图像、也可以是视频中的某一截图。前者只需要单击“标牌框架”|“文件中的图像”按钮，从弹出的对话框中选择一个图像即可。后者需要先预览播放视频，当播放到的画面正好是想设置的预览图像时，单击“暂停”按钮，然后单击“标牌框架”|“当前框架”按钮，即可把当前暂停的画面设为视频的预览图像。最后，通过单击“标牌框架”|“重置”按钮即可把设置好的标牌框架去掉，恢复成原来的黑色画面。

设置视频样式，可以将插入的视频设置为不同的视频形状、不同的视频边框和不同的视频效果。读者可以尝试，对于设置好的视频样式想恢复原始样式的话，只需单击“调整”|“重置设计”按钮即可。最后，还可以设置视频的大小，给定具体的高度和宽度，或者等比例缩放。

【范例】课件制作

本范例要求制作图 3-59 所示的演示文稿，所涉及的素材均保存在“范例 2 素材”文件夹下。

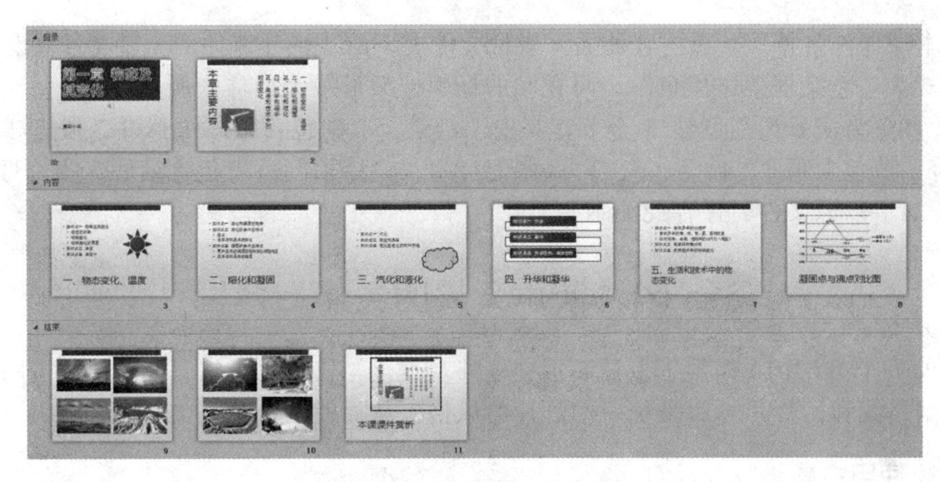

图 3-59　范例 2 样张

（1）打开“物态变化.pptx”，如样张所示，将第一张幻灯片中的标题转换为艺术字，样式为第四行第一列（“渐变填充-深红，强调文字颜色 1，轮廓-白色，发光-强调文字颜色 2”）。

（2）在第二张幻灯片中插入素材文件夹下的图片“酒精灯.jpg”，设置图片高度 5 cm，宽度 7 cm，位置“水平 5 cm，自左上角；垂直 10 cm，自左上角”，图片样式为“映像棱台，白色”。

（3）在第三张幻灯片中插入形状“太阳形”，设置其高度和宽度都为 6 cm，修改其形状样式为中等效果-深红，强调颜色 1。

（4）在第五张幻灯片中插入剪贴画“云”，位置“水平 16 cm，自左上角；垂直 9 cm，自左上角”。

（5）在第六张幻灯片中，将文本框中包含的文字利用 SmartArt 图形（“垂直框列表”）展现，并设置该 SmartArt 样式为“中等效果”。

（6）在第七张幻灯片后新建一张“标题和内容”版式的幻灯片，输入幻灯片标题为“凝固点与沸点对比图”，在内容处插入一个折线图，并按照下表中的数据信息调整图表内容。设置图表中数据标签在下方显示。

	凝固点（℃）	沸点（℃）
水	0	100
水银	-38.87	356.7
酒精	-117	78.5
甲苯	-95	111

（7）利用相册功能为素材文件夹下的“Img01.jpg”～“Img08.jpg”8 张图片“新建相册”，要求每页幻灯片 4 张图片，相框的形状为“居中矩形阴影”；将相册中的第二张和第三张幻灯片复制到“物态变化.pptx”的最后。

（8）在第一张幻灯片中使用素材文件夹下的“天空之城.mp3”，设置为演示文稿播放的全程背景音乐。

（9）在演示文稿的最后插入一张“标题和内容”版式的幻灯片，输入幻灯片标题为“本课课件赏析”，在内容处插入素材文件夹下的“视频课件.wmv”文件。设置视频样式为“复杂框架，黑色”，将视频的标牌框架设置为如样张所示。

（10）为演示文档创建 3 个节，其中“目录”节中包含第一张和第二张幻灯片，“内容”节包含第 3、4、5、6、7、8 张幻灯片，“结束”节中包含最后 3 张幻灯片。

（11）以原文件名保存此演示文稿。

3.4 演示文稿的美化与修饰

PowerPoint 2010 提供了多种演示文稿外观美化与修饰的方法，可以通过主题、设置背景格式和幻灯片母版来统一幻灯片的风格，从而使幻灯片更加美观、协调。

3.4.1 使用主题

主题是 PowerPoint 2010 提供的具有统一风格的样式框架，规定了演示文稿的颜色、字体和效果等外观。应用不同主题，可以使幻灯片的版式和背景发生显著变化。

1. 使用主题

PowerPoint 2010 提供了约 40 多种内置主题样式，每种主题都有自己的名称和风格。单击“设计”选项卡“主题”组中的“其他”按钮即可看到内置主题，将鼠标指针移动到某主题上停留一下就会出现该主题的名称，如“波形”“聚合”“暗香扑面”等，如图 3-60 所示。

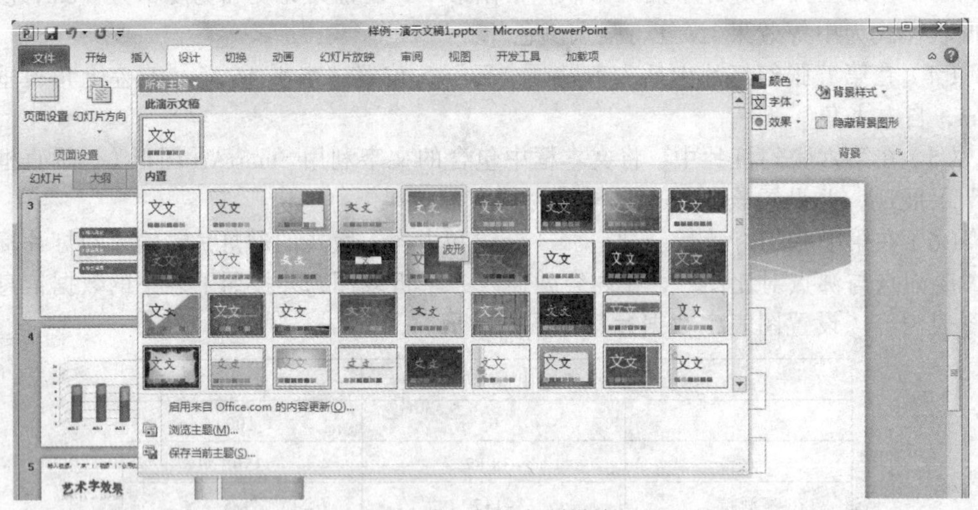

图 3-60 内置主题样式

通常情况下，一个演示文稿只包含一个主题，即有一种相对统一的风格。这时只需单击选定的主题，即可使整个演示文稿应用该主题。但也有特殊的情况，一个演示文稿可能包含多个主题，这就需要先选定幻灯片，然后在对应主题上右击，在弹出的快捷菜单中选择“应用于选定幻灯片”命令，这时只有选定的幻灯片应用新主题，其他幻灯片不变。

除了这些内置主题外，还可以使用外部主题。单击“设计”选项卡“主题”组中

的“其他”|“浏览主题”按钮，即可使用外部主题。

在使用了某主题后，还可以在该主题的基础上设置主题颜色、主题字体和主题效果。

2. 设置主题颜色

主题颜色是对幻灯片中文字/背景颜色、强调文字颜色、超链接和已访问超链接颜色的设置。在主题颜色中也包含一部分内置颜色，每个内置颜色都有名称，单击即可将所选的主题颜色应用于幻灯片中。如果内置的颜色效果不能满足需要，则可以通过“新建主题颜色”对话框进行设置，如图 3-61 所示。通常使用“新建主题颜色”对话框进行设置超链接和已访问超链接颜色。

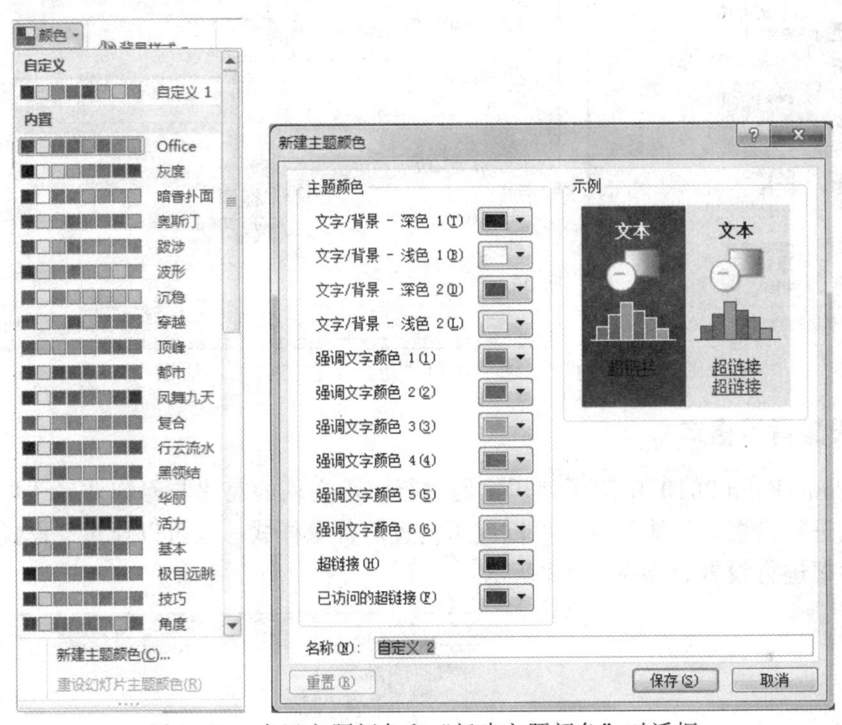

图 3-61 内置主题颜色和“新建主题颜色”对话框

3. 设置主题字体

主题字体是对幻灯片中标题字体和正文字体的统一设置，标题字体和正文字体可以是相同的字体，也可以是不同的字体。在主题字体中包含了一些内置字体，每个内置字体都标明了所使用的标题字体和正文字体，单击即可将所选的主题字体应用于幻灯片中。如果内置的字体样式不能满足需要，可以通过“新建主题字体”对话框进行设置，如图 3-62 所示。在“新建主题字体”对话框，可以设置西文的标题字体和正文字体，也可以设置中文的标题字体和正文字体。

4. 设置主题效果

主题效果是对幻灯片中的图形线条和填充效果的设置。一般来说，主题效果可以应用于图表、SmartArt 图形、形状等。用户只能使用内置的主题效果，不能新建自己的效果。

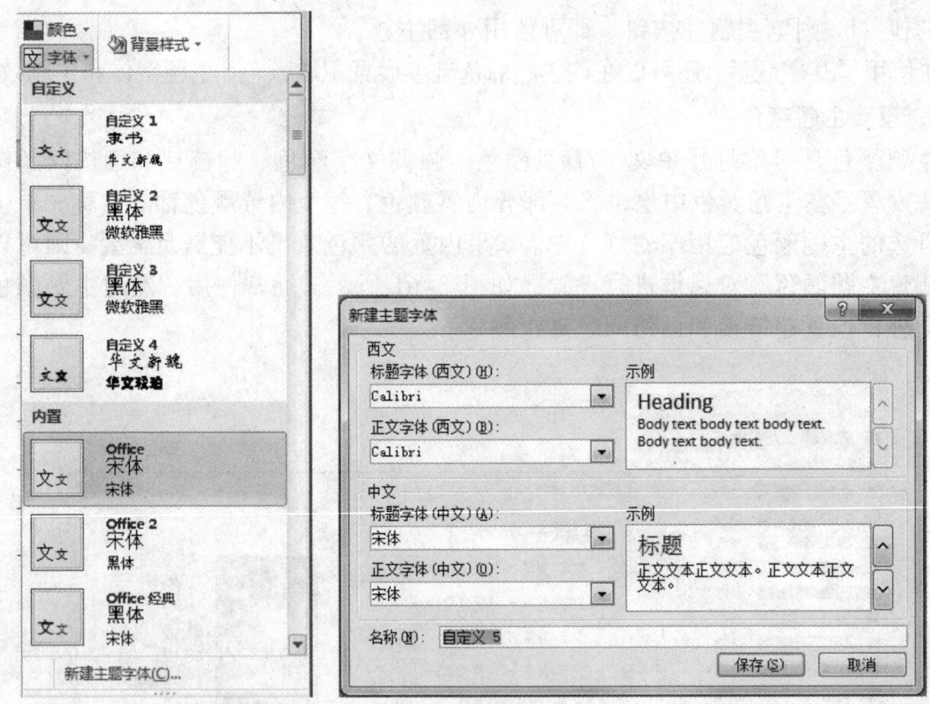

图 3-62　内置主题字体和“新建主题字体”对话框

3.4.2　设置背景格式

在 PowerPoint 2010 中除了使用主题进行演示文稿的美化与修饰外，还可以通过背景格式进行设置。具体而言，可以应用内置的背景样式，也可以通过“设置背景格式”对话框进行设置，如图 3-63 所示。

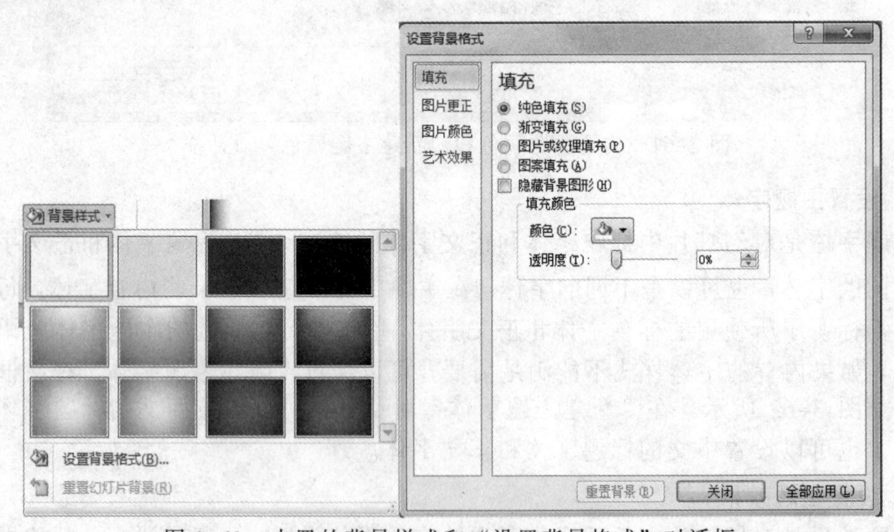

图 3-63　内置的背景样式和“设置背景格式”对话框

单击“设计”选项卡中的“背景样式”按钮，即可从“背景样式”列表中选择合适的背景样式。选定的背景样式可应用于所有幻灯片，也可以应用于选定幻灯片。

如果不想使用默认的背景样式，就需要单击“背景样式”|“设置背景格式”按钮，在弹出的对话框中进行设置。利用对话框左侧的“填充”按钮可以对背景进行纯色或渐变色填充，也可以用图片或纹理填充，还可以用图案填充。利用对话框左侧的图片更正、图片颜色和艺术效果 3 个命令，可以对图片进行更深一步的设置，所以此三个命令只当选了图片或纹理填充才有效。

要注意的是，当设置好背景格式参数以后，如果整个演示文稿全都要使用这种背景，则单击“全部应用”按钮；如果只是某一张幻灯片中应用这种背景，则单击“关闭”按钮；如果对于设置的参数不满意，则单击“重置背景”按钮进行重新设置。

另外，如果在设置背景前幻灯片有主题，那么设置好的背景可能会被主题的背景图形所覆盖，所以需要在“设置背景格式”对话框中选中“隐藏背景图形”复选框。

1. 纯色或渐变填充

“纯色填充”指的是用一种颜色填充背景，“渐变填充”指的是将两种或两种以上的颜色以某种渐变方式混合在一起进行填充。

若“纯色填充”，在“预设颜色”下拉列表中选择一种主题色或标准色即可看到背景的效果，如果觉得颜色过于鲜亮，还可以设置颜色的透明度。还可以单击“其他颜色”按钮，通过 RGB 三基色的值来选定颜色。

若“渐变填充”，在“预设颜色”下拉列表中选择一种预设颜色，如图 3-64 所示，如“雨后初晴”“茵茵绿原”等，即可看到背景的效果。对于选好的预设颜色还可以通过自定义进行其他设置，如类型、渐变方向、角度、渐变光圈、颜色、亮度和透明度。请读者自行尝试。

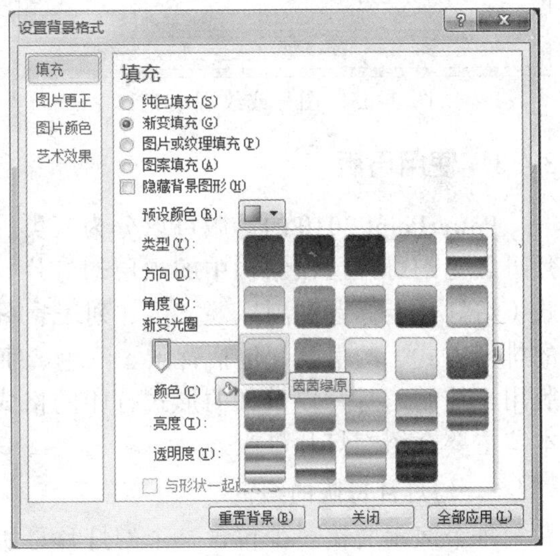

图 3-64　渐变填充

2. 图片填充

在“设置背景格式”对话框中选择“填充”项，右侧选择“图片或纹理填充”，在“插入自”栏中单击“文件”按钮，在弹出的对话框中选择要插入的文件，即可看到幻灯片的背景变成了图片。同时，单击对话框左侧的选项，如图片更正、图片颜色和艺术效果对图片进行适当调整。

除了使用文件中的图片填充外，还可以使用剪贴画或剪贴板中的图片填充背景。

3. 纹理填充

在“设置背景格式”对话框中选择“填充”，右侧选择“图片或纹理填充”，在“纹理”下拉列表中选择一种纹理效果即可，如图 3-65 所示，每种纹理都有名称，如“水滴”“白色大理石”等。

4. 图案填充

在“设置背景格式”对话框中选择“填充”，右侧选择“图案填充”，在图案列表中选择一种图案效果即可，如图 3-66 所示，每个图案效果都有名称，如“浅色上对角线”等。然后在“前景色”和“背景色”中选择相应颜色即可。

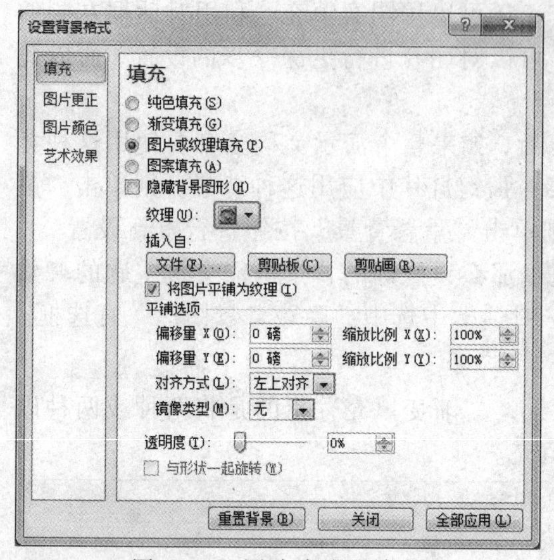

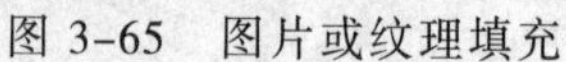
图 3-65　图片或纹理填充

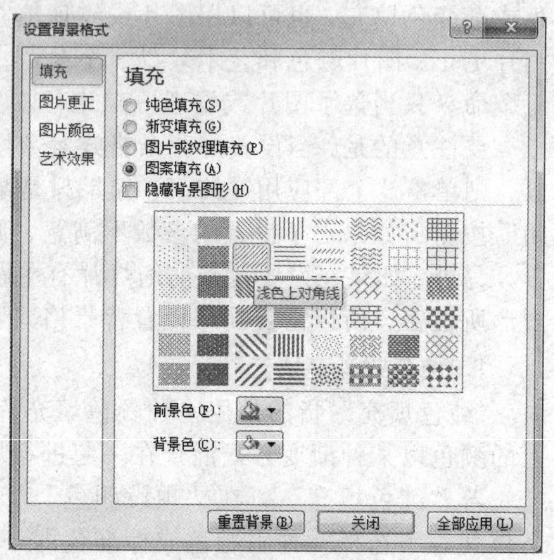

图 3-66　图案填充

3.4.3　使用母版

PowerPoint 2010 的母版可以分为三类，幻灯片母版、讲义母版和备注母版。幻灯片母版是幻灯片层次结构中的顶层幻灯片，用于存储有关演示文稿的主题和幻灯片版式（幻灯片上标题和副标题文本、列表、图片、表格、图表、自选图形和视频等元素的排列方式）的信息，包括背景、颜色、字体、效果、占位符的大小和位置；讲义母版用于控制幻灯片以讲义的形式打印的格式；备注母版用于设置备注幻灯片的格式。本节主要介绍幻灯片母版。

1. 幻灯片母版的编辑

每个演示文稿至少包含一个幻灯片母版。编辑和使用幻灯片母版的主要优点是可以对演示文稿中的每张幻灯片（包括新插入到演示文稿中的幻灯片）进行样式的统一更改。如果演示文稿特别长，包含大量的幻灯片，而又要在多张幻灯片上输入相同的信息，此时为了节省时间，使用幻灯片母版就显得非常方便。由于幻灯片母版影响整个演示文稿的外观，因此在创建和编辑幻灯片母版或相应版式时，应该在“幻灯片母版”视图下操作。

单击“视图”选项卡“母版视图”组中的“幻灯片母版”按钮即可打开“幻灯片母版”视图，同时也激活了“幻灯片母版”选项卡。在“幻灯片母版”选项卡中可以插入幻灯片母版、插入版式、编辑主题、进行页面设置等，如图 3-67 所示。在左侧幻灯片缩略图中，第一张较大的幻灯片缩略图为幻灯片母版，与之用虚线相连的为不同版式的母版。

幻灯片母版的编辑可以影响到所有与它相关的版式母版。对于一些统一的内容，如图片、背景格式等可以直接在幻灯片母版中添加，其他版式的母版会自动与之一致。而对于某个版式的母版编辑只会应用于相应的版式。比如，在幻灯片母版中插入一个形状：圆形，则其他版式的母版也会在相同的位置产生一个相同的圆形。而在“标题和内容”版式的母版中插入一个形状：三角形，则只有这个版式的母版中有三角形。

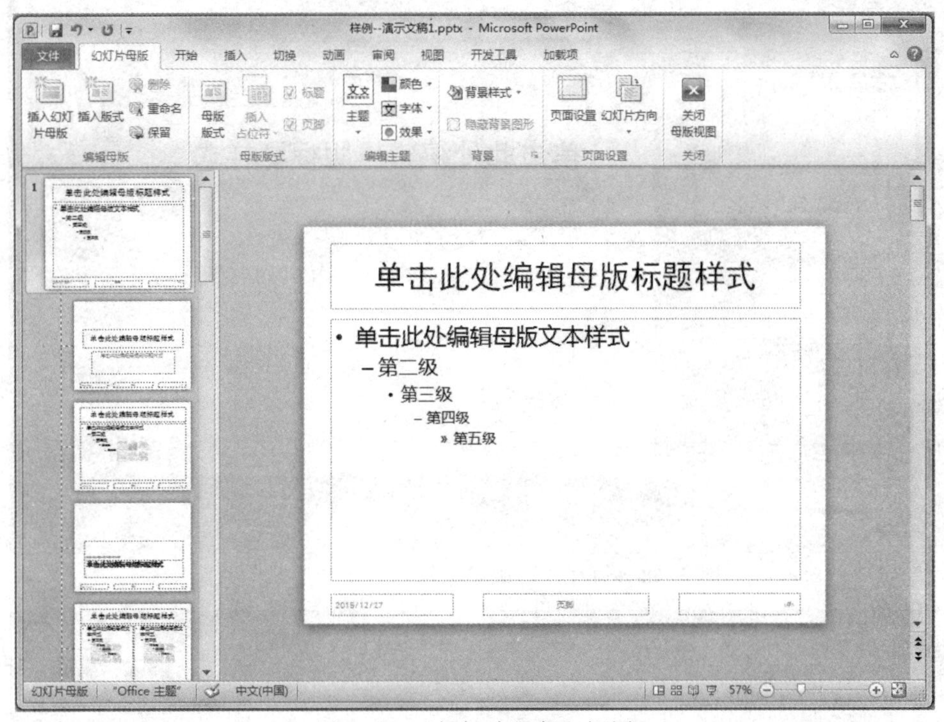

图 3-67 “幻灯片母版”视图

2．自定义版式

幻灯片母版中提供的版式可以进行修改、编辑和删除，也可以自定义新版式。具体操作方法如下：

单击“幻灯片母版”选项卡中的“插入版式”按钮，即可插入一个新的版式，默认名称为“自定义版式”，通过“重命名”功能可以更改版式名称，通过“删除”功能将其删除。然后对新插入的版式进行设置，比如添加各种不同的占位符、设置主题和背景格式等。如图 3-68 所示，在幻灯片母版中添加了一个版式，名称为“自定义（心形图片）”，在编辑时插入图片占位符，将图片形状更改为“心形”。这样在普通视图的版式中就可以看到插入的新版式，并且在编辑区插入的图片是心形形状，如图 3-69 所示。

3．页眉和页脚

PowerPoint 2010 提供了在幻灯片中添加日期和时间、幻灯片编号以及页脚的功能。

单击“插入”选项卡“文本”组中的“页眉和页脚”按钮，弹出“页眉和页脚”对话框，如图 3-70 所示。可以为幻灯片添加日期时间、幻灯片编号和页脚等内容，也可以为备注和讲义添加日期时间、页眉、页码和页脚。两者的区别是为幻灯片添加的内容显示在每张幻灯片上，而为备注和讲义添加的内容在备注页视图或打印时才可以看到。在此重点讲解在幻灯片上面添加日期和时间、幻灯片编号和页脚的方法。

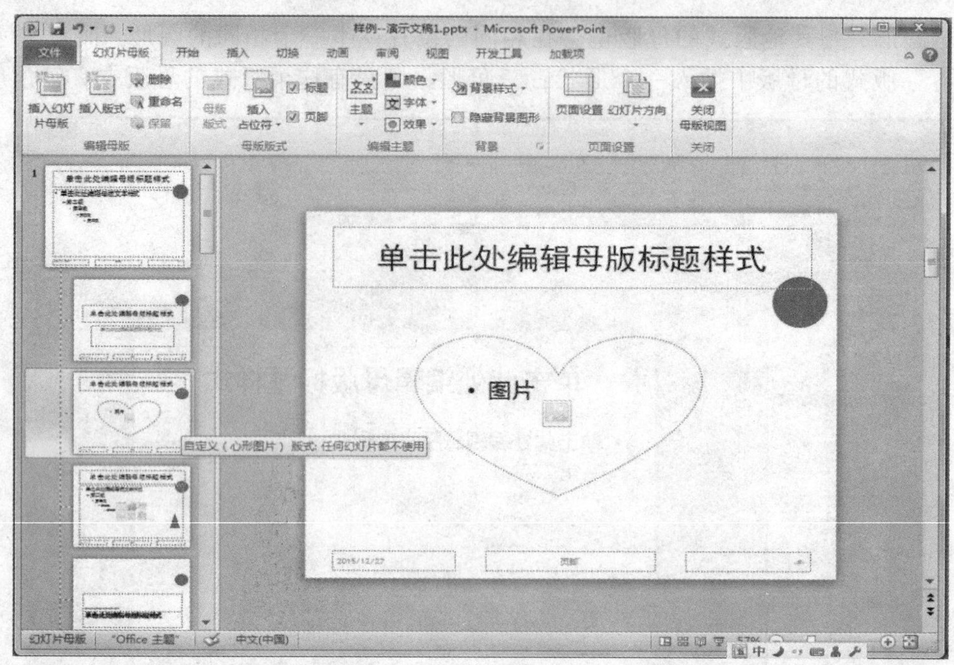

图 3-68　幻灯片母版中编辑“自定义版式”

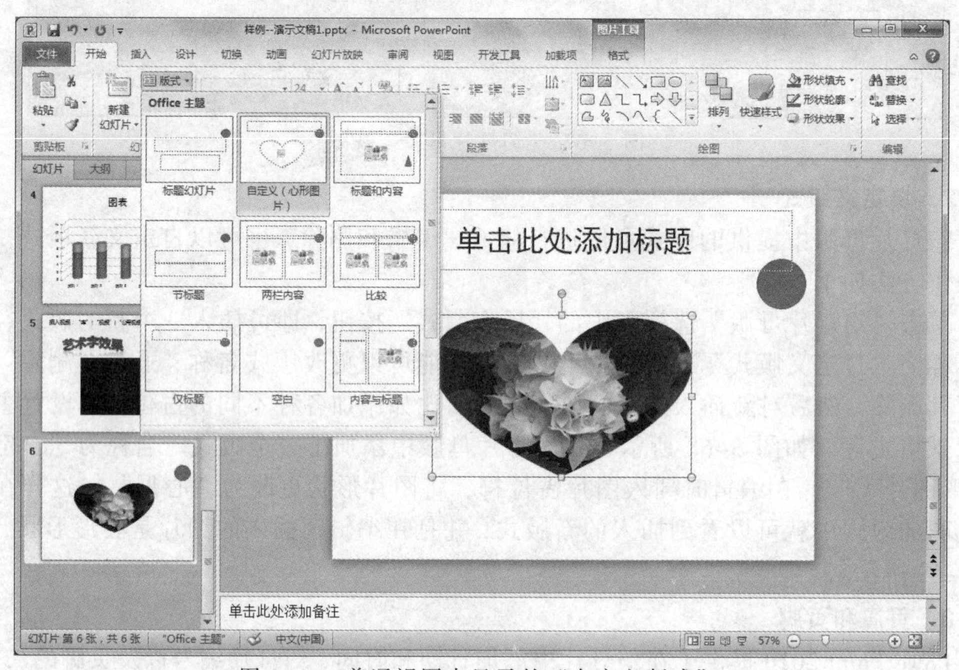

图 3-69　普通视图中显示的“自定义版式”

添加日期和时间：首先选中“日期和时间”复选框，如果需要在每次打开或打印演示文稿时反映当前日期和时间，则选中“自动更新”单选按钮，再选择一种日期和时间的格式。如果要将日期和时间设置为特定的日期，则选中“固定”单选按钮，并在“固定”的框中输入期望的日期和格式。

添加幻灯片编号：选中“幻灯片编号”复选框。默认情况下幻灯片编号是从 1 开

始编号的，如果想要改变起始编号值，则单击“设计”选项卡“页面设置”组中的对话框启动器按钮，弹出“页面设置”对话框，在“幻灯片编号起始值”文本框中输入一个值，那么之后的幻灯片的编号都在该编号上加 1。

添加页脚：选中“页脚”复选框，然后在下一行的框中输入页脚内容。

以上 3 部分内容添加好以后，在“页眉和页脚”对话框中“预览”区域就可看到底部有 3 个黑色的矩形，否则是空心的。一般来讲，标题幻灯片中是不显示页眉和页脚的，所以选中“标题幻灯片中不显示”复选框。如果添加的页眉和页脚是除标题幻灯片外的全部幻灯片都要显示，则单击“全部应用”按钮，否则单击“应用”按钮。

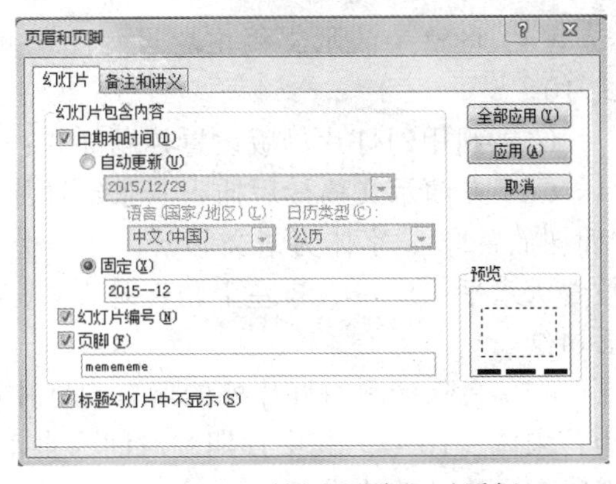

图 3-70 “页眉和页脚”对话框

最后，对于添加好的日期和时间、幻灯片编号和页脚，如果要进行统一的设置，如字体设为楷体，大小 16，红色；或者是互换它们的位置，通过幻灯片母版去修改会更方便。

【范例】图片欣赏 1

本范例要求制作图 3-71 所示的演示文稿，所涉及的素材均保存在“范例 3 素材”文件夹下。

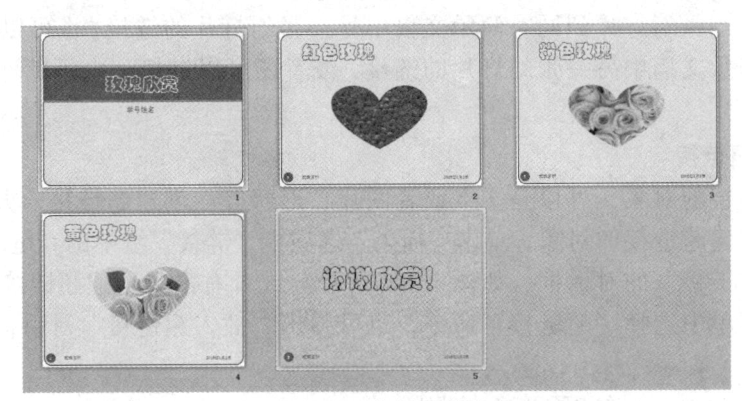

图 3-71 范例 3 样张

（1）新建一个演示文稿“玫瑰欣赏.pptx”,设置第一张幻灯片的版式为“标题幻灯片”，输入标题内容为“玫瑰欣赏”,副标题输入学号姓名。

（2）利用幻灯片母版自定义一个版式，名为“心形”版式，在其中添加一个心形图片占位符（高 8 cm，宽 12 cm），该心形图片占位符的位置为水平：左上角 6.5 cm，垂直：左上角 6.5 cm。

（3）在演示文稿中插入 3 张幻灯片，版式均为“心形”版式。按照样张分别在相应幻灯片上添加文字和素材文件夹下的图片。

（4）将整个演示文稿主题设为“平衡”，主题颜色为“华丽”，背景样式为样式 10。

（5）利用幻灯片母版设置标题样式：华文彩云，66 号。

（6）在演示文稿最后插入一张幻灯片，版式为“空白”。使用文本框，输入文字“谢谢欣赏!”，字体为华文彩云， 90 号。调整文本框高度为 5 cm，宽度为 16 cm。位置为水平：5 cm，自左上角；垂直：6 cm，自左上角。设置背景填充为纹理-粉色面巾纸。

（7）为除标题幻灯片外的所有幻灯片设置日期和时间、编号和页脚，字体格式均为：宋体、16 号。其中日期和时间为自动更新的，格式为××××年××月××日；页脚内容为“玫瑰赏析”。

（8）以原文件名保存此演示文稿。

3.5 演示文稿的交互设置

PowerPoint 2010 提供了幻灯片和用户之间的交互功能，使幻灯片在放映时更具特色，如设置超链接，使幻灯片的播放次序更加符合用户的需求。设置幻灯片的切换效果和对象的自定义动画效果，使幻灯片放映时更加有吸引力。

3.5.1 超链接的设置

一般在放映幻灯片时，默认是按顺序进行播放的。但是，可以通过设置超链接和动作按钮改变放映的次序，从而增加演示文稿的交互性。在 PowerPoint 2010 中，超链接可以是从一张幻灯片到同一演示文稿中另一张幻灯片的链接，也可以是从一张幻灯片到不同演示文稿中另一张幻灯片的链接，或者还可以链接到电子邮件地址、网页和文件。

1. 设置超链接

创建超链接的对象，可以是文本或者图片、形状等。创建超链接的方法如下：

选中要创建超链接的对象，单击“插入”选项卡“链接”组中的“超链接”按钮，弹出“插入超链接”的对话框，如图 3-72 所示。或者右击要创建超链接的对象，在弹出的快捷菜单中选择“超链接”命令，也可弹出“插入超链接”对话框。

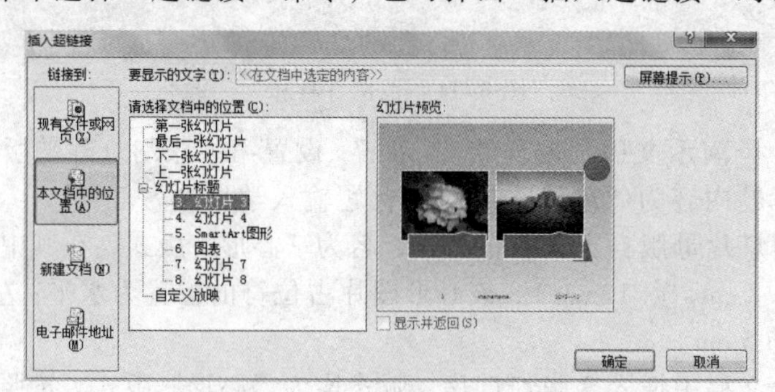

图 3-72 “插入超链接”对话框

然后在对话框的左侧选一种超链接类型，如“本文档中的位置”，在中间选择具体要链接的幻灯片，单击“确定”按钮。这样在幻灯片放映时，单击刚才设置过的超链接对象，就可以跳转到对应的幻灯片。对于已设置的超链接还可以进行修改或删除，具体操作是右击创建超链接的对象，在弹出的快捷菜单中选择“编辑超链接”或“取消超链接”命令。

2. 动作按钮

动作按钮是包含在“形状”下面的一种现成的按钮，可以将它插入到幻灯片中，并设置动作，如图 3-73 所示。在设置动作时分两种：单击鼠标和鼠标经过，均可设置超链接、运行程序、运行宏、播放声音等。

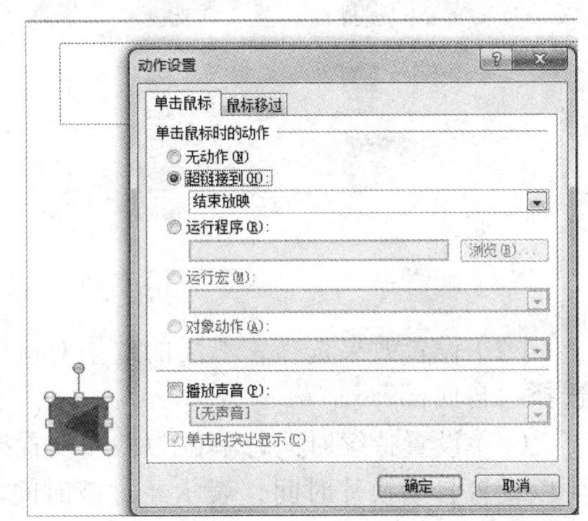

图 3-73 “动作设置”对话框

插入动作按钮的方法：单击“插入”选项卡“插图”组中的“形状”按钮，在下拉列表中的“动作按钮”类别中选择需要的插入的动作按钮，然后在幻灯片的合适位置拖出大小合适的动作按钮。选中插入的动作按钮后，在功能区就激活了“绘图工具/格式”选项卡，可以设置动作按钮的形状样式、大小和位置等。

更改动作按钮的超链接的方法：右击动作按钮，在弹出的快捷菜单中选择“编辑超链接”命令，在弹出的对话框中设置超链接到的位置。例如，设置超链接到当前演示文稿的第三张幻灯片，则单击“超链接到”下拉列表中选择“幻灯片”，然后从弹出的对话框中选择第三张幻灯片。

3.5.2 幻灯片的切换效果

幻灯片的切换效果是在幻灯片放映中从一张幻灯片移到下一张幻灯片时出现的动画效果。单击“切换”选项卡可设置幻灯片的切换效果类型及选项、持续时间和声音、换片方式等，如图 3-74 所示。

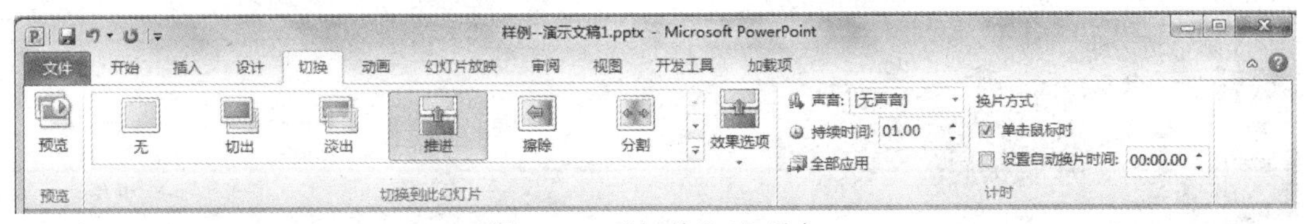

图 3-74 “切换”选项卡

设置幻灯片切换效果的方法如下：

（1）选择要设置切换效果的一张或多张幻灯片，单击“切换”选项卡“切换到此幻灯片”组中的下拉列表或“切换方案”按钮，如图 3-75 所示，显示“细微型”“华丽型”“动态内容”的切换效果列表，从中选择一种效果。例如，选择“细微型”中的“推进”效果。

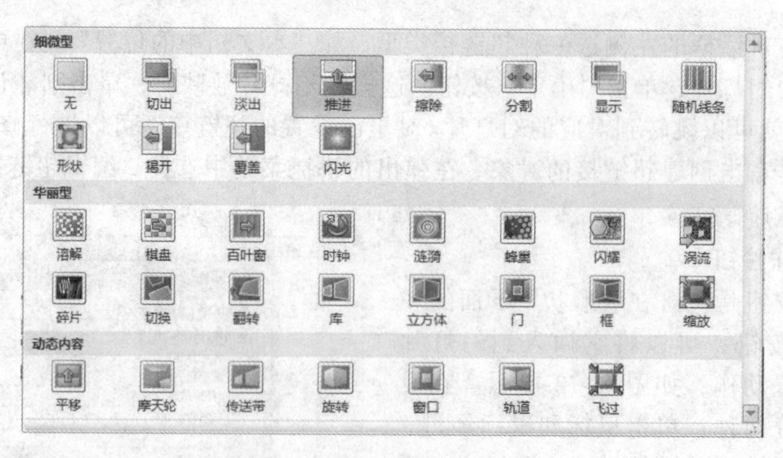

图 3-75　幻灯片的切换方案

（2）设置效果选项，不同的效果对应的选项是不同的。例如，在“推进”效果中选择“自底部”。

（3）设置持续时间，单位为秒。设置换片方式，默认情况下是单击鼠标换片，还可以设置自动换片时间，表示经过该时间段后自动切换到下一张幻灯片。

（4）如果以上的设置也适用于全部幻灯片，则单击“全部应用”按钮。

3.5.3　对象动画的设置

通过为幻灯片中的对象设置动画效果，可以使幻灯片中的对象按一定的规则“动”起来。这样即可以增加演示文稿的动感，也能吸引观众的注意力。但是动画效果并不是越多越好，太多的动画效果会分散用户的注意力，所以在设置动画效果时要结合演示文稿的整体风格。

为对象设置动画一般是在“动画”选项卡中，如图 3-76 所示。PowerPoint 2010 提供了 4 种类型的动画：“进入”“强调”“退出”和“动作路径”，如图 3-77 所示。“进入”类型用于设置对象进入幻灯片时的动画效果。“强调”类型用于已经在幻灯片上的对象，为了突出和强调而设置的动画效果。“退出”类型用于设置对象离开幻灯片时的动画效果，“动作路径”类型用于设置对象按照一定的路线运动的动画效果。

图 3-76　“动画”选项卡

1. 为对象设置动画效果

（1）选中对象，然后单击“动画”选项卡“动画”组的下拉按钮，选择一种动画类型。如果在动画列表中没有找到你要的类型，则单击“更多进入效果”“更多强调效果”“更多退出效果”和“其他动作路径”路径。

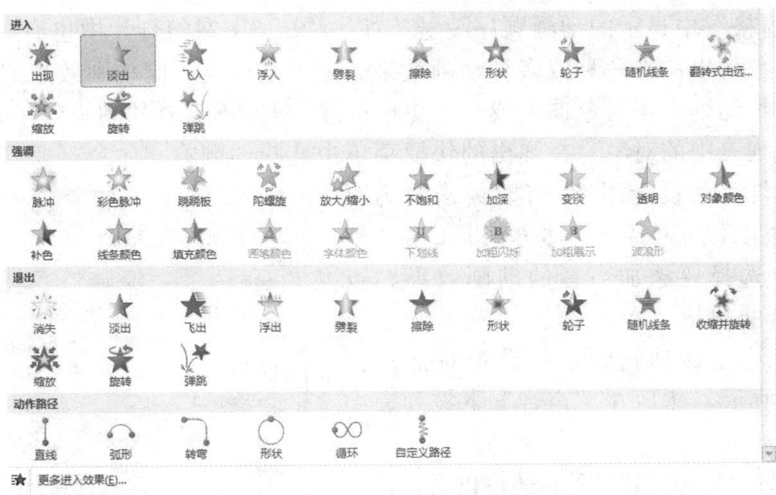

图 3-77　不同的动画类型

（2）设置效果选项，不同的效果对应的选项是不同的。例如，对于“进入”中的“淡出”效果，它的效果选项不存在。而对于“进入”中的“飞入”效果，它的效果选项是“自底部”“自左侧”等 8 种。

（3）设置动画的开始方式和持续时间。动画的开始方式有 3 种：单击时、与上一动画同时、上一动画之后，可根据需要进行选择。最后输入动画的持续时间和延迟时间，也可以保持默认。

（4）通过“动画”选项卡中的“预览”按钮可以看到设置的动画效果。

2．使用动画窗格

使用“动画窗格”可以查看幻灯片上所有动画的列表。通过单击“动画”选项卡“高级动画”组中的“动画窗格”按钮可以打开“动画窗格”任务窗格。“动画窗格”中显示了有关动画的重要信息，如效果的类型、多个动画效果之间的相对顺序、设置动画效果的对象名称、动画效果的持续时间，如图 3-78 所示。

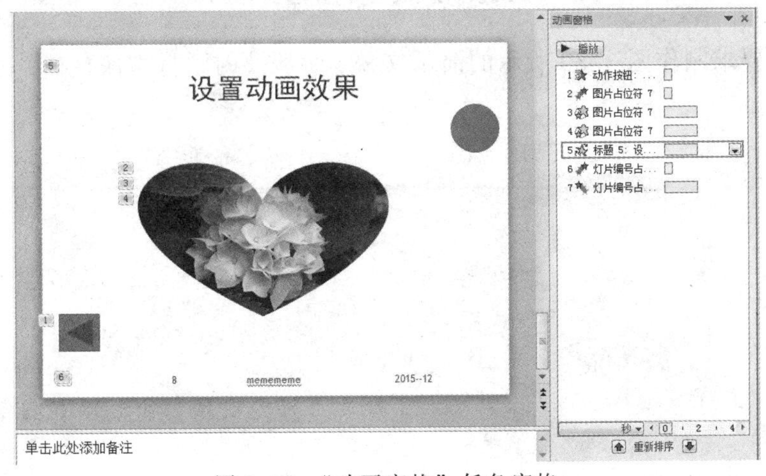

图 3-78　“动画窗格”任务窗格

“动画窗格”中显示的动画顺序编号（如 1、2、3）在幻灯片中也有同样的显示，对于同一对象可以添加一种或多种动画效果。还可以调整不同动画效果的播放顺序，方法是直接拖动列表中对象向上或向下更改顺序。对于不需要的动画效果，可以删除，方法是右击列表中的对象，在弹出的快捷菜单中选择“删除”命令。

根据幻灯片的设计用途，有时候需要为对象的动画效果添加声音。具体方法是，在“动画窗格”中选择要添加声音的动画效果，点击，在弹出的快捷菜单中选择“效果选项”命令，即可弹出该动画效果的设置对话框，如图 3-79 所示。然后在“声音”下拉列表中选择一种声音效果。

除了设置“声音”效果外，还可以通过该对话框设置“动画播放后”效果、计时和正文文本动画效果。通过“计时”可以设置动画的持续时间，如慢速、中速或快速等。

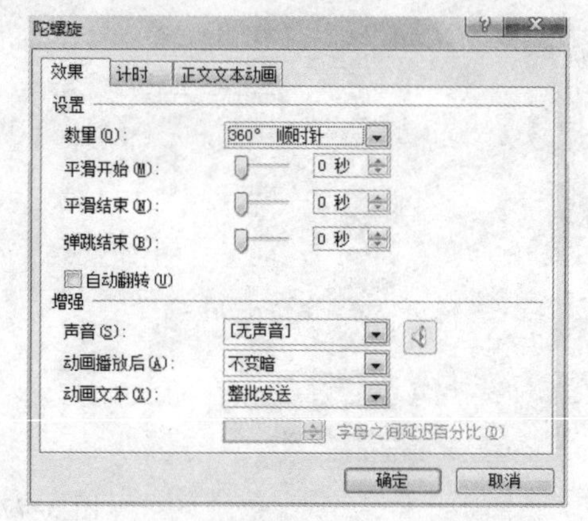

图 3-79　某对象的动画效果选项

3. 使用动画刷

在演示文稿编辑中，总会有一些对象的动画效果是重复的、相同的，不得不进行重复的相同操作。PowerPoint 2010 提供了一个类似格式刷的工具，叫“动画刷”。使用“动画刷”可以快速轻松地复制动画效果，方便用户对多个对象设置相同的动画效果。

使用“动画刷”的方法：首先选中已设置了动画效果的某个对象，然后单击“动画”选项卡“高级动画”组中的“动画刷”按钮，接着再单击要应用相同动画效果的某个对象，即可使后面的对象应用前面对象的动画效果。

单击“动画刷”只能复制一次动画效果，如果要复制多次，则需要双击“动画刷”，待动画复制完毕后再单击“动画刷”或按【Esc】键取消动画刷的选择。

【范例】图片欣赏 2

本范例要求制作图 3-80 所示的演示文稿，所涉及的素材均保存在“范例 4 素材”文件夹下。

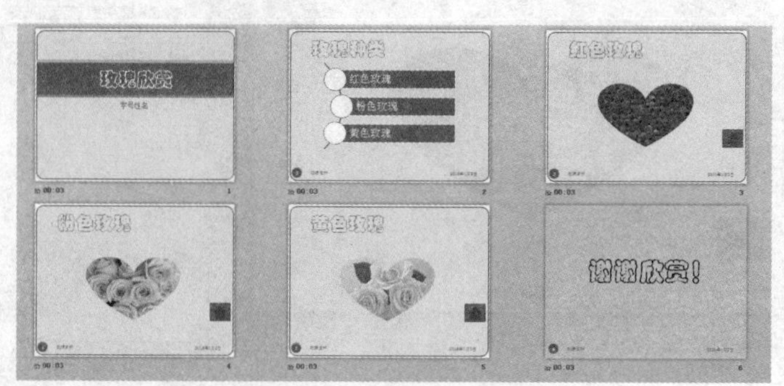

图 3-80　范例 4 样张

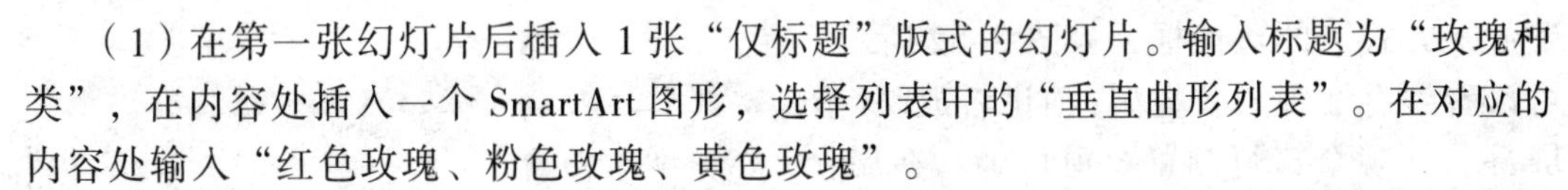

（1）在第一张幻灯片后插入1张“仅标题”版式的幻灯片。输入标题为“玫瑰种类”，在内容处插入一个SmartArt图形，选择列表中的“垂直曲形列表”。在对应的内容处输入“红色玫瑰、粉色玫瑰、黄色玫瑰”。

（2）在SmartArt对象元素中添加幻灯片跳转链接，使得单击“红色玫瑰”标注形状可跳转至第三张幻灯片，单击“粉色玫瑰”标注形状可跳转至第四张幻灯片，单击“黄色玫瑰”标注形状可跳转至第五张幻灯片。

（3）在第三张、第四张和第五张幻灯片中分别插入动作按钮：第一张，并设置其链接为返回第二张幻灯片。

（4）为第三张幻灯片中的图片设置链接地址：http://www.baidu.com。

（5）为演示文稿中所有的幻灯片添加切换效果：库。并设置自动换片时间为：3 s。

（6）为第二张幻灯片中的SmartArt图形添加进入动画效果：飞入，自右下部，整批发送。

（7）为第三张幻灯片中的图片添加强调动画效果：跷跷板。

（8）为第四张幻灯片中的图片添加动作路径：心形；在“上一动画之后”开始。

（9）为第五张幻灯片中的图片添加退出动画效果：收缩并旋转；在“上一动画之后”开始，声音为“风铃”。

（10）设置幻灯片的放映类型设为“在展台浏览（全屏幕）”。

（11）以原文件名保存此演示文稿。

3.6 演示文稿的放映与输出

演示文稿在设计完成后，要放映才能达到用户的需求。一般来说是先单击“幻灯片放映”选项卡中的按钮对幻灯片放映进行设置，然后再按【F5】键放映幻灯片，或者利用幻灯片放映按钮进行放映。待放映结束后，如果没有问题，即可输出或打印演示文稿。

3.6.1 幻灯片的放映设置

幻灯片放映设置是通过功能区“幻灯片放映”选项卡设置的，如图3-81所示。在此选项卡中可以设置幻灯片是从头开始放映还是从当前幻灯片开始放映，还可以设置幻灯片放映类型、排练计时以及录制幻灯片演示等。

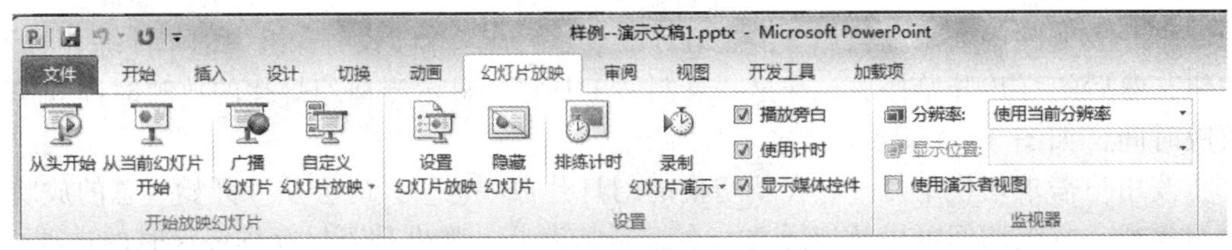

图3-81 “幻灯片放映”选项卡

1. 幻灯片的放映类型

单击“幻灯片放映”选项卡“设置”组中的“设置幻灯片放映”按钮，弹出“设置放映方式”的对话框，如图 3-82 所示。可以看到有 3 种放映类型：演讲者放映（全屏幕）、观众自行浏览（窗口）、在展台浏览（全屏幕）。

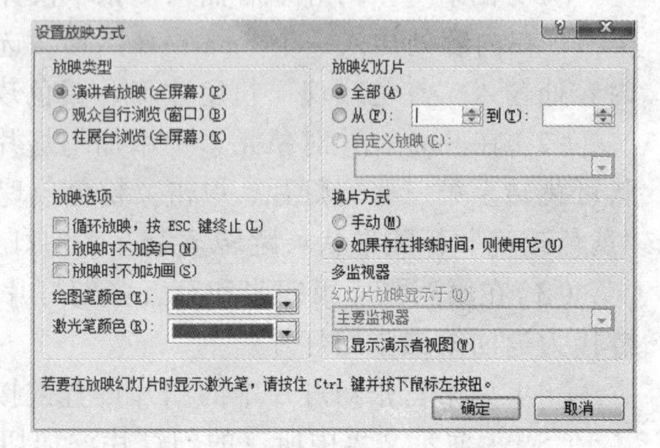

图 3-82 “设置放映方式”的对话框

演讲者放映（全屏幕）：是幻灯片放映中最常用的一种放映方式。在放映过程中，幻灯片以全屏幕显示，演讲者控制放映全过程，可根据实际需要控制幻灯片的放映进度。

观众自行浏览（窗口）：是一种小规模的演示，幻灯片显示在小窗口内。在该窗口右下角有左箭头和右箭头，可以分别返回上一张和下一张幻灯片。在两箭头中间的“菜单”按钮，将弹出放映控制菜单。放映结束后，按【Esc】键终止放映。

在展台浏览（全屏幕）：是一种适合无人看管的场所放映的方式。一般在展览会场自动展示产品信息。在放映过程中，幻灯片以全屏幕显示，自动循环放映，鼠标不起作用，观众只能观看不能控制。因此，使用此方式前须事先进行排练计时。当放映结束后，按【Esc】键终止放映。

2. 幻灯片的放映设置

幻灯片在放映时，要进行放映设置，具体的方法为：

（1）根据实际需要选择放映类型。

（2）设置放映选项。如果选择“循环放映，按 Esc 键终止”复选框，则循环放映演示文稿。即放映完最后一张幻灯片后再切换到第一张幻灯片继续放映。当选择的放映类型是“在展台浏览（全屏幕）”时，则该复选框自动被选中。如果选择“放映时不加旁白”复选框，则在放映时自动隐藏幻灯片的旁白，但不删除旁白。如果选择“放映时不加动画”复选框，则在放映时自动隐藏幻灯片中对象的动画效果，但不删除动画效果。

（3）设置幻灯片的放映范围。可以放映全部幻灯片，也可以放映部分幻灯片。

（4）设置幻灯片的换片方式。需要手动放映时，选择“手动”单选按钮；当需要自动放映时，先进行排练计时，再选择“如果存在排练时间，则使用它”单选按钮。

3. 排练计时

打开要放映的演示文稿，单击“幻灯片放映”选项卡“设置”组中的“排练计时”按钮，然后幻灯片开始播放，弹出“录制”工具栏，显示当前幻灯片的放映时间和总放映时间，如图 3-83 所示。

按用户需求切换幻灯片，在新切换的幻灯片放映时，计时会从 0 开始，总的放映时间累加，放映期间可以暂停播放。在录制结束后，弹出是否保存排练计时的选项，单击“是”按钮，显示幻灯片浏览视图，在每张幻灯片的左下角会显示该张幻灯片的放映时间。当幻灯片的放映类型选择为“在展台浏览（全屏幕）”时，幻灯片就按照排练计时的时间自行播放。

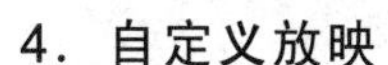

4. 自定义放映

单击“幻灯片放映”选项卡“开始放映幻灯片”组中的“自定义幻灯片放映”按钮，弹出“自定义放映”的对话框，如图 3-84 所示，在此可以设置多种幻灯片的放映方案，每种方案中可以选择不同的幻灯片放映。对设置好的放映方案还可以编辑、删除和复制。比如，设置自定义放映方案 1，其中包含第一张、第二张和第四张幻灯片；设置自定义放映方案 2，其中包含第三张、第五张和第六张幻灯片。

图 3-83 “录制”工具栏

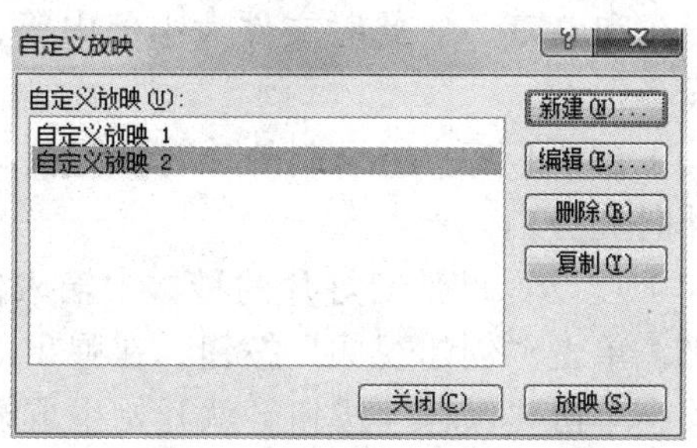

图 3-84 “自定义放映”对话框

3.6.2 演示文稿的输出

使用 PowerPoint 2010 制作完成的演示文稿扩展名是.pptx，可以直接在安装 PowerPoint 应用程序的环境下演示。但是如果计算机上没有安装 PowerPoint，则演示文稿就不能直接演示。PowerPoint 提供了演示文稿的打包功能，可以将演示文稿打包到文件夹或 CD；还可以将演示文稿转换为视频或者是可直接放映的格式。

1. 将演示文稿打包

演示文稿可以打包到磁盘上的文件夹或 CD。如果要打包到 CD，需要将空白的 CD 插入到刻录机的 CD 驱动器中。具体方法如下：

（1）打开演示文稿，单击“文件”|“保存并发送”按钮，在右侧再单击“将演示文稿打包成 CD”|“打包成 CD”按钮，即可弹出“打包成 CD”对话框，如图 3-85 所示。在对话框中显示了当前要打包的演示文稿，如果希望将其他演示文稿一起打包，则单击“添加”按钮，在出现的对话框中选择要打包的文件即可。

默认情况下，打包应包含与演示文稿相关的“链接文件”和“嵌入的 TrueType 字体”，如果想更改这些设置，则单击“选项”按钮，在弹出的对话框中进行设置。

（2）根据实际需要选择打包到文件夹还是 CD，如果选择“复制到文件夹”则演示文稿打包到指定的文件夹中，此时需要在弹出的对话框中设定文件夹名称和路径位置；如果选择“复制到 CD”，则演示文稿打包到 CD，此时要求在光驱中放入空白光盘，打包操作按进度完成即可。

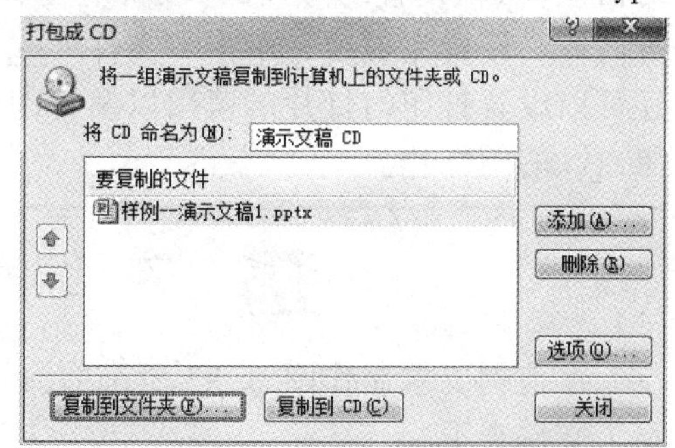

图 3-85 “打包成 CD”对话框

2. 将演示文稿转换为视频

除了将演示文稿打包成 CD，还可以将其转换为 Windows Media 视频文件（.wmv）。

具体方法如下：

（1）打开演示文稿，单击“文件”|“保存并发送”按钮，在右侧再单击“创建视频”按钮，然后在右侧的板块中进行参数设置。

（2）在“计算机和 HD 显示”下拉列表中有 3 种质量的视频可供选择。如果用于在计算机显示器、投影仪或高分辨率显示器上查看，则选择“计算机和 HD 显示”，此时生成视频文件会比较大；如果要用于上载到 Web 和刻录到标准 DVD，则选择“Internet 和 DVD”，此时文件大小偏中等；如果要创建最小的视频文件，则选择“便携式设备”。

（3）在“不要使用录制的计时和旁白”下拉列表中可以根据需要选择是否使用录制的计时和旁白。

（4）在设置每张幻灯片的秒数中输入值，或采用默认的 5 s。

（5）单击“创建视频”按钮，在弹出的“另存为”对话框中输入视频文件名和保存位置，单击“保存”按钮，就开始生成视频，生成视频所需的时间取决于演示文稿的大小和复杂程序。

3. 将演示文稿转换为直接放映格式

将演示文稿转换成可直接放映的格式。具体方法如下：

打开演示文稿，单击“文件”|“保存并发送”按钮，在右侧单击“更改文件类型”按钮，从右侧双击“PowerPoint 放映（*.ppsx）”，弹出“另存为”对话框，选择文件存放的路径并输入文件名，单击“保存”按钮，即可将演示文稿转换为直接放映的格式。双击直接放映的格式（*.ppsx）即可放映该演示文稿。

3.6.3 演示文稿的打印

演示文稿在制作完成后还可以根据需要打印出来。在打印之前要进行页面设置。

打开演示文稿，单击“设计”选项卡“页面设置”组中的“页面设置”按钮，弹出“页面设置”的对话框，如图 3-86 所示。通过该对话框，可以设置幻灯片的大小、宽度和高度、方向等。设置完成后，单击“文件”|“打印”按钮，可以预览到幻灯片的打印效果，还可以设置打印幻灯片的范围以及打印的版式。另外，还可以设置打印“灰度”或“纯黑白”的幻灯片。

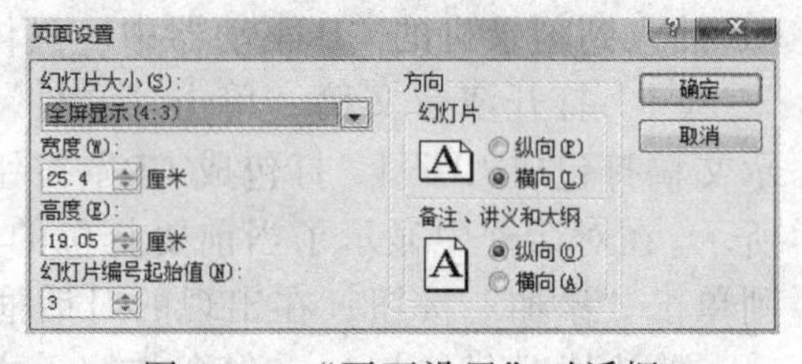

图 3-86 “页面设置”对话框

3.7 综合应用：景点宣传

本范例要求制作图 3-87 所示的演示文稿，所涉及的素材均保存在“综合应用素材”文件夹下。

（1）对第一张、第三张、第五张幻灯片采用“流畅”主题进行修饰，其余幻灯片采用“跋涉”主题。

（2）第一张幻灯片副标题采用黄色（RGB：250，220，0）和加粗的幼圆字体，

30 磅。第一张幻灯片的背景用图片文件“西塘风光.jpg”进行填充，并隐藏背景图形。副标题动画设置为“翻转式由远及近”。主标题动画设置为“弹跳”，持续时间为 3 s。按先主标题后副标题的顺序播放动画。

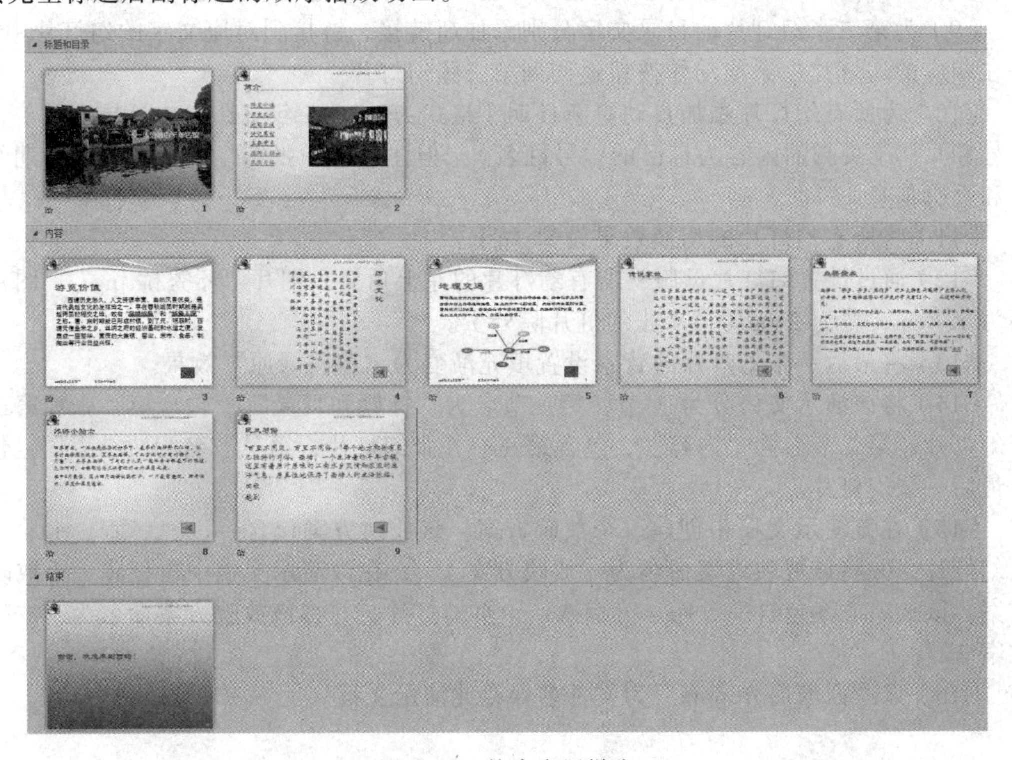

图 3-87 综合应用样张

（3）第二张幻灯片的版式改为“两栏内容”，正文在左边，右侧内容区插入图片文件“西塘夜景.jpg”，放置在指定位置（水平：10.9 cm，左上角；垂直：5.53 cm，左上角）。

（4）第三张幻灯片的正文文本采用黑体、26 磅；并设置段落首行缩进 1.74 cm，行距为 30 磅。如样张：设置双引号中的文字（“吴根越角”和“越角人家”）字体为红色，加粗，加双下画线。

（5）第四张幻灯片版式改为“垂直排列标题与文本”。正文文本动画设置为“向内溶解”，效果选项为“作为一个对象”，声音为“风铃”。

（6）第五张幻灯片的正文文本设为隶书，20 磅。并在正文下绘制一个距离效果图，插入 SmartArt 图形（基本射线图），要求：每个椭圆高为 1 cm，宽为 2 cm；文本大小为 14 磅。参照样张所示，将每个城市采用不同的颜色填充并标出距离数值（用文本框）。

（7）第六张幻灯片版式改为“标题和竖排文本”。设置正文动画为“随机线条”，效果选项为“垂直”“按段落”，持续时间为 1 秒。

（8）第七张幻灯片的标题设为艺术字，样式为第二行第二列（填充-橙色，强调文字颜色 6，轮廓-强调文字颜色 6，发光-强调文字颜色 6）。并设置艺术字的文本效果为“阴影：内部左上角”。将艺术字动画设置为：强调-“陀螺旋”，方向为“逆时针”“完全旋转”。再给第七张幻灯片中的最后两字“西园”添加超链接，链接到图片“西园.jpg”。设置超链接的颜色为绿色，已访问的超链接颜色为红色。

（9）为第二张幻灯片的目录文字分别添加超链接，链接到对应文字的幻灯片中。并在相应的幻灯片中添加动作按钮返回到第二张幻灯片。

（10）为所有幻灯片添加自动更新日期（格式为：2015 年 12 月 7 日星期一），编号和页脚（页脚的内容为自己的学号姓名）。但注意第一张幻灯片不要显示日期编号和页脚信息。

（11）将所有幻灯片的切换效果设为“门”。

（12）通过设置幻灯片母版将所有幻灯片的左上角插入图片“环秀桥.jpg”，图片高为 1.7 cm，宽为 2 cm（第 1 张幻灯片除外）。

（13）将最后一张幻灯片的背景设置填充渐变为“茵茵绿原”效果。

（14）将该演示文稿分为 3 节，第一节名为“标题和目录”，包含第一张和第二张幻灯片；第二节名为“内容”，包含第三～九张幻灯片；第三节名为“结束”，包含最后一张幻灯片。

（15）在该演示文稿中创建一个放映方案，该放映方案包含一、三、六、七、十页幻灯片，并将该放映方案命名为“放映方案 1”；在该演示文稿中再创建一个放映方案，该放映方案包含一、四、五、八、十页幻灯片，并将该放映方案命名为“放映方案 2”。

（16）以“西塘简介.pptx”为文件名保存此演示文稿。

附　录

附录 A　算法与数据结构习题解析

一、算法概述

1. 算法的时间复杂度是指（　　）。

   A. 设计该算法所需的工作量　　B. 执行该算法所需要的时间

   C. 执行该算法时所需要的基本运算次数　　D. 算法中指令的条数

   【答案】C

   【解析】算法的时间复杂度是指执行算法所需要的计算工作量。它与算法程序执行的具体时间并不一致，因为算法执行的具体时间受到所使用的计算机、程序设计语言以及算法实现过程中许多细节的影响，所以，算法的计算工作量是用算法所执行的基本运算次数来度量的。故选 C 选项。

2. 下列叙述中正确的是（　　）。

   A. 算法复杂度是指算法控制结构的复杂程度

   B. 算法复杂度是指设计算法的难度

   C. 算法的时间复杂度是指设计算法的工作量

   D. 算法的复杂度包括时间复杂度与空间复杂度

   【答案】D

   【解析】算法的复杂度是指运行该算法所需要的计算机资源的多少，所需的资源越多，该算法的复杂度越高，反之，所需资源越少，复杂度越低。算法复杂度包括算法的时间复杂度和算法的空间复杂度，算法的时间复杂度是指执行算法所需要的计算工作量，算法空间复杂度指执行这个算法所需要的内存空间。故选 D 选项。

3. 下列关于算法复杂度叙述正确的是（　　）。

   A. 最坏情况下的时间复杂度一定高于平均情况的时间复杂度

   B. 时间复杂度与所用的计算工具无关

   C. 对同一个问题，采用不同的算法，则它们的时间复杂度是相同的

   D. 时间复杂度与采用的算法描述语言有关

   【答案】B

   【解析】算法的时间复杂度是指执行算法所需要的计算工作量，它与使用的计算机、程序设计语言以及算法实现过程中的许多细节无关。最坏情况下的时间复杂度可以与平均情况的时间复杂度相同。不同的算法，时间复杂度一般不相同。故选 B 选项。

4. 算法时间复杂度的度量方法是（　　）。

   A. 算法程序的长度　　B. 执行算法所需要的基本运算次数

C. 执行算法所需要的所有运算次数　　D. 执行算法所需要的时间

【答案】B

【解析】算法的时间复杂度是指执行算法所需要的计算工作量，算法的计算工作量是用算法所执行的基本运算次数来度量的，故选 B 选项。

5. 下列叙述中错误的是（　　）。

A. 算法的时间复杂度与算法所处理数据的存储结构有直接关系

B. 算法的空间复杂度与算法所处理数据的存储结构有直接关系

C. 算法的时间复杂度与空间复杂度有直接关系

D. 算法的时间复杂度与算法程序执行的具体时间是不一致的

【答案】C

【解析】算法的时间复杂度是指执行算法所需要的计算工作量。数据的存储结构直接决定数据输入，而这会影响算法所执行的基本运算次数，A 选项叙述正确。算法的空间复杂度是指执行这个算法所需要的内存空间，其中包括输入数据所占的存储空间，B 选项叙述正确。而算法的时间复杂度与空间复杂度没有直接关系，故选择 C 选项。算法程序执行的具体时间受到所使用的计算机、程序设计语言以及算法实现过程中的许多细节所影响，而算法的时间复杂度与这些因素无关，所以是不一致的，D 选项叙述正确。故选 C 选项。

6. 算法空间复杂度的度量方法是（　　）。

A. 算法程序的长度　　B. 算法所处理的数据量

C. 执行算法所需要的工作单元　　D. 执行算法所需要的存储空间

【答案】D

【解析】算法的空间复杂度是指执行这个算法所需要的内存空间。算法执行期间所需的存储空间包括 3 个部分：输入数据所占的存储空间；程序本身所占的存储空间；算法执行过程中所需要的额外空间。故选 D 选项。

7. 算法的空间复杂度是指（　　）。

A. 算法在执行过程中所需要的计算机存储空间

B. 算法所处理的数据量

C. 算法程序中的语句或指令条数

D. 算法在执行过程中所需要的临时工作单元数

【答案】A

【解析】算法的空间复杂度是指算法在执行过程中所需要的内存空间。故选 A 选项。

8. 算法的有穷性是指（　　）。

A. 算法程序的运行时间是有限的　　B. 算法程序所处理的数据量是有限的

C. 算法程序的长度是有限的　　D. 算法只能被有限的用户使用

【答案】A

【解析】算法原则上能够精确地运行，而且人们用笔和纸做有限次运算后即可完成。有穷性是指算法程序的运行时间是有限的。故选 A 选项。

9. 下列关于算法的描述中错误的是（　　）。

A. 算法强调动态的执行过程，不同于静态的计算公式

B. 算法必须能在有限个步骤之后终止

C. 算法设计必须考虑算法的复杂度

D. 算法的优劣取决于运行算法程序的环境

【答案】D

【解析】算法是指对解题方案的准确而完整的描述，简单地说，就是解决问题的操作步骤。算法不同于数学上的计算方法，强调实现，A选项叙述正确。算法的有穷性是指，算法中的操作步骤为有限个，且每个步骤都能在有限时间内完成，B选项叙述正确。算法复杂度包括算法的时间复杂度和算法的空间复杂度。算法设计必须考虑执行算法所需要的资源，即时间与空间复杂度，故C选项叙述正确。算法的优劣取决于算法复杂度，与程序的环境无关，当算法被编程实现之后，程序的运行会受到计算机系统运行环境的限制。故选D选项。

10. 数据处理的最小单位是（　　）。

A. 数据　　B. 数据元素　　C. 数据项　　D. 数据结构

【答案】C

【解析】“数据”过于宏观，比如数据库里的所有内容都可叫数据，数据处理的最小单位是“数据项”，“数据结构”这个范围又过大。故选C选项。

11. 数据在计算机内存中的表示是指（　　）。

A. 数据的存储结构　　B. 数据结构

C. 数据的逻辑结构　　D. 数据元素之间的关系

【答案】A

【解析】数据的存储结构是数据结构在计算机内存中的表示，它既保存数据元素也保存数据元素之间的关系。数据结构是指相互之间存在一种或者多种特定关系的数据元素的集合。数据的逻辑结构描述的是数据之间的逻辑关系。数据元素之间的关系就是指数据的逻辑结构。故选A选项。

二、数据结构概述

1. 设数据元素的集合 $D=\{1,2,3,4,5\}$，则满足下列关系 R 的数据结构中为线性结构的是（　　）。

A. $R=\{(1,2),(3,4),(5,1)\}$　　B. $R=\{(1,3),(4,1),(3,2),(5,4)\}$

C. $R=\{(1,2),(2,3),(4,5)\}$　　D. $R=\{(1,3),(2,4),(3,5)\}$

【答案】B

【解析】一个非空的数据结构如果满足以下两个条件：有且只有一个根结点；每一个结点最多有一个前件，也最多有一个后件，称为线性结构。不同时满足以上两个条件的数据结构就称为非线性结构。A选项中有两个根结点3和5，故错误。B选项根结点为5，排列顺序为54132，B选项正确。C选项有两个根结点1和4，故错误。D选项有两个根结点1和2，故错误。故选B选项。

2. 下列叙述中正确的是（　　）。

A. 有且只有一个根结点的数据结构一定是线性结构

B. 每一个结点最多有一个前件也最多有一个后件的数据结构一定是线性结构

C. 有且只有一个根结点的数据结构一定是非线性结构

D. 有且只有一个根结点的数据结构可能是线性结构，也可能是非线性结构

【答案】D

【解析】一个非空的数据结构如果满足以下两个条件：有且只有一个根结点；每一个结点最多有一个前件，也最多有一个后件，称为线性结构，故 A、B 和 C 选项都错误；不同时满足以上两个条件的数据结构就称为非线性结构，其中树形结构也只有一个根结点，D 选项正确。故选 D 选项。

3. 下列叙述正确的是（　　）。

A. 算法就是程序

B. 设计算法时只需要考虑数据结构的设计

C. 设计算法时只需要考虑结果的可靠性

D. 以上三种说法都不对

【答案】D

【解析】算法是解题方案准确而完整的描述，算法不等于程序，也不等于计算方法，所以，A 选项错误。设计算法时不仅要考虑对数据对象的运算和操作，还要考虑算法的控制结构。故选 D 选项。

4. 设数据元素集合为{A，B，C，D，E，F}，下列关系为线性结构的是（　　）。

A. R={ (D,F),(E,C),(B,C),(A,B),(C,F) }　　B. R={ (D,E),(E,A),(B,C),(A,B),(C,F) }

C. R={ (A,B),(C,D),(B,A),(E,F),(F,A) }　　D. R={ (D,E),(E,A),(B,C),(F,B),(C,F) }

【答案】B

【解析】一个非空的数据结构如果满足以下两个条件：有且只有一个根结点；每一个结点最多有一个前件，也最多有一个后件，那么该数据结构称为线性结构，也称为线性表。

A 选项中，F 有两个前件 D、C，属于非线性结构。B 选项中，D 为根结点，线性表为 DEABCF。C 选项中，A 有两个前件 B、F，属于非线性结构。D 选项中，有两个根结点 D、B，属于非线性结构。故选 B 选项。

5. 下列关于线性链表的叙述中，正确的是（　　）。

A. 各数据结点的存储空间可以不连续，但他们的存储顺序与逻辑顺序必须一致

B. 各数据结点的存储顺序与逻辑顺序可以不一致，但它们的存储空间需连续

C. 进行插入数据与删除数据时，不需要移动表中的元素

D. 以上说法均不对

【答案】C

【解析】一般来说，在线性表的链式存储结构中，各数据结点的存储序号是不连续的，并且各结点在存储空间中的位置关系与逻辑关系也不一致。线性链表中数据的插入和删除都不需要移动表中的元素，只需要改变结点的指针域即可。故选 C 选项。

6. 设数据集合为 D={ 1,3,5,7,9 }，D 上的关系为 R，下列数据结构中为非线性结构的是（　　）。

A. R={ (5,1), (7,9), (1,7), (9,3) }　　B. R={ (9,7), (1,3), (7,1), (3,5) }

C. R={ (1,9), (9,7), (7,5), (5,3) }　　D. R={ (1,3), (3,5), (5,9),(7,3)}

【答案】D

【解析】一个非空的数据结构如果满足以下两个条件：有且只有一个根结点；每一个结点最多有一个前件，也最多有一个后件，则称为线性结构，在数据结构中称为线性表。A 选项中，5 为根结点，线性表为 51793。B 选项中，9 为根结点，线性表为 97135。C 选项中，1 为根结点，线性表为 19753。D 选项，结点 1 与 7 都是根结点，属于非线性结构，故选 D 选项。

7. 定义无符号整数类为 UInt，下面可以作为类 UInt 实例化值的是（　　）。

A. －369　　B. 369　　C. 0.369　　D. 整数集合{1,2,3,4,5}

【答案】B

【解析】只有 B 选项 369 可以用无符号整数来表示和存储。A 选项－369 有负号。C 选项 0.369 是小数都不能用整数类存储。D 选项是一个整数集合需用数组来存储。故选 B 选项。

8. 支持子程序调用的数据结构是（　　）。

A. 栈　　B. 树　　C. 队列　　D. 二叉树

【答案】A

【解析】栈支持子程序调用。栈是一种只能在一端进行插入或删除的线性表，在主程序调用子函数时要首先保存主程序当前的状态，然后转去执行子程序，最终把子程序的执行结果返回到主程序中调用子程序的位置，继续向下执行，这种调用符合栈的特点。故选 A 选项。

三、线性表及其顺序存储结构

1. 下列叙述中正确的是（　　）。

A. 线性表是线性结构　　B. 栈与队列是非线性结构

C. 线性链表是非线性结构　　D. 二叉树是线性结构

【答案】A

【解析】一棵二叉树的一个结点下面可以有 2 个子结点，故不是线性结构（通俗地理解，看是否能排成条直线）。故选 A 选项。

2. 下列关于队列的叙述中正确的是（　　）。

A. 在队列中只能插入数据　　B. 在队列中只能删除数据

C. 队列是先进先出的线性表　　D. 队列是先进后出的线性表

【答案】C

【解析】队列是指允许在一端进行插入，而在另一端进行删除的线性表，栈是所有的插入与删除都限定在表的同一端进行的线性表。故选 C 选项。

3. 下列数据结构中，能够按照“先进后出”原则存取数据的是（　　）。

A. 循环队列　　B. 栈　　C. 队列　　D. 二叉树

【答案】B

【解析】栈是按先进后出的原则组织数据的。队列按先进先出的原则组织数据。故选 B 选项。

4. 在线性表的顺序存储结构中，其存储空间连续，各个元素所占的字节数（　　）。

A. 相同，元素的存储顺序与逻辑顺序一致

B. 相同，但其元素的存储顺序可以与逻辑顺序不一致

C. 不同，但元素的存储顺序与逻辑顺序一致

D. 不同，且其元素的存储顺序可以与逻辑顺序不一致

【答案】A

【解析】顺序表具有以下两个基本特征：线性表中所有元素所占的存储空间是连续的；线性表中各数据元素在存储空间中是按逻辑顺序依次存放的。在顺序表中，每个元素占有相同的存储单元。故选 A 选项。

5. 设栈的顺序存储空间为 $S(0:49)$（见下图），栈底指针 bottom=49，栈顶指针 top=30（指向栈顶元素）。则栈中的元素个数为（　　）。

A. 30　　B. 29　　C. 20　　D. 19

【答案】C

【解析】栈是一种特殊的线性表，它所有的插入与删除都限定在表的同一端进行。入栈运算即在栈顶位置插入一个新元素，退栈运算即是取出栈顶元素赋予指定变量。元素依次存储在单元 30:49 中，个数为 20。故选 C 选项。

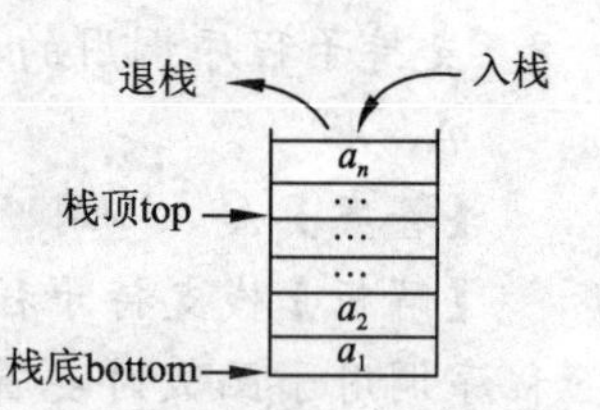

6. 下列关于栈叙述中正确的是（　　）。

A. 栈顶元素最先能被删除　　B. 栈顶元素最后才能被删除

C. 栈底元素永远不能被删除　　D. 栈底元素最先被删除

【答案】A

【解析】栈是先进后出的数据结构，所以栈顶元素是最后入栈，但最先被删除。栈底元素最先进栈，却最后被删除。故选 A 选项。

7. 栈和队列的共同点是（　　）。

A. 都是先进后出　　B. 都是先进先出

C. 只允许在端点处插入和删除元素　　D. 没有共同点

【答案】C

【解析】栈是先进后出的，队列是先进先出的，共同点是只允许在端点处插入和删除元素。栈都是在一端进与出，而队列是在一端进在另一端出。故选 C 选项。

8. 下列数据结构中，属于非线性结构的是（　　）。

A. 循环队列　　B. 带链队列　　C. 二叉树　　D. 带链栈

【答案】C

【解析】树是简单的非线性结构，所以二叉树作为树的一种也是一种非线性结构。故选 C 选项。

9. 设循环队列为 $Q(1: m)$，其初始状态为 front=rear=m。经过一系列入队与退队运算后，front=15，rear=20。现要在该循环队列中寻找最大值的元素，最坏情况下需要比较的次数为（　　）。

A. 4　　B. 6　　C. $m-5$　　D. $m-6$

【答案】A

【解析】循环队列是队列的一种顺序存储结构，用队尾指针 rear 指向队列中的队尾元素，用排头指针 front 指向排头元素的前一个位置，因此，从排头指针 front 指向的

后一个位置直到队尾指针 rear 指向的位置之间所有的元素均为队列中的元素，队列初始状态为 front=rear=m，当 front=15，rear=20 时，队列中有 5 个元素，比较次数为 4 次。故选 A 选项。

10. 设循环队列为 Q(1:m)，其初始状态为 front=rear=m。经过一系列入队与退队运算后，front=20，rear=15。现要在该循环队列中寻找最小值的元素，最坏情况下需要比较的次数为（　　）。

 A. 5　　　B. 6　　　C. m-5　　　D. m-6

 【答案】D

 【解析】循环队列是队列的一种顺序存储结构，用队尾指针 rear 指向队列中的队尾元素，用排头指针指向排头元素的前一个位置，因此，从排头指针 front 指向的后一个位置直到队尾指针 rear 指向的位置之间所有的元素均为队列中的元素，队列初始状态为 front=rear=m，当 front=20，rear=15 时，队列中有 m−20+15=m−5 个元素，比较次数为 m−6 次。故选 D 选项。

11. 一个栈的初始状态为空。现将元素 1、2、3、4、5、A、B、C、D、E 依次入栈，然后再依次出栈，则元素出栈的顺序是（　　）。

 A. 12345ABCDE　　B. EDCBA54321　　C. ABCDE12345　　D. 54321EDCBA

 【答案】B

 【解析】栈是按“先进后出”的原则组织数据，所以入栈最早的最后出栈。故选 B 选项。

12. 设有栈 S 和队列 Q，初始状态均为空。首先依次将 A,B,C,D,E,F 入栈，然后从栈中退出 3 个元素依次入队，再将 X,Y,Z 入栈后，将栈中所有元素退出并依次入队，最后将队列中所有元素退出，则退队元素的顺序为（　　）。

 A. *DEFXYZABC*　　B. *FEDZYXCBA*　　C. *FEDXYZCBA*　　D. *DEFZYXABC*

 【答案】B

 【解析】栈是一种特殊的线性表，它所有的插入与删除都限定在表的同一端进行。队列是指允许在一端进行插入，而在另一端进行删除的线性表。将 A,B,C,D,E,F 入栈后，栈中元素为 *ABCDEF*，退出 3 个元素入队，队列元素为 *FED*，将 X,Y,Z 入栈后栈中元素为 *ABCXYZ*，全部入队后，队列元素为 *FEDZYXCBA*。故选 B 选项。

13. 设循环队列的存储空间为 Q(1:50)，初始状态为 front=rear=50。现经过一系列入队与退队操作后，front=rear=1，此后又正常地插入了两个元素。最后该队列中的元素个数为（　　）。

 A. 2　　　B. 1　　　C. 3　　　D. 52

 【答案】A

 【解析】循环队列是队列的一种顺序存储结构，用队尾指针 rear 指向队列中的队尾元素，用排头指针 front 指向排头元素的前一个位置。循环队列长度为 50，由初始状态为 front=rear=50 可知此时循环队列为空。入队运算时，首先队尾指针进 1（即 rear+1），然后在 rear 指针指向的位置插入新元素。特别的，当队尾指针 rear=50+1 时，置 rear=1。退队运算时，排头指针进 1（即 front+1），然后删除 front 指针指向的位置上的元素，当排头指针 front=50+1 时，置 front=1。若经过运算，front=rear=1

可知队列空或者队列满。此后又正常地插入了两个元素说明插入前队列为空，则插入后队列元素个数为 2。故选 A 选项。

14. 设循环队列存储空间为 Q（1:50），初始状态为 front=rear=50。经过一系列入队和退队操作后，front=rear=25，则该循环队列中元素个数为（　　）。

A. 26　　B. 25　　C. 24　　D. 0 或 50

【答案】D

【解析】循环队列是队列的一种顺序存储结构，用队尾指针 rear 指向队列中的队尾元素，用排头指针 front 指向排头元素的前一个位置。循环队列长度为 50，由初始状态为 front=rear=50 可知此时循环队列为空。入队运算时，首先队尾指针 rear 进 1（即 rear+1），然后在队尾指针 rear 指向的位置插入新元素。特别的，当队尾指针 rear=50+1 时，置 rear=1。退队运算时，排头指针 front 进 1（即 front+1），然后删除 front 指针指向的位置上的元素，当排头指针 front=50+1 时，置 front=1。若经过运算，front=rear 可知队列空或者队列满，则队列中有 0 或者 50 个元素。故选 D 选项。

15. 下列数据结构中，能够按照“先进后出”原则存取数据的是（　　）。

A. 循环队列　　B. 栈　　C. 队列　　D. 二叉树

【答案】B

【解析】栈是按先进后出的原则组织数据的。队列按先进先出的原则组织数据。故选 B 选项。

16. 下列与队列结构有关联的是（　　）。

A. 函数的递归调用　　B. 数组元素的引用

C. 多重循环的执行　　D. 先到先服务的作业调度

【答案】D

【解析】队列的修改是依先进先出的原则进行的。故选 D 选项。

17. 一个栈的初始状态为空。现将元素 A,B,C,D,E 依次入栈，然后依次退栈 3 次，并将退栈的 3 个元素依次入队（原队列为空），最后将队列中的元素全部退出。则元素退队的顺序为（　　）。

A. ABC　　B. CBA　　C. EDC　　D. CDE

【答案】C

【解析】栈所有的插入与删除都限定在表的同一端进行。入栈运算即在栈顶位置插入一个新元素，退栈运算即是取出栈顶元素赋予指定变量。队列指允许在一端进行插入，而在另一端进行删除的线性表。习惯上称往队列的队尾插入一个元素为入队运算，称从队列的队头删除一个元素为退队运算。元素入栈后为 $ABCDE$，退栈并入队后，队中元素为 EDC。退队时从队头开始，顺序为 EDC。故选 C 选项。

18. 下列关于栈的叙述中，正确的是（　　）。

A. 栈底元素一定是最后入栈的元素　　B. 栈顶元素一定是最先入栈的元素

C. 栈操作遵循先进后出的原则　　D. 以上说法均错误

【答案】C

【解析】栈顶元素总是后被插入的元素，从而也是最先被删除的元素；栈底元素总是最先被插入的元素，从而也是最后才能被删除的元素。栈的修改是按后进先出的原则进行的。因此，栈称为先进后出表，或"后进先出"表。故选 C 选项。

19. 对于循环队列，下列叙述中正确的是（　　）。

    A. 队头指针是固定不变的

    B. 队头指针一定大于队尾指针

    C. 队头指针一定小于队尾指针

    D. 队头指针可以大于队尾指针，也可以小于队尾指针

    【答案】D

    【解析】循环队列的队头指针与队尾指针都不是固定的，随着入队与出队操作要进行变化。因为是循环利用的队列结构，所以，队头指针有时可能大于队尾指针，有时也可能小于队尾指针。故选 D 选项。

20. 设栈的存储空间为 $S(1:m)$，初始状态为 top=m+1。经过一系列入栈与退栈操作后，top=m。现又在栈中退出一个元素后，栈顶指针 top 值为（　　）。

    A. m+1　　B. 0　　C. m−1　　D. 产生栈空错误

    【答案】A

    【解析】栈是一种特殊的线性表，它所有的插入与删除都限定在表的同一端进行。入栈运算即在栈顶位置插入一个新元素，退栈运算即是取出栈顶元素赋予指定变量。题目中初始状态为 top=m+1，可知入栈栈顶指针 top=top−1，出栈栈顶指针 top=top+1，由于栈长为 m，当 top=m 时，栈中还有一个元素，即 top 指针所指向的元素，再出栈一个元素后 top 指向栈底，栈空，此时 top=m+1。故选 A 选项。

21. 设栈的顺序存储空间为 S(1:m)，初始状态为 top=m+1。现经过一系列入栈与退栈运算后，top=20，则当前栈中的元素个数为（　　）。

    A. 30　　B. 20　　C. m−19　　D. m−20

    【答案】C

    【解析】栈是一种特殊的线性表，它所有的插入与删除都限定在表的同一端进行。入栈运算即在栈顶位置插入一个新元素，退栈运算即是取出栈顶元素赋予指定变量。栈为空时，栈顶指针 top=0，经过入栈和退栈运算，指针始终指向栈顶元素。初始状态为 top=m+1，当 top=20 时，元素依次存储在单元 20: m 中，个数为 m−19。故选 C 选项。

22. 一个栈的初始状态为空。现将元素 1,2,3,A,B,C 依次入栈，然后再依次出栈，则元素出栈的顺序是（　　）。

    A. 1,2,3,A,B,C　　B. C,B,A,1,2,3　　C. C,B,A,3,2,1　　D. 1,2,3,C,B,A

    【答案】C

    【解析】栈的修改是按后进先出的原则进行的，所以，出栈顺序应与入栈顺序相反。故选 C 选项。

23. 设循环队列存储空间为 Q(1:50)。初始状态为 front=rear=50。经过一系列入队和退队操作后，front=14，rear=19，则该循环队列中的元素个数为（　　）。

    A. 46　　B. 45　　C. 6　　D. 5

    【答案】D

    【解析】循环队列是队列的一种顺序存储结构，用队尾指针 rear 指向队列中的队

尾元素，用排头指针指向排头元素的前一个位置，因此，从排头指针 front 指向的后一个位置直到队尾指针 rear 指向的位置之间所有的元素均为队列中的元素。队列初始状态为 front=rear=50，当 front=14，rear=19 时，队列中有 19-14=5 个元素。故选 D 选项。故选 D 选项。

24. 设栈的顺序存储空间为 S(1: 50),初始状态为 top=0。现经过一系列入栈与退栈运算后，top=20，则当前栈中的元素个数为（　　）。

A. 30　　B. 29　　C. 20　　D. 19

【答案】C

【解析】栈是一种特殊的线性表，它所有的插入与删除都限定在表的同一端进行。入栈运算即在栈顶位置插入一个新元素，退栈运算即是取出栈顶元素赋予指定变量。当栈为空时，栈顶指针 top=0，经过入栈和退栈运算，指针始终指向栈顶元素。top=20，则当前栈中有 20 个元素。故选 C 选项。

25. 下列关于栈的叙述正确的是（　　）。

A. 栈按“先进先出”组织数据　　B. 栈按“先进后出”组织数据

C. 只能在栈底插入数据　　D. 不能删除数据

【答案】B

【解析】栈是按“先进后出”的原则组织数据的，数据的插入和删除都在栈顶进行操作。故选 B 选项。

26. 设循环队列为 $Q(1:m)$，其初始状态为 front=rear=m。经过一系列入队与退队运算后，front=30，rear=10。现要在该循环队列中作顺序查找，最坏情况下需要比较的次数为（　　）。

A. 19　　B. 20　　C. $m-19$　　D. m-20

【答案】D

【解析】循环队列是队列的一种顺序存储结构，用队尾指针 rear 指向队列中的队尾元素，用排头指针 front 指向排头元素的前一个位置，因此，从排头指针 front 指向的后一个位置直到队尾指针 rear 指向的位置之间所有的元素均为队列中的元素，队列初始状态为 front=rear=m，当 front=30，rear=10 时，队列中有 $m-30+10=m-20$ 个元素，比较次数为 m-20 次。故选 D 选项。

四、链式线性表

1. 下列叙述中正确的是（　　）。

A. 栈与队列都只能顺序存储

B. 循环队列是队列的顺序存储结构

C. 循环链表是循环队列的链式存储结构

D. 栈是顺序存储结构而队列是链式存储结构

【答案】B

【解析】栈是所有的插入与删除都限定在表的同一端进行的线性表；队列是指允许在一端进行插入，而在另一端进行删除的线性表，两者均可顺序存储也可链式存储。为了充分利用存储空间，把队列的前端和后端连接起来，形成一个环形的表，称为循环队列，因此循环队列是队列的一种顺序存储结构。故选 B 选项。

2. 下列链表中，其逻辑结构属于非线性结构的是（ ）。

A. 二叉链表　　B. 循环链表　　C. 双向链表　　D. 带链的栈

【答案】A

【解析】在定义的链表中，若只含有一个指针域来存放下一个元素地址，称这样的链表为单链表或线性链表。带链的栈可以用来收集计算机存储空间中所有空闲的存储结点，是线性表。在单链表中的结点中增加一个指针域指向它的直接前件，这样的链表，就称为双向链表（一个结点中含有两个指针），也是线性链表。循环链表具有单链表的特征，但又不需要增加额外的存储空间，仅对表的链接方式稍做改变，使得对表的处理更加方便灵活，属于线性链表。二叉链表是二叉树的物理实现，是一种存储结构，不属于线性结构。故选 A 选项。

3. 下列叙述中错误的是（ ）。

A. 在双向链表中，可以从任何一个结点开始直接遍历到所有结点

B. 在循环链表中，可以从任何一个结点开始直接遍历到所有结点

C. 在线性单链表中，可以从任何一个结点开始直接遍历到所有结点

D. 在二叉链表中，可以从根结点开始遍历到所有结点

【答案】C

【解析】线性单链表就是指线性表的链式存储结构，这种结构只能从一个结点遍历到其后的所有结点，故 C 选项叙述错误；在单链表的第一个结点前增加一个表头结点，队头指针指向表头结点，最后一个结点的指针域的值由 NULL 改为指向表头结点，这样的链表称为循环链表，可以从任何一个结点开始直接遍历到所有结点；双向链表是指链表结点含有指向前一个结点的指针和指向后一个结点的指针，所以可以从任何一个结点开始直接遍历到所有结点；二叉树链表中结点指针由父结点指向子结点，可以从根结点开始遍历到所有结点，所以选项 A、B、D 叙述均正确。故选 C 选项。

4. 线性表的链式存储结构与顺序存储结构相比，链式存储结构的优点有（ ）。

A. 节省存储空间　　B. 插入与删除运算效率高

C. 便于查找　　D. 排序时减少元素的比较次数

【答案】B

【解析】顺序表和链表的优缺点比较如下表：

类　型	优　点	缺　点
顺序表	（1）可以随机存取表中的任意结点 （2）无需为表示结点间的逻辑关系额外增加存储空间	（1）顺序表的插入和删除运算效率很低 （2）顺序表的存储空间不便于扩充 （3）顺序表不便于对存储空间的动态分配
链表	（1）在进行插入和删除运算时，只需要改变指针即可，不需要移动元素 （2）链表的存储空间易于扩充并且方便空间的动态分配	需要额外的空间（指针域）来表示数据元素之间的逻辑关系，存储密度比顺序表低

由表中可以看出链式存储插入与删除运算效率高。故选 B 选项。

5. 线性表的顺序存储结构和线性表的链式存储结构分别是（ ）。

A. 顺序存取的存储结构、顺序存取的存储结构

B. 顺序存取的存储结构、随机存取的存储结构

C. 随机存取的存储结构、随机存取的存储结构

D. 任意存取的存储结构、任意存取的存储结构

【答案】B

【解析】顺序存储结构是在内存中的一片连续的储存空间，从第一个元素到最后一个元素，只要根据下标即可访问。链式存储结构中各个链结点无须存放在一片连续的内存空间，而只需要指针变量指过来指过去，实现随机存取。故选 B 选项。

五、树

1. 在一棵二叉树上第 5 层的结点数最多的是（　　）。

A. 8　　B. 16　　C. 32　　D. 15

【答案】B

【解析】依次从上到下，可得出：第 1 层结点数为 1；第 2 层结点数为 2*1=2；第 3 层结点数为 2*2=4；第 n 层结点数为 2 的 n-1 次幂。故选 B 选项。

2. 设某二叉树的后序序列为 *CBA*，中序序列为 *ABC*，则该二叉树的前序序列为（　　）。

A. *BCA*　　B. *CBA*　　C. *ABC*　　D. *CAB*

【答案】C

【解析】二叉树遍历可以分为 3 种：前序遍历（访问根结点在访问左子树和访问右子树之前）、中序遍历（访问根结点在访问左子树和访问右子树两者之间）、后序遍历（访问根结点在访问左子树和访问右子树之后）。后序序列为 *CBA*，则 *A* 为根结点。中序序列为 *ABC*，则 *B* 和 *C* 均为右子树结点，且 *B* 为 *C* 父结点，可知前序序列为 *ABC*，故选 C 选项。

3. 下列叙述中正确的是（　　）。

A. 结点中具有两个指针域的链表一定是二叉链表

B. 结点中具有两个指针域的链表可以是线性结构，也可以是非线性结构

C. 二叉树只能采用链式存储结构

D. 循环链表是非线性结构

【答案】B

【解析】具有两个指针域的链表可能是双向链表，也可能是二叉链表。双向链表是线性结构，二叉树为非线性结构，两者结点中均有两个指针域。二叉树通常采用链式存储结构，也可采用其他结构。而循环链表是线性结构，故选 B 选项。

4. 某二叉树的前序序列为 *ABCDEFG*，中序序列为 *DCBAEFG*，则该二叉树的深度（根结点在第 1 层）为（　　）。

A. 2　　B. 3　　C. 4　　D. 5

【答案】C

【解析】一棵树的根结点所在的层次为 1，其他结点所在的层次等于它的父结点所在的层次加 1，树的最大层次称为树的深度。二叉树的前序序列为 *ABCDEFG*，*A* 为根结点。中序序列为 *DCBAEFG*，可知 *DCB* 为左子树结点，*EFG* 为右子树结点。同

理，*B* 为 *C* 父结点，*C* 为 *D* 父结点。同理，*E* 为 *F* 根结点，*F* 为 *G* 根结点。故二叉树深度为 4 层。故选 C 选项。

5. 设某二叉树的前序序列为 *ABC*，中序序列为 *CBA*，则该二叉树的后序序列为（　　）。

A. *BCA*　　B. *CBA*　　C. *ABC*　　D. *CAB*

【答案】B

【解析】前序序列为 *ABC*，则 A 为根结点。中序序列为 *CBA*，则 *C* 和 *B* 均为左子树结点，且 *B* 为 *C* 父结点，可知后序序列为 *CBA*，B 选项正确。

6. 在深度为 7 的满二叉树中，度为 2 的结点个数为（　　）。

A. 64　　B. 63　　C. 32　　D. 31

【答案】B

【解析】在树结构中，一个结点所拥有的后件个数称为该结点的度。一棵树的根结点所在的层次为 1，其他结点所在的层次等于它的父结点所在的层次加 1，树的最大层次称为树的深度。满二叉树指除最后一层外，每一层上的所有结点都有两个子结点的二叉树。一棵深度为 *K* 的满二叉树，整棵二叉树共有 2^K-1 个结点；满二叉树在其第 *i* 层上有 2^{i-1} 个结点。在满二叉树中，只有度为 2 和度为 0 的结点。深度为 7 的满二叉树，结点个数为 $2^7-1=127$，第七层叶结点个数为 $2^{7-1}=64$，则 127−64=63。故选 B 选项。

7. 某二叉树的前序序列为 *ABCDEFG*，中序序列为 *DCBAEFG*，则该二叉树的后序序列为（　　）。

A. *EFGDCBA*　　B. *DCBEFGA*　　C. *BCDGFEA*　　D. *DCBGFEA*

【答案】D

【解析】二叉树的前序序列为 *ABCDEFG*，A 为根结点。中序序列为 *DCBAEFG*，可知 *DCB* 为左子树结点，*EFG* 为右子树结点。同理，*B* 为 *C* 父结点，*C* 为 *D* 父结点，且 *CD* 均为 *B* 的左侧子树结点。同理，*E* 为 *F* 根结点，*F* 为 *G* 根结点，且 *FG* 为 E 右侧子树结点。二叉树的后序序列为 *DCBGFEA*。故选 D 选项。

8. 某二叉树的前序序列为 *ABCD*，中序序列为 *DCBA*，则后序序列为（　　）。

A. *BADC*　　B. *DCBA*　　C. *CDAB*　　D. *ABCD*

【答案】B

【解析】二叉树的前序序列为 *ABCD*，中序序列为 *DCBA*，可知 *A* 为根结点，该二叉树只有左子树，没有右子树，故后序序列为 *DCBA*。故选 B 选项。

9. 一棵完全二叉树共有 360 个结点，则在该二叉树中度为 1 的结点个数为（　　）。

A. 0　　B. 1　　C. 180　　D. 181

【答案】B

【解析】在二叉树中，一个结点所拥有的后件个数称为该结点的度。完全二叉树指除最后一层外，每一层上的结点数均达到最大值，在最后一层上只缺少右边的若干结点。由定义可以知道，完全二叉树中度为 1 的结点个数为 1 或者 0。若结点总数为偶数，则有 1 个度为 1 的结点；若结点总数为奇数，没有度为 1 的结点。由于题目中的完全二叉树共有 360 个结点，则度为 1 的结点个数为 1。故选 B 选项。

10. 某二叉树有 5 个度为 2 的结点，则该二叉树中的叶子结点数是（　　）。

A. 10　　B. 8　　C. 6　　D. 4

【答案】C

【解析】根据二叉树的基本性质：在任意一棵二叉树中，度为 0 的叶子结点总是比度为 2 的结点多一个，5+1 = 6。故选 C 选项。

11. 某棵树的度为 4，且度为 4、3、2、1 的结点数分别为 1、2、3、4，则该树中的叶子结点数为（　　）。

A. 11　　B. 9　　C. 10　　D. 8

【答案】A

【解析】由题目可以知道，若四种度的结点分开成子树，共包含结点 1 × (4+1)+2 × (3+1)+3 × (2+1)+4 × (1+1)=30 个，当组合成一棵树时，任选一个度不为 0 的结点作为根结点，则新的树结点个数为 30-2-3-4=21 个，则该树中叶子结点个数为 21-1-2-3-4=11。故选 A 选项。

12. 下列关于二叉树的叙述中，正确的是（　　）。

A. 叶子结点总是比度为 2 的结点少一个

B. 叶子结点总是比度为 2 的结点多一个

C. 叶子结点数是度为 2 的结点数的两倍

D. 度为 2 的结点数是度为 1 的结点数的两倍

【答案】B

【解析】根据二叉树的基本性质：在任意一棵二叉树中，度为 0 的叶子结点总是比度为 2 的结点多一个。故选 B 选项。

13. 一棵二叉树共有 25 个结点，其中 5 个是叶子结点，则度为 1 的结点数为（　　）。

A. 16　　B. 10　　C. 6　　D. 4

【答案】A

【解析】根据二叉树的性质：在任意一棵二叉树中，度数为 0 的叶子结点总是比度数为 2 的结点多一个，所以本题中度数为 2 的结点时 5-1=4 个，度数为 1 的结点时 25-5-4=16 个。故选 A 选项。

14. 某二叉树共有 7 个结点，其中叶子结点有 1 个，则该二叉树的深度为（假设根结点在第 1 层）（　　）。

A. 3　　B. 4　　C. 6　　D. 7

【答案】D

【解析】根据二叉树的性质：在任意一棵二叉树（见右图）中，度为 0 的叶子结点总比度为 2 的结点多一个，所以本题中度为 2 的结点为 1-1=0 个，即本题中的二叉树的每个结点都只有一个分支，7 个结点共 7 层，即度为 7。故选 D 选项。

15. 对下列二叉树进行前序遍历的结果为（　　）。

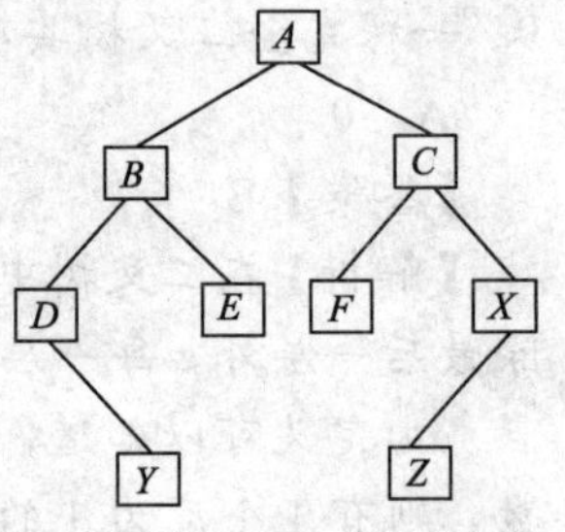

A. *DYBEAFCZX*　　B. *YDEBFZXCA*

C. *ABDYECFXZ*　　D. *ABCDEFXYZ*

【答案】C

【解析】前序遍历是首先访问根结点，然后遍历左子树，最后遍历右子树，并且，在遍历左右子树时，仍然先访问根结点，然后遍历左子树，再遍历右子树。故选 C 选项。

16. 一棵二叉树中共有 80 个叶子结点与 70 个度为 1 的结点，则该二叉树中的总结点数为（　　）。

A. 219　　B. 229　　C. 230　　D. 231

【答案】B

【解析】二叉树中，度为 0 的结点数等于度为 2 的结点数加 1，即度为 2 的结点为 80-1=79，总结点数为 $n_0+n_1+n_2$=80+70+79=229。故选 B 选项。

17. 某二叉树中有 n 个叶子结点，则该二叉树中度为 2 的结点数为（　　）。

A. n+1　　B. n−1　　C. 2^n　　D. n/2

【答案】B

【解析】对任何一棵二叉树，度为 0 的结点（即叶子结点）总是比度为 2 的结点多一个。二叉树中有 n 个叶子结点，则度为 2 的结点个数为 n−1。故选 B 选项。

18. 某二叉树共有 12 个结点，其中叶子结点只有 1 个，则该二叉树的深度为（根结点在第 1 层）（　　）。

A. 3　　B. 6　　C. 8　　D. 12

【答案】D

【解析】二叉树中，度为 0 的结点数等于度为 2 的结点数加 1，即 $n_2=n_0-1$，叶子结点即度为 0，n_0=1，则 n_2=0，总结点数为 12=$n_0+n_1+n_2$=1+n_1+0，则度为 1 的结点数 n_1=11，故深度为 12。故选 D 选项。

19. 某二叉树共有 13 个结点，其中有 4 个度为 1 的结点，则叶子结点数为（　　）。

A. 5　　B. 4　　C. 3　　D. 2

【答案】A

【解析】在树结构中，一个结点所拥有的后件个数称为该结点的度。对任何一棵二叉树，度为 0 的结点（即叶子结点）总是比度为 2 的结点多一个。二叉树中有 13 个结点，设叶子结点个数为 n_0，度为 1 的结点个数为 4，设度为 2 的结点个数为 n_2，13=n_0+4+n_2 且 $n_0=n_2+1$，则 n_0=5，n_2=4。故选 A 选项。

20. 深度为 5 的完全二叉树的结点数不可能是（　　）。

A. 15　　B. 16　　C. 17　　D. 18

【答案】A

【解析】在树结构中，定义一棵树的根结点所在的层次为 1，其他结点所在的层次等于它的父结点所在的层次加 1，树的最大层次称为树的深度。完全二叉树指除最后一层外，每一层上的结点数均达到最大值，在最后一层上只缺少右边的若干结点。深度为 5 的二叉树，结点个数最多为 2^5-1=31，最少为 2^4=16。故选 A 选项。

21. 设某二叉树的前序序列与中序序列均为 *ABCDEFGH*，则该二叉树的后序序列为（　　）。

A. *HGFEDCBA*　　B. *EFGHABCD*　　C. *DCBAHGFE*　　D. *ABCDEFGH*

【答案】A

【解析】二叉树遍历可以分为 3 种：前序遍历（访问根结点在访问左子树和访问右子树之前）、中序遍历（访问根结点在访问左子树和访问右子树两者之间）、后序遍历（访问根结点在访问左子树和访问右子树之后）。

二叉树的前序序列与中序序列相同，说明此树结点没有左子树，且第一个结点 A 为根结点，而后序遍历中根结点应在最后被访问，即结点 A 在最后出现，由此推断出后序遍历为 *HGFEDCBA*。故选 A 选项。

22. 设二叉树如右图，则前序序列为（　　）。

A. *ABDEGCFH*　　B. *DBGEAFHC*

C. *DGEBHFCA*　　D. *ABCDEFGH*

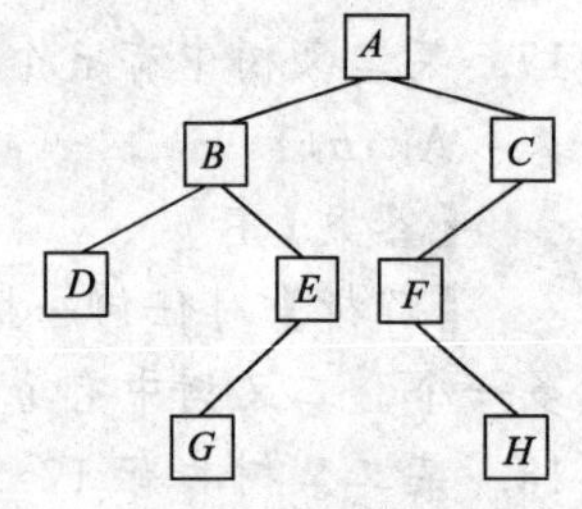

【答案】A

【解析】二叉树遍历可以分为 3 种：前序遍历（访问根结点在访问左子树和访问右子树之前）、中序遍历（访问根结点在访问左子树和访问右子树两者之间）、后序遍历（访问根结点在访问左子树和访问右子树之后）。本题中前序遍历为 *ABDEGCFH*，中序遍历为 *DBGEAFHC*，后序遍历为 *DGEBHFCA*。故选 A 选项。

23. 某二叉树的中序序列为 *DCBAEFG*，后序序列为 *DCBGFEA*，则该二叉树的深度（根结点在第 1 层）为（　　）。

A. 5　　B. 4　　C. 3　　D. 2

【答案】B

【解析】一棵树的根结点所在的层次为 1，其他结点所在的层次等于它的父结点所在的层次加 1，树的最大层次称为树的深度。二叉树的后序序列为 *DCBGFEA*，*A* 为根结点。中序序列为 *DCBAEFG*，可知 *DCB* 为左子树结点，*EFG* 为右子树结点，同理，*B* 为 *C* 父结点，*C* 为 D 父结点，E 为 F 根结点，F 为 G 根结点。故二叉树深度为 4 层。B 选项正确。故选 B 选项。

24. 设某二叉树的后序序列与中序序列均为 *ABCDEFGH*，则该二叉树的前序序列为（　　）。

A. *HGFEDCBA*　　B. *ABCDEFGH*　　C. *EFGHABCD*　　D. *DCBAHGFE*

【答案】A

【解析】二叉树的后序序列与中序序列相同，说明此树结点没有右子树，且最后一个结点 H 为根结点，而前序遍历中根结点应在最先被访问，即结点 H 在最先出现，由此推断前序遍历为 HGFEDCBA。故选 A 选项。

25. 某二叉树共有 845 个结点，其中叶子结点有 45 个，则度为 1 的结点数为（　　）。

A. 400　　B. 754　　C. 756　　D. 不确定

【答案】C

【解析】在树结构中，一个结点所拥有的后件个数称为该结点的度，所有结点中最大的度称为树的度。对任何一棵二叉树，度为 0 的结点（即叶子结点）总是比度为 2 的结点多一个。二叉树共有 845 个结点，度为 0 的结点有 45 个，度为 1 的结点数为 n_1，度为 2 的结点数为 n_2，则 $845=45+n_1+n_2$，且 $45=n_2+1$，则 $n_1=756$。故选 C 选项。

26. 深度为 7 的完全二叉树中共有 125 个结点，则该完全二叉树中的叶子结点数为（　　）。

A. 62　　B. 63　　C. 64　　D. 65

【答案】B

【解析】完全二叉树指除最后一层外，每一层上的结点数均达到最大值，在最后一层上只缺少右边的若干结点。深度为 6 的满二叉树，结点个数为 $2^6-1=63$，则第 7 层共有 125-63=62 个叶子结点，分别挂在第 6 层的左边 62 个结点上，加上第 6 层的最后 1 个叶子结点，该完全二叉树共有 63 个叶子结点。故选 B 选项。

27. 设二叉树中共有 15 个结点，其中的结点值互不相同，如果该二叉树的前序序列与中序序列相同，则该二叉树的深度为（　　）。

A. 15　　B. 6

C. 4　　D. 不存在这样的二叉树

【答案】A

【解析】由结点值互不相同而前序序列与中序序列相同可知，该二叉树所有的结点都没有左子树，所以 15 个结点的二叉树深度为 15。故选 A 选项。

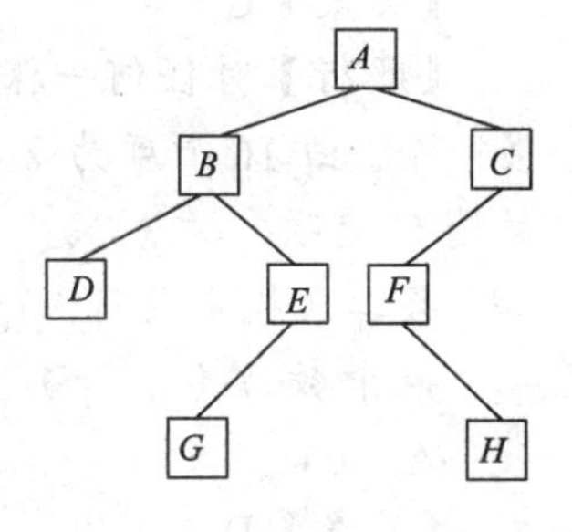

28. 设二叉树如右图所示，则中序序列为（　　）。

A. *ABDEGCFH*　　B. *DBGEAFHC*

C. *DGEBHFCA*　　D. *ABCDEFGH*

【答案】B

【解析】前序遍历为 *ABDEGCFH*，中序遍历为 *DBGEAFHC*，后序遍历为 *DGEBHFCA*。故选 B 选项。

29. 某系统总体结构图如右图所示，该系统总体结构图的深度是（　　）。

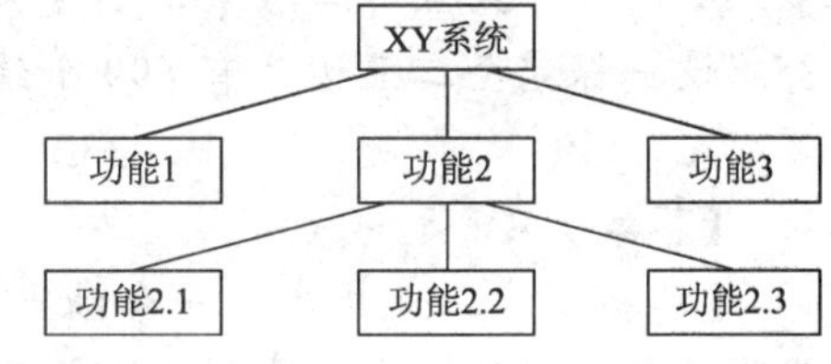

A. 7　　B. 6

C. 3　　D. 2

【答案】C

【解析】根据总体结构图可以看出该树的深度为 3，例如，XY 系统—功能 2—功能 2.1，就是最深的度数的一个表现。故选 C 选项。

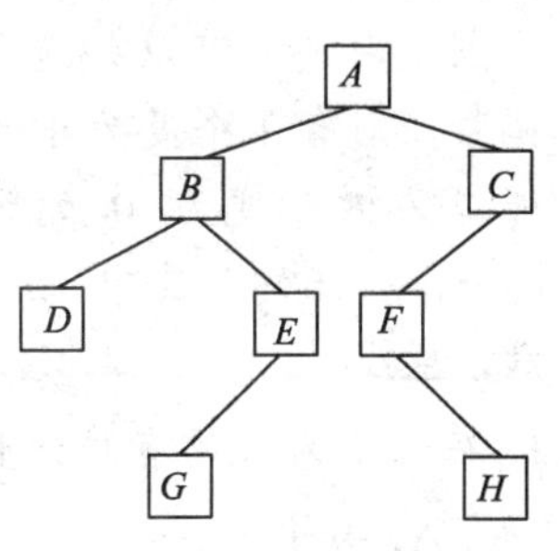

30. 设二叉树如右图所示，则后序序列为（　　）。

A. *ABDEGCFH*　　B. *DBGEAFHC*

C. *DGEBHFCA*　　D. *ABCDEFGH*

【答案】C

【解析】前序遍历为 *ABDEGCFH*，中序遍历为 *DBGEAFHC*，后序遍历为 *DGEBHFCA*。故选 C 选项。

31. 深度为 7 的二叉树共有 127 个结点，则下列说法中错误的是（　　）。

A. 该二叉树有一个度为 1 的结点　　B. 该二叉树是满二叉树

C. 该二叉树是完全二叉树　　D. 该二叉树有 64 个叶子结点

【答案】A

【解析】深度为 7 的二叉树，前 6 层共有结点个数为 $2^6-1=63$，则第 7 层有 127-63=64 个结点，即第 7 层结点数达到最大值，故此二叉树为满二叉树，也是完全二叉树，该二叉树没有度为 1 的结点，有 64 个叶子结点。故选 A 选项。

32. 某二叉树的中序序列为 *BDCA*，后序序列为 *DCBA*，则前序序列为（　　）。

A. *DCBA*　　B. *BDCA*　　C. *ABCD*　　D. *BADC*

【答案】C

【解析】中序序列为 *BDCA*，后序序列为 *DCBA*，可知 *A* 为根结点，*BDC* 为左侧结点，*C* 是 *B* 右子结点，*D* 是 *C* 右子结点，故前序序列为 *ABCD*。故选 C 选项。

33. 某二叉树中有 15 个度为 1 的结点，16 个度为 2 的结点，则该二叉树中总的结点数为（　　）。

A. 32　　B. 46　　C. 48　　D. 49

【答案】C

【解析】对任何一棵二叉树，度为 0 的结点（即叶子结点）总是比度为 2 的结点多一个。由 16 个度为 2 的结点可知叶子结点个数为 17，则结点总数为 16+17+15=48。故选 C 选项。

34. 某二叉树中共有 935 个结点，其中叶子结点有 435 个，则该二叉树中度为 2 的结点个数为（　　）。

A. 64　　B. 66　　C. 436　　D. 434

【答案】D

【解析】对任何一棵二叉树，度为 0 的结点（即叶子结点）总是比度为 2 的结点多一个。叶子结点有 435 个，则度为 2 的结点为 434。故选 D 选项。

35. 设一棵完全二叉树共有 699 个结点，则在该二叉树中的叶子结点数为（　　）。

A. 349　　B. 350　　C. 255　　D. 351

【答案】B

【解析】在二叉树中，一个结点所拥有的后件个数称为该结点的度。完全二叉树指除最后一层外，每一层上的结点数均达到最大值，在最后一层上只缺少右边的若干结点。由定义可以知道，完全二叉树中度为 1 的结点个数为 1 或者 0。若结点总数为偶数，则有 1 个度为 1 的结点；若结点总数为奇数，没有度为 1 的结点。而对任何一棵二叉树，度为 0 的结点（即叶子结点）总是比度为 2 的结点多一个。所以，$n_0+n_1+n_2=699$，其中，$n_2=n_0-1$，$n_1=0$，则 $n_0=350$。故选 B 选项。

六、查找

1. 在长度为 n 的有序线性表中进行二分查找，最坏情况下需要比较的次数是（　　）。

A. $n-1$　　B. $n/2$　　C. $(n-1)/2$　　D. $\log_2 n$

【答案】D

【解析】当有序线性表为顺序存储时才能用二分法查找，对于长度为 *n* 的有序线性表，在最坏情况下，二分法查找只需要比较 $\log_2 n$ 次，而顺序查找需要比较 *n* 次。故选 D 选项。

2. 对长度为 n 的线性表进行顺序查找，在最坏情况下所需要的比较次数为（　　）。

A. n-1　　B. n　　C. $(n+1)/2$　　D. $n/2$

【答案】B

【解析】当有序线性表为顺序存储时才能用二分法查找，对于长度为 n 的有序线性表，在最坏情况下，二分法查找只需要比较 $\log_2 n$ 次，而顺序查找需要比较 n 次。故选 B 选项。

3. 设序列长度为 n，在最坏情况下，时间复杂度为 $O(\log_2 n)$的算法是（　　）。

A. 二分法查找　　B. 顺序查找　　C. 分块查找　　D. 哈希查找

【答案】A

【解析】对长度为 n 的线性表排序，最坏情况下时间复杂度，二分法查找为 $O(\log_2 n)$；顺序查找法为 $O(n)$；分块查找时间复杂度与分块规则有关；哈希查找时间复杂度为 $O(1)$，因其通过计算 HashCode 来定位元素位置，所以只需一次即可。故选 A 选项。

4. 为了对有序表进行对分查找，则要求有序表（　　）。

A. 只能顺序存储　　B. 只能链式存储

C. 可以顺序存储也可以链式存储　　D. 任何存储方式

【答案】A

【解析】二分法查找也称折半查找或对分查找，是一种高效的查找方法。能使用二分法查找的线性表必须满足两个条件：用顺序存储结构；线性表是有序表。故选 A 选项。

5. 下列叙述中正确的是（　　）。

A. 二分查找法适用于任何存储结构的有序线性表

B. 二分查找法只适用于顺序存储的有序线性表

C. 二分查找法适用于有序循环链表

D. 二分查找法适用于有序双向链表

【答案】B

【解析】二分法查找也称折半查找或对分查找，是一种高效的查找方法。能使用二分法查找的线性表必须满足两个条件：用顺序存储结构；线性表是有序表。故选 B 选项。

七、排序

1. 在最坏情况下，以下正确的是（　　）。

A. 快速排序的时间复杂度比冒泡排序的时间复杂度要小

B. 快速排序的时间复杂度比希尔排序的时间复杂度要小

C. 希尔排序的时间复杂度比直接插入排序的时间复杂度要小

D. 快速排序的时间复杂度与希尔排序的时间复杂度是一样的

【答案】C

【解析】对长度为 n 的线性表排序，下表为常用排序方法时间复杂度：

方　法	平 均 时 间	最坏情况时间
冒泡排序	$O(n^2)$	$O(n^2)$
直接插入排序	$O(n^2)$	$O(n^2)$

续表

方　法	平 均 时 间	最坏情况时间
简单选择排序	$O(n^2)$	$O(n^2)$
快速排序	$O(n\log n)$	$O(n^2)$
堆排序	$O(n\log n)$	$O(n\log n)$

上表中未包括希尔排序，因为希尔排序的时间效率与所取的增量序列有关，如果增量序列为 $d_1=n/2, d_i+1=d_i/2$，在最坏情况下，希尔排序所需要的比较次数为 $O(n^{1.5})$。快速排序与冒泡排序的时间复杂度均为 $O(n^2)$，快速排序比希尔排序的时间复杂度要大，希尔排序的时间复杂度比直接插入排序的时间复杂度要小，快速排序比希尔排序的时间复杂度大。故选 C 选项。

2. 下列各序列中不是堆的是（　　）。

A. (91,85,53,36,47,30,24,12)　　B. (91,85,53,47,36,30,24,12)

C. (47,91,53,85,30,12,24,36)　　D. (91,85,53,47,30,12,24,36)

【答案】C

【解析】若有 n 个元素的序列，将元素按顺序组成一棵完全二叉树，当且仅当满足下列条件时称为堆：大根堆，所有结点的值大于或等于左右子结点的值；小根堆，所有结点的值小于或等于左右子结点的值。A、B、D 选项属于大根堆，C 选项由于 47<91，判断属于小根堆，但 91>85，不满足条件，不是堆，故正确答案为 C 选项。

3. 下列排序方法中，最坏情况下时间复杂度最小的是（　　）。

A. 冒泡排序　　B. 快速排序　　C. 堆排序　　D. 直接插入排序

【答案】C

【解析】在最坏情况下，对长度为 n 的线性表排序，冒泡排序、快速排序、直接插入排序的时间复杂度均为 $O(n^2)$，堆排序时间复杂度为 $O(n\log n)$，复杂度最小。故选 C 选项。

4. 对长度为 n 的线性表作快速排序，在最坏情况下，比较次数为（　　）。

A. n　　B. $n-1$　　C. $n(n-1)$　　D. $n(n-1)/2$

【答案】D

【解析】快速排序最坏情况就是每次选的基准数都和其他数做过比较，共需比较 $(n-1)+(n-2)+\cdots+1=n(n-1)/2$。故选 D 选项。

5. 对长度为 10 的线性表进行冒泡排序，最坏情况下需要比较的次数为（　　）。

A. 9　　B. 10　　C. 45　　D. 90

【答案】C

【解析】冒泡法是在扫描过程中逐次比较相邻两个元素的大小，最坏的情况是每次比较都要将相邻的两个元素互换，需要互换的次数为 9+8+7+6+5+4+3+2+1=45。故选 C 选项。

6. 下列排序方法中，最坏情况下比较次数最少的是（　　）。

A. 冒泡排序　　B. 简单选择排序

C. 直接插入排序　　D. 堆排序

【答案】D

【解析】冒泡排序、简单插入排序与简单选择排序法在最坏情况下均需要比较 $n(n-1)/2$ 次，而堆排序在最坏情况下需要比较的次数是 $n\log_2 n$。故选 D 选项。

7. 在排序过程中，每一次数据元素的移动会产生新的逆序的排序方法是（ ）。

A. 快速排序　B. 简单插入排序　C. 冒泡排序　D. 以上说法均不正确

【答案】A

【解析】冒泡排序只交换相邻元素，但不是每次移动都产生新的逆序。简单插入排序的元素移动不会产生新的逆序。快速排序每一次交换移动都会产生新的逆序，因为当不会有新的逆序产生时，本轮比较结束。故选 A 选项。

8. 下列各组的排序方法中，最坏情况下比较次数相同的是（ ）。

A. 冒泡排序与快速排序　B. 简单插入排序与希尔排序

C. 堆排序与希尔排序　D. 快速排序与希尔排序

【答案】A

【解析】对长度为 n 的线性表排序，下表为常用排序方法时间复杂度：

方　法	平 均 时 间	最坏情况时间
冒泡排序	$O(n^2)$	$O(n^2)$
直接插入排序	$O(n^2)$	$O(n^2)$
简单选择排序	$O(n^2)$	$O(n^2)$
快速排序	$O(n\log n)$	$O(n^2)$
堆排序	$O(n\log n)$	$O(n\log n)$

上表中未包括希尔排序，因为希尔排序的时间效率与所取的增量序列有关，如果增量序列为 $d_1=n/2, d_i+1=d_i/2$，在最坏情况下，希尔排序所需要的比较次数为 $O(n^{1.5})$。可知冒泡排序与快速排序最坏情况下比较次数相同。故选 A 选项。

9. 堆排序最坏情况下的时间复杂度为（ ）。

A. $O(n^{1.5})$　B. $O(n\log n)$　C. $O\left(\frac{n(n-1)}{2}\right)$　D. $O(\log n)$

【答案】B

【解析】堆排序属于选择类的排序方法，最坏情况时间复杂度为 $O(n\log n)$。故选 B 选项。

10. 对长度为 n 的线性表排序，在最坏情况下，比较次数不是 n(n－1)/2 的排序方法是（ ）。

A. 快速排序　B. 冒泡排序　C. 直接插入排序　D. 堆排序

【答案】D

【解析】除了堆排序算法的比较次数是 $O(n\log n)$，其他的都是 $n(n-1)/2$。故选 D 选项。

11. 希尔排序法属于（ ）类型的排序法。

A. 交换类排序法　B. 插入类排序法

C. 选择类排序法　D. 建堆排序法

【答案】B

【解析】交换类排序法有冒泡排序、快速排序；插入类排序法有简单插入排序，希尔排序；选择类排序法有简单选择排序、堆排序。故选 B 选项。

12. 在下列几种排序方法中，要求内存量最大的是（　　）。

A. 插入排序　　B. 选择排序　　C. 快速排序　　D. 归并排序

【答案】D

【解析】对比一个排序方法的优越性有“平均时间”“最坏情况时间”和“辅助空间”。其中辅助空间一般是排序中需要额外的内存开销，这些内存开销一般根据中间变量（暂存变量）、比较与交换等等来决定。插入排序和选择排序的辅助空间都是 $O(1)$，快速排序是 $O(n\log_2 n)$，归并排序是 $O(n)$。可知归并排序要求内存量最大，我们也可以从其变量及循环个数也可看出归并排序要求内存量最大。故选 D 选项。

13. 已知数据表 A 中每个元素距其最终位置不远，为节省时间，应采用的算法是（　　）。

A. 堆排序　　B. 直接插入排序　　C. 快速排序　　D. 直接选择排序

【答案】B

【解析】堆排序是边建堆边排序的过程，而建堆排序时的效率元素距其最终位置的远近关系不大。插入排序是把每个元素挨个比较之前的元素，插入到合适的位置，这种排序的比较次数很不固定，它决定于每个元素距其最终位置。快速排序的每一趟可确定一个元素的最终位置，但以某个元素为标准的比较次数还是得比较剩下所有的，它的最大的特点是序列初始无序的情况下排序最快（初始有序并不是每个元素距其最终位置不远，而是有一些最终相邻的元素初始已经相邻了或大致左右的顺序已经好了）。直接选择排序，就是每一趟选择序列剩下的元素的一个最大值（或最小值）挨个排在首端（或尾端），这种排序效率不受其初始位置的影响。故选 B 选项。

附录 B　程序设计与软件工程习题解析

一、程序设计方法和风格

1. 下列关于注释的说法正确的是（　　）。

A. 每一行语句都要加注释　　B. 序言性注释通常嵌在源程序体之中

C. 功能性注释一般位于程序的开头　　D. 正确的注释可以帮助读者理解程序

【答案】D

【解析】注释一般分为序言性注释和功能性注释。序言性注释通常位于每个程序的开头部分，它给出程序的整体说明，主要描述内容可以包括：程序标题、程序功能说明、主要算法、接口说明、程序位置、开发简历、程序设计者、复审者、复审日期、修改日期等。功能性注释的位置一般嵌在源程序体之中，主要描述其后的语句或程序做什么。正确的注释可以帮助读者理解程序。故选 D 选项。

2. 下对建立良好的程序设计风格，下面描述正确的是（　　）。

A. 程序要简明清晰、易读易懂　　B. 符号名的命令只要符合语法规范

C. 程序的注释可有可无　　D. 程序编写要做到效率第一、清晰第二

【答案】A

【解析】一般来讲，程序设计风格是指编写程序时所表现出的特点、习惯和逻辑思路。程序是由人来编写的，为了测试和维护程序，往往还要阅读和跟踪程序，因此程序设计的风格总体而言应该强调简明清晰、易读易懂，程序必须是可以理解的。当今主导的程序设计风格是著名的“清晰第一、效率第二”的论点。故选 A 选项。

3. 编写一个好的程序，在书写语句时考虑（　　）。

A. 把多个简短的语句写在同一行中，以减少源程序的行数

B. 尽量消除表达式中的括号，以简化表达式

C. 尽量使用临时变量，以提高程序的可读性

D. 避免使用“否定”条件的条件语句，以提高程序的可理解性

【答案】D

【解析】在书定语句时，要注意：在一行内只写一条语句；不要为了简化表达式而省略其中的括号；避免使用临时变量而使程序的可读性下降。故选 D 选项。

4. 良好的程序设计风格，在输入和输出时考虑不合理的是（　　）。

A. 对所有的输入数据都要检验数据的合法性

B. 输入格式要尽可能简单

C. 输入数据应允许使用自由格式

D. 输入数据不应该允许有缺省值

【答案】D

【解析】无论是批处理的输入和输出方式，交互式的输入和输出方式，在设计和编程时都要考虑如下原则：对所有的输入数据都要检验数据的合法性；输入格式要简单，以使得输入的步骤和操作尽可能简单；输入数据时，应允许使用自由格式；应允许有缺省值。故选 D 选项。

二、结构化程序设计

1. 下列选项中不属于结构化程序设计原则的是（　　）。

A. 自顶向下　　B. 模块化　　C. 可继承　　D. 逐步求精

【答案】C

【解析】结构化程序设计的主要原则可以概括为自顶向下、逐步求精、模块化、限制使用 goto 语句。

- 自顶向下：程序设计时，应先考虑总体、后考虑细节；先考虑全局目标，后考虑局部目标。
- 逐步求精：对复杂问题，应设计一些子目标作过渡，逐步细化。
- 模块化：模块化是把程序要解决的总目标分解为分目标，再进一步分解为具体的小目标，把每个小目标称为一个模块。
- 限制使用 goto 语句：滥用 goto 语句确实有害，应尽量避免；完全避免使用 goto 语句是并非是一个明智的方法，有些地方使用 goto 语句，会使程序流程更清楚、效率更高。

故选 C 选项。

2. 结构化程序设计的 3 种基本逻辑结构不包括（　　）。

A. 顺序结构　　B. 选择结构　　C. 循环结构　　D. 嵌套结构

【答案】D

【解析】结构化程序设计的3种基本逻辑结构为顺序结构、选择结构和循环结构。故选D选项。

3. 结构化程序主要强调的是（　　）。

A. 程序的易读性　　B. 程序的可执行性

C. 程序的适用性　　D. 程序的规模大小

【答案】A

【解析】便于验证程序的正确性，结构化程序应清晰易读，可理解性好，程序员才能够进行逐步求精、程序证明和测试，以确保程序的正确性，程序容易阅读并被人理解，便于用户使用和维护。故选A选项。

4. 若循环体执行的次数为n，则在do…while循环中，循环条件的执行次数为（　　）。

A. n　　B. $n+1$　　C. $n-1$　　D. $2n$

【答案】A

【解析】在do…while循环中，是先执行循环体后判断循环条件，所以循环体至少会被执行一次。也就是循环条件的执行次数和循环体的执行次数相同。故选A选项。

5. 若循环体执行的次数为n，则在while…do循环中，循环条件的判断次数为（　　）。

A. n　　B. $n+1$　　C. $n-1$　　D. $2n$

【答案】B

【解析】在while…do循环中，是先判断循环条件后执行循环体，所以当循环条件不成立的时候，循环体一次也不被执行。也就是循环条件的执行次数比循环体的执行次数多一次。故选B选项。

三、面向对象的程序设计

1. 在面向对象方法中，不属于“对象”基本特点的是（　　）。

A. 一致性　　B. 分类性　　C. 多态性　　D. 标识唯一性

【答案】A

【解析】“对象”的基本特点有标识唯一性、分类性、多态性和封闭性。标识唯一性是指对象是可区分的，并且由对象的内在本质来区分，而不是通过描述来区分。分类性是指可以将具有相同属性和操作的对象抽象成类。多态性是同一操作可以是不同对象的行为。封闭性指的是从外面看只能看到对象的外部特征，即只需知道数据的取值范围和可以对该数据施加的操作，根本无需知道数据的具体结构以及实现操作的算法。故选A选项。

2. 下列关于对象概念描述错误的是（　　）。

A. 对象是系统中用来描述客观事物的一个实体

B. 任何对象都必须有继承性

C. 属性描述了对象的静态特征

D. 操作描述了对象执行的功能

【答案】B

【解析】对象是系统中用来描述客观事物的一个实体，是构成系统的一个基本单位，它由一组表示其静态特征的属性和它可执行的一组操作组成。故选 B 选项。

3. 在面向对象程序设计中，采用（　　）机制实现类之间的共享属性和操作。

A. 封装　　B. 调用　　C. 继承　　D. 绑定

【答案】C

【解析】在面向对象方法中，继承是指新类从已有类那里直接获得已有的性质和特征。故选 C 选项。

4. 在面向对象方法中，一个对象通过发送（　　）来请求另一个对象为其服务。

A. 口令　　B. 命令　　C. 函数　　D. 消息

【答案】D

【解析】在面向对象方法中，对象与对象间彼此的相互合作需要一个机制协助进行，这样的机制就称为“消息”。故选 D 选项。

5. 面向对象的程序设计以（　　）为基本的逻辑构件。

A. 对象　　B. 函数　　C. 模块　　D. 类

【答案】A

【解析】本题是常见的知识点，面向对象的程序设计显示是以对象为基本的逻辑构件。故选 A 选项。

6. 类是具有共同属性、共同方法的对象的集合，类中的每个对象都是这个类的一个（　　）。

A. 案例　　B. 实例　　C. 例证　　D. 用例

【答案】B

【解析】类是具有共同属性、共同方法的对象的集合，所以类是对象的抽象，它描述了属于该对象类型的所有对象的性质，而一个对象则是其对应类的一个实例。故选 B 选项。

四、软件工程基本概念

1. 下列描述正确的是（　　）。

A. 软件是程序、数据与相关文档的集合

B. 软件既是逻辑实体，又是物理实体

C. 软件开发、运行不受计算机系统的限制

D. 软件在运行、使用期间存在磨损、老化问题

【答案】A

【解析】计算机软件是计算机系统中与硬件相互依存的另一部分，是包括程序、数据及相关文档的完整集合。软件具有以下特点：①软件是一种逻辑实体，而不是物理实体，具有抽象性。②软件的生产与硬件不同，它没有明显的制作过程。③软件在运行、使用期间不存在磨损、老化问题。④软件的开发、运行对计算机系统具有依赖性，受计算机系统的限制，这导致了软件移植的问题。⑤软件复杂性高，成本昂贵。⑥软件开发涉及诸多的社会因素。故选 A 选项。

2. 软件按功能可以分为：应用软件、系统软件和支撑软件（或工具软件），下面属于应用软件的是（　　）。

A．编译程序　　B．操作系统　　C．教务管理系统　　D．数据库管理系统

【答案】C

【解析】编译程序、操作系统和数据库管理系统都属于系统软件。教务管理系统属于应用软件。应用软件是为解决特定领域的应用而开发的软件。故选 C 选项。

3．软件按功能可以分为：应用软件、系统软件和支撑软件（或工具软件），下面属于系统软件的是（　　）。

A．分析工具软件　　B．实时处理软件

C．人工智能软件　　D．操作系统

【答案】D

【解析】分析工具软件属于支撑软件，实时处理软件和人工智能软件属于应用软件。操作系统属于系统软件。系统软件是计算机管理自身资源，提高计算机使用效率并服务于其他程序的软件。故选 D 选项。

4．软件按功能可以分为：应用软件、系统软件和支撑软件（或工具软件），下面属于工具软件的是（　　）。

A．操作系统　　B．设计工具软件

C．事务处理软件　　D．人工智能软件

【答案】B

【解析】操作系统属于系统软件。事务处理软件和人工智能软件属于应用软件。设计工具软件属于支撑软件。支撑软件是介于系统软件和应用软件之间，协助用户开发软件的工具性软件。故选 B 选项。

5．下列描述中不属于软件危机表现的是（　　）。

A．软件需求的增长得不到满足　　B．软件开发成本和进度无法控制

C．软件开发生产率过高　　D．软件质量难以保证

【答案】C

【解析】具体地说，在软件开发和维护过程中，软件危机主要表现在：①软件需求的增长得不到满足。②软件开发成本和进度无法控制。③软件质量难以保证。④软件不可维护或维护程度非常低。⑤软件开发生产率的提高赶不上硬件的发展和应用需求的增长。故选 C 选项。

6．软件工程产生的主要原因是（　　）。

A．计算机科学发展的影响　　B．程序设计的影响

C．其他工程科学的影响　　D．软件危机的出现

【答案】D

【解析】1968 年在北大西洋公约组织会议（NATO 会议）上，讨论摆脱软件危机的方法，软件工程（Software Engineering）作为一个概念首次被提出，这在软件技术发展史上是一件大事。其后的几十年里，各种有关软件工程的技术、思想、方法和概念不断地被提出，软件工程逐步发展成为一门独立的科学。故选 D 选项。

7．下列不属于软件工程的 3 个要素的是（　　）。

A．方法　　B．测试　　C．工具　　D．过程

【答案】B

【解析】软件工程包括3个要素，即方法、工具和过程。方法是完成软件工程项目的技术手段；工具支持软件的开发、管理、文档生成；过程支持软件开发的各个环节的控制、管理。故选B选项。

8. 软件生命周期是指（ ）。

A. 软件产品从提出、实现、使用、维护到停止使用退役的过程

B. 软件从需求分析、设计、实现到测试完成的过程

C. 软件的开发过程

D. 软件的运行维护过程

【答案】A

【解析】软件生命周期是指软件产品从提出、实现、使用、维护到停止使用退役的过程。也就是说，软件产品从考虑其概念开始，到该软件产品不能使用为止的整个时期都属于软件生命周期。故选A选项。

9. 软件生命周期可分为定义阶段、开发阶段和维护阶段。总体设计属于（ ）。

A. 定义阶段　　B. 开发阶段　　C. 维护阶段　　D. 上述三个阶段

【答案】B

【解析】软件生命周期可分为定义阶段、开发阶段和维护阶段。软件定义阶段的任务是：确定软件开发工作必须完成的目标；确定工程的可行性。软件开发阶段的任务是：具体完成设计和实现定义阶段所定义的软件，通常包括总体设计、详细设计、编码和测试。软件维护阶段的任务是：使软件在运行中持久地满足用户的需要。故选B选项。

五、结构化分析方法

1. 下面关于需求分析阶段的工作描述不正确的是（ ）。

A. 需求获取　　B. 需求测试　　C. 编写需求规格说明书　　D. 需求评审

【答案】B

【解析】需求分析阶段的工作，可以概括为四个方面：①需求获取，确定对目标系统的各方面需求；②需求分析，对获取的需求进行分析和综合；③编写需求规格说明书；④需求评审，对需求分析阶段的工作进行复审，验证需求文档的一致性、可行性和有效性。故选B选项。

2. 下列（ ）不是结构化分析的常用工具。

A. DFD　　B. DD　　C. 判定树　　D. N-S图

【答案】D

【解析】结构化分析方法是结构化程序设计理论在软件需求分析阶段的运用。结构化分析的常用工具有数据流图（DFD）、数据字典（DD）、判定树和判定表。故选D选项。

3. 数据流图中的箭头表示的是（ ）。

A. 数据的源点和终点　　B. 加工（转换）

C. 数据流　　D. 存储文件（数据源）

【答案】C

【解析】数据流图是描述数据处理过程的工具，是需求理解的逻辑模型的图形表示，它直接支持系统的功能建模。数据流图从数据传递和加工的角度，来刻画数据流从输入到输出的移动变换过程。数据流图中的主要图形元素与说明如下：O表示加工（转换），→表示数据流，=表示存储文件（数据流），□表示数据的源点和终点。故选 C 选项。

4. 下列不属于结构化分析方法的是（　　）。

A. 面向数据流的结构化分析方法

B. 面向数据结构的 Jackson 方法

C. 面向数据结构的结构化数据系统开发方法

D. 面向对象的分析方法

【答案】D

【解析】常见的需求分析方法有结构化分析方法和面向对象的分析方法。其中结构化分析方法又主要包括面向数据流的结构化分析方法、面向数据结构的 Jackson 方法、面向数据结构的结构化数据系统开发方法。故选 D 选项。

5. 下列关于软件需求规格说明书的作用，不正确的是（　　）。

A. 便于用户、开发人员进行理解和交流

B. 作为确认测试和验收的依据

C. 为软件的可行性研究提供依据

D. 为成本估算和编制计划进度提供基础

【答案】C

【解析】软件需求规格说明书的作用是：①便于用户、开发人员进行理解和交流；②反映出用户问题的结构，可以作为软件开发工作的基础和依据；③作为确认测验和验收的依据；④为成本估算和编制计划进度提供基础；⑤软件不断改进的基础。故选 C 选项。

六、结构化设计方法

1. 下列（　　）不属于软件设计的基本原理。

A. 具体性　　　　B. 逐步求精和模块化

C. 信息隐蔽和局部化　　　　D. 模块独立性

【答案】A

【解析】软件设计过程中应遵循软件工程的基本原理，可概括为：抽象、逐步求精和模块化、信息隐蔽和局部化以及模块独立性。故选 A 选项。

2. 耦合性和内聚性是模块独立程度的两个定性标准，以下说法不正确的是（　　）。

A. 耦合性是对模块间互相连接的紧密程序的度量

B. 一个模块的耦合性超强则该模块的独立性越弱

C. 内聚性是一个模块内部各元素间彼此结合的紧密程序的度量

D. 一个模块的内聚性越强则该模块的独立性越弱

【答案】D

【解析】模块的独立程度是评价设计好坏的重要度量标准。模块的独立程度有两个定性标准度量，即模块间的耦合性和模块内的内聚性。耦合性是对模块间互相连接的紧密程序的度量，一个模块的耦合性超强则该模块的独立性越弱。内聚性是一个模块内部各元素间彼此结合的紧密程序的度量，一个模块的内聚性越强则该模块的独立性越强。故选D选项。

3. 下列关于软件概要设计的基本任务，描述不正确的是（　　）。

A. 设计软件系统结构　　B. 数据结构及数据库设计

C. 确定实现算法和局部数据结构　　D. 编写概要设计文档

【答案】C

【解析】从工程管理角度来看，软件设计分两步完成：概要设计和详细设计。概要设计的基本任务是：①设计软件系统结构；②数据结构及数据库设计；③编写概要设计文档；④概要设计文档评审。详细设计的任务，是为软件结构图中的每一个模块确定实现算法和局部数据结构，用某种选定的表达工具表示算法和数据结构的细节。故选C选项。

4. 下列不属于过程设计工具的是（　　）。

A. 程序流程图　　B. N-S图　　C. PAD图　　D. DFD图

【答案】D

【解析】过程设计工具包括：程序流程图、N-S图、PAD图、HIPO图、判定表、PDL（伪码）。而DFD图（数据流图）属于结构化分析工具。故选D选项。

5. 程序流程图的基本图符中箭头表示的是（　　）。

A. 控制流　　B. 数据流　　C. 加工步骤　　D. 逻辑条件

【答案】A

【解析】程序流程图中用箭头表示控制流，矩形表示加工步骤，菱形表示逻辑条件。故选A选项。

6. 在软件设计中，有利于提高模块独立性的准则是（　　）。

A. 高内聚高耦合　　B. 高内聚低耦合

C. 低内聚低耦合　　D. 低内聚高耦合

【答案】B

【解析】模块的独立程度有两个定性标准度量，即模块间的耦合性和模块内的内聚性。一般良好的软件设计，应尽量做到高内聚、低耦合。故选B选项。

7. 为了避免流程图在描述程序逻辑时的随意性与灵活性，在文章“结构化程序的流程图技术”中提出了用方框图来代替传统的程序流程图，通常也把这种图称为（　　）。

A. N-S图　　B. PAD图　　C. PDL图　　D. DFD图

【答案】A

【解析】为了避免流程图在描述程序逻辑时的随意性与灵活性，在文章“结构化程序的流程图技术”中提出了用方框图来代替传统的程序流程图，通常也把这种图称为N-S图。故选A选项。

七、软件测试

1. 软件测试的目的是（　　）。

A. 尽可能的发现程序中的错误　　B. 改正程序中的错误
C. 发现并改正程序中的错误　　D. 证明程序是否正确

【答案】A

【解析】软件测试的目的是发现错误，而最严重的错误不外乎是导致程序无法满足用户需求的错误。故选A选项。

2. 下列属于白盒测试方法的是（　　）。

A. 等价类划分法　　B. 基本路径测试
C. 边界值分析法　　D. 错误推测法

【答案】B

【解析】白盒测试的主要方法有逻辑覆盖、基本路径测试等。故选B选项。

3. 下列属于黑盒测试方法的是（　　）。

A. 语句覆盖测试　　B. 基本路径测试
C. 路径覆盖测试　　D. 等价类划分法

【答案】D

【解析】黑盒测试的主要方法有等价类划分法、边界值分析法、错误推测法、因果图等，主要用于软件确认测试。故选D选项。

4. 下列不属于静态测试的是（　　）。

A. 代码检查　　B. 静态结构分析　　C. 黑盒测试　　D. 代码质量度量

【答案】C

【解析】静态测试包括代码检查、静态结构分析、代码质量度量等。而黑盒测试属于动态测试。故选C选项。

5. 完全不考虑程序内部的逻辑结构和内部特征，只依据程序的需求和功能规格说明是否满足而进行测试的方法是（　　）。

A. 黑盒测试法　　B. 白盒测试法　　C. 逻辑测试法　　D. 错误测试法

【答案】A

【解析】黑盒测试法也称功能测试或数据驱动测试。它是对软件已经实现的功能是否满足需求进行测试和验证。黑盒测试法完全不考虑程序内部的逻辑结构和内部特征，只依据程序的需求和功能规格说明，检查程序的功能是否符合它的功能说明。故选A选项。

八、程序的调试

1. 程序调试的任务是（　　）。

A. 诊断和改正程序中的错误　　B. 尽可能的发现程序中的错误
C. 尽可能的发现程序中的错误并改正　　D. 验证程序的正确性

【答案】A

【解析】程序调试的任务是诊断和改正程序中的错误。故选A选项。

2. 下列关于程序调试的方法，不正确的是（　　）。

A. 强行排错法　　B. 回溯法　　C. 原因排除法　　D. 推理法

【答案】D

【解析】调试的关键在于推断程序内部的错误位置及原因。主要的调试方法可以采用强行排错法、回溯法、原因排除法。故选 D 选项。

附录C　数据库设计习题解析

一、数据库系统的基本概念

1. 在数据管理技术发展的 3 个阶段中，数据共享最好的是（　　）。

A. 人工管理阶段　　B. 文件系统阶段

C. 数据库系统阶段　　D. 3 个阶段相同

【答案】C

【解析】数据管理发展至今已经历了 3 个阶段：人工管理阶段、文件系统阶段和数据库系统阶段。其中最后一个阶段结构简单，使用方便逻辑性强物理性少，在各方面的表现都最好，一直占据数据库领域的主导地位，所以本题选择 C 选项。

2. 下列叙述中正确的是（　　）。

A. 数据库系统可以解决数据冗余和数据独立性问题，而文件系统不能

B. 数据库系统能够管理各种类型的文件，而文件系统只能管理程序文件

C. 数据库系统可以管理庞大的数据量，而文件系统管理的数据量较少

D. 数据库系统独立性较差，而文件系统独立性较好

【答案】A

数据管理技术的发展经历了 3 个阶段：人工管理阶段、文件系统阶段和数据库系统阶段。三者各自的特点如下表：

特　点	人工管理阶段	文件系统阶段	数据库系统阶段
管理者	人	文件系统	数据库管理系统
面向对象	某个应用程序	某个应用程序	现实世界
共享程度	无共享，冗余度大	共享性差，冗余度大	共享性大，冗余度小
独立性	不独立，完全依赖于程序	独立性差	具有高度的物理独立性和一定的逻辑独立性
结构化	无结构	记录内有结构，整体无结构	整体结构化，用数据模型描述
控制能力	由应用程序控制	由应用程序控制	由 DBMS 提供数据安全性、完整性、并发控制和恢复

数据库系统可以解决数据冗余和数据独立性问题，而文件系统不能。数据库系统和文件系统的区别不仅在于管理的文件类型与数据量的多少。数据库系统具有高度的物理独立性和一定的逻辑独立性，而文件系统独立性较好。故本题选 A 选项。

3. 存储在计算机内有结构的数据集合是（　　）。

A. 数据库　　B. 数据库系统　　C. 数据库管理系统　　D. 数据结构

【答案】A

【解析】数据库是指长期存储在计算机内的、有组织的、可共享的数据集合。数据

库系统是由数据库及其管理软件组成的系统，是应用软件。数据库管理系统是数据库系统的核心，它位于用户与操作系统之间，属于系统软件。数据结构是计算机存储、组织数据的方式。故本题选 A 选项。

4. 下列关于数据库系统的叙述中正确的是（　　）。

A. 数据库系统中数据的一致性是指数据类型一致

B. 数据库系统避免了一切冗余

C. 数据库系统减少了数据冗余

D. 数据库系统比文件系统能管理更多的数据

【答案】C

【解析】数据库系统共享性大，冗余度小，但只是减少了冗余，并不是避免一切冗余。数据的一致性是指在系统中同一数据在不同位置的出现应保持相同的值，而不是数据类型的一致。数据库系统比文件系统有更强的管理控制能力，而不是管理更多的数据。故本题选择 C 选项。

5. 数据库系统的数据独立性是指（　　）。

A. 不会因为系统数据存储结构与数据逻辑结构的变化而影响应用程序

B. 不会因为数据的变化而影响应用程序

C. 不会因为存储策略的变化而影响存储结构

D. 不会因为某些存储结构的变化而影响其他的存储结构

【答案】A

【解析】数据库系统的数据独立性，是指数据库中数据独立于应用程序且不依赖于应用程序，即数据的逻辑结构、存储结构与存取方式的改变不会影响应用程序。故本题选择 A 选项。

6. 下列关于数据库系统的叙述中正确的是（　　）。

A. 数据库的数据项之间无联系，记录之间存在联系

B. 数据库中只存在数据项之间的联系

C. 数据库的数据项之间以及记录之间都存在联系

D. 数据库的数据项之间以及记录之间都不存在联系

【答案】C

【解析】数据库中的联系是指实体之间的对应关系，它反映现实世界事物之间的相互关联。数据库中数据项之间以及记录之间都存在着联系。故本题选择 C 选项。

7. 下面描述中不属于数据库系统特点的是（　　）。

A. 数据共享　　B. 数据完整性　　C. 数据冗余度高　　D. 数据独立性高

【答案】C

【解析】数据库系统的特点为高共享、低冗余、独立性高、具有完整性等，C 错误，故本题选择 C 选项。

8. 数据库、数据库系统和数据库管理系统之间的关系是（　　）。

A. 数据库包括数据库系统和数据库管理系统

B. 数据库系统包括数据库和数据库管理系统

C. 数据库管理系统包括数据库和数据库系统

D. 三者没有明显的包含关系

【答案】B

【解析】本题考核的是数据库相关概念。

数据库：容纳数据的仓库。

数据库系统：数据库、数据库管理系统、硬件、操作人员的合在一起的总称。

数据库管理系统：用来管理数据及数据库的系统。

数据库系统包含数据库管理系统、数据库及数据库开发工具所开发的软件（数据库应用系统）。

故本题选择 B 选项。

9. 数据库应用系统中的核心问题是（　　）。

A. 数据库设计　　B. 数据库系统设计

C. 数据库维护　　D. 数据库管理员培训

【答案】A

【解析】数据库应用系统中的核心问题是数据库的设计，故本题选择 A 选项。

10. 数据库管理系统是（　　）。

A. 操作系统的一部分　　B. 在操作系统支持下的系统软件

C. 一种编译系统　　D. 一种操作系统

【答案】B

【解析】数据库管理系统是一种系统软件，负责数据库中数据组织、数据操纵、数据维护、控制及保护和数据服务等。数据库管理系统需要安装在操作系统之上，故本题选择 B 选项。

11. 数据库系统的三级模式不包括（　　）。

A. 概念模式　　B. 内模式　　C. 外模式　　D. 数据模式

【答案】D

【解析】数据库系统的三级模式是概念模式、外模式和内模式，故本题选择 D 选项。

12. 数据库设计中反映用户对数据要求的模式是（　　）。

A. 内模式　　B. 概念模式　　C. 外模式　　D. 设计模式

【答案】C

【解析】数据库系统的三级模式是概念模式、外模式和内模式。概念模式是数据库系统中全局数据逻辑结构的描述，是全体用户公共数据视图。外模式也称子模式或用户模式，它是用户的数据视图，给出了每个用户的局部数据描述，故本题选择 C 选项。

13. 在数据库技术中，为提高数据库的逻辑独立性和物理独立性，数据库的结构被划分成用户级、存储级和（　　）。

A. 概念级　　B. 外部级　　C. 管理员级　　D. 内部级

【答案】A

【解析】数据库系统在其内部分为三级模式，即概念模式、内模式和外模式。概念模式是数据库系统中全局数据逻辑结构的描述，全体用户的公共数据视图。外模式也称子模式或者用户模式，是用户的数据视图，也就是用户所能够看见和使用的局部数据的逻辑结构和特征的描述，是与某一应用有关的数据的逻辑表示。内模式又称物理模式，是数据物理结构和存储方式的描述，是数据在数据库内部的存储方式。所以数据库的结构被划分成用户级、存储级和概念级。故本题选择 A 选项。

14. 在下列模式中，能够给出数据库物理存储结构与物理存取方法的是（　　）。

A. 外模式　　B. 内模式　　C. 概念模式　　D. 逻辑模式

【答案】B

【解析】内模式又称物理模式，它给出了数据库物理存储结构与物理存取方法，故本题选择 B 选项。

15. 索引属于（　　）。

A. 模式　　B. 内模式　　C. 外模式　　D. 概念模式

【答案】B

【解析】索引的写入修改了数据库的物理结构，而不是简单的逻辑设计。内模式规定了数据在存储介质上的物理组织方式、记录地址方式。故本题选择 B 选项。

16. 数据库管理系统 DBMS 中用来定义模式、内模式和外模式的语言为（　　）。

A. C　　B. Basic　　C. DDL　　D. DML

【答案】C

【解析】DBMS 一般提供的数据语言有：

（1）数据定义语言（DDL）：用于定义数据库的各级模式（外模式、概念模式、内模式），各种模式通过数据定义语言编译器翻译成相应的目标模式，保存在数据字典中。

（2）数据操纵语言（DML）：提供对数据库数据存取、检索、插入、修改和删除等基本操作。

（3）数据控制语言（DCL）：用来设置或者更改数据库用户或角色权限的语句。

故本题选择 C 选项。

17. 数据库 DB、数据库系统 DBS、数据库管理系统 DBMS 之间的关系是（　　）。

A. DBS 包含 DB 和 DBMS　　B. 没有任何关系

C. DBMS 包含 DB 和 DBS　　D. DB 包含 DBS 和 DBMS

【答案】A

【解析】数据库系统包含了数据库和数据库管理系统，故本题选择 A 选项。

二、数据模型

1. 数据库的数据模型分为（　　）。

A. 层次、关系和网状　　B. 网状、环状和链状

C. 大型、中型和小型　　D. 线性和非线性

【答案】A

数据库的数据模型分为层次、关系和网状 3 种。其中用树形结构表示实体及其之间联系的模型称为层次模型，模型中结点是实体，树枝是联系，从上到下是一对多的关系。用网状结构表示实体及其之间联系的模型称为网状模型，它是层次模型的扩展，表示多个从属关系的层次结构，呈现一种交叉关系。关系模型的数据结构非常单一，

在关系模型中，现实世界的实体以及实体间的各种联系均用关系来表示。故本题选择A选项。

2. 设有表示学生选课的三张表，学生 S（学号，姓名，性别，年龄，身份证号），课程 C（课号，课名），选课 SC（学号，课号，成绩），则表 SC 的关键字（键或码）为（　　）。

A. 课号，成绩　　B. 学号，成绩

C. 学号，课号　　D. 学号，姓名，成绩

【答案】C

【解析】学号是学生表 S 的主键，课号是课程表 C 的主键，所以选课表 SC 的关键字就应该是与前两个表能够直接联系且能唯一定义的学号和课号，故本题选择 C 选项。

3. 公司中有多个部门和多名职员，每个职员只能属于一个部门，一个部门可以有多名职员。则实体部门和职员间的联系是（　　）。

A. 1∶1 联系　　B. m∶1 联系　　C. 1∶m 联系　　D. m∶n 联系

【答案】C

【解析】两个实体集间的联系实际上是实体集间的函数关系，主要有一对一联系（1:1）、一对多联系（1:m）、多对一联系（m:1）、多对多联系（m:n）。对于每一个实体部门，都有多名职员，则其对应的联系为一对多联系（1:m），故本题选择C选项。

4. 一间宿舍可住多个学生，则实体宿舍和学生之间的联系是（　　）。

A. 一对一　　B. 一对多　　C. 多对一　　D. 多对多

【答案】B

【解析】因为一间宿舍可以住多个学生即多个学生住在一个宿舍中，但一个学生只能住一间宿舍，所以实体宿舍和学生之间是一对多的关系，故本题选择B选项。

5. 一个工作人员可以使用多台计算机，而一台计算机可被多个人使用，则实体工作人员与实体计算机之间的联系是（　　）。

A. 一对一　　B. 一对多　　C. 多对多　　D. 多对一

【答案】C

【解析】因为一个人可以操作多个计算机，而一台计算机又可以被多个人使用，所以两个实体之间是多对多的关系，故本题选择C选项。

6. 一名演员可以出演多部电影，则实体演员和电影之间的联系是（　　）。

A. 多对多　　B. 一对一　　C. 多对一　　D. 一对多

【答案】A

【解析】由于一名演员可以出演多部电影，而一部电影必定有多个演员参演，则实体演员和电影之间的联系属于多对多，故本题选择A选项。

7. 将E－R图转换为关系模式时，实体和联系都可以表示为（　　）。

A. 属性　　B. 键　　C. 关系　　D. 域

【答案】C

【解析】从E－R图到关系模式的转换是比较直接的，实体与联系都可以表示成关系，E－R图中属性也可以转换成关系的属性，故本题选择C选项。

8. 在E－R图中，用来表示实体联系的图形是（　　）。

A. 椭圆形　　B. 矩形　　C. 菱形　　D. 三角形

【答案】C

【解析】在E－R图中实体集用矩形表示，属性用椭圆表示，联系用菱形表示，故本题选择C选项。

9. 层次型、网状型和关系型数据库划分原则是（　　）。

A. 记录长度　　B. 文件的大小

C. 联系的复杂程度　　D. 数据之间的联系方式

【答案】D

【解析】层次模型的基本结构是树形结构，网状模型是一个不加任何条件限制的无向图，关系模型采用二维表来表示，所以3种数据库的划分原则是数据之间的联系方式，故本题选择D选项。

10. 下列数据模型中，具有坚实理论基础的是（　　）。

A. 层次模型　　B. 网状模型　　C. 关系模型　　D. 以上3个都是

【答案】C

【解析】关系模型较之格式化模型（网状模型和层次模型）有以下方面的优点，即数据结构比较简单、具有很高的数据独立性、可以直接处理多对多的联系，以及有坚实的理论基础，故本题选择C选项。

11. 在满足实体完整性约束的条件下（　　）。

A. 一个关系中应该有一个或多个候选关键字

B. 一个关系中只能有一个候选关键字

C. 一个关系中必须有多关键字个候选

D. 一个关系中可以没有候选关键字

【答案】A

【解析】实体完整性约束要求关系的主键中属性值不能为空值，故本题选择A选项。

12. 在关系数据库中，用来表示实体间联系的是（　　）。

A. 属性　　B. 二维表　　C. 网状结构　　D. 树状结构

【答案】B

【解析】关系模型实体间的联系采用二维表来表示，简称表。选项C为网状模型实体间的联系，选项D为层次模型实体间的联系，选项A属性描述了实体。故本题选择B选项。

三、关系代数

1. 有3个关系R、S和T如下：

R

B	C	D
a	0	k1
b	1	n1

S

B	C	D
f	3	h2
a	0	k1
n	2	x1

T

B	C	D
a	0	k1

由关系 R 和 S 通过运算得到关系 T，则所使用的运算为（　　）。

A. 并　　B. 自然连接　　C. 笛卡儿积　　D. 交

【答案】D

【解析】在本题中，关系 R 和 S 的并运算结果是 4 条记录，所以 A 选项错误。自然连接是一种特殊的等值连接，它要求两个关系中进行比较的分量必须是相同的属性组，并且在结果中把重复的属性列去掉，所以 B 选项错误。笛卡儿积是用 R 集合中元素为第一元素，S 集合中元素为第二元素构成的有序对，所以 C 选项错误。根据关系 T 可以很明显的看出是从关系 R 与关系 S 中取得相同的关系组，所以取的是交运算，故本题选择 D 选项。

2. 有 3 个关系 R、S 和 T 如下：

R

A	B
m	1
n	2

S

B	C
1	3
3	5

T

A	B	C
m	1	3

由关系 R 和 S 通过运算得到关系 T，则所使用的运算为（　　）。

A. 笛卡儿积　　B. 交　　C. 并　　D. 自然连接

【答案】D

【解析】自然连接是一种特殊的等值连接，它要求两个关系中进行比较的分量必须是相同的属性组，并且在结果中把重复的属性列去掉，所以根据 T 关系中的有序组可知 R 与 S 进行的是自然连接操作，故本题选择 D 选项。

3. 有两个关系 R、S 如下：

R

A	B	C
a	3	2
b	0	1
c	2	1

S

A	B
a	3
b	0
c	2

由关系 R 通过运算得到关系 S，则所使用的运算为（　　）。

A. 选择　　B. 投影　　C. 插入　　D. 连接

【答案】B

【解析】投影运算是指对于关系内的域指定可引入新的运算。本题中 S 是在原有关系 R 的内部进行的，是由 R 中原有的那些域的列所组成的关系。故本题选择 B 选项。

4. 有 3 个关系 R、S 和 T 如下：

R

A	B	C
a	1	2
b	2	1
c	3	1

S

A	B	C
d	3	2

T

A	B	C
a	1	2
b	2	1
c	3	1
d	3	2

则关系 T 是由关系 R 和 S 通过某种操作得到，该操作为（　　）。

A. 选择　　B. 投影　　C. 交　　D. 并

【答案】D

【解析】在关系 T 中包含了关系 R 与 S 中的所有元组，所以进行的是并的运算，故本题选择 D 选项。

5. 有 3 个关系 R、S 和 T 如下：

R

A	B	C
a	1	2
b	2	1
c	3	1

S

A	B	C
a	1	2
b	2	1

T

A	B	C
c	3	1

则由关系 R 和 S 得到关系 T 的操作是（　　）。

A. 自然连接　　B. 差　　C. 交　　D. 并

【答案】B

【解析】关系 T 中的元组是 R 关系中有而 S 关系中没有的元组的集合，所以进行的是差的运算，故本题选择 B 选项。

6. 有 3 个关系 R、S 和 T 如下：

R

A	B	C
a	1	2
b	2	1
c	3	1

S

A	B
c	3

T

C
1

则由关系 R 和 S 得到关系 T 的操作是（　　）。

A. 自然连接　　B. 交　　C. 除　　D. 并

【答案】C

【解析】如果 $S=T/R$，则 S 称为 T 除以 R 的商。在除运算中 S 的域由 T 中那些不出现在 R 中的域所组成，对于 S 中的任一有序组，由它与关系 R 中每个有序组所构成的有序组均出现在关系 T 中。故本题选择 C 选项。

7. 有两个关系 R 和 S 如下：

R

A	B	C
a	1	2
b	2	1
c	3	1

S

A	B	C
c	3	1

则由关系 R 得到关系 S 的操作是（　　）。

A. 选择　　B. 投影　　C. 自然连接　　D. 并

【答案】A

【解析】由关系 R 到关系 S 为一元运算，排除 C 和 D。关系 S 是关系 R 的一部分，是通过选择之后的结果，故本题选择 A 选项。

8. 设有三张表：“客户”（客户号，姓名，地址）“产品”（产品号，产品名，规格，进价）和“购买”（客户号，产品号，价格），其中表“客户”和表“产品”的关键字（键或码）分别为“客户号”和“产品号”，则表购买的关键字为（　　）。

A. 客户号，产品号　　B. 客户号

C. 产品号　　　　　　　　　　　　　　D. 客户号，产品号，价格

【答案】A

【解析】候选键（码）是二维表中能唯一标识元组的最小属性集。由于表“客户”和表“产品”的关键字分别为“客户号”和“产品号”，即“客户号”可以唯一标识客户，而“产品号”可以唯一标识产品，则表“购买”需要属性客户号与属性产品号两者来共同标识，即能唯一标识购买的最小属性集为（客户号，产品号），故表“购买”的关键字为（客户号，产品号）。故本题选择 A 选项。

9. 有关系 R 如下：

R

A	B	C	D
a	a	2	2
b	e	1	2
c	c	11	4
e	e	6	1

则运算 $\sigma_{A<>B \wedge D>=2}(R)$的结果为（　　）。

A. (*b*,*e*, 1,2)　　B. (*c*,*c*,11,4)　　C. (*a*,*a*,2,2)　　D. 空

【答案】A

【解析】第一个运算符表示针对元组进行选择运算，“*A*<>*B*”表示选择 *A*、*B* 两个属性中不相同的元组，*D*>=2 表示选择属性 *D* 中元素不小于 2 的元组，关系“∩”表示选择两个条件同时成立的元组。满足条件的元组只有(b,e,1,2)，故本题选择 A 选项。

10. 学生选课成绩表的关系模式是 SC(S#,*C#*,*G*)，其中 *S#*为学号，*C#*为课号，*G* 为成绩，则关系表达式 $\pi_{S\#,C\#}(SC)/S$ 表示（　　）。

SC

S#	C#	G
S1	C1	90
S1	C2	92
S2	C1	91
S2	C2	80
S3	C1	55
S4	C2	59
S5	C3	75

S

S#
S1
S2

A. 表 *S* 中所有学生都选修了的课程的课号

B. 全部课程的课号

C. 成绩不小于 80 的学生的学号

D. 所选人数较多的课程的课号

【答案】A

【解析】“π”表示针对属性进行的投影运算，“/”表示除运算，可以近似地看作笛卡儿积的逆运算。表达式 $\pi_{S\#,C\#}(SC)$表示，首先在关系模式 SC 中选择属性“学号”与“课号”，结果如下左图。其次在这个关系模式中对关系模式 *S* 进行除运算，

结果如下右图。则关系式 $\frac{\pi_{S\#,C\#}(SC)}{S}$ 结果表示 S 中所有学生（$S1$、$S2$）都选修了的课程的课号（$C1$、$C2$）。故本题选择 A 选项。

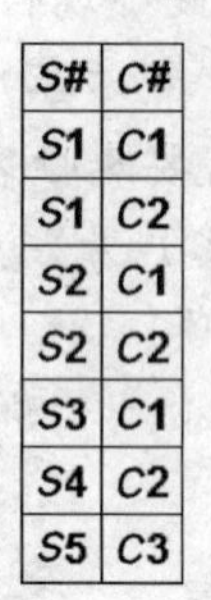

S#	C#
S1	C1
S1	C2
S2	C1
S2	C2
S3	C1
S4	C2
S5	C3

$\pi_{S\#,C\#}(SC)$的运算结果

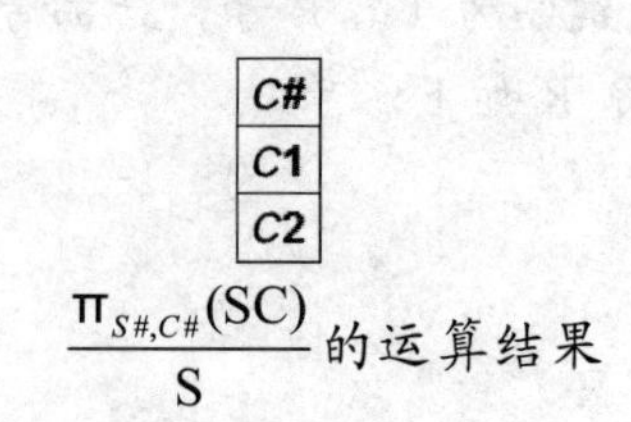

C#
C1
C2

$\frac{\pi_{S\#,C\#}(SC)}{S}$的运算结果

四、数据库设计与管理

1. 在数据库设计中，将 E-R 图转换成关系数据模型的过程属于（　　）。

　A. 需求分析阶段　　　B. 逻辑设计阶段

　C. 概念设计阶段　　　D. 物理设计阶段

【答案】B

【解析】

数据库设计通常分为 6 个阶段：

（1）需求分析阶段：分析用户的需求，包括数据、功能和性能需求；

（2）概念结构设计阶段：主要采用 E-R 模型进行设计，包括画 E-R 图；

（3）逻辑结构设计阶段：通过将 E-R 图转换成表，实现从 E-R 模型到关系模型的转换；

（4）数据库物理设计阶段：主要是为所设计的数据库选择合适的存储结构和存取路径；

（5）数据库的实施阶段：包括编程、测试和试运行；

（6）数据库运行与维护阶段：系统的运行与数据库的日常维护。

故本题选择 B 选项。

2. 下列关于数据库设计的叙述中，正确的是（　　）。

　A. 在需求分析阶段建立数据字典　　　B. 在概念设计阶段建立数据字典

　C. 在逻辑设计阶段建立数据字典　　　D. 在物理设计阶段建立数据字典

【答案】B

【解析】数据字典是在需求分析阶段建立，在数据库设计过程中不断修改、充实和完善的，故本题选择 B 选项。

3. 数据库设计过程不包括（　　）。

　A. 概念设计　　B. 逻辑设计　　C. 物理设计　　D. 算法设计

【答案】D

【解析】数据库设计过程主要包括需求分析、概念结构设计、逻辑结构分析、数据库物理设计、数据库实施、数据库运行和维护阶段。故本题选择 D 选项。

4. 视图设计一般有 3 种设计次序，下列不属于视图设计的是（　　）。

A. 自顶向下　　B. 由外向内　　C. 由内向外　　D. 自底向上

【答案】B

【解析】

视图设计是数据库设计的一个阶段，在数据库的概念设计过程中，先选择局部应用，获得一份 E-R 图；再进行视图设计，其主要有 3 种设计次序：一、自顶向下，即从抽象级别高的且普遍的对象开始逐步细化、具体化与特殊化；二、由底向上，即由具体的对象开始，逐步抽象，普遍化与一般化，最后形成一个完整的视图设计；三、由内向外，即从最基本的与最明显的对象入手，逐步扩充至非基本、不明显的其他对象。故本题选择 B 选项。

参考文献

[1] 教育部考试中心. 全国计算机等级考试二级教程：MS Office 高级应用（2015年版）[M]. 北京：高等教育出版社，2014.

[2] 未来教育教学与研究中心. 二级 MS Office 高级应用教程同步习题与上机测试[M]. 北京：高等教育出版社，2015.

[3] 张锡华，詹文英. 办公软件高级应用案例教程[M]. 北京：中国铁道出版社，2012.

[4] 何桥，梁燕. 办公自动化案例教程 [M]. 2 版. 北京：中国铁道出版社，2015.

[5] 王立娟，郭杨，瞿悦. Office 2010 办公软件高级应用[M]. 北京：中国铁道出版社，2015.

[6] 黄峰华，车秀梅. MS Office 高级应用[M]. 北京：中国铁道出版社，2015.

[7] 罗刚君. Excel 函数、图表与透视表从入门到精通[M]. 北京：中国铁道出版社，2014.

[8] 杨群. Excel 图表、函数、公式一本通[M]. 北京：清华大学出版社，2013.

[9] 王建发，李术彬，黄朝阳. Excel 2010 操作与技巧[M]. 北京：电子工业出版社，2011.

[10] 恒盛杰资讯. Excel 公式、函数与图表应用大全[M]. 北京：机械工业出版社，2013.

[11] 贾小军，童小素. 办公软件高级应用与案例精选（Office 2010）[M]. 北京：中国铁道出版社，2013

[12] 教育部考试中心. 全国计算机等级考试二级教程:公共基础知识(2015 年版）[M]. 北京：高等教育出版社，2014.

[13] 卢艳芝. 2014 年全国计算机等级考试 3 年真题精解与过关全真训练题：二级公共基础知识[M]. 北京：机械工业出版社，2013.

[14] 全国计算机等级考试命题研究组编写. 2014 年全国计算机等级考试考眼分析与样卷解析：二级公共基础知识[M]. 北京：北京邮电大学出版社，2014.